"十二五"职业教育国家规划教材
经全国职业教育教材审定委员会审定

固体废物处理与利用

新世纪高职高专教材编审委员会 组编
主　编　赵敏娟　刘海春
副主编　朱海波　于卫东　刘扬林
主　审　赵　育

第四版

大连理工大学出版社

图书在版编目(CIP)数据

固体废物处理与利用 / 赵敏娟，刘海春主编. -- 4版. -- 大连：大连理工大学出版社，2021.3(2021.12重印)
新世纪高职高专环境类课程规划教材
ISBN 978-7-5685-2852-8

Ⅰ.①固… Ⅱ.①赵… ②刘… Ⅲ.①固体废物处理－高等职业教育－教材②固体废物利用－高等职业教育－教材 Ⅳ.①X705

中国版本图书馆 CIP 数据核字(2020)第 255994 号

大连理工大学出版社出版

地址：大连市软件园路 80 号　邮政编码：116023
发行：0411-84708842　邮购：0411-84708943　传真：0411-84701466
E-mail：dutp@dutp.cn　URL：http://dutp.dlut.edu.cn
大连图腾彩色印刷有限公司印刷　大连理工大学出版社发行

幅面尺寸：185mm×260mm　印张：17.5　字数：404 千字
2006 年 2 月第 1 版　　　　　　　　2021 年 3 月第 4 版
2021 年 12 月第 2 次印刷

责任编辑：高智银　　　　　　　　责任校对：李　红
封面设计：张　莹

ISBN 978-7-5685-2852-8　　　　　　定　价：52.80 元

本书如有印装质量问题，请与我社发行部联系更换。

前言

《固体废物处理与利用》(第四版)是"十二五"职业教育国家规划教材,也是新世纪高职高专教材编审委员会组编的环境类课程规划教材之一。

本教材打破了传统固体废物处理相关教材的理论体系,按照理论适度、注重实践的原则,融"教、学、做"为一体。全书共分为6个模块:固体废物基础知识,生活垃圾的收集、运输及中转,固体废物的预处理,固体废物处理与处置,危险废物的全过程管理,固体废物综合实训。所选用的实例和实训均来自工程实际,以任务驱动实施实训内容,激发学生学习兴趣,使学生在真实的任务中学习;提高学生分析问题、解决问题的能力;提高教学效果。

本教材的编写具有如下特点:

1. 突出职业教育特色,立足于高职高专职业标准,内容紧密结合固体废物治理行业、企业岗位职业能力的实际需求,强调以实践技能和职业需求带动教学任务,注重内容的先进性、适用性和实践性。

2. 各模块设置了"知识目标""技能目标""能力训练任务""同步练习"等引导学生自主学习。此外,各模块还精心选用了典型的应用案例和操作性较强的实训项目,实训内容采用任务驱动及项目化模式,增强学生动手能力,拓展学生视野。

本教材由西安文理学院赵敏娟、扬州环境资源职业技术学院刘海春任主编,杨凌职业技术学院朱海波、扬州职业大学于卫东、长沙环境保护职业技术学院刘扬林任副主编。具体编写分工如下:模块1、模块2、模块3由赵敏娟编写,模块4由于卫东、刘扬林编写,模块5由刘海春、朱海波编写,模块6由赵敏娟、朱海波编写,附录由刘海春、赵敏娟、于卫东、刘扬林编写,全书由赵敏娟统稿。河北环境工程学院赵育审读了全部书稿并提出宝贵意见,在此表示诚挚的感谢。

本教材可作为高职高专院校环境监测与治理技术、环境监测与评价专业的专业教材以及其他环保类专业的选修教材,也可以作为从事固体废物治理相关工作的技术人员的参考用书。

在编写本教材的过程中,编者参考、引用和改编了国内外出版物中的相关资料以及网络资源,在此表示深深的谢意!相关著作权人看到本教材后,请与出版社联系,出版社将按照相关法律的规定支付稿酬。

由于编者水平有限,本教材中难免存在纰漏之处,敬请专家、同行和广大读者批评指正,以便不断完善。

编 者
2021 年 3 月

所有意见和建议请发往:dutpgz@163.com
欢迎访问职教数字化服务平台:http://sve.dutpbook.com
联系电话:0411-84706671 84707492

目　　录

模块 1　固体废物基础知识 ……………………………………………………………… 1
　1.1　固体废物概述 …………………………………………………………………… 1
　　1.1.1　固体废物的概念与特征 ………………………………………………… 1
　　1.1.2　固体废物的来源与分类 ………………………………………………… 3
　　1.1.3　固体废物的污染途径与危害 …………………………………………… 6
　1.2　固体废物的管理 ………………………………………………………………… 9
　　1.2.1　固体废物管理的原则 …………………………………………………… 10
　　1.2.2　固体废物管理体系 ……………………………………………………… 11
　　1.2.3　固体废物管理的法规、制度、经济政策 ……………………………… 13
　　1.2.4　固体废物管理的技术标准 ……………………………………………… 17
　1.3　固体废物的污染控制 …………………………………………………………… 18
　同步练习 ………………………………………………………………………………… 22

模块 2　生活垃圾的收集、运输及中转 ……………………………………………… 24
　2.1　生活垃圾概述 …………………………………………………………………… 25
　　2.1.1　生活垃圾的来源与分类 ………………………………………………… 25
　　2.1.2　生活垃圾的产生量及影响因素 ………………………………………… 26
　　2.1.3　生活垃圾产生量的预测 ………………………………………………… 26
　　2.1.4　生活垃圾的组成 ………………………………………………………… 27
　　2.1.5　生活垃圾的性质 ………………………………………………………… 27
　2.2　生活垃圾的分类收集 …………………………………………………………… 31
　　2.2.1　生活垃圾分类收集的必要性 …………………………………………… 31
　　2.2.2　我国生活垃圾分类收集试行情况及效益分析 ………………………… 31
　　2.2.3　国外生活垃圾分类收集经验 …………………………………………… 33
　2.3　生活垃圾的收集、储存及运输 ………………………………………………… 33
　　2.3.1　生活垃圾收集和运输概述 ……………………………………………… 33
　　2.3.2　城市生活垃圾收运系统设计需考虑的因素 …………………………… 34
　　2.3.3　生活垃圾的收集、搬运和储存 ………………………………………… 35
　　2.3.4　生活垃圾的收运方法 …………………………………………………… 36
　　2.3.5　生活垃圾收运系统的优化 ……………………………………………… 37
　　2.3.6　生活垃圾收运设施 ……………………………………………………… 38
　　2.3.7　生活垃圾收运计划 ……………………………………………………… 41
　　2.3.8　生活垃圾收运路线设计 ………………………………………………… 41

2.4 生活垃圾转运站的设置 …… 46
2.4.1 垃圾转运的必要性 …… 46
2.4.2 转运站的类型与设置要求 …… 47
2.4.3 转运站的选址 …… 49
2.4.4 转运站工艺和设备 …… 49
2.4.5 转运站设计及运行案例 …… 51
同步练习 …… 54

模块 3　固体废物的预处理 …… 57
3.1 固体废物的压实技术 …… 57
3.1.1 压实的目的及原理 …… 57
3.1.2 压实的设备及选择 …… 59
3.1.3 压实流程与应用 …… 61
3.2 固体废物的破碎技术 …… 62
3.2.1 破碎的目的、方法和原理 …… 62
3.2.2 破碎设备及应用 …… 64
3.3 固体废物的分选技术 …… 69
3.3.1 分选的目的、方法 …… 69
3.3.2 筛　分 …… 69
3.3.3 重力分选设备及应用 …… 72
3.3.4 磁力分选设备及应用 …… 78
3.3.5 电力分选及设备 …… 81
3.3.6 分选回收工艺系统 …… 82
3.3.7 浮选及设备 …… 83
3.3.8 其他分选技术及设备 …… 85
3.4 固体废物的浓缩、脱水、干燥和增稠 …… 87
3.4.1 污泥浓缩 …… 87
3.4.2 污泥脱水 …… 89
3.4.3 污泥的干化、干燥和增稠 …… 93
同步练习 …… 94

模块 4　固体废物处理与处置 …… 98
4.1 固体废物焚烧技术及运行管理 …… 98
4.1.1 焚烧的技术原理 …… 99
4.1.2 影响焚烧过程的主要因素 …… 100
4.1.3 生活垃圾焚烧厂建设技术要求 …… 101
4.1.4 焚烧工艺过程 …… 102
4.1.5 焚烧设备及运行管理 …… 104
4.1.6 焚烧过程中的污染防治 …… 110
4.1.7 生活垃圾焚烧厂运行监管要求 …… 112

4.2 固体废物热解设备的运行管理 …… 113
4.2.1 热解的原理和特点 …… 113
4.2.2 影响热解的主要参数 …… 114
4.2.3 热解工艺设备及运行管理 …… 114
4.3 固体废物堆肥及运行管理 …… 119
4.3.1 堆肥原理和过程 …… 119
4.3.2 堆肥过程的技术参数及控制 …… 121
4.3.3 堆肥工艺流程 …… 123
4.3.4 常见堆肥装置设备及运行管理 …… 124
4.4 固体废物厌氧发酵及运行管理 …… 128
4.4.1 厌氧发酵的原理 …… 129
4.4.2 厌氧发酵工艺技术条件 …… 130
4.4.3 厌氧发酵工艺 …… 131
4.4.4 厌氧发酵典型设备 …… 133
4.5 固体废物最终处置场的设计、运行与管理 …… 136
4.5.1 固体废物最终处置概述 …… 136
4.5.2 卫生填埋 …… 137
同步练习 …… 154

模块 5　危险废物的全过程管理 …… 157
5.1 危险废物的来源与分类 …… 158
5.1.1 危险废物的概念 …… 158
5.1.2 危险废物的来源 …… 158
5.1.3 危险废物的分类 …… 159
5.1.4 危险废物的污染现状 …… 161
5.2 危险废物的分析与鉴别 …… 161
5.2.1 危险废物的分析 …… 161
5.2.2 危险废物的鉴别 …… 162
5.3 危险废物的收集与储存 …… 164
5.3.1 危险废物的收集 …… 164
5.3.2 危险废物的标识 …… 164
5.3.3 危险废物的储存 …… 165
5.3.4 危险废物储存设施的管理 …… 166
5.4 危险废物的运输 …… 166
5.4.1 危险废物运输容器 …… 167
5.4.2 危险废物的运输要求 …… 167
5.4.3 危险废物的运输管理 …… 167
5.5 危险废物的转移 …… 168
5.5.1 转移危险废物的污染防治 …… 168

    5.5.2 危险废物的国内转移 …… 168
    5.5.3 危险废物的越境转移 …… 169
  5.6 危险废物处理技术 …… 170
    5.6.1 固化/稳定化处理技术概述 …… 170
    5.6.2 危险废物固化/稳定化处理方法 …… 170
    5.6.3 药剂稳定化处理技术 …… 174
    5.6.4 固化/稳定化处理效果的评价指标 …… 175
    5.6.5 固化/稳定化处理案例 …… 176
  5.7 危险废物的安全处置 …… 178
    5.7.1 危险废物的填埋处置技术 …… 178
    5.7.2 危险废物安全填埋场结构 …… 178
    5.7.3 安全填埋场的基本要求 …… 179
  5.8 医疗废物的处理实例 …… 182
    5.8.1 工艺路线 …… 182
    5.8.2 关键技术 …… 182
    5.8.3 工程规模 …… 184
    5.8.4 主要设备及运行管理 …… 184
    5.8.5 投资及运行费用 …… 184
    5.8.6 环境效益分析 …… 184
  5.9 有毒有害工业废渣处理实例 …… 184
  同步练习 …… 185

模块 6 固体废物综合实训 …… 188
  实训项目 1 城市生活垃圾综合处理方案编制 …… 188
  实训项目 2 生活垃圾收运系统设计 …… 207
  实训项目 3 生活垃圾好氧堆肥综合实训 …… 209
  实训项目 4 有机固体废物产沼工艺设计 …… 214
  实训项目 5 生活垃圾填埋场渗滤液监测与处理 …… 216
  实训项目 6 垃圾填埋场运行管理实训 …… 219
  实训项目 7 污水处理厂污泥处理、利用、处置实训案例 …… 223
  实训项目 8 危险废物特性鉴别 …… 226

参考文献 …… 237

附录 …… 239
  附录 1 生活垃圾转运站技术规范 …… 239
  附录 2 国家危险废物名录(2021 年版) …… 248
  附录 3 危险废物鉴别技术规范 …… 250
  附录 4 危险废物贮存污染控制标准 …… 258
  附录 5 生活垃圾填埋场污染控制标准 …… 262

模块 1

固体废物基础知识

知识目标

1. 熟悉固体废物的危害与分类。
2. 理解固体废物的污染途径和控制方法。
3. 理解固体废物资源化的必要性和途径。
4. 熟悉固体废物管理体系、法规、制度。

技能目标

1. 能胜任固体废物污染知识的科普工作。
2. 会结合不同固体废物提出减量化、无害化、资源化的合理建议。
3. 能发现、分析实际固体废物污染问题,并运用各种管理手段提出解决对策。

能力训练任务

1. 对所在城市固体废物污染进行调查,并对不同人群进行环保教育。
2. 调查所在城市的主要固体废物污染问题,提出解决建议。

1.1 固体废物概述

1.1.1 固体废物的概念与特征

1. 固体废物的概念

《中华人民共和国固体废物污染环境防治法》于 1995 年颁布,1996 年 4 月 1 日实施,2020 年 4 月 29 日,十三届全国人大常委会第十七次会议审议通过了修订后的固体废物污染环境防治法,自 2020 年 9 月 1 日起施行。修正后的《中华人民共和国固体废物污染环境防治法》明确规定:固体废物是指在生产、生活和其他活动中产生的丧失原有利用价值或者虽未丧失利用价值但被抛弃或者放弃的固态、半固态和置于容器中的气态的物品、物质以及法律、行政法规规定纳入固体废物管理的物品、物质。经无害化加工处理，并且符合强制性国家产品质量标准，不会危害公众健康和生态安全，或者根据固体废物鉴别标准和鉴别程序认定为不属于固体废物的除外。液态废物的污染防治，适用本法；但是，排入水体的废水的污染防治适用有关法律，不适用本法。广义而言，废物按其形态可划分为气态、液态、固态三种。气态和液态废物常以污染物的形式掺混在空气和水中，被看作是废气和废水，一般应纳入大气环境和水环境管理体系进行管理，通常直接排入或经过处理后排入大气或水体中。不能排入大气的置于容器中的气态废物和不能排入水体的液态废物，由于多具有较大的危害性，归入固体废物管理体系进行管理。因此，固体废物不仅仅是指固态和半固态物质，还包括部分气态和液态物质。

2. 固体废物的主要特征

固体废物与废水和废气相比，有着明显不同的特征，即鲜明的时间性、空间性和持久危害性。

（1）时间性

各种产品本身具有使用寿命，超过了寿命期限，也会成为废物。一种过程的废物随着时空条件的变化，往往可以成为另一种过程的原料。随着时间的推移，任何产品经过使用和消耗后，最终都将变成废物。但是另一方面，所谓"废物"仅仅相对于当时的科技水平和经济条件而言，随着时间的推移，科学技术进步了，今天的废弃物质也可能成为明天的有用资源。例如，动物粪便长期以来一直被当成污染环境的废弃物，今天已有技术可把动物粪便转化成液体燃料；石油炼制过程中产生的残留物，现在已变成了沥青筑路的材料大量使用。

（2）空间性

从空间角度看，废物仅仅对于某一过程或某一方面没有使用价值，而并非在一切过程或一切方面都没有使用价值。某一过程的废物，往往可作为另一过程的原料。例如，冶金业产生的高炉渣可用来生产建筑用的水泥，电镀过程中产生的污泥可以回收贵重金属等。因此，固体废物具有空间性，而固体废物还有"放在错误地点的资源"之称。

（3）持久危害性

固体废物大多是呈固态、半固态的物质，不具有流动性；此外，固体废物进入环境后，并没有被与其形态相同的环境所接纳。因此，它不可能像废水、废气那样可以迁移到大容量的水体（如江河、湖泊和海洋）或融入大气中，通过自然界中物理、化学、生物等多种途径得到稀释、降解和净化。固体废物在降解过程中只能通过释放渗滤液和气体进行"自我消化"，而这种"自我消化"过程是长期的、复杂的和难以控制的。因此，通常固体废物对环境的污染危害比废水和废气更持久。固体废物的危害具有长期潜在性，其危害可能在数十年甚至更长时间后才表现出来，而且一旦造成污染危害，由于它具有的反应迟滞性和不可稀释性，往往难以清除。例如，堆放场中的生活垃圾一般需要经过10～30年的时间才可趋于稳定，而其中的废旧塑料、薄膜等即使经历更长的时间也不能完全降解掉。在此期间，垃圾会不停地释放渗滤液和散发有害气体，污染周边的地下水、地表水和空气，受污染的地域还可扩大到存放地之外的其他地方。而且，即使其中的有机物稳定化了，大量的无机物仍然会停留在堆放处，占用大量土地，并继续导致持久的环境问题。

1.1.2 固体废物的来源与分类

1. 固体废物的来源

从宏观上讲,可把固体废物的来源分成两个大的方面:一是生产过程中产生的废弃物(不包括废水和废气),称为生产废物;二是产品使用消费过程中产生的废弃物,称为生活废物。生产废物主要来自工、农业生产部门,其主要发生源是冶金、煤炭、电力工业、石油化工、轻工、原子能以及农业生产等部门。2011 年,我国工业固体废物产生量为325 140.6 万吨,危险废物产生量达到了 3 431 万吨,是 2010 年 1 587 万吨的两倍多。我国是世界上最大的农业国家,农业固体废物的产生量也很大。据估计,目前我国每年要产生十几亿吨的农业固体废物。生活废物主要来自生活垃圾。生活垃圾的产生量随季节、生活水平、生活习惯、生活能源结构、城市规模和地理环境等因素的不同而变化。例如,美国生活垃圾年增长率为 5%;欧洲经济共同体国家生活垃圾平均年增长率为 3%,其中德国为 4%,瑞典为 2%;韩国为 11%;我国目前年增长率在 8%~10%。

2. 固体废物的分类

固体废物的种类繁多,性质各异。为了便于处理、处置及管理,需要对固体废物加以分类。固体废物的分类是根据其产生的途径与性质而定的。按其组成可分为有机废物和无机废物;按其形态可分为固态废物、半固态废物、液态废物和气态废物;按其对环境和人类健康的危害程度可分为一般废物和危险废物;通常按其来源的不同分为城市生活垃圾、工业固体废物、农业固体废物和危险废物。固体废物的分类、来源和组成见表 1-1。

表 1-1 固体废物的分类、来源和组成

分类	来源	主要组成物
城市生活垃圾	居民生活	指家庭日常生活过程中产生的废物。如食物垃圾、纸屑、衣物、庭院修剪物、金属、玻璃、塑料、陶瓷、炉渣、灰渣、碎砖瓦、废器具、粪便、杂品、废旧电器等
	商业、机关	指商业、机关日常工作过程中产生的废物。如废纸、食物、管道、碎砌体、沥青及其他建筑材料、废汽车、废电器、废器具,含有易爆、易燃、腐蚀性、放射性的废物,以及类似居民生活垃圾的各种废物
	市政维护与管理	指市政设施维护和管理过程中产生的废物。如碎砖瓦、树叶、死禽死畜、金属、锅炉灰渣、污泥、脏土等
工业固体废物	冶金工业	指各种金属冶炼和加工过程中产生的废弃物。如高炉渣、钢渣、铜铅铬汞渣、赤泥、废矿石、烟尘、各种废旧建筑材料等
	矿业	指在各种矿物开发、加工利用过程中产生的废物。如废矿石、煤矸石、粉煤灰、烟道灰、炉渣等
	石油与化学工业	指石油炼制及其产品加工、化学工业产生的固体废物。如废油、浮渣、含油污泥、炉渣、碱渣、塑料、橡胶、陶瓷、纤维、沥青、油毡、石棉、涂料、化学药剂、废催化剂和农药等
	轻工业	指食品工业、造纸印刷、纺织服装、木材加工等轻工部门产生的废弃物。如各类食品糟渣、废纸、金属、皮革、塑料、橡胶、布头、线、纤维、染料、刨花、锯末、碎木、化学药剂、金属填料、塑料填料等
	机械电子工业	指机械加工、电器制造及其使用过程中产生的废弃物。如金属碎料、铁屑、炉渣、模具、砂芯、润滑剂、酸洗液、导线、玻璃、木材、橡胶、塑料、化学药剂、研磨料、陶瓷、绝缘材料以及废旧汽车、冰箱、微波炉、电视和电扇等
	建筑工业	指建筑施工、建材生产和使用过程中产生的废弃物。如钢筋、水泥、黏土、陶瓷、石膏、石棉、砂石、砖瓦、纤维板等
	电力工业	指电力生产和使用过程中产生的废弃物。如煤渣、粉煤灰、烟道灰等

(续表)

分类	来源	主要组成物
农业固体废物	种植业	指作物种植生产过程中产生的废弃物。如稻草、麦秸、玉米秸、根茎、落叶、烂菜、废农膜、农用塑料、农药等
	养殖业	指动物养殖生产过程中产生的废弃物。如畜禽粪便、死禽死畜、死鱼死虾、脱落的羽毛等
	农副产品加工业	指农副产品加工过程中产生的废弃物。如畜禽内容物、鱼虾内容物、未被利用的菜叶、菜梗和菜根、枇糠、稻壳、玉米芯、瓜皮、果皮、果核、贝壳、羽毛、皮毛等
危险废物	核工业、化学工业、医疗单位、科研单位等	主要来自核工业、核电站、化学工业、医疗单位、制药业、科研单位等产生的废弃物。如放射性废渣、粉尘、污泥等，医院使用过的器械和产生的废物，化学药剂、制药厂药渣、废弃农药、炸药、废油等

(1)工业固体废物

工业固体废物是指在工业生产活动中产生的固体废物。工业固体废物主要是来自各个工业生产部门的生产和加工过程及流通中所产生的粉尘、碎屑、污泥等。产生废物的主要行业有冶金工业、矿业、石油与化学工业、轻工业、机械电子工业、建筑业、能源工业和其他工业行业等。典型的工业固体废物包括冶炼渣、化工渣、燃煤灰渣、废矿石、尾矿、金属、塑料、橡胶、化学药剂、陶瓷、沥青、化学药剂。

2018年，200个大、中城市一般工业固体废物产生量达15.5亿吨，综合利用量8.6亿吨，处置量3.9亿吨，贮存量8.1亿吨，倾倒丢弃量4.6万吨。一般工业固体废物综合利用量占利用处置总量的41.7%，处置和贮存分别占比18.9%和39.3%，综合利用仍然是处理一般工业固体废物的主要途径，部分城市对历史堆存的一般工业固体废物进行了有效的利用和处置。

(2)城市生活垃圾

城市生活垃圾是指在日常生活中或者为日常生活提供服务的活动中产生的固体废物，以及法律、行政法规规定视为生活垃圾的固体废物。城市垃圾主要产自城市居民家庭、商业、餐饮业、旅馆业、旅游业、服务业、市政环卫业、交通运输业、文教卫生业和行政事业单位、工业企业单位以及污水处理厂其他零散垃圾等。生活垃圾主要包括厨余物、废纸、废塑料、废织物、废金属、废玻璃、陶瓷器、砖瓦渣土、粪便以及废旧家具、废电器、庭院废物等。建筑垃圾，是指建设单位、施工单位新建、改建、扩建和拆除各类建筑物、构筑物、管网等，以及居民装饰装修房屋过程中产生的弃土、弃料和其他固体废物。

2018年，200个大、中城市生活垃圾产生量21 147.3万吨，处置量21 028.9万吨，处置率达99.4%。城市生活垃圾产生量最大的是上海市，产生量为984.3万吨，其次是北京、广州、重庆和成都，产生量分别为929.4万吨、745.3万吨、717.0万吨和623.1万吨。前10位城市产生的城市生活垃圾总量为6 256.0万吨，占全部信息发布城市产生总量的29.6%。

(3)农业固体废物

农业固体废物是指在农业生产活动中产生的固体废物。农业固体废物主要来自农业生产、畜禽饲养、植物种植业、动物养殖业和农副产品加工业。常见的有稻草、麦秸、玉米秸、稻壳、枇糠、根茎、落叶、果皮、果核、畜禽粪便、死禽死畜、羽毛、皮毛、废农膜等。

（4）危险废物

危险废物是指列入国家危险废物名录或者根据国家规定的危险废物鉴别标准和鉴定方法认定的、具有危险特性的废物。危险废物主要来自核工业、化学工业、医疗单位、科研单位等。

危险废物主要来源于工业固体废物，部分来自生活垃圾和农业固体废物。据估计我国工业危险废物的产生量占工业固体废物产生量的3%～5%，主要分布在化学原料、化学制造业、采掘业、黑色金属冶炼、有色金属冶炼、石油加工业、造纸业等工业部门。生活垃圾中有害废物主要是医院临床废物以及废日光灯管、废日用化工产品等。农业固体废物中的危险废物主要是喷洒的残余农药等。

2018年，200个大、中城市工业危险废物产生量达4 643.0万吨，综合利用量2 367.3万吨，处置量2 482.5万吨，贮存量562.4万吨。工业危险废物综合利用量占利用处置总量的43.7%，处置、贮存分别占比45.9%和10.4%，有效利用和处置是处理工业危险废物的主要途径，部分城市对历史堆存的危险废物进行了有效的利用和处置。

2018年，200个大、中城市医疗废物产生量81.7万吨，处置量81.6万吨，大部分城市的医疗废物都得到了及时妥善处置。

危险废物常具有毒害性、爆炸性、易燃性、腐蚀性、化学反应性、传染性、放射性等一种或几种危害性。我国制定有国家危险废物名录和危险废物鉴别标准，见表1-2。

表1-2　　　　　　　　我国危险废物鉴别标准

危险特性	项目		危险废物鉴别值
腐蚀性	浸出液pH		≥12.5或≤2.0
急性毒性初筛	小白鼠（或大白鼠）经口灌胃半致死量		1∶1配置浸出液，灌胃量小白鼠不超过0.4 mL/20 g体重、大白鼠不超过1.0 mL/100 g体重
浸出毒性	浸出液危害/(mg/L)	有机汞	不得检出
		汞及其化合物（以总汞计）	0.05
		铅（以总铅计）	3
		镉（以总镉计）	0.3
		总铬	10
		六价铬	1.5
		铜及其化合物（以总铜计）	50
		锌及其化合物（以总锌计）	50
		铍及其化合物（以总铍计）	0.1
		钡及其化合物（以总钡计）	100
		镍及其化合物（以总镍计）	10
		砷及其化合物（以总砷计）	1.5
		无机氟化物（不包括氟化钙）	50
		氰化物（以CN$^-$计）	1.0

国家危险废物鉴别标准规定了固体废物危险特性技术指标,危险特性符合标准规定的技术指标的固体废物属于危险废物,须依法按危险废物进行管理。国家危险废物鉴别标准由以下 7 个标准组成:《危险废物鉴别标准 通则》《危险废物鉴别标准 腐蚀性鉴别》《危险废物鉴别标准 急性毒性初筛》《危险废物鉴别标准 浸出毒性鉴别》《危险废物鉴别标准 易燃性鉴别》《危险废物鉴别标准 反应性鉴别》《危险废物鉴别标准 毒性物质含量鉴别》。详细内容见本教材模块 5 危险废物的全过程管理。《国家危险废物名录》见附录 2。

1.1.3 固体废物的污染途径与危害

1. 固体废物污染环境的途径

固体废物是各种污染物的终态,浓缩了许多污染成分,其中的有毒有害物质可以通过环境介质——土壤、大气、地表或地下水体形成污染,成为土壤、大气、水体环境的污染源,具有潜在的、长期的危害。因此,固体废物,尤其是有害固体废物处理处置不当,能通过各种途径对人体产生危害,同时破坏生态环境,导致不可逆生态变化。固体废物污染环境的途径多,污染形式复杂。固体废物可直接或间接污染环境,其具体途径取决于固体废物本身的物理、化学和生物性质,而且与固体废物处置所在场地的地质、水文条件有关。有些废物可以通过蒸发直接进入大气,更多的是通过接触、浸入、饮用或食用受污染的水或食物进入人体。如工矿业固体废物所含化学成分能形成化学物质型污染(图 1-1);人畜粪便和生活垃圾是各种病原微生物的滋生地,能形成病原体型污染(图 1-2)。

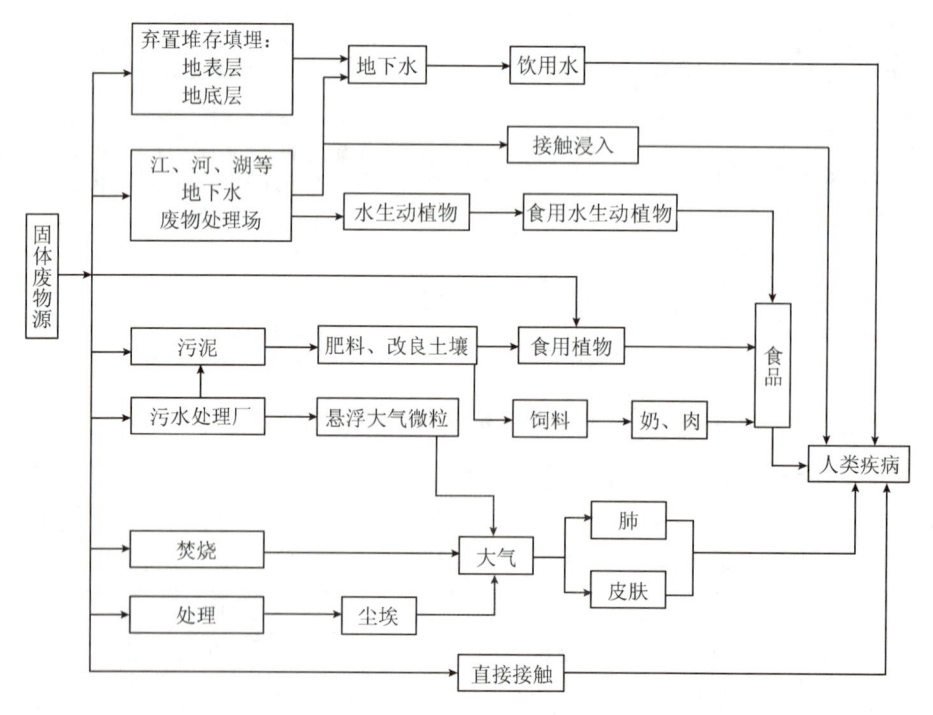

图 1-1 固体废物中化学物质致人疾病的途径

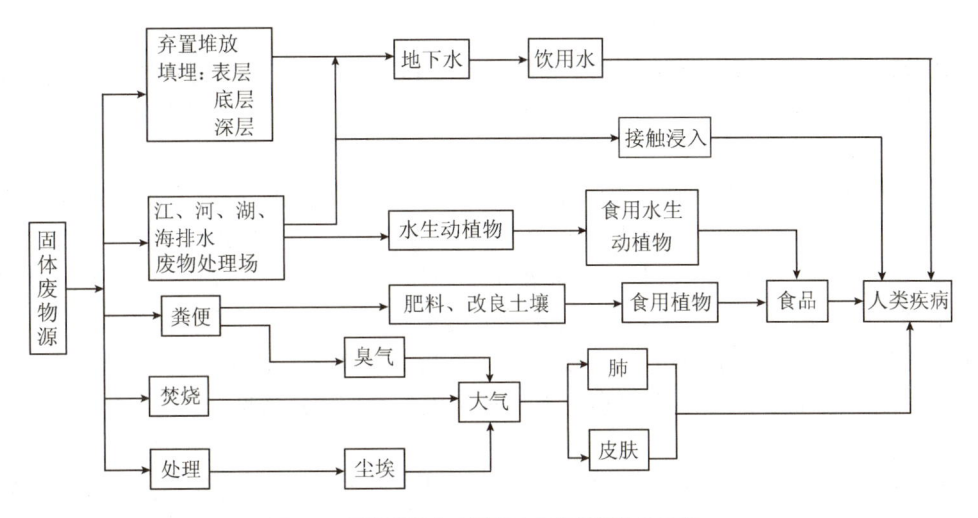

图 1-2　固体废物中病原微生物传播污染的途径

2. 固体废物的污染特性与危害

固体废物具有数量大、种类多、性质复杂、产生源分布广泛等特点。固体废物对环境的污染既有即时性污染又有潜伏性和长期性污染。固体废物一旦造成环境污染或潜在的污染变为现实的污染，消除这些污染往往需要比较复杂的技术和大量的资金投入，花费较大的代价进行治理，并且很难使被污染破坏的环境得到完全彻底的恢复。

（1）侵占土地

固体废物的产生量越大、处理量越少，其累积的存放量就越多，所需的存放面积也就越大。即使是固体废物进行填埋处置，若不注重场地的选择评定以及场地的工程处理和填埋后的科学管理，废物中的有害物质还会通过不同途径进入环境，破坏生态环境，对人体产生危害。据估计，每堆积 1 万吨废渣约需占用 0.067 公顷的土地。随着我国经济的发展和人们生活水平的提高，固体废物的产生量会越来越大，如果不进行及时有效的处理和利用，固体废物侵占土地的问题会变得更加严重。

（2）污染土壤

固体废物不加利用，任意露天堆放，不仅占用一定的土地，而且如填埋处置不当，固体废物及其渗滤液所含的有害物质对土壤会产生污染。它包括改变土壤的物理结构和化学性质，影响植物的营养吸收和生长；影响土壤中微生物的活动，破坏土壤内部的生态平衡；有害物质在土壤中发生积累，致使土壤中有害物质超标，妨碍植物生长，严重时甚至导致植物死亡；有害物质还会通过食物链影响饲养的动物和人体健康。例如，20 世纪 70 年代，美国在密苏里州为了控制道路粉尘，曾把混有 TCDD（四氯二苯并二噁英）的淤泥废渣当作沥青铺设路面，造成土壤污染，土壤中 TCDD 浓度高达 300 mg/kg，污染深度达 60 cm，致使牲畜大批死亡，人们备受各种疾病折磨。在市民的强烈要求下，美国环保局同意全体市民搬迁，并花了 3 300 万美元买下该城市的全部地产，还赔偿了市民的一切损失。20 世纪 80 年代，我国包头市某处堆积的尾矿达 1 500 万吨，使其下游某乡的土地被大面积污染，居民被迫搬迁。

(3) 污染水体

固体废物对水体的污染有直接污染和间接污染两种途径。一是把水体作为固体废物的接纳体,向水体中直接倾倒废物,从而导致水体的直接污染。二是固体废物可随地表径流进入河流湖泊,或随风迁徙落入水体,将有毒有害物质带入水体,杀死水中生物,污染人类饮用水水源、危害人体健康。我国仅燃煤电厂每年就向长江、黄河等水系排放灰渣达 500 万吨以上。一些电厂排放的灰渣已延伸到航道的中心,造成河床淤塞、水面减少、水体污染,影响通航,对水利工程设施造成威胁。固体废物在堆积过程中,经雨水浸淋和自身分解产生的渗滤液危害更大,它可以进入土壤使地下水受污染,或直接流入江河、湖泊和海洋导致地表和地下水的污染,造成水资源的水质型短缺。水体被污染后会直接影响、危害水生生物的生存和水资源的利用,对环境和人类健康造成威胁。

(4) 污染大气

露天堆放的固体废物中的细微颗粒、粉尘等可随风飞扬,进入大气并扩散到很远的地方,造成大面积的空气污染。如粉煤灰、尾矿堆场遇 4 级以上的风时,表层中直径在 1~1.5 cm 的粉末可飞扬到 20~50 m 的高度。固体废物在堆存、处理处置过程中会产生有害气体,对大气产生不同程度的污染,露天堆放的固体废物会因有机成分的分解产生有味的气体,形成恶臭。生活垃圾经填埋处置后,其中的一些有机固体废物在适宜的温度和湿度下发生生物降解,释放出硫化氢等有害气体,若无填埋气体收集设施,这些有害气体就会排放到空气中,填埋场中逸出的沼气也会对大气环境造成影响,它在一定程度上会消耗其上层空间的氧气,使种植植物衰败。固体废物中的有毒有害废物还可发生化学反应产生有毒气体,扩散到大气中危害人体健康。固体废物焚烧处理导致的二次污染已成为有些国家大气污染的主要污染源之一。据报道,美国废物焚烧炉约有 2/3 由于缺少空气净化装置而污染大气,有的露天焚烧炉排出的粉尘在接近地面处的浓度达到 0.56 g/m³。

(5) 影响人类健康

固体废物,特别是有害固体废物在堆存、处理、处置和利用过程中,一些有害成分会通过水、大气、食物等多种途径被人类所吸收而危害人体健康。例如,生活垃圾携带的有害病原菌可传染疾病,对人体形成生物污染;工矿业废物所含化学成分可污染饮用水对人体形成化学污染;垃圾焚烧过程中产生的粉尘会影响人们的呼吸系统,产生的二噁英有剧毒,若不处理或处理未达标过量排放,可直接导致人的死亡等。

(6) 影响市容与环境卫生

目前,我国生活垃圾的清运能力不高,工业固体废物的综合利用率也较低。根据对中国 300 个城市的统计,2011 年全国生活垃圾清运量为 16.395 万吨,仅占产生量的 40%~50%,无害化处理 13.089 万吨,无害化处理率为 79.7%,20% 以上的垃圾、粪便未经无害化处理进入环境,严重影响人们居住环境的卫生状况,导致传染病菌的繁殖,对人们的健康构成潜在的威胁;工业固体废物综合利用量(含利用往年贮存量)为 199 757.4 万吨,综合利用率为 60.5%,约 40% 的工业废渣、垃圾未经处理露天堆放在厂区、城市街区角落等处,它们除了导致直接的环境污染外,还严重影响了厂区、城市的容貌和景观。其中,"白色污染"是对环境和市容污染最明显的例子,如水体中漂浮的和树枝上悬挂的塑料袋就严重影响了城市景观,形成"视觉污染"。

1.2 固体废物的管理

中国固体废物管理工作起步较晚，由于固体废物污染环境的滞后性和复杂性，人们对固体废物的管理不够重视，长期以来没有形成完整的、有效的固体废物管理体系。《中华人民共和国固体废物污染环境防治法》的颁布与实施标志着中国对固体废物污染的管理从此走上了法制化的轨道，但由于各项行之有效的配套措施尚待完善，各工矿企业部门对固体废物处理尚需一个适应的过程；特别是有害固体废物任意丢弃，缺少符合标准的有害固体废物填埋场。因此，根据中国对固体废物的管理实践，并借鉴国外的经验，应从以下方面做好中国的固体废物管理工作：一方面要划分有害固体废物与非有害固体废物的种类；另一方面还要逐步完善固体废物法规，加大执法力度；三是采取综合措施，提高管理效率。

固体废物管理的主要方法是建立固体废物管理法，美国的《资源保护和回收法》(RCRA)(1984)和《全面环境责任承担赔偿和义务法》(CERCLA)(1986)是迄今世界各国中比较全面的关于固体废物管理的法规。前者强调设计和运行必须确保有害废物得到妥善管理，对于非有害废物的资源化也做出了较全面的规定；后者强调处置有害废物的责任和义务。英国的《污染控制法》有专门的固体废物条款。日本的《废物处理和清扫法》规定了全体国民的义务和废物处理的主体，不仅企业有适当处理其产生的固体废物的义务，公民也有保持生活环境清洁的义务。前联邦德国制订有相当完备的各种环境保护法规，管理更加完善，例如，85％的固体废物都被送往15个大型中心处理站去销毁、回收利用、循环或土地填埋。

固体废物管理还应遵循综合化(Integrated)和层次化(Hierarchy)的指导方针。所谓综合化，是指固体废物的管理应覆盖从产生源、收集与贮存、加工、运输与转运、中间加工利用与处理直到最终处置的全过程；层次化是管理的优先次序（图1-3）：城市固体废物管理最优先层次应是产生源减量，其次是收集过程中的分类、直接回收与再利用，最后才是最终的与环境相容的处置。

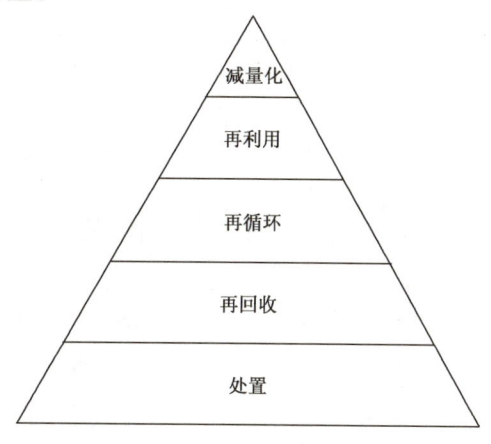

图1-3　固体废物管理的层次

减量化(Reduction)：一般是指采用适当的技术，一方面减少固体废物的排出量，另一方面在固体废物后续处理过程中减少固体废物容量。此处更侧重于前者，在源头控制固体废物的产量。

再利用(Reuse)：是指产品品质下降或形成固体废物，直接将该物质进行二次使用或作为其他功能利用。

再循环(Recycling)：固体废物经过简单的拆解、破碎、分选等物理处理，回收其中有价值资源的过程称为再循环。

再回收(Recovery)：固体废物经过生物、化学等处理方式，回收其中高价值成分或能量的过程。

现代固体废物的管理是法规化和制度化的管理。通过一系列法律、法规的设立和与之相配套的管理制度和技术标准实施，使政府、法人、自然人明确自己在废物管理方面的责任、义务和行为准则，通过运用法律的手段管理环境，取得全社会一体遵行的效果，从而确保固体废物管理的顺利开展。

1.2.1 固体废物管理的原则

《中华人民共和国固体废物污染环境防治法》提出了固体废物污染防治的"减量化、无害化、资源化"的基本原则和"全过程"管理原则。

1. "三化"基本原则

我国固体废物污染控制工作起步较晚，技术力量及经济力量有限。在20世纪80年代中期提出了将"资源化""无害化"和"减量化"作为控制固体废物污染的基本原则。

固体废物减量化的主要任务是通过适当的手段减少固体废物的数量和体积。这一任务的实现，需从两方面入手：一方面减少固体废物的排出量；另一方面减少固体废物容量。要达到固体废物减量化的目的，首先要尽量避免和减少固体废物的产生，从源头上解决问题，这也就是通常所说的"源削减"；其次，要对产生的废物进行有效的处理和最大限度地回收利用，以减少固体废物的最终处置量。例如，通过开发清洁生产工艺可有效地减少生产过程中废物的产生；固体废物经粉碎、压缩处理后，体积会大大减少；垃圾经焚烧处理后，体积可减少80%~90%，需要处置的灰渣量大大减少。需要强调的是，减量化不只是减少固体废物的数量和体积，还包括尽可能地减少其种类、降低危险废物中有害成分的浓度、减轻或清除其危险性等。减量化是对固体废物的数量、体积、种类、有害性质的全面管理。同时，减量化也是防止固体废物污染环境优先考虑的措施。对我国而言，应当改变粗放经营的发展模式，鼓励和支持开展清洁生产，开发和推广先进的生产技术和设备，充分合理地利用原材料、能源和其他资源等，通过这些政策措施的实施，达到固体废物"减量化"的目的。

固体废物无害化处理的基本任务就是将固体废物进行工程处理，达到既不危害人体健康，又不污染周围自然环境（包括原生环境和次生环境）的目的。固体废物的无害化处理需要多种工程技术，如物理、化学和生物技术等。诸如垃圾的焚烧、卫生填埋、堆肥、粪便的厌氧发酵、有害废物的热处理和解毒处理等。但是对废物进行无害化处理时也必须看到无害化处理的通用性是有限的，它们的使用都有其局限性，如焚烧垃圾需要垃圾具有较高的热值,发酵需要垃圾有机物含量高;而且它们通常会产生二次污染,如填埋会产生渗滤液,污染地下水,焚烧会产生致癌物质。

固体废物资源化的基本任务是采取工艺措施从固体废物中回收有用的物质和能源。通过资源化,可回收有用的物质和能源,在创造经济价值的同时节约资源,并减少固体废物的产生量。固体废物资源化包括以下三个方面的内容:

(1)物质回收,即从废弃物中回收二次物质。例如,从垃圾中回收纸张、玻璃、金属等。

(2)物质转换,即利用废弃物制取新形态的物质。例如,利用废玻璃生产铺路材料,利用炉渣生产水泥和其他建筑材料,通过堆肥化处理把生活垃圾转化成有机肥料等。

(3)能量转换,即从废物处理过程中回收能量,生产热能或电能。例如,通过有机废物的焚烧处理回收热量或进一步发电;利用垃圾厌氧消化生产沼气,并作为能源向居民和企业供热或发电等。

2."全过程"管理原则

固体废物全过程管理即对固体废物的产生—收集—运输—综合利用—处理—贮存—处置实行全过程管理,在每一环节都将其作为污染源进行严格的控制。目前,解决固体废物污染控制的基本对策是避免产生(Clean)、综合利用(Cycle)、妥善处置(Control)的所谓"3C"原则。另外随着循环经济、生态工业园及清洁生产理论和实践的发展,有人提出了"3R"原则,即通过对固体废物实施减少产生(Reduce)、再利用(Reuse)、再循环(Recycle)策略达到节约资源、降低环境污染及资源永续利用的目的。

1.2.2 固体废物管理体系

固体废物的管理是通过相应的管理体系进行的,我国固体废物管理体系是:以环境保护主管部门为主,结合有关的工业主管部门以及城市建设主管部门,共同对固体废物实行全过程管理。为实现固体废物的"减量化、无害化、资源化",各主管部门在所辖的职权范围内,建立相应的管理体系(图1-4)和管理制度。《中华人民共和国固体废物法》对各个主管部门的分工有着明确的规定。

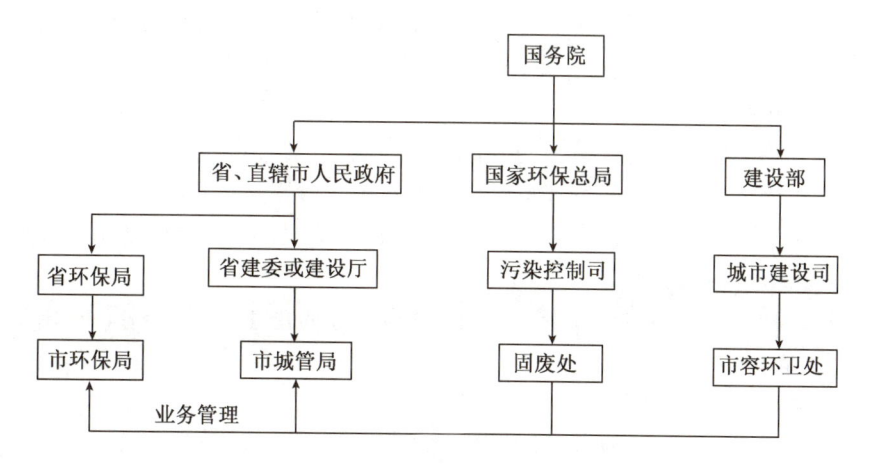

图1-4 我国固体废物管理体系

1. 各级环境保护主管部门

各级环境保护主管部门,即各级环保局,对固体废物污染环境的防治工作实施统一监督管理,环境保护部是全国最高环境保护主管部门。各级环保主管部门的主要工作包括:

(1)负责对固体废物污染环境的防治工作实施统一监督管理,建立和完善固态废物环境管理网络。

(2)制定和贯彻执行有关固体废物污染防治的法律、法规、规章和政策;参与制定固体废物污染防治地方法规、规章和规范性文件;参与编制固体废物污染防治有关规划。

(3)负责工业固体废物申报登记管理和危险废物管理计划、应急预案等备案管理工作,组织开展固体废物污染防治专项调查工作,建立固体废物管理数据库。

(4)对固体废物的收集、贮存、转移、交换、运输、利用、处置等工作进行技术指导和监督管理。

(5)负责危险废物经营许可证及固体废物进口审批工作中的技术审查工作;承担对固体废物环境风险评价;负责实施危险废物转移联单制度及跨省、市危险废物转移联单初审工作。

(6)负责组织对固体废物综合处理或集中处置单位的现场监管;参与固体废物综合处理或集中处置建设项目的审查及项目竣工验收;参与固体废物污染防治设施的"三同时",跟踪监督管理执行情况;参与固体废物有关限期治理项目的监督管理和验收;参与对固体废物污染防治设施运行情况的现场监督检查。

(7)协助省环保局处理全省固体废物污染环境事故;对违反固体废物法律、法规和规章的行为进行查处;根据实际情况实施危险废物代处置工作。

(8)组织开展固体废物"减量化、无害化、资源化"有关政策调研工作,开发和推广能够减少固体废物产生量和危害性的先进生产工艺、技术和设备;负责组织固体废物产生单位和经营单位有关人员的专业技术培训和上岗培训;承担环境风险评价等固体废物污染防治技术咨询服务工作。

2. 国务院、地方人民政府有关部门

国务院有关部门、地方人民政府有关部门是指国务院、各地人民政府下属有关部门,如工业、农业、交通等部门。负责本部门职责范围内的固体废物污染环境防治的监督管理工作,主要工作包括:

(1)对所管辖范围内的有关单位的固体废物污染环境防治工作进行监督管理。

(2)对造成固体废物严重污染环境的企事业单位进行限期治理。

(3)制定防治工业固体废物污染环境的技术政策,组织推广先进的防治工业固体废物污染的生产工艺和设备。

(4)组织、研究、开发和推广减少工业固体废物产生量的生产工艺和设备,限期淘汰落后的生产工艺和设备。

(5)制定工业固体废物污染环境防治工作规划。

(6)组织建设工业固体废物和危险废物的贮存、处理、处置设施。

3. 各级人民政府环境卫生行政主管部门

由于生活垃圾是各城市都存在的、与人民生活密切相关的环境问题,各级人民政府一般都设有专门负责生活垃圾管理工作的环境卫生行政主管部门,即"环卫局"。由环卫局专门负责生活垃圾的清扫、贮存、运输、处理、处置等具体工作,包括:

(1)制定和贯彻有关市容环境卫生工作的方针、政策和法律、法规、规章;并组织实施有关法规、规章和政策。

(2)根据国民经济和社会发展总体规划、城市总体规划的要求,编制市容环境卫生专业规划及中、长期发展规划和年度计划,并组织实施;起草并组织实施市容环境卫生的地方标准。

(3)统一管理市容环境卫生工作;依法对市容环境卫生实施监督检查,负责市容环境卫生执法监察的监督和管理。

(4)负责生活废弃物和特定污染物的管理;负责本市市容环境卫生配套设施的管理。

1.2.3　固体废物管理的法规、制度、经济政策

1. 固体废物管理的法规

解决固体废物污染控制问题的关键之一是建立和健全相应的法规、标准体系。20世纪70年代以来,人们逐步加深了对固体废物环境管理重要性的认识,不断加强对固体废物的科学管理,并从组织机构、环境立法、科学研究和财政拨款等方面给予支持和保证。许多国家开展了固体废物及其污染状况的调查,并在此基础上制定和颁布了固体废物管理的法规和标准。

世界各国的固体废物管理法规都经历了一个漫长的、从简单到完整的过程。美国在1965年制定的《固体废物处置法》是第一个关于固体废物的专业性法规,该法在1976年修改为《资源保护及回收法》(RCRA),并分别于1980年和1984年经美国国会加以修订,日臻完善,迄今已成为世界上最全面、最详尽的关于固体废物管理的法规之一。根据RCRA的要求,美国EPA又颁布了《有害固体废物修正案》(HSWA),其内容共包括九大部分及大量附录,每一部分都与RCRA的有关章节相对应,实际上是RCRA的实施细则。为了清除已废弃的固体废物处置场对环境造成的污染,美国又于1980年颁布了《综合环境对策保护法》(CER-CLA),俗称《超级基金法》。日本关于固体废物管理的法规主要是1970年颁布并经多次修改的《废弃物处理及清扫法》,迄今已成为包括固体废物资源化、减量化、无害化以及危险废物管理在内的相当完善的法规体系。此外,日本还于1991年颁布了《促进再生资源利用法》,对促进固体废物的减量化和资源化起到了重要作用。

我国有关固体废物管理的法律、法规大致可分为国家法律、行政法规和签署的国际公约三大方面。

(1)国家法律

我国全面开展环境立法的工作始于20世纪70年代末期。在1978年的《宪法》中,首次提出了"国家保护环境和自然资源,防止污染和其他公害"的规定,1979年颁布了《中华人民共和国环境保护法(试行)》,1989年通过了《中华人民共和国环境保护法》,这是我国环境保护的基本法,对我国环境保护工作起着重要的指导作用。《中华人民共和国固体废物污染环境防治法》(简称《固体废物法》)是我国固体废物管理方面最重要的国家法律。它于1995年10月30日由第八届全国人大常委会第十六次会议通过,并于同日以第58

号国家主席令予以公布,自1996年4月1日起实施。2020年4月29日,十三届全国人大常委会第十七次会议审议通过了修订后的固体废物污染环境防治法,自2020年9月1日起施行。修订后的固体废物污染环境防治法共分为六章,内容涉及总则、固体废物污染环境防治的监督管理、固体废物污染环境的防治、工业固体废物污染环境的防治、生活垃圾污染环境的防治、危险废物污染环境防治的特别规定、法律责任及附则等,这些规定从2005年4月1日起正式成为我国固体废物污染环境防治及管理的法律依据。《固体废物法》根据中国的实际情况,并借鉴了国外固体废物管理的经验,提出了我国固体废物污染防治的主要原则,即对固体废物实行全过程管理;对固体废物实行减量化、资源化、无害化;对危险废物实行严格控制和重点防治等。

(2)行政法规

《固体废物法》是我国固体废物管理最重要也是最基本的国家法律。此外,国家环境保护总局和有关部门还单独颁布或联合颁布了一系列的行政法规。例如,《城市市容和环境卫生管理条例》《城市生活垃圾管理办法》《关于严格控制境外有害废物转移到我国的通知》《防治尾矿污染管理办法》《关于防治铬化废物生产建设中环境污染的若干规定》等。这些行政法规都是以《固体废物法》中确定的原则为指导,结合具体情况,针对某些特定污染物制定的,它们是《固体废物法》在实际中的具体应用。

(3)国际公约

目前,环境污染已不再仅是某个国家的问题,而正在变成一个全球性的问题。而且,随着我国加入世界贸易组织,我国将越来越多地参与国际范围的环境保护工作,已签署并将继续签署越来越多的国际公约。例如,在1990年3月,我国政府就签署了《控制危险废物越境转移及其处置巴塞尔公约》。

2. 固体废物管理的制度

根据我国国情并借鉴国外的经验和教训,《固体废物法》制定了一些行之有效的管理制度。

(1)分类管理

固体废物具有量多面广、成分复杂的特点,需要对城市生活垃圾、工业固体废物和危险废物分别管理。《固体废物法》第五十八条规定:"禁止混合收集、贮存、运输、处置性质不相容而未经安全性处置的危险废物,禁止将危险废物混入非危险废物中贮存。"

(2)工业固体废物申报登记制度

为了使环境保护部门掌握工业固体废物和危险废物的种类、产生量、流向以及对环境的影响等情况,进而进行有效的固体废物全过程管理,《固体废物法》要求实施工业固体废物申报登记制度。

(3)固体废物污染环境影响评价制度及其防治设施的"三同时"制度

环境影响评价制度是指对可能影响环境的工程建设、开发活动和各种规划,预先进行调查、预测和评价,提出环境影响及防治方案的报告,经主管当局批准才能进行建设。"三同时"制度是指新建、改建、扩建项目以及区域开发建设项目的防治污染和其他公害的设施以及综合利用设施必须与主体工程同时设计、同时施工、同时投产使用的制度。环境影响评价制度和"三同时"制度是我国环境保护的基本制度,《固体废物法》重申了这一制度。

(4)排污收费制度

固体废物污染与废水、废气污染有着本质的不同,废水、废气进入环境后可以在环境中经物理、化学、生物等途径稀释、降解,并且有着明确的环境容量。而固体废物进入环境后,不易被环境所接受,其稀释、降解往往是个难以控制的复杂而长期的过程。严格地说,固体废物严禁不经任何处理与处置排入环境当中。固体废物排污费的交纳,则是对那些在按规定或标准建成贮存设施、场所前产生的工业固体废物而言的。例如《排污费征收标准管理办法》中规定:①对无专用贮存或处置设施和专用贮存或处置设施达不到环境保护标准(无防渗漏、防扬散、防流失设施)排放的工业固体废物,一次性征收固体废物排污费。每吨固体废物的征收标准为:冶炼渣 25 元、粉煤灰 30 元、炉渣 25 元、煤矸石 5 元、尾矿 15元、其他渣(含半固态、液态废物)25 元。②对以填埋方式处置危险废物不符合国家有关规定的,危险废物排污费征收标准为每次每吨 1 000 元。

(5)限期治理制度

《固体废物法》规定,没有建设工业固体废物贮存或者处置设施、场所,或者已建设但不符合环境保护规定的单位,必须限期建成或者改造。实行限期治理制度是为了解决重点污染源污染环境问题。对于排放或处理不当的固体废物造成环境污染的企业和责任者,实行限期治理,是防治固体废物污染环境的有效措施。限期治理就是抓住重点污染源,集中有限的人力、财力和物力,解决最突出的问题。如果限期内不能达到标准,就要采取经济手段制裁以至停产。

(6)进口废物审批制度

《中华人民共和国固体废物污染环境防治法》明确规定:"禁止中华人民共和国境外的固体废物进境倾倒、堆放、处置""禁止经中华人民共和国过境转移危险废物""禁止进口不能用作原料或者不能以无害化方式利用的固体废物;对可以用作原料的固体废物实行限制进口和自动许可进口分类管理"。为贯彻这些规定,国家环境保护总局、对外贸易经济合作部、国家工商行政管理总局、海关总署和国家进出口商品检验检疫总局于 1996 年联合颁布《废物进口环境保护管理暂行规定》以及《国家限制进口的可用作原料的废物名录》,规定了废物进口的三级审批制度、风险评价制度和加工利用单位定点制度等。在这些规定的补充规定中,又规定了废物进口的装运前检验制度。通过这些制度的实施,有效地遏止了曾受到国内外瞩目的"洋垃圾入境"的势头,维护了国家尊严和国家主权,防止了境外固体废物对我国的污染。

(7)危险废物行政代执行制度

由于危险废物具有有害特性,其产生后如不进行适当的处置而任由产生者向环境排放,则可能造成严重危害,因此必须采取一切措施保证危险废物得到妥善的处理和处置。《固体废物法》规定:"产生危险废物的单位,必须按照国家有关规定处置危险废物,不得擅自倾倒、堆放;不处置的,由所在地县级以上地方人民政府环境保护行政主管部门责令限期改正;逾期不处置或者处置不符合国家有关规定的,由所在地县级以上地方人民政府环境保护行政主管部门指定单位,按照国家有关规定代为处置,处置费用由产生危险废物的单位承担。"行政代执行制度是一种行政强制执行措施,这一措施保证了危险废物得到妥善、适当的处置。而处置费用由危险废物产生者承担,也符合我国"谁污染、谁治理"的原则。

(8)危险废物经营许可证制度

因为危险废物具有危险性,所以并非任何单位和个人都可以从事危险废物的收集、贮存、处理、处置等经营活动。必须由具备一定设施、设备、人才和专业技术能力并通过资质审查获得经营许可证的单位进行危险废物的收集、贮存、处理、处置等经营活动。《固体废物法》规定:"从事收集、贮存、处置危险废物经营活动的单位,必须向县级以上人民政府环境保护行政主管部门申请领取经营许可证。"许可证制度将有助于我国危险废物管理和技术水平的提高,保证危险废物的严格控制,防止危险废物污染环境的事故发生。

(9)危险废物转移报告单制度

危险废物转移报告单制度也称为危险废物转移联单制度,这一制度的建立是为了保证运输安全、防止危险废物的非法转移和非法处置,保证对危险废物的安全监控,防止污染事故的发生。

3. 固体废物管理的经济政策

固体废物管理的经济政策有多种,这些经济政策的制定因各国国情的不同有很大的区别。从总体上讲,我国目前利用经济手段管理固体废物的力度不大,但未来将向这方面发展。这里介绍几项国外普遍采用的主要经济政策,其中部分在我国已开始实施。

(1)"垃圾收费"政策

生活垃圾排放和垃圾处理费用不断增加,给生活垃圾管理和国家财政带来很大压力。很多国家先后实行了垃圾收费制度,以达到补偿垃圾处理费用和促进垃圾源头减量的双重目标。日本于1990年实施了垃圾收费制,韩国从1995年开始实行"垃圾计量收费制",这些收费制度实行后,两国的垃圾产生量明显减少。我国从2002年起开始实行垃圾收费制度。它一方面可解决我国生活垃圾服务系统的运行费用问题,另一方面也有利于促使每个家庭和有关企业减少垃圾的产生量,是一项促使垃圾"减量化"的重要经济政策。

(2)"生产者责任制"政策

"生产者责任制"是指产品的生产者(或销售者)对其产品被消费后所产生的废弃物的管理负有责任。发达国家对易回收废物、有害废物等一般都制定再生利用的专项法规或者强制回收政策。例如对包装废物,规定生产者首先必须对其商品所用包装的数量或质量进行限制,尽量减少包装材料的用量;其次,生产者必须对包装材料进行回收和再生利用。发达国家生活垃圾中废弃包装物所占比例较大(30%~40%),通过生产者负责对包装物用量的限制和对废弃包装物的回收利用,可大大减少废弃包装物的产生和节约资源,效果非常显著。美国加州对汽车蓄电池也采取了这种政策。它要求顾客在购买新的汽车电池时,必须把旧的汽车电池同时返还到汽配商店,汽配商店才可以向顾客出售新的汽车电池。收回的旧电池再由汽配商店交给生产者或专门的机构安全处理。这样就可避免消费者对汽车电池的随意丢弃,避免其对环境的污染。

(3)"押金返还"制度

"押金返还"制度是指消费者在购买产品时,除了需要支付产品本身的价格外,还需要支付一定数量的押金,产品被消费后,其产生的废弃物返回到指定地点时,可赎回已支付的押金。"押金返还"制度是国外广泛采用的经济管理手段之一。对于易回收物质、有害物质等,采取"押金返还"制度可鼓励消费者参与物质的循环利用、减少废物的产生量和避免有害废物对环境的危害。美国加州对易拉罐饮料就采取了这种制度,它要求顾客在购买易拉罐饮料时额外支付每罐5美分的押金,顾客消费后把易拉罐返回回收中心时,可把这5美分的押金收回。

(4)"税收、信贷优惠"政策

"税收、信贷优惠"政策就是通过税收的减免、信贷的优惠,鼓励和支持从事固体废物管理的企业,促进环保产业长期稳定发展。由于固体废物的管理带来更多的是社会效益和环境效益,经济效益相对较低,甚至完全没有,因此,就需要国家在税收和信贷等方面给予政策优惠,以支持相关企业和鼓励更多的企业从事这方面的工作。例如,对回收废物和资源化产品的出售减免增值税,对垃圾的清运、处理、处置、已封闭垃圾处置场地的地产开发实行财政补贴,对固体废物处理处置工程项目给予低息或无息优惠贷款等。

(5)"垃圾填埋费"政策

"垃圾填埋费"有时又称"垃圾填埋税",它是指对进入填埋场最终处置的垃圾进行再次收费,其目的在于鼓励废物的回收利用,提高废物的综合利用率,以减少废物的最终处置量,同时也是为了解决填埋土地短缺的问题。"垃圾填埋费"政策是用户付费政策的继续,它是对垃圾采用填埋方式进行限制的一种有效的经济管理手段,这种政策在欧洲国家使用较为普遍。

1.2.4 固体废物管理的技术标准

我国固体废物国家标准基本由环境保护部和建设部在各自的管理范围内制定。建设部主要制定有关垃圾清运、处理处置方面的标准;环境保护部负责制定有关废物分类、污染控制、环境监测和废物利用方面的标准。经过多年的努力,我国已初步建立了固体废物标准体系,它主要分为四大类,即固体废物分类标准、固体废物监测标准、固体废物污染控制标准和固体废物综合利用标准。

1. 固体废物分类标准

这类标准主要用于对固体废物进行分类。主要包括《国家危险废物名录》(2021版)、《危险废物鉴别标准》(GB 5805)、建设部颁布的《城市生活垃圾产生源分类及垃圾排放》(CJT 368—2011)以及《进口可用作原料的固体废物环境保护控制标准》(GB 16487.1~16487.13)等。

2. 固体废物监测标准

这类标准主要用于对固体废物环境污染进行监测。它主要包括固体废物的样品采制、样品处理以及样品分析标准等。由于固体废物对环境的污染主要是通过渗滤液和散发的气体释放物进行的,因此,对这些释放物的监测还需按照废水和废气的有关监测方法进行。这些标准主要有《固体废物浸出毒性测定方法》(GB/T 15555.1~12)、《固体废物浸出毒性浸出方法》(GB 5086.1~2)、《城市生活垃圾采样和物理分析方法》(CJ/T 3039—1995)、《工业固体废物采样制样技术规范》(CJ/T 20)、《危险废物鉴别、急性毒性初筛》(GB 5085.2—2007)、《生活垃圾卫生填埋场环境监测技术标准》(GB/T 18772—2017)等。固体废物还可通过渗滤液和散发气体对环境进行二次污染,因此对于这些释放物的监测还应该遵循相关的废水和废气的监测方法标准。

3. 固体废物污染控制标准

这类标准是对固体废物污染环境进行控制的标准,它是进行环境影响评价、环境治理、排污收费等管理手段的基础,因而是所有固体废物标准中最重要的标准。固体废物污染控制标准分为两大类,一是废物处理处置控制标准,即对某种特定废物的处理处置提出的控制标准和要求。如《多氯苯废物污染控制标准》(GB 13015—2017)、《有色金属工业固体废物污染控制标准》(GB 5085—85)、《农用污泥污染物控制标准》(GB 4284—2018)、《建筑材料用工业废渣放射性物质限制标准》(GB 6763—86)、《城镇垃圾农用控制标准》(GB 8172—87)等。另一类是废物处理设施的控制标准。如《生活垃圾填埋污染控制标准》(GB 16889—1997)、《生活垃圾焚烧污染控制标准》(GB 18485—2014)、《危险废物贮存污染控制标准》(GB 18597—2001)、《危险废物填埋污染控制标准》(GB 18598—2019)、《一般工业固体废物贮存与填埋污染控制标准》(GB 18599—2020)等。

4. 固体废物综合利用标准

固体废物资源化在固体废物管理中具有重要的地位。固体废物综合利用标准是我国对垃圾处理处置技术进行总体规划和指导的总纲,在一定程度上指导着处理处置技术的发展方向。为大力推行固体废物的综合利用技术,并避免在综合利用过程中产生二次污染,环境保护部正在制定一系列有关固体废物综合利用的规范、标准。首批要制定的综合利用标准包括有关电镀污泥、含铬废渣、磷石膏等废物综合利用的规范和技术标准。以后还将根据技术的成熟程度、环境保护的需要陆续制定各种固体废物综合利用的标准。

1.3 固体废物的污染控制

固体废物的污染控制主要从源头控制、资源化、无害化处理与处置等几个方面着手:

1. 从源头削减固体废物污染

从污染源头起始,改进或采用更新的清洁生产工艺,尽量少排或不排废物。这是控制工业固体废物污染的主要措施。生产工艺落后、原料品位低、质量差是产生固体废物的主要原因,因而首先应当结合技术改造,从改革工艺着手,采用无废或少废的清洁生产技术,从发生源消除或减少污染物的产生。在工业生产中采用精料工艺,减少废渣排量和所含成分;在能源需求中,改变供求方式,提高燃烧热能利用率;发展物质循环利用工艺,在企业生产过程中,以前一种产品的废物做后一种产品的原料,并以后者的废物再生产第三种产品,如此循环和回收利用,既可使固体废物的排出量大为减少,甚至达到零排放,还能使有限的资源得到充分的利用;进行综合利用,从废物中提取有用成分,满足可持续发展战略的要求,取得经济、环境和社会的综合效益。

2. 固体废物的资源化

固体废物具有两重性,它虽占用大量土地,污染环境,但本身又含有多种有用物质,是一种资源。固体废物资源化是指采取工艺技术从固体废物中回收有用的物质和能源,就其广义来说,是资源的再循环。

随着工农业的迅速发展,固体废物的数量也惊人地增长,在这种情形下,对固体废物实行资源化，能变废为宝，必将减少原生资源的消耗，节省大量的投资，降低成本，减少固体废物的排出量、运输量和处理量，减少环境污染，具有可观的环境效益、经济效益和社会效益。世界各国的固体废物资源化实践表明，固体废物资源化的潜力巨大。表 1-3 是美国资源回收情况，从表中可以看出，效益非常可观。

表 1-3　　　　　　　　　　美国资源回收的经济潜力

废物料	年产生量/(10^6 t/a)	可回收量/(10^6 t/a)	二次物料价格/(美元/t)	年总收益/百万美元
纸	40.0	32.0	22.1	707
黑色金属	10.2	8.16	38.6	315
铝	0.91	0.73	220.5	161
玻璃	12.4	9.98	7.72	77
有色金属	0.36	0.29	132.3	38
总收益	—	—	—	1 298

中国于 1970 年提出了"综合利用、变废为宝"的口号，开展了固体废物综合利用技术的研究和推广工作，现已取得了显著成果。通过对固体废物的资源化，不仅减轻了环境污染，而且创造了大量的财富，取得了较为可观的经济效益。当然，与发达国家相比，中国在固体废物的资源化和综合利用方面仍有较大的差距。因此，加强对固体废物的资源化和综合利用，是环境工作者奋斗的目标之一。

(1) 资源化的原则

为保证固体废物资源化利用能够取得良好的效益，固体废物的资源化必须遵循以下四个原则：一是资源化的技术必须是可行的；二是资源化的经济效益比较好，有较强的生命力；三是资源化所处理的固体废物应尽可能在排放源附近处理利用，以节省固体废物在存放和运输等方面的投资；四是资源化产品应当符合国家相应产品的质量标准，因而具有与之竞争的能力。

在遵循上述四个原则的基础上，固体废物资源化完全是可行的，主要有以下四个方面的原因：第一是环境效益高，固体废物资源化可以从环境中除去某些有毒废物，同时减少废物贮放量；第二是生产成本低，如用废铁炼钢与用铁矿石炼钢相比，可减少能耗 47%～70%，减少空气污染 85%，减少矿山垃圾 97%；第三是生产效益高，用铁矿石炼 1 t 钢需 8 个工时，而用废铁炼 1 t 钢仅需 2～3 个工时；第四是能耗低，用废铁炼钢与用铁矿石炼钢相比可节约能耗 74%。

(2) 资源化的基本途径

固体废物资源化利用途径是多方面的，其基本途径归纳起来有五个方面。

① 提取各种金属

把最有价值的各种金属提取出来是固体废物资源化的主要途径。许多种废矿石、尾矿以及废渣中都含有一定量的金属、稀有金属、贵金属元素或含有提炼、冶炼金属元素所需的辅助成分，若用于冶金、化工生产可取得良好的技术经济效益。从有色金属渣中可提取金、银、钴、锑、硒、碲、铊、钯、铂等，其中某些稀有贵金属的价值甚至超过主金属的价值。粉煤灰和煤矸石中含有铁、钼、钪、锗、钒、铀、铝等金属，目前美国、日本等国能对钼、锗、钒实行工业化提取。可用于回收金属的主要固体废物见表1-4。

表 1-4　　　　　　　　　　可用于回收金属的主要固体废物

用　途	主要固体废物及回收要点
炼铁溶剂	钢渣、铬渣等作为炼铁溶剂
炼铁原料	废钢铁、钢渣、钢铁尘泥、含铁量高的硫酸渣、铅锌渣等，作为炼铁炉料
回收铁	从粉煤灰、钢铁渣磁选回收铁，从煤矸石中选取氧化铁
回收有色金属、贵金属、稀有金属等	从铜、铅、锌、镍渣中回收铜、铅、锌、镍；从铅锌渣中回收金、银、锗等；从粉煤灰中回收铝、锗等；从煤矸石中回收锗、铟等；废有色金属重炼；从水银电解法制苛性钠的盐泥中，从乙炔法制氯乙烯的含氯化汞的废催化剂中，从处理含汞废水的污泥中回收汞等

②生产建筑材料

许多工业废渣的物质组成及性质和天然或人工制成的建筑材料很相似，因此利用工业固体废物生产建筑材料是一条较为广阔的途径。目前主要表现在以下几个方面：一是利用高炉渣、钢渣、铁合金渣等生产碎石，作为混凝土骨料、道路材料、铁路道砟等；二是利用粉煤灰、经水淬的高炉渣和钢渣等生产水泥；三是在粉煤灰中掺入一定量炉渣、矿渣等骨料，再加石灰、石膏和水拌和，可制成砌块、大型墙体材料等硅酸盐建筑制品；四是利用部分冶金炉渣生产铸石，利用高炉渣或铁合金渣生产微晶玻璃；五是利用高炉渣、煤矸石、粉煤灰生产矿渣棉和轻质骨料。此外，废旧塑料、污泥、尾矿、建筑垃圾、生活垃圾焚烧灰等也可用于生产建筑材料，而且品种繁多，如轻质骨料、隔热保温材料、装饰材料，防水卷材及涂料，建筑绝热板、生化纤维板、再生混凝土等。可用于生产建筑材料的主要固体废物见表1-5。

表 1-5　　　　　　　　　可用于生产建筑材料的主要固体废物

建筑材料	可利用的固体废物
水泥	相当于石灰成分的废石、铁或铜的尾矿粉、煤矸石、粉煤灰、锅炉渣、高炉渣、钢渣、铜渣、铅渣、镍渣、赤泥、硫酸渣、铬渣、油母页岩渣、碎砖瓦、水泥窑灰、废石膏、电石渣、铁合金渣等，可用于生产水泥的生料配料、混合材料、外掺剂等
砖瓦	铁和铜尾矿粉、煤矸石、粉煤灰、锅炉渣、高炉渣、钢渣、赤泥、铜渣、硫酸渣、镍渣、电石渣等，可用来烧制、蒸制或高压蒸制砖瓦。铬渣、油母页岩渣等只能用于烧制砖瓦
砌块、墙板及混凝土制品	煤矸石、粉煤灰、锅炉渣、高炉渣、电石渣、废石膏、铁合金水渣等，可用于生产硅酸盐建筑制品
混凝土骨料	化学成分及体积稳定的各种废石、自燃或焙烧膨胀的煤矸石、粉煤灰陶粒、高炉重矿渣、膨胀矿渣、膨珠、水渣、铜渣、膨胀镍渣、赤泥、陶粒、烧胀页岩、锅炉渣、碎砖、铁合金水渣等，可作为普通混凝土及轻质混凝土骨料
道路材料	化学成分及体积稳定的废石、铁和铜尾矿、自然煤矸石、锅炉渣、粉煤灰、高炉渣、钢渣、铜铅锌镍渣、赤泥、电石渣、废石膏等，可作为道路垫层、路基结构层和面层用料
铸石及微晶玻璃	类似玄武岩、辉绿岩的废石、粉煤灰、煤矸石、尾矿、高炉渣、铜镍渣、铬渣、铁合金渣等，可用于烧制硅酸盐制品
保温材料	高炉渣棉及其制品、高炉渣、粉煤灰及其微粒等，可用作保温隔热材料
其他材料	高炉渣可作为耐热混凝土骨料、陶瓷及搪瓷原料；粉煤灰可作为塑料填料；铬渣可作为玻璃着色剂等

③生产农肥

利用固体废物生产或代替农肥有着广阔的前景。生活垃圾、农业固体废物等可经过堆肥处理制成有机肥料。许多废渣含有植物生长所必需的成分,并具有一定改良土壤结构的作用,可作为农用。粉煤灰、高炉渣、钢渣和铁合金渣等可作为硅钙肥直接施用于农田并具有改良土壤的功能;而钢渣含磷较高时可生产钙磷肥。

④回收能源

很多工业固体废物热值高,可以充分利用,如通过焚烧生产蒸汽或发电;粉煤灰中含碳量达10%以上的,可以回收加以利用,用这些废物烧制砖瓦,不仅可以节省占地,而且可以发挥能源效益;近年来我国还建设了一批利用煤矸石发电的电厂,节省大量煤炭外运的运输力,所排放的粉煤灰又用于矿坑回填,一举数得,值得大力推广;有机垃圾、植物秸秆、人畜粪便中的碳水化合物、蛋白质、脂肪等,经过厌氧发酵,可生成可燃性的沼气,其工艺简单、原料广泛,是从固体废物中回收生物能源、保护环境的重要途径。

⑤取代某种工业原料

工业固体废物经一定加工处理后可代替某种工业原料,以节省资源。高炉渣代替沙、石作为滤料,用于处理废水,还可以作为吸收剂回收水面上的石油制品;粉煤灰可作为塑料制品的填充剂,也可作为过滤介质,过滤造纸废水,不仅效果好,而且还可以从纸浆废液中回收木质素。

利用粉煤灰、煤矸石、赤泥、硫铁矿烧渣等为原料可生产高分子无机絮凝剂;用铬渣代替石灰石作为炼铁溶剂;用建筑垃圾代替天然骨料配制再生混凝土等。

3. 进行无害化处理与处置

固体废物用焚烧、热解等方式,改变废物中有害物质的性质,可使之转化为无害物质或使有害物质含量达到国家规定的排放标准。

4. 强化对危险废物污染的控制

对固体废物污染的控制,关键在于解决好废物特别是危险废物的处理、处置和综合利用等问题。对危险废物污染的控制,实行从产生到最终无害化处置全过程的严格管理。这是目前国际上普遍采用的经验。因此,实行对废物的产生、收集、运输、存贮、处理、处置或综合利用者的申报许可证制度;避免危险废物在地表长期存放,发展安全填埋技术;控制发展焚烧技术;严禁液态废物排入下水道;建设危险废物泄漏事故应急设施等,都是控制固体废物污染扩散的有效手段。

5. 做好宣传教育工作

生活垃圾的产生与城市人口、燃料结构、居民生活水平等息息相关,需要加强有关固体废物污染环境知识的全民普及性教育,这也是有效控制污染的必要措施之一。

城市生活垃圾的产生与城市人口、燃料结构、生活水平等息息相关,为有效控制生活垃圾的污染,可采取以下控制措施:

(1)鼓励城市居民使用耐用环保物质,减少对假冒伪劣产品的使用。

(2)加强宣传教育,积极推进生活垃圾分类收集制度。

(3)改进城市的燃料结构,提高城市的燃气化率。

(4)进行生活垃圾综合利用。

(5)进行生活垃圾的无害化处理与处置,通过焚烧处理、卫生填埋等无害化处理处置措施,减轻污染。

同步练习

一、判断题

1. 从宏观上讲,可把固体废物的来源分成两个大的方面:一是生产过程中产生的废弃物;二是产品使用、消费过程中产生的废弃物。(　　　)

2. 生活垃圾的产生量不会随季节、生活水平、生活习惯、生活能源结构、城市规模和地理环境等因素而变化。(　　　)

3. 所谓危险特性,是指感染性、反应性、易燃性、易爆性、腐蚀性、毒性。(　　　)

4. 固体废物全过程管理即对固体废物的产生—收集—运输—综合利用—处理—贮存—处置实行全过程管理,在其中一个环节将其作为污染源进行严格的控制。(　　　)

5. 从污染源头开始,改进或采用更新的清洁生产工艺,尽量少排或不排废物。这是控制工业固体废物污染的根本措施。(　　　)

6. "生产者责任制"是指产品的生产者(或销售者)对其产品被消费后所产生的废弃物的管理负有责任。(　　　)

7. "押金返还"制度是指消费者在购买产品时,除了需要支付产品本身的价格外,还需要支付一定数量的押金,产品被消费后,其产生的废弃物返回到指定地点时,可赎回已支付的押金。(　　　)

8. 固体废物尤其是有害固体废物处理处置不当时,能通过各种途径危害人体健康、破坏生态环境,导致可逆生态变化。(　　　)

9. 固体废物综合利用标准是国家对我国垃圾处理处置技术进行总体规划和指导的总纲,在一定程度上指导着处理处置技术的发展方向。(　　　)

10. 固体废物污染控制标准是进行环境影响评价、环境治理、排污收费等管理的基础,是所有固体废物标准中最重要的标准。(　　　)

二、选择题

1. 固体废物的(　　　)是指通过各种技术方法对固体废物进行处理处置,使固体废物既不损害人体健康,同时对周围环境也不产生污染。
   A. 减量化　　　　B. 资源化　　　　C. 无害化　　　　D. 制度化

2. 固体废物管理的经济政策主要有垃圾收费政策,生产者责任制政策,(　　　)制度,税收、信贷优惠政策。
   A. 超标排放付费　B. 排污收费　　　C. 不达标排放收费　D. 押金返还

3. 解决固体废物污染控制的(　　　)原则是避免产生、综合利用、妥善处置。
   A. 3R　　　　　　B. 3T　　　　　　C. 3C　　　　　　D. 3E

4. (　　　)原则通过对固体废物实施减少产生、再利用、再循环策略实现节约资源、降低环境污染及资源永续利用的目的。
   A. 3R　　　　　　B. 3T　　　　　　C. 3C　　　　　　D. 3E

5. (　　　)主要包括固体废物的样品采制、样品处理以及样品分析标准等。
   A. 固体废物分类标准　　　　　　B. 固体废物监测标准
   C. 固体废物污染控制标准　　　　D. 固体废物综合利用标准

三、填空题

1. 固体废物的特征为_____、_____和_____,它又有"放在错误地点的原料"之称。

2. 固体废物不只是指_____和_____物质,还包括部分_____和_____物质。

3. 从宏观上讲,可把固体废物的来源分成两个大的方面:一是_____;二是_____。

4. 固体废物的种类繁多、性质各异。按其组成可分为_____和_____;按其形态可分为_____、_____和_____;按其对环境和人类健康的危害程度可分为_____和_____。通常按其来源的不同分为_____、_____、_____和_____。

5. 危险废物常具有_____、_____、_____、化学反应性、传染性、_____等一种或几种危害性,对人体和环境产生极大危害。

6. 固体废物污染环境的途径多,污染形式复杂。固体废物可_____或_____污染环境,其具体途径取决于_____的物理、化学和生物性质,而且与固体废物处置所在场地的地质、水文条件有关。

7. 大部分国家都制定了自己的鉴别标准和危险废物名录。我国制定了_____和_____,_____共涉及47类废物。

8. 固体废物对环境的危害主要为_____、_____、_____、_____及影响市容与环境卫生。

9. 我国固体废物管理的基本原则为_____、_____、_____。

10. 固体废物管理的经济政策主要有_____政策、_____政策、_____制度、_____政策、_____政策。

四、名词解释

1. 固体废物　2. 生活垃圾　3. 危险废物　4. 减量化　5. 资源化　6. 无害化

五、简答题

1. 什么是固体废物?它有哪些主要特征?

2. 固体废物按来源的不同可分为哪几类?

3. 固体废物对环境有何危害?

4. 我国有哪些固体废物管理制度?

5. 我国有哪些固体废物管理标准?

6. 如何理解固体废物的二重性?固体废物的污染与水污染、大气污染、噪声污染的区别是什么?

7. 试说明固体废物资源化利用的原则。

8. 阐述固体废物污染控制的措施。

模块 2

生活垃圾的收集、运输及中转

知识目标

1. 熟悉生活垃圾的组成与性质。
2. 理解生活垃圾分类收集的必要性。
3. 理解生活垃圾收运过程及装备。
4. 熟悉转运站的设置与运行管理。

技能目标

1. 能完成固体废物的特性调查,并能正确进行采样和制样。
2. 会进行固体废物性质分析。
3. 能结合实际设计生活垃圾收运方案和高效率的收运路线。

能力训练任务

1. 对所在地生活垃圾进行特性调查与性质分析,并制订合理的处理、利用和处置方案。
2. 设计生活垃圾收运方案和高效率的收运路线。
3. 编制生活垃圾收运系统设计说明书。

生活垃圾的产生源分散在大街小巷、每栋楼房和每个家庭,其组分复杂,通常需要调查和分析其性质,确定合理的收运和综合处理方案。

生活垃圾的收运是生活垃圾处理系统的第一步,也是城市固体废物管理的核心。据统计,垃圾收运费要占到整个垃圾处理系统费用的 60%~80%。因此,科学地制订合理的收运计划和路线,是提高收运效率、降低垃圾处置成本的关键。

2.1 生活垃圾概述

2.1.1 生活垃圾的来源与分类

生活垃圾是指在城市日常生活中或者为城市日常生活提供服务的活动中产生的固体废物以及法律、行政法规规定视为生活垃圾的固体废物。在《城市生活垃圾管理办法》(建设部令第27号)中规定,生活垃圾是指城市中的单位和居民在日常生活及为生活服务中产生的废弃物,以及建筑施工活动中产生的垃圾。生活垃圾来源于城市日常生活及其相关服务,其中,生产部门、医药卫生部门所产生的有毒、有害物品属于危险废物,按规定是不能进入生活垃圾流的,而应予以专门收运和处理;城市建筑行业中所产生的建筑废弃物,如废砖石、水泥砌块等也需单独运输和处理,这类废弃物通常可用于填洼或筑路等;玻璃、金属、废纸、塑料、纤维等物质,称为可回收废品,可通过分类回收重新进入生产领域;最后剩余的才是生活垃圾收运的主要对象。

由于生活垃圾构成复杂,因此在生活垃圾管理及研究上可根据不同的目的对生活垃圾分类。

1. 按垃圾产生源分类

根据垃圾产生源不同,可将垃圾主要分为居民生活垃圾、街道保洁垃圾和集团(机关、学校、工厂和服务业)垃圾三大类。

如果以清扫为目的,经常按垃圾产生源来分类,见表2-1。此方法有利于针对不同产生源垃圾的特性进行处理、管理和处置。

表2-1 垃圾产生源分类表

种类		特点描述	来源
居民垃圾	平房	大量的蔬菜、食品废物、炉灰、少量的纸、塑料袋	胡同
	高楼	主要成分为食品废物、少量的纸、塑料袋、玻璃瓶、罐头盒	高楼小区、宿舍
	公寓	大量的纸类、食品、塑料包装、花木、玻璃瓶、罐头盒、织物	公寓、使馆
	街道	街道清扫物,如灰土、纸、树叶、草	街道
商业垃圾	商场	大量的包装纸、纸板、扫地木屑、塑料盒(袋)、食品、竹筐、草筐等	
	饭店	大量的报纸、包装纸、食品、玻璃瓶、塑料袋(瓶)、织物	
	机关	食堂废物、办公室扫集物、文件纸、烟头、花木、玻璃瓶、塑料袋	
	公园	花木、草地废物、灰土、罐头盒、纸盒、食品、玻璃瓶、塑料袋	
	医院	含大量的废纸、食品、棉花、纱布、玻璃瓶、花木、废物	医疗区
	机场	含大量的纸袋、塑料袋、塑料餐具、纸巾、食品、罐头盒	交通枢纽
	火车站	含大量的扫地木屑、包装纸、食品、塑料袋	
事业垃圾	办公楼	各种印刷材料、文件、复印纸、油印纸、复写纸、塑料袋、花草、食品	行政事业单位、研究院所、学校
	学院	纸张、灰土、花木废物、玻璃器皿、灯管、灯泡及其他实训用品	
工业垃圾	工地	建筑垃圾:砖瓦、灰土、石子、沙子、水泥块、废木料、金属架等	施工现场
	车间	由被加工物决定它的种类,一般为金属、塑料	生产车间

2. 按构成比例分类

如果以研究为目的,经常按构成比例来分类,见表2-2。此法是开展垃圾研究调查所采用的分类法,它便于掌握生活垃圾的基本构成及基本特性。

表2-2　　　　　　　　　　　垃圾构成比例分类表

有机物		无机物		可回收物				
植物	动物	砖瓦	灰土	纸类	金属	塑料	玻璃	布料
43.1	1.9	1.5	40.0	2.6	0.4	5.7	2.5	2.3

3. 按可处理性分类

按可处理性分类,见表2-3。此法是根据当今世界上常见的几种垃圾处理技术所适用的垃圾种类来进行划分的。

表2-3　　　　　　　　　　　垃圾可处理性分类表

垃圾种类	特点描述	来源
回收垃圾(废品)	含有大量可回收利用的废旧物资	公寓区、事业区、商业区
焚烧垃圾	含大量的可燃物	公寓区、事业区、商业区
堆肥垃圾	含大量的生物类有机物	居民区、垃圾场
填埋垃圾	一切废物及处理后的最终产物都可作为填埋垃圾	城市的各种区域及垃圾处理场

2.1.2　生活垃圾的产生量及影响因素

影响生活垃圾产生量的主要因素包括人口、经济发展水平、民用燃料结构、气候条件、商品包装化与一次性商品销售等。通过对城市生活垃圾的影响因素分析,可以预测生活垃圾产生量和组分的发展趋势,为生活垃圾的收运、处理提供参考。生活垃圾各组分的来源及其影响因素见表2-4。

表2-4　　　　　　　　　　生活垃圾各组分的来源及其影响因素

垃圾种类	易腐有机物	金属塑料玻璃纸类	布类	竹木	灰土
主要来源	家庭、餐饮业	包装材料、团体办公用品	废旧衣物	废旧家具、绿化垃圾	煤灰、清扫灰土
影响因素	人口、居民食品消费	人口、居民消费、废品回收	人口、居民衣物消费	人口、居民生活消费	街道清扫面积、气化率、集中供热面积、气候

从表2-4中城市生活垃圾各组分的影响因素可知,生活垃圾中非灰土组分主要在居民日常生活消费的过程中产生,其含量由居民消费水平和消费习惯决定,而灰土组分的含量主要受街道清扫面积和能源结构即城市建设发展状况指标的影响。大多城市基础建设趋于稳定,街道清扫面积变化不大,集中供暖率较高,居民燃料结构已由燃煤转为燃气,灰土含量低,变化小。可见,影响生活垃圾产生量的因素主要包括人口、居民生活水平和城市发展建设状况。

2.1.3　生活垃圾产生量的预测

人口和居民消费是未来影响生活垃圾产生量和组分的主要因素。由于各地区居民消费习惯不同,可以通过组分调查来估算各地区生活垃圾人均日产生量其各组分比例,因此,生活垃圾产生量一般根据人口和生活垃圾人均日产生量进行预测。即

$$W=MP$$

式中　W——垃圾产生量,kg/d。

　　　M——人均垃圾产生量,kg/(人·d)。

　　　P——规划人口数,人。

另外,垃圾产生量与经济发展水平有一定的关系(总体上说,经济越发达,人均垃圾产量越高),但由于世界各地经济发展水平、自然条件、生活习惯方式等的不同和其他因素的影响,人均垃圾产生量的变化范围较大。因此生活垃圾的产生量的预测既要符合国情,还要符合各地方的情况。

2.1.4　生活垃圾的组成

生活垃圾成分复杂,按照特征将其大致分为有机和无机两大类,有机类可分为塑料橡胶、竹木、布纤维、茎叶、动物尸骨等;无机类包括金属制品、玻璃(陶瓷)、砖石砂土等,生活垃圾的组成与居民生活水平及习惯、家用燃料、当地经济发展水平以及气候条件相关。一般而言,经济发达、居民消费水平高的城市,其生活垃圾中有机成分比例较高,无机成分比例较低;反之则无机成分比例较高,有机成分比例较低。一般来说,我国南方生活垃圾的有机物多、无机物少,北方城市则相反。表2-5为我国几个城市生活垃圾的组成情况。

表2-5　　　　　　　　　　我国几个城市生活垃圾的组成　　　　　　　　　　　　　%

取样点		北京	天津	无锡	厦门	杭州	武汉
不可回收废品	无机物	60	67	78	75	72	66
	有机物	35	26	17	22	23	30
可回收废品		5	7	5	3	5	4

2.1.5　生活垃圾的性质

生活垃圾的性质主要包括物理性质、化学性质和生物性质。

1. 生活垃圾的物理性质

生活垃圾是多种物质的混合体,生活垃圾的物理性质与生活垃圾的组成密切相关,组成不同,其物理性质也不同。一般用容重、孔隙率、含水率和内摩擦力等来表示生活垃圾的物理性质,也可以通过感官直接判断,用废物的色、嗅、新鲜或腐败程度等表示。

(1)容重

容重是单位体积垃圾的质量,容重是选择和设计储存容器、收运机具及计算处理利用构筑物和填埋处置场规模等必不可少的参数。容重是随着不同的垃圾构成、生化降解的不同过程以及垃圾管理的不同环节而发生变化的。

①自然容重

自然容重是将垃圾堆积成圆锥体的自然形状时,垃圾单位体积的质量,该表示方法常用于垃圾调查分析。垃圾自然容重为(0.53 ± 0.26) t/m³。

② 垃圾车装载容重

垃圾车装载容重是在垃圾装入垃圾车作业时,由于人为的装填、压实作用使垃圾容重增加,此时的垃圾容重就用垃圾车装载容重来表示。垃圾车装载容重为 0.8 t/m³ 左右。

③ 填埋容重

填埋容重是指在生活垃圾填埋过程中,由于人为采用机械的压实所产生的容重,填埋容重随着不同的填埋压实程度和垃圾自然沉陷过程也会发生变化。垃圾填埋容重约为 1 t/m³。

一般而言,经济发达、居民生活水平较高的大城市,垃圾中轻质有机物含量高,容重偏低,为 0.45 t/m³ 左右;而中、小城市,特别是北方城市,由于垃圾中重质无机物(主要是炉渣灰)含量高,容重偏高,为 0.6~0.8 t/m³;个别北方中、小生活垃圾场自然容重甚至达到 1 t/m³ 左右。

(2) 孔隙率

孔隙率是垃圾中物料之间孔隙的容积占垃圾堆积容积的比例,它是垃圾通风间隙的表征参数,并与垃圾的容重相互关联。即容重越小的垃圾,其孔隙率一般也越大,物料之间的孔隙也越大,物料的通风断面积也越大,空气的流动阻力相应就越小,越有利于垃圾的通风。因此,孔隙率广泛应用于堆肥供氧通风以及焚烧炉内垃圾强制通风的阻力计算和通风风机参数的选取。

影响孔隙率的主要元素是物料尺寸、物料强度及含水率等因素。物料尺寸越小,孔隙数就越多;物料结构强度越好,孔隙平均容积就越大。含水率对孔隙率的影响在于:水会占据物料之间的空隙并影响物料结构强度,最终导致孔隙率减少。垃圾在不同状况下的孔隙率实测参考值见表 2-6。

表 2-6　　　　　　　　　垃圾孔隙率的实测参考值

孔隙率序号	生垃圾		熟垃圾		煤灰			菜叶	菜叶灰混合
	未振动	振动	未振动	振动	粗	细	喷水		
1	0.780	0.725	0.571	0.498	0.790	0.764	0.638	0.608	0.618
2	0.773	0.721	0.572	0.496	0.784	0.765	0.640	0.609	0.619
3	0.779	0.725	0.576	0.499	0.782	0.765	0.642	0.610	0.617
4	0.781	0.726	0.577	0.500	0.735	0.765	0.642	0.614	0.620
5	0.776	0.724	0.576	0.499	0.789	0.763	0.640	0.611	0.621
6	0.788	0.725	0.574	0.498	0.786	0.764	0.640	0.610	0.619

(3) 含水率

含水率是指单位质量的垃圾的含水量,用质量分数表示。其计算公式为

$$W = \frac{A-B}{A} \times 100\%$$

式中　A——鲜垃圾(或湿垃圾)试样原始质量。

　　　B——试样烘干后的质量。

垃圾的含水率随成分、季节、气候等条件而变化,其变化幅度为 11%~53%(典型值

为15%～40%)。据调查,影响垃圾含水率的主要因素是垃圾中动植物含量和无机物含量。当垃圾中动植物的含量高、无机物的含量低时,垃圾含水率就高;反之则含水率低。此外,垃圾含水率还受到收运方式如不同收集容器、贮存时间、收集时间等的影响。

(4) 内摩擦力

混合垃圾中,由于不同形状物料之间的嵌合、不同大小物料间的填充、大量物料的缠绕和牵连以及垃圾降解液和其他液态物质的黏合等综合作用,使混合垃圾物料之间和垃圾与外接触表面间存在着较大的摩擦力(静摩擦)。这种摩擦力不利于垃圾的流动和输送,如在一些垃圾料斗中,往往出现难于自流、下料的情况。在设计储存、输送、处理设施和设备时都必须考虑这一特性。然而,这一特性却有利于垃圾皮带输送。利用垃圾的摩擦力来增大皮带的最大输送倾角,以减少设备之间的距离,节约场地。

2. 生活垃圾的化学性质

表示垃圾化学性质的特征参数主要有挥发分、灰分、元素组成、热值等。这些参数不仅反映了垃圾的化学性质,同时也是选择垃圾加工处理、回收利用方法的重要依据。

(1) 挥发分

垃圾在隔绝空气加热至一定温度时,分解析出的气体产物即挥发分。它是反映垃圾中有机物含量近似值的参数。挥发分主要是由气态碳氢化合物(甲烷和非饱和烷烃)、氢、一氧化碳、硫化氢等组成的可燃混合气体。由于垃圾的焚烧主要是挥发分的燃烧,所以挥发分是垃圾中可燃物的主要形式。

(2) 灰分

灰分指垃圾中不能燃烧也不能挥发的物质,也可表示为灼烧残留量(%),是垃圾中无机物含量的参数。

垃圾中的灰分大多为不可燃的无机物。不可燃的无机物灰分占垃圾灰分的90%以上。可燃物中的灰分一般小于10%。原生垃圾中无机物为20%～80%,经筛选后入炉垃圾的无机物也有20%左右。垃圾含灰分过多,不仅会降低垃圾热值,而且会阻碍可燃物与氧气的接触,增大着火和燃尽的困难。因此,减少入炉垃圾灰分,是改善其燃烧性能的主要方法。

(3) 元素组成

元素组成是指C、H、O、N、S、P的百分比含量。测知垃圾化学元素组成可估算垃圾的热值,以确定垃圾焚烧方法的适用性,亦可用于垃圾堆肥等处理方法中生化需氧量的估算和堆肥农用可行性的评价。

(4) 热值

热值指单位质量有机垃圾完全燃烧,并使反应物温度回到参加反应物质的起始温度时能产生的热量。它是分析垃圾燃烧性能、判断能否选用焚烧处理工艺、设计焚烧设备、选用焚烧处理工艺的重要依据。

根据经验,当生活垃圾的低位热值大于3 350 kJ/kg时,燃烧过程无须加助燃剂,可实现垃圾的自燃烧。但当生活垃圾的低位热值低于该值时,垃圾燃烧过程中则需添加助燃剂。

热值与垃圾元素组成有密切的关系,表2-7为垃圾组分元素的典型值及热值。

表 2-7　　垃圾组分元素的典型值及热值

成分	质量分数/%						热值/(kJ/kg)
	碳	氢	氧	氮	硫	灰分	
食品垃圾	48.0	6.4	37.6	2.6	0.4	5	4 650
废纸	43.5	6.0	44.0	0.3	0.2	6	16 750
废纸板	44.0	5.9	44.6	0.3	0.2	5	16 300
废塑料	60.0	7.2	22.8			10	32 570
破布	55.0	6.6	31.2	4.6	0.1	2.5	17 450
废橡胶	78.0	10.0		2.0		10	3 260
破皮革	60.0	8.0	11.6	10.0	0.4	10	7 450
园林废物	47.8	6.0	38.0	3.4	0.3	4.5	6 510
废木料	49.5	6.0	42.7	0.2	0.1	1.5	18 610
碎玻璃			2			98	140
罐头盒			2			98	700
金属			2			98	700
土、灰、砖	24.2	3.0	2.0	0.5	0.3	70	6 980
混合垃圾							10 470

垃圾的化学性质可通过浸出分析和 pH、电导率(盐度)、植物养分、耗氧性有机物、重金属含量等指标分析来确定其性质。还可以对水分、挥发分、灰分、有机元素、重金属及其形态、生物质组成、燃点(闪点)、化学安全性、热值等进行综合分析,为收运、处理和利用提供依据。

3. 生活垃圾的生物性质

生活垃圾的生物特性包括两个方面的含义:生活垃圾本身所具有的生物性质;生活垃圾的可生物处理性能,即可生化性。

(1)可生化性

生活垃圾的可生化性是选择生物处理方法和确定处理工艺的主要依据(如堆肥、厌氧消化等)。垃圾的可生化性主要取决于垃圾中有机物质的含量。生活垃圾中含有的有机物主要有水溶性物质、半纤维素、纤维素、木质素、脂肪、蛋白质和蜡质等。垃圾的可生化性可用挥发性有机物含量(V_s)、生化需氧量(BOD_5)、木质素含量等参数来衡量。其中木质素含量被认为是相对较好的衡量指标,它与垃圾可生化性之间的关系为

$$B_F = 0.83 - 0.028 L_C$$

式中　B_F——垃圾挥发性有机物(V_s)中可生物降解固体的含量,%。

　　　L_C——垃圾中木质素的含量(干基),%。

(2)垃圾生物性质

生活垃圾本身所具有的生物性质包括致病微生物含量和生物毒性。致病微生物含量指大肠杆菌(粪大肠杆菌)、沙门氏菌等的含量;生物毒性指急性毒性、慢性毒性、基因毒性等。

2.2 生活垃圾的分类收集

2.2.1 生活垃圾分类收集的必要性

目前,我国大部分生活垃圾还是采用混合收集法。在居民区一般都建有垃圾房,居民将家中垃圾装袋后放入其中,每天由环卫工人或垃圾车将这些垃圾运往垃圾转运站;在公共场所或马路两边,分段设置垃圾箱,由专人定时清理;最后由转运站运往填埋场。目前我国每吨垃圾所需的处理费用为80元左右,费用较高,传统的收集方法不仅污染城市环境,而且也给地方政府带来了巨大的经济负担。要彻底解决此问题,关键是从源头做主动处理,进行分类收集,从循环经济的角度出发,实现"自然资源—产品和用品—再生资源"的循环利用,从源头减量化、资源化,减少后续收运、处理和处置的垃圾量,降低处理成本。

生活垃圾的分类收集是一项系统工程,是从垃圾产生的源头按照垃圾的不同性质、不同处置方式的要求,将垃圾分类后收集、储存及运输。根据"减量化、无害化、资源化"的原则,垃圾分类越细,越有利于垃圾的回收利用和处理。生活垃圾分类收集可有效地实现废物的重新利用和废品的最大限度回收,为卫生填埋、生化处理、焚烧发电、资源综合利用等先进的垃圾处理方式的应用奠定基础。因此,只有从源头上减少垃圾的产生,对垃圾进行分类收集、分类运输、分类处理、循环利用,最后以与环境相容的方式处置才是垃圾管理的正确方向。

2.2.2 我国生活垃圾分类收集试行情况及效益分析

1. 我国生活垃圾分类收集试行情况

目前我国生活垃圾分类收集还处于试点阶段。2004年4月,建设部选定北京、上海、广州、南京、深圳、杭州、厦门、桂林8个城市作为垃圾分类收集的试点城市。各试点城市基本上将垃圾分为有机垃圾、危险垃圾和可回收垃圾3类。这些试点城市在推行生活垃圾分类收集的过程中,结合本地实际,初步形成了一些具有地方特色的分类收集的实施原则、指导思想和方法。如北京市结合申办奥运会,把分类收集作为建设绿色北京的一项重要工作,提出了"系统性、广泛性、有序性"的指导方针,并在全市党政机关、企事业单位实施废纸分类收集,推广使用再生纸办公。再如南京市逐步建立由小区保洁员、居民、物业管理公司和环卫管理部门共同参与的"四位一体"的垃圾分类回收体系。广州市首先由居民对垃圾进行初步分选,再运送到分拣中心细分,最后再根据各种垃圾的组成成分分别进行再利用。但是,这些试点城市在进行分类收集的过程中也存在很多问题。如广州市在垃圾分类收集的全面铺开方面缺少有力的政策扶持和配套的执行措施,以及市民对分类收集的意识不强、分类认识不正确、积极性不高等问题,使得生活垃圾分类收集推广进展缓慢,减量成效不大。2010年4月22日正式实施的《生活垃圾处理技术指南》规定了生活垃圾分类与减量规范:

(1)应通过加大宣传,提高公众的认识水平和参与积极性,扩大生活垃圾分类工作的范围和城市数量,大力推广生活垃圾源头分类。

(2)将废纸、废金属、废玻璃、废塑料的回收利用纳入生活垃圾分类收集范畴,建立具有我国特色的生活垃圾资源再生模式,有效推进生活垃圾资源再生和源头减量。

(3)鼓励商品生产厂家按国家有关清洁生产的规定设计、制造产品包装物,生产易回收利用、易处置或者在环境中可降解的包装物,限制过度包装,合理构建产品包装物回收体系,减少一次性消费产生的生活垃圾对环境的污染。

(4)鼓励净菜上市、家庭厨余生活垃圾分类回收和餐厨生活垃圾单独收集处理,加强可降解有机垃圾资源化利用和无害化处理。

(5)通过改变城市燃料结构,提高燃气普及率和集中供热率,减少煤灰垃圾产生量。

(6)根据当地的生活垃圾处理技术路线,制定适合本地区的生活垃圾分类收集模式。生活垃圾分类收集应该遵循有利资源再生、有利防止二次污染和有利生活垃圾处理技术实施的原则。

2. 分类收集的效益

据统计,每利用1吨废纸,可造纸800千克,相当于节约木材4立方米或少砍伐30年树龄的树木20棵;1吨废玻璃回收后,可生产一块篮球场面积的平板玻璃或500克瓶子2万只;用100万吨废弃食物加工饲料,可节约36万吨饲料用谷物,生产4.5万吨以上的猪肉;塑料、橡胶等制品也完全可以从垃圾中回收再利用,但前提是必须先将垃圾分类;厨余垃圾进行分类后可以就地制肥。生活垃圾中的废纸、玻璃、塑料等通过分类收集可以回收利用,同时,分类收集也有利于垃圾后续综合处理。

因此,分类收集是今后垃圾收集的一个发展方向,它从垃圾的发生源上入手,提高了垃圾的资源利用价值和减少了垃圾的处理工作量,可以认为这种收集方式具有划时代的意义。

3. 我国生活垃圾分类收集建议

生活垃圾的组分非常复杂,分类收集主要是通过提高垃圾各组分的有序性,方便后续的利用和处理。垃圾分类过粗,不能很好地起到分类的效果,还需要很多后续分类;分类过细,工作量太大,难以有效实施。因此,分类收集有一定的复杂性,需要居民与垃圾管理部门密切配合,逐步探索切实可行的分类收集体系和措施。

我国应如何进行垃圾分类收集,目前还没有统一的标准。根据《杭州市生活垃圾分类收集实施方案》,杭州市的生活垃圾分为四类:

(1)可回收垃圾,如废弃的纸张、塑料、金属等。

(2)非回收垃圾,如零食垃圾、厨房垃圾和零星肮脏的纸片、塑料袋等。

(3)有毒有害垃圾,如废电池、废日光灯管等。

(4)大件垃圾,即废弃的家具、家用电器,如床、床垫、沙发等。

这样的分类固然可以对垃圾进行较清晰的分类,但对于后续的垃圾处理而言,仍然需要再分类。要推广垃圾分类,就必须按照垃圾的后续处理来分。目前我国垃圾处理的主要方式有填埋、焚烧和堆肥。因此,垃圾的分类最好也要按照垃圾的不同处理要求进行分类。因而垃圾可分为可回收利用垃圾、可焚烧垃圾、可堆肥垃圾、有毒有害垃圾(危险填埋场处理)、其他垃圾(卫生填埋场处理)。

生活垃圾的源头分类收集和混合收集后再分类都会提高各种垃圾组分的有序性。从社会发展和社会分工的角度来看,生活垃圾应该混合收集后由专门的工作人员再分类,而不是公众的源头分类。

2.2.3　国外生活垃圾分类收集经验

国外垃圾分类收集方法各异。在日本,居民在家中先将垃圾分类后,才送到指定的地方去,由清运公司或市政部门定期运到各个处理点。按照可燃垃圾、不燃垃圾和粗大垃圾3类分别收集的城市有122个,另有24个城市按粗大垃圾、混合垃圾两类分别收集,还有23个城市则分为可燃垃圾、混合垃圾两类分别收集。

国际上许多国家对垃圾的管理是十分严格的,"谁污染,谁付费"与垃圾分类投放早已是国际通行的原则。在美国,垃圾处理设施建设费由政府承担,运营费用由市民支付;英国城市居民在购买货物时,商品价格中包含废物处理费用;德国每户交纳的垃圾费占家庭收入的0.5%,垃圾分类严格到一箱啤酒喝完后的包装纸盘和玻璃瓶都要分开放。

生活垃圾分类是一项系统工程,贯穿于从源头分类、正确投放到分类、收集、运输和最后处理的整个过程中。要建立一个经济、高效、环保的垃圾分类处理系统,除了对生活垃圾进行科学合理的源头分类外,还需要各种配套设施的建设、资源化利用技术的提高以及政府各种规章制度的配合。

2.3　生活垃圾的收集、贮存及运输

《中华人民共和国固体废物污染环境防治法》第三十七条规定:"生活垃圾应当及时清运,并积极开展合理利用和无害化处置、生活垃圾应当逐步做到分类收集、贮存、运输和处置。"

2.3.1　生活垃圾收集和运输概述

1. 城市生活垃圾收集和运输系统概念

城市固体废物的收集和运输是城市垃圾处理系统的第一步,也是城市固体废物管理的核心。城市垃圾的产生源分散在大街小巷,每栋楼房和每个家庭,其收集和运输工作量大、耗资多、操作过程极其复杂。

2. 收运系统组成

一个完整的收运系统通常由三个操作过程组成。首先是垃圾的收集、搬运和贮存(简称运贮),是指由垃圾产生者(家庭或企事业单位)或环卫系统将生活垃圾从垃圾的源头送至贮存容器或集装点的过程;其次是垃圾的收集与清除(简称清运),是指用清运车辆沿一定路线收集清除贮存设施中的垃圾,并运至垃圾转运站,或当近距离时直接送至垃圾处理处置场的过程,一般都是短距离运输;第三个阶段是垃圾的远程运输(简称转运),是指用大型的垃圾运输车将垃圾从垃圾转运站运至最终处理处置场的过程。生活垃圾的运贮、清运和转运三个过程构成一个收运系统。

一个收运系统主要组成包括:垃圾产生者、产生的垃圾、收集处理设备和收集程序。垃圾产生者有家庭、企事业单位和相关设施;收集处理设备就是垃圾箱、垃圾袋、垃圾车;收集程序是人在收集系统制定的工作程序和管理方法。

3. 城市固体废物收运系统的特点

城市固体废物的收运系统其特点是耗资大、操作过程复杂。一般城市固体废物收运

的原则是：在满足环境卫生要求的前提下，降低收运费用。因此，必须科学地制订收运计划和提高收运效率。

先进的收运系统关键在于垃圾的分类收集。分类收集能耗最低，不仅有益于环境卫生，而且便于资源回收，同时减少固体废物的处理处置量。

2.3.2 城市生活垃圾收运系统设计需考虑的因素

1. 生活垃圾收运系统设计的考虑

生活垃圾收运系统的设计主要考虑以下因素：

(1)生活垃圾收集方式

①居民对收集方式的接受程度

采用居民可以接受的方式来组织收集工作。例如：街边收集和送来收集方式的选择也是设计时要重点考虑的。

②分类收集的可行性

当垃圾中有相当一部分(30%～50%)适合回收利用时，才适宜采用分类收集。废物的多样性决定了设置多少种分类收集的垃圾箱。

(2)垃圾贮存容器设置

①垃圾贮存容器之间的距离

生活垃圾的贮存容器，通常又称垃圾箱、垃圾桶或垃圾袋，垃圾箱之间的距离太小会增加容器设置的成本，并且因收集量不足而造成人力和日常管理的浪费；垃圾箱之间距离过大会使废物投放者因距离太远而增加就近扔掉垃圾的行为。垃圾箱之间的距离是否合适是收集系统运行良好的一个重要前提。

②垃圾贮存容器的外观舒适度

舒适度是指垃圾箱的外观和气味等是否满足垃圾投放者的感官要求的程度。垃圾箱太脏，而且总是散发令人感觉不适的气味，垃圾投放者不愿意接近，这样不利于垃圾的收集。气味主要与有机废物在垃圾箱存留时间和当地气温条件有关，设计收集系统时应考虑。

(3)运输路线及车辆配置

2. 现代欧洲生活垃圾收运系统设计的考虑因素

早期的欧洲工业发达国家，生活垃圾的收集体制不健全，没有形成系统，多数处于无组织状态。现在的欧洲国家垃圾收集系统建设与管理发展很快，目前已经形成完善的系统。欧洲现代生活垃圾收集系统设计方面，对一些特定因素进行全面考虑，主要有以下几点：

(1)生活垃圾收集系统操作员工的负担，如对服务区域内居民住户数、人口、垃圾产生量，企事业单位、街道、公共场所等资料齐全，合理安排人员车辆等。

(2)健康和安全问题，例如对收集系统操作人员进行安全教育，掌握随车收集、装卸安全操作技能，认识各种垃圾的特性及危害，增强健康保护措施，贮存容器等。

(3)人们使用垃圾收集系统的舒适度。

(4)提供容量足够大的垃圾箱。

(5)不同规格的垃圾箱。

(6)城市里住宅群结构的问题。
(7)被服务区域的规模和组成。
(8)经济可行性。

2.3.3 生活垃圾的收集、搬运和贮存

1. 生活垃圾的收集

我国人均垃圾产生量约为 1.1 kg/d,垃圾产生总量以每年 10% 以上的速度增加,但处理能力却增长缓慢。2017 年发布的《生活垃圾分类制度实施方案》中提出到 2020 年底,基本建立垃圾分类相关法律法规和标准体系,形成可复制、可推广的生活垃圾分类模式。在 46 个城市先行实施生活垃圾强制分类,从完善顶层设计开始补齐短板,提高垃圾分类的法治化水平和全民参与程度,将生活垃圾分为四类,并采用不同颜色的容器进行区分,分别是:厨余垃圾(绿色)、可回收物(蓝色)、有害垃圾(红色)和其他垃圾(灰色)。分类垃圾收运过程中,不同种类垃圾所采用的运输车车身颜色、标准、运输标识、单位标识,均根据所运垃圾种类不同有所区别。

目前各大城市所采用垃圾分类方式已逐渐趋向完整化、合理化。但国内大部分垃圾分类起步晚、行动慢的地区还面临着诸多如居民意识不足、公共设施不健全、监管力度及装备配置低等问题。这时统一垃圾收运和末端处理方式,长期系统性的社会宣传教育,施行更加细致全面的要求,显得尤为重要。

2. 生活垃圾的搬运

(1)居民住宅区常用的搬运方式

居民住宅区常用的搬运有两种方式:一是自行搬运,是指垃圾产生者,如居民自行把废物或可回收利用物送到公共垃圾箱、废物收集点或垃圾车内;二是由城市固体废物收集系统的工作人员负责从家门口搬运至集装点或收集车。前者不受时间限制,方便居民,但有时收集不及时会对环境卫生有影响。后者有益于城市固体废物的统一管理,但需要付费。欧洲工业发达国家多采用这种方式,对居民家庭能分类贮存、收集的可回收利用的包装材料免费收集,这对城市垃圾分类收集有很大的推动作用。

(2)商业区及企事业单位生活垃圾的搬运

商业区与企事业单位的生活垃圾一般由产生者自行负责,例如中国大城市居民区的大型菜市场一般都由专门的清扫人员负责收集,由环境卫生管理部门进行监督管理。

3. 生活垃圾的贮存

(1)城市生活垃圾贮存容器的一般要求

生活垃圾贮存容器应该用耐腐蚀的和不易燃烧的材料制造,大小适当,满足各种卫生标准要求,使用操作方便,易于清洗,美观耐用,价格适宜,便于机械化装车。

国外许多城市都有当地的垃圾容器类型的标准和使用要求。用于各家各户及公共企事业单位的城市生活垃圾贮存容器多为塑料和钢制的垃圾桶、塑料袋和纸袋。

我国各个城市使用的垃圾容器规格不一。公共场所常见的有活动式带轮的垃圾桶、铁质活动底座垃圾箱、车厢式集装箱;在街道上,还配有供行人丢弃废纸、烟蒂、果壳等物的不同类型的废物箱。此外,还设有高层住宅垃圾通道、居民小区垃圾台等。

(2)城市生活垃圾贮存容器的设置数量

城市生活垃圾贮存容器的设置数量,主要考虑服务范围内居民人数、垃圾人均产生量、垃圾的容重、容器的大小、收集的频率等因素。

4. 生活垃圾的清运

(1)地上收集和清运方法

清空垃圾箱的方法是把垃圾箱里的垃圾倒入垃圾车,然后把空的垃圾箱放回原来的位置;更换垃圾箱的方法是将装满垃圾的垃圾箱拉到中心收集站或处理处置厂倒空,在原来的地方放一个空的垃圾箱。

(2)特殊收集和清运方法

①地下收集清运系统

地下收集清运系统平时整个箱体埋于地下,人们通过废物投放口投放垃圾,清空时将其提起抬升到地面,箱体底部有滚轮,提升后将废物倒入车中,然后垃圾箱再复位。

地下垃圾箱虽然存储体积大、地面空间需求小,但是需要大卡车清运垃圾,垃圾箱在地下进行安装,对技术有较高的要求。另外,地下垃圾箱一般情况下重达5吨,需要足够结实的基础,挖掘地基时回填土要压实。还有横穿管道的问题和清空时的安全等问题,都是地下垃圾箱在安装、使用时需要高度重视和解决的关键问题。

②气力管道收集系统

生活垃圾气力管道收集系统是指通过预先铺设好的管道系统,利用负压技术将生活垃圾抽送至中央垃圾收集站,再由压缩车运送至垃圾处置场的过程。气力管道收集系统是国外发达国家近年来发展的一种高效、卫生的垃圾收集方法。气力管道收集系统主要适用于高层公寓楼房、现代化住宅密集区、商业密集区及一些对环境要求较高地区。

2.3.4 生活垃圾的收运方法

生活垃圾的收运主要指垃圾的收集和清除阶段,不仅是指对各产生源贮存的垃圾集中和集装,还包括收集清除车辆往返运输过程和在终点的卸料等全过程,是垃圾从分散到集中的关键性环节。

1. 传统的收运方法

目前固体废物的收集方式多为定点收集方式,具体操作是:由垃圾发生源送到垃圾收集点→由环卫部门的环卫人员设置并收集垃圾桶、小型垃圾池的垃圾→垃圾车路边吊装收集→用垃圾车集中到转运站→转运车辆将垃圾运到郊外的处置场。这样就形成收集→转运→集中处理的传统模式。由此看来,我国垃圾收运要经历以下阶段:

(1)垃圾发生源至垃圾桶

即家庭将产生的垃圾分类后送到垃圾桶,此阶段在探索收购站上门回收或进行垃圾分装,有利于分类收集,实现垃圾减量化、无害化、资源化。

(2)垃圾桶至垃圾车

环卫工人将垃圾桶的垃圾清理到垃圾车上,此阶段对其垃圾进行第二次分选,分拣出纸张、塑料、玻璃瓶等物资(收入归其所有),激励分类收集。

(3) 垃圾车按路线收集多个垃圾桶的垃圾,垃圾车装满后运至转运站;此过程需要系统优化以提高效率,降低收运成本。

(4) 转运车辆从转运站将垃圾运到填埋场。

2. 改进的收运方法

在传统收运模式的基础上,逐步完善分类收集,并合理设置转运站、收运路线;合理安排收运车辆、劳动力,使整个收运过程既能满足环境卫生标准要求,又能提高收运效率,降低费用,如图 2-1 所示。

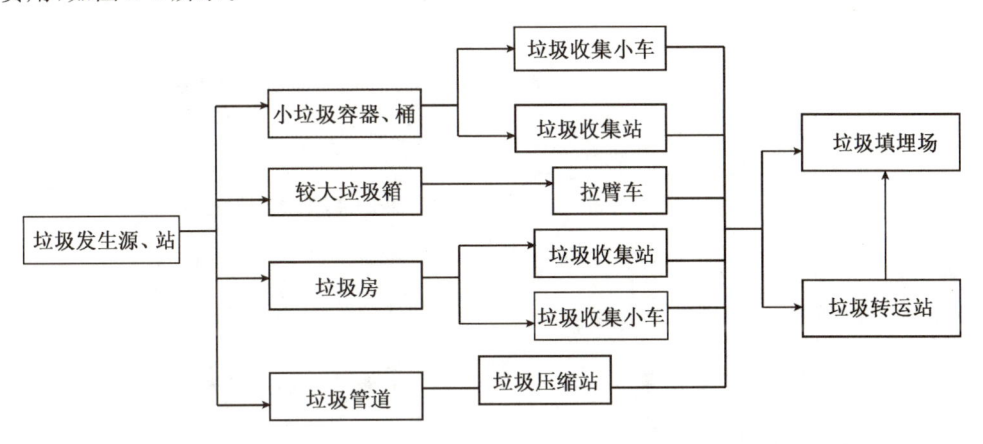

图 2-1 改进的垃圾收运流程

下面主要探讨如何优化收运系统。

2.3.5 生活垃圾收运系统的优化

生活垃圾收运是管理系统中最复杂的,耗资最大的部分。垃圾收运效率和费用的高低主要取决于垃圾收集方法、收运车辆数量、装载量及机械化装卸程度、收运次数、时间、劳动定员和收运路线等。一个良好的收运系统,实质上是人力劳动(司机和操作者)、技术水平和管理方法的最佳结合。

生活垃圾的收运系统有两种方式,即固定容器收集法和移动容器收集法。

1. 固定容器收集法

固定容器收集法是指用垃圾车到各容器集装点装载垃圾,容器倒空后再放回原地,收集车装满后运往转运站或处理处置场。其特点是垃圾贮存容器始终固定在原处不动,由于装车有机械操作和人工操作之分,所以固定容器收集操作的关键是装车时间。固定容器收集法的操作过程如图 2-2 所示。

2. 移动容器收集法

移动容器收集法是指将某集装点装满的垃圾连同容器一起运往转运站或处理处置场,卸空后再将空容器送回原处(一般操作法)或下一个垃圾集装点(修改工作法)。然后,收集车再到下一个容器存放点重复上述操作过程。移动容器收集法的操作过程如图 2-3 所示。

图 2-2　固定容器收集法的操作过程

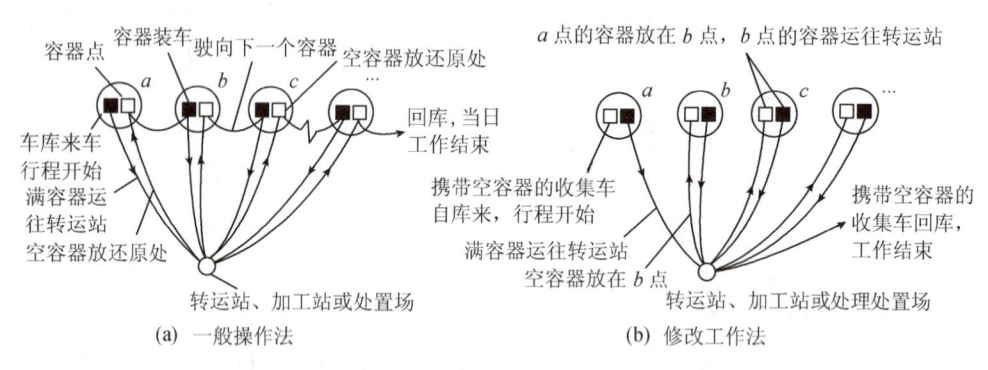

(a) 一般操作法

(b) 修改工作法

图 2-3　移动容器收集法的操作过程

2.3.6　生活垃圾收运设施

1. 垃圾收集车

垃圾收集车的形式多种多样,可根据当地的经济、交通、垃圾组成特点、垃圾收运系统的构成等实际情况,开发和选择使用与其相适应的垃圾收集车。下面简要介绍几种国内外常用垃圾收集车的工作过程和特点。

(1) 人力车

人力车包括手推车、三轮车等靠人力驱动的车辆,人力车在发达国家已不再使用,但在我国尤其是小城镇或大中城市的街道比较狭窄的区域,仍发挥着重要的作用。

(2) 自卸式收集车

这是国内最常用的垃圾收集车,一般是在普通货车底盘上加装液压倾卸机构和装料箱后改装而成。通过液压倾卸机构可使整个装料箱体翻转,进行垃圾的自动卸料。

(3) 密封压缩收集车

根据垃圾装填位置,可分为前装式、侧装式和后装式三种类型,其中后装式密封压缩收集车使用较多。这种车是在车厢后部开设投入口,并在此部位装配一套压缩推板装置。

后门与车厢通过铰链连接,后门上装有旋转板和滑板,在液压油缸的驱动下,旋转板旋转,将投入口内的垃圾收入车厢,同时滑板对垃圾进行压缩。在后门的底部还设计有污水收集箱。排出垃圾时后门高高升起,垃圾被自动卸出。由于其具有压缩能力强,装载容积大,作业效率高,对垃圾的适应性强等特点,近几年我国各城市使用的也越来越多。这种车与手推车收集垃圾相比,工效可提高 6 倍以上,并可大大减轻环卫工人的劳动强度,缩短工作时间,减少垃圾的二次污染。

(4) 活动斗式收集车

这种收集车的车厢作为活动密闭式贮存容器,平时放置在垃圾收集点,常用于移动容器收集法作业。牵引车定期把装满垃圾的活动斗运至转运站或处理处置场,卸空后再把活动斗放回原收集点。

(5) 粪便收集车

这种车主要用于粪便的清运,配有真空泵系统,具有超强吸力,可以保证良好的抽吸效果,避免二次污染。

图 2-4 所示为几种典型的垃圾运输车辆。

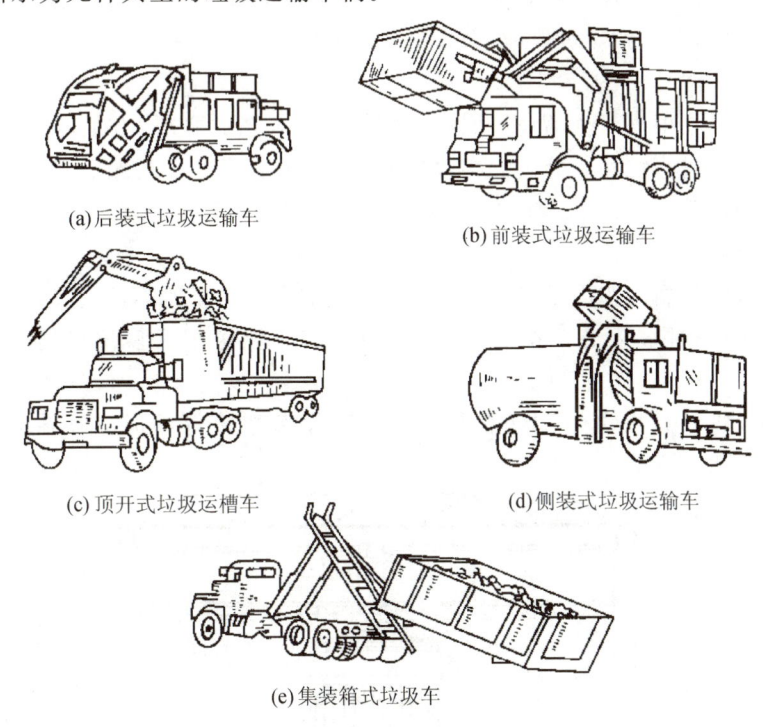

(a) 后装式垃圾运输车

(b) 前装式垃圾运输车

(c) 顶开式垃圾运槽车

(d) 侧装式垃圾运输车

(e) 集装箱式垃圾车

图 2-4　几种典型的垃圾运输车辆

2. 垃圾的贮存

环卫主管部门根据垃圾的数量、特性确定贮存方式,选择合适的贮存容器,规划容器的放置地点和数量。垃圾的贮存方式主要分为如下几种:

(1) 露天贮存

露天贮存是最简单的一种垃圾贮存方式,一般为砌在平地上的砖石或混凝土池子,表面没有覆盖物。露天贮存对环境造成污染,目前,露天贮存在我国小城镇生活垃圾贮存中使用仍然很普遍。

(2) 容器贮存

容器贮存就是把垃圾贮存在专门的容器中。由于垃圾被存放在密闭的容器中,因而对环境的影响较少,同时也便于垃圾的机械化收集,提高垃圾的收运效率。

生活垃圾贮存容器类型繁多,可按使用和操作方式、容量大小、容器形状及材质不同进行分类。对于居民区和公共贮存区,常见的有固定式砖砌垃圾房、带车轮的活动式垃圾桶、铁质活动底座垃圾箱等。

(3) 垃圾房贮存

为了方便居民投放生活垃圾,确保居住环境的卫生,通常在居民区内设有带容器或不带容器的垃圾房。投入口通常设置在各楼层楼梯平台。住户将垃圾投入通道投入口内,垃圾靠重力落入通道底层的垃圾间。垃圾间即垃圾的暂时贮存场所,其中存放的垃圾被定期清运出去。一般在通道上端设有出气管,并设置风帽,以挡灰尘及防雨水侵入。垃圾间安装照明灯、水嘴、排水沟、通风窗等,以便于清除垃圾死角及通风等。垃圾通道的设置虽然方便了居民搬倒垃圾,但是也存在诸如通道易发生起拱、堵塞等情况,若清除不及时、密封和通风不好,会导致垃圾腐败、散发臭气等问题。

(4) 分类贮存

分类贮存是指根据对生活垃圾回收利用或处理工艺的要求,由垃圾产生者自行将垃圾分为不同种类进行贮存。分类贮存收集的生活垃圾成分主要是纸、玻璃、铁、有色金属、塑料、纤维材料等。

(5) 收集站

生活垃圾收集站的作用是将从居民、单位、商业和公共场所等垃圾收集点清除的垃圾运送到这里集中,并装入专门的容器内,再由运载车辆送至大型垃圾转运站或垃圾处理场。

普通垃圾收集站由可封闭建筑物、集装箱、吊装系统等组成。设施的基本结构如图 2-5 所示。

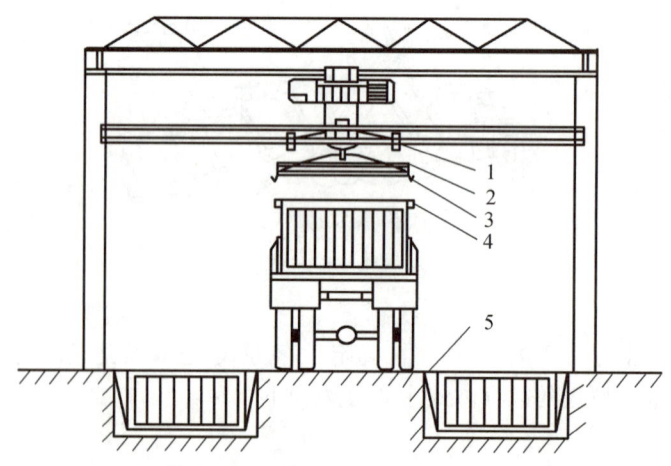

1—导向总成;2—吊装架;3—吊环;4—吊耳;5—地坑挡板

图 2-5 普通垃圾收集站设施的基本结构

收集站内设有地坑,地坑内放置集装箱。从各收集点收集的垃圾进站后,倒入置于地坑里的集装箱内,装满后盖好箱盖,掀起地坑挡板 5,导向总成 1 上的电动葫芦提升吊装架 2,通过吊环 3 将集装箱吊起并做横向移动后,置于自卸汽车上。当汽车驶至垃圾处理场,打开集装箱后门,集装箱随车厢做自卸动作。卸出垃圾后,集装箱回到正常位置,关好集装箱后门,驶回收集站,卸下空箱,从而完成一个工作循环。

收集站常设在封闭的建筑物内,环境卫生条件和工人作业条件较好;采用密封式集装箱运输,在运输过程中垃圾不暴露,没有尘土飞扬和垃圾洒漏等问题。此外,构造物比较简单,投资和管理也比较容易,因而在全国各城市得到了广泛的应用。在中小城市,收集站除了用于贮存垃圾外,还具有转运站的功能。

2.3.7 生活垃圾收运计划

1. 收集车数量配备

收集车数量配备是否得当,关系到收集效率和收集费用。收集车数量的配备可参照下列公式计算:

自卸式收集车数量＝该车收集区域垃圾日平均产生量/(车额定吨位×
　　　　　　　　日单班收集次数定额×完好率)(完好率按 85% 计)

多功能收集车数量＝该车收集区域垃圾日平均产生量/(箱额定容量×箱容积利用率×
日单班收集次数定额×完好率)(箱容积利用率按 50%～70% 计,完好率按 80% 计)

后装式密封收集车数量＝该车收集区域垃圾日平均产生量/(桶额定容量×
　　　　　　　　桶容积利用率×日单班装桶数量定额×日单班收集次数定额×
　　　　　　　　完好率)(桶容积利用率按 50%～70% 计,完好率按 80% 计)

2. 收集车劳力配备

每辆收集车所需配备收集工人的数量受多方面因素的影响,如车辆型号与大小、机械化作业程度、垃圾容器放置地点与容器类型等。依据这些因素初步确定人数后,在实际操作过程中可根据需要做调整,直至既满足需要又使人数最少为止。一般情况下,除司机外,人力装车载荷 2 吨的简易自卸车配备 2 人;人力装车载荷 4 吨的简易自卸车配备 3～4 人;多功能车配备 1 人;侧装密封车配备 2 人。

3. 收集次数与时间

在我国城市的住宅区、商业区,基本上要求一天收集一次,即日产日清。垃圾收集时间大致可分昼间、晚间和黎明三种。住宅区最好在昼间收集,晚间可能影响居民休息;商业区则宜在晚间收集,此时车辆、行人稀少,可增加收集速度;黎明收集则兼有昼间和晚间收集的优点。

总之,收集计划的制订应视当地实际情况,如当地经济、气候、垃圾产量与性质、收集方法、道路交通、居民生活习俗等而确定,不能一成不变。其基本原则是:保证在卫生、迅速、低耗的情况下达到垃圾收集的目的。

2.3.8 生活垃圾收运路线设计

在生活垃圾收集方法、收集车辆类型、收集劳力、收集次数和收集时间确定以后,就可着手设计收运路线,以便有效使用车辆和劳力。收运路线的合理性对整个垃圾收运水平、收运费用等都有重要的影响。

一条完整的垃圾收集清运路线通常由"收集路线"和"运输路线"组成。前者指收集车在指定街区收集垃圾时所行进的路线;后者指装满垃圾后,收集车运往转运站(或处理处置场)所走过的路线。

1. 收运路线的设计原则

(1)每个作业日每条路线限制在一个地区,尽可能紧凑,没有中断或重复的路线。

(2)工作量平衡,使每个作业、每条路线的收集和运输时间都大致相等。

(3)收集路线的出发点是车库,要考虑交通繁忙和单行街道的因素。

(4)在交通拥挤时间,应避免在繁忙的街道上收集垃圾。

2. 设计收运路线的一般步骤

(1)在商业区、工业区或住宅区的大型地图上标出每个垃圾桶的放置点、垃圾桶的数目和收集频率。如果是固定容器系统,还应标出每个放置点垃圾的产生量,并根据工作区使用面积将地区划分成长方形或正方形的小面积区域。

(2)根据上述平面图,将每周收集相同频率的收集点的数目和每天需要出空的垃圾桶数目列出一张表。

(3)计算并设计路线,要求每条路线距离大致相等,司机负荷基本平衡。

从调度站或垃圾车停车场开始设计每天的收集路线。设计路线时考虑以下因素:

①收集地点和收集频率应与现存的政策和法规一致。

②收集人员的多少应与车辆类型与现实条件协调。

③路线的开始与结束应邻近主要道路,尽可能地利用地形和自然疆界作为路线的疆界。

④在陡峭地区,路线的开始应在道路倾斜的顶端,下坡时收集,便于车辆滑行。

⑤路线上最后收集的垃圾桶应离处理处置场的位置最近。

⑥交通拥挤地区的垃圾应尽可能地安排在一天的开始收集。

⑦垃圾量大的产生地应安排在一天的开始时收集。

⑧如果可能,收集频率相同而垃圾量大的收集点应在同一天收集或同一行程中收集。

利用这些因素,可以制订出效率高的收集路线。

(4)当初步路线设计完成后,应对垃圾桶之间的平均距离进行计算,应使每条路线所经过的距离基本相等或相近。如果相差太大应当重新设计。若不止一辆收集车辆时,应使驾驶员的负荷平衡。

3. 城市垃圾收运路线设计实例

如图 2-6 所示为某生活小区垃圾存放点布置图(步骤①已在图上完成)。要求设计收运路线。要求在每日 8 小时中必须完成收集任务,请确定垃圾处理处置场距 B 点的最远距离可以是多少?已知有关数据和要求如下:

(1)收集次数为每周 2 次的集装点,收集时间要求在星期二、五。

(2)收集次数为每周 3 次的集装点,收集时间要求在星期一、三、五。

(3)各集装点容器可以位于十字路口任何一侧集装。

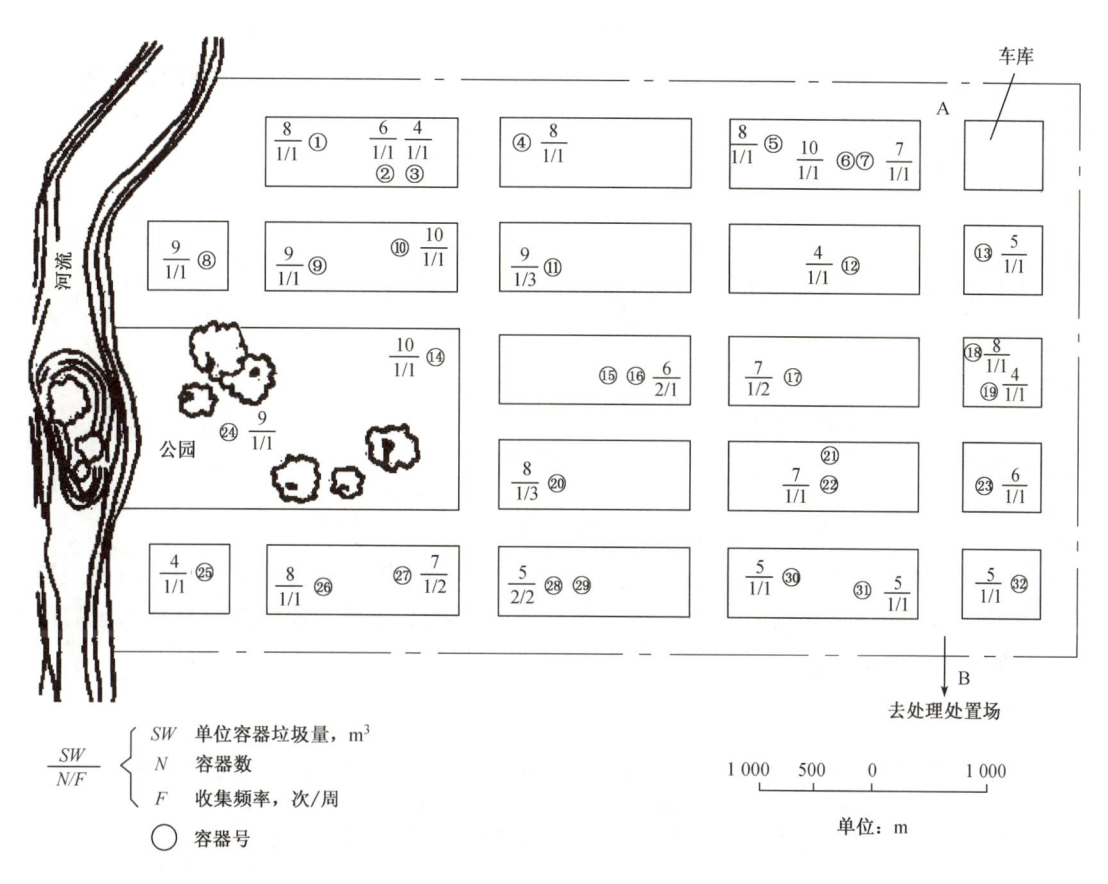

图 2-6 某生活小区垃圾存放点分布

$\dfrac{SW}{N/F}$ { SW 单位容器垃圾量，m³
                    N 容器数
                    F 收集频率，次/周 }
○ 容器号

1 000 500 0 1 000

单位：m

(4) 收集车车库在 A 点,从 A 点早出晚归。

(5) 移动容器系统按修改工作法。

(6) 移动容器系统操作从星期一至星期五每天进行收集。

(7) 移动容器系统操作数据:容器集装与放回时间均为 0.033 h/次;卸车时间为 0.053 h/次。

(8) 固定容器收集每周只安排 4 天(星期一、二、三、五),每天行程一次。

(9) 固定容器收集的收集车为容积 35 m³ 的后装式压缩车,压缩比为 2。

(10) 固定容器系统操作数据:容器卸空时间为 0.050 h;卸车时间为 0.010 h/次;容器估算行使时间常数 $a=0.060$ h/次,$b=0.067$ h/km。

(11) 确定收集操作的运输时间,运输时间常数为 $a=0.080$ h/次,$b=0.025$ h/km。

(12) 非收集时间系数均为 0.15。

解:1. 移动容器系统的路线设计

(1) 根据图 2-6 提供的资料进行分析列表(路线设计的步骤②)。

收集区域共有集装点 32 个,其中收集次数每周 3 次的有点 11 和点 20,每周共收集 $3×2=6$ 次行程,时间要求在星期一、三、五;收集次数每周 2 次的有点 17、点 27、点 28、点 29,每周共收集 8 次行程,时间要求在星期二、五;其余 26 个点,每周收集 1 次,共收集

43

1×26＝26次行程,时间要求在星期一至星期五。合理的安排是使每周各个工作日集装的容器数大致相等以及每天的行驶距离相当。如果某日集装点增多或行驶距离较远,则该日的收集将花费较多时间,并且将限制确定处理处置场的最远距离。三种收集次数的集装点,每周共需行程40次,因此,平均安排每天收集8次,分配办法见表2-8。

表2-8　　　　　　　　　　　容器收集安排

收集次数	集装点数	行程数/周	每日倒空的容器数					
			星期一	星期二	星期三	星期四	星期五
1	26	26	6	4	6	8	2
2	4	8		4			4
3	2	6	2		2		2
合计	32	40	8	8	8	8	8

(2)通过反复计算,设计均衡的收集路线(步骤③和步骤④)。

在满足表2-8规定的次数要求的条件下,找到一种收集路线方案,使每天的行驶距离大致相等,即A点到B点间行驶距离约为86 km。据此,设计的每周收集路线和距离的计算结果列入表2-9中。

表2-9　　　　　　　　　　　移动容器收集法的收集路线

集装点	收集路线 星期一	距离/km	集装点	收集路线 星期二	距离/km	集装点	收集路线 星期三	距离/km	集装点	收集路线 星期四	距离/km	集装点	收集路线 星期五	距离/km
1	A→1	6	7	A→7	1	3	A→3	2	2	A→2	4	13	A→13	2
	1→B	11		7→B	4		3→B	7		2→B	9		13→B	5
9	B→9→B	18	10	B→10→B	16	8	B→8→B	20	6	B→6→B	12	5	B→5→B	16
11	B→11→B	14	14	B→14→B	14	4	B→4→B	16	18	B→18→B	6	11	B→11→B	14
20	B→20→B	10	17	B→17→B	8	11	B→11→B	14	15	B→15→B	8	17	B→17→B	8
22	B→22→B	26	26	B→26→B	12	12	B→12→B	8	16	B→16→B	8	20	B→20→B	10
30	B→30→B	6	27	B→27→B	10	20	B→20→B	10	24	B→24→B	16	27	B→27→B	10
19	B→19→B	6	28	B→28→B	8	21	B→21→B	4	25	B→25→B	16	28	B→28→B	8
23	B→23→B	29		B→29→B	8	31	B→31→B	0	32	B→32→B	2	29	B→29→B	
	B→A	5		B→A	5		B→A	5		B→A	5		B→A	5
合计		84	合计		86	合计		86	合计		86	合计		86

(3)确定从B点至处理处置场的最远距离。

①求出每次行程的集装时间。因为采用改进移动容器收集法(亦称交换容器收集法),故每次行程时间不包括容器间行驶时间,则

$$P_{hcs} = t_{pc} + t_{uc} + t_{dbc} = 0.033 + 0.033 + 0 = 0.066(h/次)$$

式中　P_{hcs}——次行程集装时间,h/次。

　　　t_{pc}——容器装车时间,h/次。

t_{uc}——容器放回原处时间,h/次。

t_{dbc}——容器间行驶时间,h/次。

②求往返运输距离。利用如下公式计算往返运输距离 x。

$$H = N_d(P_{hcs}+s+h)/(1-\omega) = N_d(P_{hcs}+s+a+bx)/(1-\omega)$$

即 $8 = 8 \times (0.066 + 0.053 + 0.080 + 0.025x)/(1 - 0.15)$

求得:$x = 26$(km/次)

式中　H——每天工作时数,h/d。

N_d——每天行程次数,次/d。

P_{hcs}——每次行程集装时间,h/次。

s——每行程卸车时间,h/次。

h——运输时间,h/次。

x——往返运输距离,km/次。

ω——非收集时间占总时间的百分数,%。

运输时间(h)是指收集车从集装点行驶至终点所需的时间,再加上离开终点驶回原处或下一个集装点的时间,但不包括停在终点的时间。它的计算式 $h = a + bx$ 是根据大量运输数据分析得出的经验公式,其中 a 为运输时间常数,h/次;b 为使用运输的时间常数,h/km。卸车时间(s)是指收集车在终点(转运站或处理处置场)的逗留时间,包括卸车和等待卸车时间。

③最后确定从 B 点至处理处置场的距离。往返运输距离 x 包括收集路线距离在内,将其扣除后除以往返双程,便可确定从 B 点至处理处置场最远单程距离为

$$(26 - 86/8)/2 = 7.63 \text{ km}$$

2.固定容器收集系统的路线设计

(1)用相同的方法可求得每天需收集的垃圾量,其收集安排见表 2-10。

表 2-10　　　　　　　　　每日垃圾收集量安排

收集次数/周	总垃圾量/m³	每日收集的垃圾量/m³				
		星期一	星期二	星期三	星期四	星期五
1	1×178	53	43	52	0	29
2	2×24		24		0	24
3	3×17	17		17	0	17
合计	277	70	68	69	0	70

(2)根据所收集的垃圾量,经过反复试算制订均衡的收集路线,每日收集路线列于表 2-11,A 点和 B 点间每日的行驶距离列于表 2-12。

(3)从表 2-11 中可以看到,每天行程收集的容器数为 10 个,行驶距离为

$(26 + 28 + 26 + 22)/(4 \times 10) = 2.55$ km

而每次行程的集装时间为

$P_{scs} = C_t(t_{uc} + t_{dbc}) = C_t(t_{uc} + a + bx) = 10 \times (0.05 + 0.06 + 0.067 \times 2.55) = 2.8$ h/次

式中　P_{scs}——每次行程集装时间,h/次。

C_t——每次行程卸空的容器数,个/次。

t_{uc}——卸空一个容器的平均时间,h/个。

t_{dbc}——每行程各集装点之间的平均行驶时间,$t_{dbc}=a+bx$ 是经验公式,其中 a、b 是估算容器间行驶时间的经验常数,单位分别为 h/次、h/km,x 为往返运输距离。

表 2-11　　　　　　　　　固定容器收集法收集路线的集装次序

星期一		星期二		星期三		星期五	
集装次序	垃圾量/m³	集装次序	垃圾量/m³	集装次序	垃圾量/m³	集装次序	垃圾量/m³
13	5	2	6	18	8	3	4
7	7	1	8	12	4	10	10
6	10	8	9	11	9	11	9
4	8	9	9	20	8	14	10
5	8	15	9	24	9	17	7
11	9	16	6	25	4	20	8
20	8	17	7	26	8	27	7
19	4	27	7	30	5	28	5
23	6	28	5	21	7	29	5
32	5	29	5	22	7	31	5
合计	70	合计	68	合计	69	合计	70

表 2-12　　　　　　　　　A 点和 B 点间每日的行驶距离

星期	一	二	三	五
行驶距离/km	26	28	26	22

(4)求从 B 点到处理处置场的往返运输距离。

$$H = N_d(P_{scs} + s + a + bx)/(1-\omega)$$

即 $8 = 1 \times (2.8 + 0.10 + 0.08 + 0.025x)/(1-0.15)$

求得 $x = 152.8$ km

(5)确定从 B 点至处置场的最远距离。即 $152.8/2 = 76.4$ km。

2.4　生活垃圾转运站的设置

2.4.1　垃圾转运的必要性

垃圾收运过程是垃圾从分散到集中的过程,是一个产生源高度分散、处置相对集中、产生量随季节变化的"倒物流"系统。垃圾收运分为收集后直接运输和收集后中转运输两大类,上述第一种方式,即用垃圾收集车(后装式垃圾压缩车、侧装式垃圾压缩车等)直接在居民收集点收集并直接运输到垃圾处理场。收集后直接运输一般适用于收集车容量较大以及垃圾处理场距离垃圾产生源不太远的情况,这种方式在国外和我国的特大型城市中较多采用,或在城市的中心区采用。它的优点是简单方便,且不要建造转运站,节约空间,尤其适合大城市中心区。

本节主要介绍第二种方式,即收集后中转运输。此种方式下,转运站起至关重要的作用。垃圾转运站的主要功能就是对垃圾进行中转运输。在转运站将小吨位车辆倒换为大型集装箱运输车,并增加垃圾的装载密度,从而有效地利用人力、物力,节省垃圾清运费用或成本,提高运输效率,减少交通堵塞,降低环境污染。另外,在有条件的地区,还可以对垃圾进行分拣和筛分等预处理,有助于垃圾后续处理处置。

2.4.2 转运站的类型与设置要求

转运站按规模可分为小型、中型和大型。转运量小于 150 t/d,为小型;转运量为 150~450 t/d,为中型;转运量大于 450 t/d,为大型。转运站的规模、用地面积根据日转运量确定(详见表 2-13)。垃圾转运量应根据服务区域内垃圾高产月份平均日产量的实际数据确定。

表 2-13　　　　　　　　　　垃圾转运站用地标准

转运量/(t/d)	用地面积/m²	附属建筑面积/m²
150	1 000~1 500	100
150~300	1 500~3 000	100~200
300~450	3 000~4 500	200~300
>450	>4 500	>300

垃圾转运量可按下式计算:

$$Q = \delta n q / 1\,000$$

式中　Q——转运站的日转运量,t/d。

n——服务区域的实际人数。

q——服务区域居民垃圾人均日产量,kg/(人·d),按当地实际资料采用;无当地资料时,垃圾人均日产量可采用 1.0~1.2 kg/(人·d),气化率低的地方取高值,气化率高的地方取低值。

δ——垃圾产量变化系数,按当地实际资料采用,如无资料时,δ 值可采用 1.3~1.4。

一般来说,用人力收集车收集垃圾的小型转运站,服务半径不宜超过 0.5 km;用小型机动车收集垃圾的小型转运站,服务半径不宜超过 2.0 km;垃圾运输距离超过 20 km 时,应设置大、中型转运站。

国内外生活垃圾转运站形式多样,主要区别在于站内中转垃圾处理设备的工作原理和处理效果(减容压实程度)。根据工艺流程和中转设备对垃圾压实程度的不同,转运站可分为直接转运式、压入装箱式(或推入装箱式)和压实装箱式。其中,直接转运式对垃圾的减容压实程度最低,压入装箱式居中,压实装箱式则最高。由此,我们将其分成非压缩式和压缩式两大类,但较新型的均为压缩式的。

1. 非压缩式转运站

垃圾收集后由小型收集车运到转运站,直接将垃圾卸入车厢容积为 60~80 m³ 的半拖挂式的大型垃圾运输车。由牵引车拖带进行运输,运输途中,用篷布覆盖敞顶集装箱,防止垃圾飞扬。图 2-7 所示为非压缩式转运站的分类。

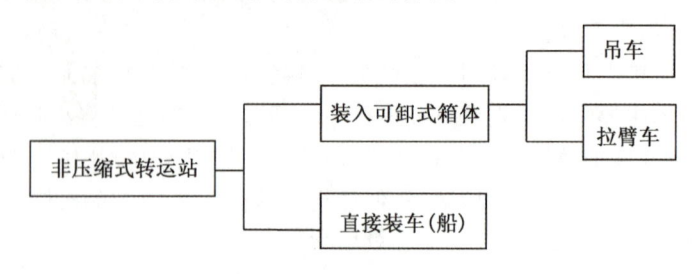

图 2-7　非压缩式转运站的分类

该转运站的主要特点是工艺流程简单,几乎没有专用中转垃圾处理设备,投资少,运营管理费用低,但中转过程中,对垃圾未做减容、压缩处理,导致站内垃圾运输车的车厢(集装箱)容积很大、无法承担大运量的垃圾运输,且未能实现封闭化中转作业,卫生条件差。

2. 压缩式转运站

压缩式转运站又分为四种:水平压缩式、螺旋压缩式、刮板压缩式和垂直压缩式。具体如图 2-8 所示。

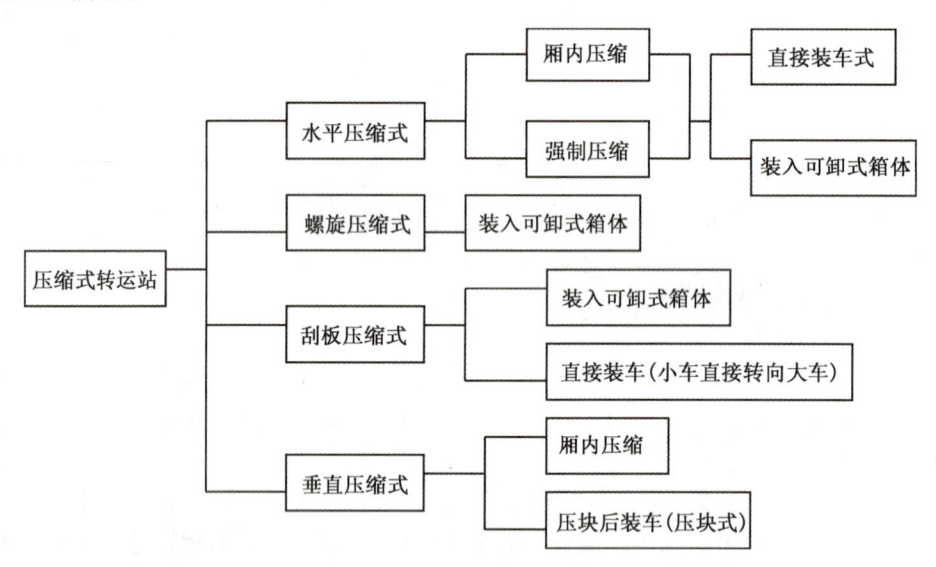

图 2-8　压缩式转运站的分类

以垂直压缩式为例说明。垃圾直接卸入竖直放置的垃圾容器内,在自身重力作用下垃圾得到一定压缩。当容器装满,位于容器上方的压实器会对垃圾再进行竖直压缩,然后再往容器中卸入垃圾,再压缩,反复 2~3 次,直到垃圾装足为止。装足垃圾的容器由专用搬运车放平,并转移到大型垃圾运输车上,运往垃圾处置场。图 2-9 是几种典型的垃圾转运站。

此外,垃圾中转可以有一级中转、二级中转或更多级的中转。根据中转运输方式的不同,有陆运转水运、陆运转陆运,其中,陆运运输可以是公路运输,也可以是铁路运输。在压缩式中转中,若采用水路或铁路运输,则一定是装入可卸式箱体的形式。

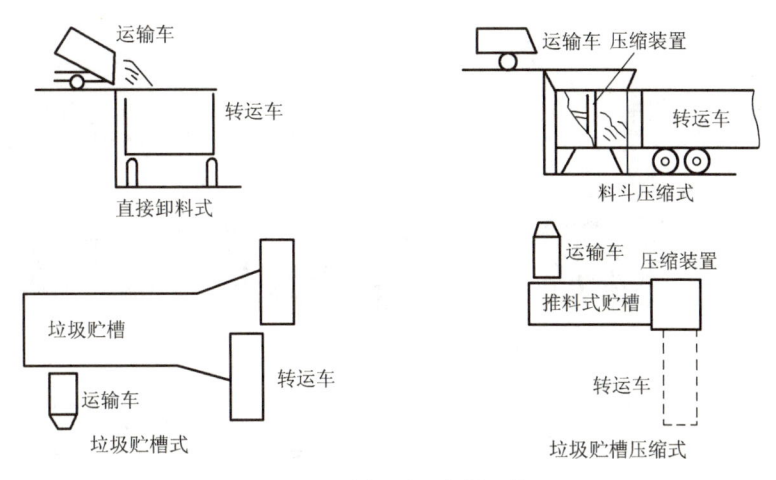

图 2-9　几种典型的垃圾转运站

2.4.3　转运站的选址

转运站的选址属于基础设施选址范畴，重点是考虑运费最低的原则，由于运费和运距有关，因此运费简化成最短距运的问题。具体来说，转运站选址的目标就是，在满足生活垃圾中转任务的同时，尽可能实现成本最小化，还要考虑到转运站对环境的影响问题。转运站选址的具体要求如下：

(1) 尽可能离垃圾产生区域的重心近。
(2) 离主干道要近并且离辅助运输方式的道路要近，便于垃圾中转收集输送。
(3) 转运站坐落地的人口要少，对建造地的环境污染小。
(4) 建造和运行必须经济可行，技术可行。

由于上述要求很难同时满足，所以必须对这些因素综合加以考虑。

2.4.4　转运站工艺和设备

1. 转运站工艺

垃圾转运站工艺主要有三种，即直接倾卸式、贮存待装式和组合式（直接倾卸与贮存待装）。它们的设备组成和工作过程分述如下。

(1) 直接倾卸式

直接倾卸式就是把垃圾从收集车直接倾卸到大型拖挂车上，它分无压缩和有压缩两种形式。无压缩时，垃圾直接倾倒到拖挂车里，对垃圾没有压缩处理（图 2-10）。有压缩时，垃圾由收集车倾卸至卸料斗里，然后，液压式压实器对料斗里的垃圾进行压缩，并把垃圾推入大型装载容器里（大型垃圾箱），装满压缩垃圾的大型垃圾箱再被转放到运输车上运走（图 2-11）。

(2) 贮存待装式

该种垃圾转运站设有贮料坑，其转运工艺如图 2-12 所示。垃圾收运车先在高货位的卸料台卸料，倾入低货位的贮料坑中贮存，然后，推料装置（如装载机）将垃圾推入压实器的料斗中，压实器再将垃圾封闭压入大载重的运输工具内，满载后运走。有的转运站还可对垃圾进行分离、破碎、去铁等处理。

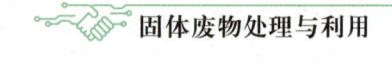

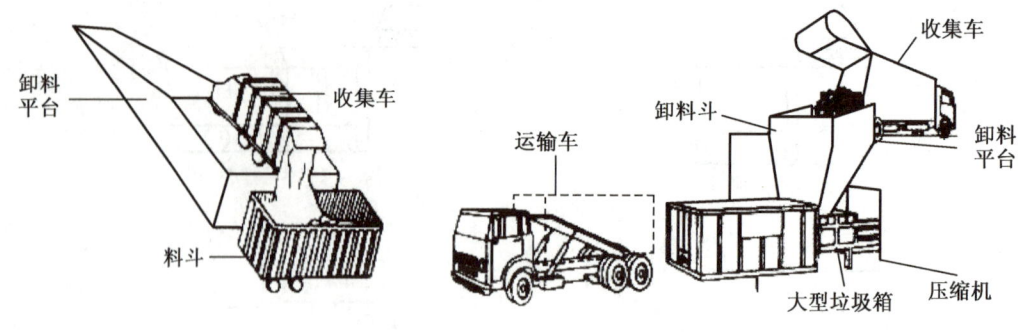

图 2-10　无压缩直接倾卸转运方式　　　　图 2-11　有压缩直接倾卸转运方式

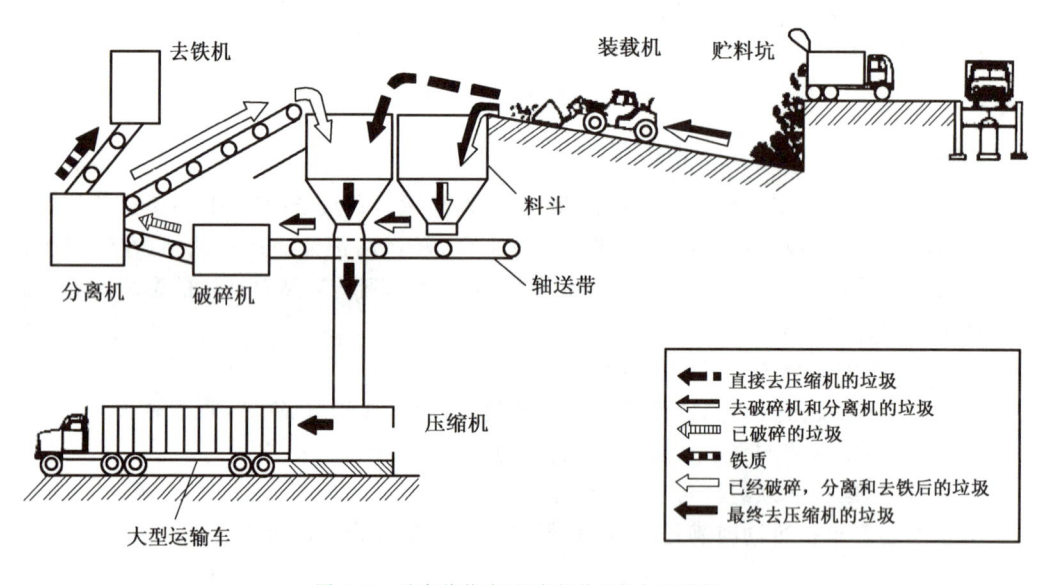

图 2-12　贮存待装式(具有部分垃圾加工功能)

(3)组合式

所谓组合式,是指在同一转运站既有直接倾卸设施,又有贮存待装设施(图 2-13)。垃圾既可直接由收集车卸载到拖挂车里运车,也可暂时存放在贮料坑内,随后再由装载机装入拖挂车转运。它的优点是操作比较灵活、对垃圾数量变化的适应性较强。

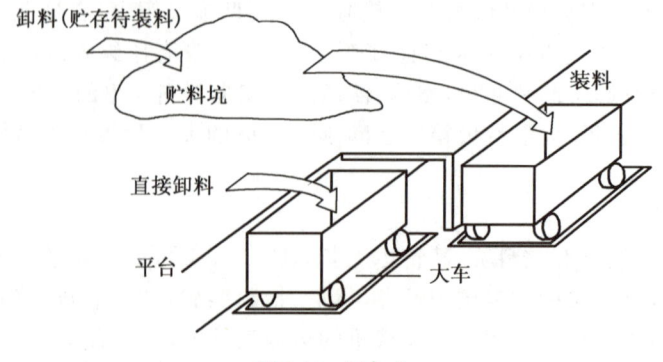

图 2-13　组合式

2. 转运站设备

一般来说，一台完整的压缩式垃圾转运站设备包括压缩装置、翻转装置、动力及传动系统、垃圾集装箱、控制系统五个功能模块。比如，翻转装箱式生活垃圾压缩转运站设备结构部件主要有地坑、垃圾集装箱、垃圾投放室、底板、托架、支架、开口、压缩液压缸、推杆、压头、连杆、摆杆、液压缸、链条、车厢等。这些模块之间的关系如图2-14所示。

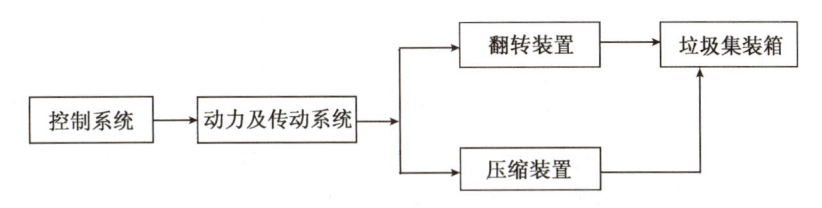

图2-14 垃圾转运站设备的主要功能模块

压缩装置是垃圾压缩转运设备的关键部件，它决定着整台设备的性能，合理的压力和压缩倍数决定着设备的成本，是决定设备是否具有使用价值的关键。

翻转装置主要实现垃圾集装箱的提升装卸功能，对其要求是具有较高的可靠性和平稳性，在实现装卸功能的同时尽量保证结构简单、运行快捷、安全可靠且占地面积小。

动力及传动系统为翻转装置和压缩装置提供动力，设计要求是在保证完成功能的情况下，尽量选用可靠性高的零部件和传动方式。

垃圾集装箱是盛装压缩垃圾的容器，与普通垃圾集装箱相比，由于要承受一定的压力，其设计要求是要保证有足够的强度，以免压力过大将其压坏，从结构上要考虑压缩垃圾倾倒的方便性，而且由于垃圾具有较强的腐蚀作用，箱体还要具有一定的防腐蚀功能。

控制系统要实现对整个设备的动作控制，包括对翻转装置和压缩装置的控制。对翻转装置的控制要求是能够实现限位控制、断电保护和过载保护等功能，对压缩装置的控制要求是能够实现快进、工进、保持、快退、紧急停车等功能。

在上述五个部分中，压缩装置和翻转装置在一定程度上决定了控制系统、动力及传动系统、垃圾集装箱的设计方案，是整个中转设备设计的关键。

2.4.5 转运站设计及运行案例

上海市崇明垃圾转运站采用荷兰环保集团竖直式压缩专利技术，是我国第一座竖式压缩转运站，也是BOT模式首次在我国环卫行业的应用。其设计规模为270 t/d，目前处理量为120 t/d，占地约 1 hm²，服务年限为18 a。

1. 竖直式压缩工艺简介

该工艺是由荷兰环保集团开发的垃圾转运系统，压缩比为1:2～1:3，压实器压力一般设定为300 kN左右。规模为500～10 000 t/d的生活垃圾转运站已在土耳其、澳大利亚、新西兰等国家得到应用，目前运转情况良好。

居民点收集来的垃圾由小型收运车运入转运站内，称重计量后经坡道进入卸料大厅，将垃圾直接卸入竖直放置的容器内。容器内的垃圾在自身的重力作用下得到一定压缩，当容器内的垃圾装满后，位于容器上方的压缩装置对容器内的垃圾进行竖直压缩后，再往容器中卸入垃圾、再压缩，直到容器中的垃圾量装满（达到设计值）为止，关好容器盖门，完成一次压缩装箱过程。满载容器由转运车从容器工位上取下,运往垃圾填埋场。填埋场可设置专用卸载车,或用可移动式卸料平台进行卸载。该项目由于规模不大,出于经济原因采用卸料平台进行卸料。在填埋场卸载后,空容器由转运车送回转运站装箱,如此反复。这种工艺的垃圾容器与大型运输车分离,操作方便,垃圾运输过程中实现了封闭、满载、大运量操作。

2. 设计规模及垃圾成分

(1) 设计规模

生活垃圾转运站的规模由服务区域的每日垃圾产出量决定,并且要考虑服务区域内垃圾产出量的年增长变化情况。该站服务区域人口 15 万人,人均垃圾产生量 0.80 kg/d,垃圾产生总量 120 t/d。转运站的规模按如下公式计算:

$$Q = kq(1+\eta)^{\frac{n}{2}}$$

式中　Q——转运站工程规模,t/d。

　　　k——高峰期垃圾产生量波动系数,取 1.1。

　　　q——生活垃圾平均产生量,120 t/d。

　　　η——生活垃圾产生量的年增长率,8%。

　　　n——转运站服务年限,18 a。

上海市崇明垃圾压缩转运站的工程规模定为 270 t/d。

(2) 垃圾成分

经抽样调查,该生活垃圾中,厨余垃圾含量较高,水分含量较高,垃圾在压缩过程中产生渗滤液较多;压实基体(灰渣)含量少,几乎没有,而弹性变形量较大的塑料则较多,垃圾压缩时不易压实成块。

3. 设计特点

(1) 垃圾清运

目前,主要采用 2 吨自卸车和 5 吨自卸车收集生活垃圾。城桥镇环卫站现有垃圾收集车 20 辆,其中 2 吨自卸车 16 辆,其余为 5 吨自卸车,另外还有人力垃圾收集车 2 辆,铲车 1 辆,人力清扫车 16 辆。收集作业制度为:绝大部分垃圾在每天 4:00~21:00 收集,另有约 20% 垃圾在 13:00~16:00 收集,运往垃圾简易堆场。

(2) 主要作业设备

压缩中转作业主要设备有:称重计量系统 1 套,直径为 1 500 mm 的竖直式压实器 1 套,额定装载量为 15 吨自带液压开启装置的圆筒形容器 8 只,卸料溜槽及驱动机构 4 套,斯太尔 1491H280/B32/6×4 型转运车 4 辆,NCH 钢丝牵引系统 4 套,监控系统 1 套,车辆冲洗和场地冲洗设备各 1 套。

4. 平面布置

(1) 功能划分

该转运站按功能划分为垃圾收集车进出站区、中转作业区、转运车作业区、转运车进出站区、容器停放区和办公区。垃圾收集车进出站区包括 1 套称重计量装置、1 座称重计量房和 1 条收集车进出中转作业区的双车道坡道;中转作业区负责垃圾收集车的卸料、压缩装箱作业、空气净化和全站监控,建筑物为 2 层,上层为作业车间,下层为办公区;转运车作业区负责满载容器的装车和空载容器的复位功能。

(2) 绿化布置

转运站内的建筑物包括计量房、办公楼、坡道、作业车间和容器停放间,总建筑面积为 1 680 m^2,道路及场地面积为 2 750 m^2,其余为绿化面积 11 950 m^2,绿地率达到 72.95%。

(3) 作业车间布置

转运站作业车间是站内的主体建筑,为两层框架结构。车间占地面积为 405 m^2,建筑面积为 890 m^2。底层高为 5.9 m,为钢筋混凝土框架结构;二层高 5.8 m,为轻钢彩板结构。二层为收集车卸垃圾作业区,共设 4 个卸料口,每个卸料口设收集车倒车卸料导向、定位装置。车间外侧共有 4 个容器工位,与二层 4 个卸料口对应。在卸料口上方有压实器、移动导轨和检修平台。一层为办公区,内有维修车间、综合区、配电间、工具间等。

5. 二次污染控制

(1) 臭气和灰尘的控制

臭气和灰尘的产生分为流动源和固定源。流动源主要是垃圾收集车大量集中进出站时由于车辆的密封性差或外表不清洁而散发的臭气和灰尘。臭气和灰尘的主要控制措施有:

①转运站站内外交通的组织和管理,尽量缩短收集车的行驶距离;

②车辆经常定期清洗,保证外表的清洁;

③要定期检查和更换密封件,保证车辆密封,使臭气尽量少外泄;

④杜绝跑、冒、滴、漏现象。

固定源主要是垃圾收集车进行卸料作业时由于压缩装箱时垃圾的暴露而散发的臭气和灰尘,主要控制措施有:

①降低垃圾外暴露面积,降低暴露时间;

②转运站作业车间设计为封闭式,进出口设置风帘,整个作业在微负压环境中进行,防止臭气外逸;

③在垃圾收集车卸料时,卸料机构和垃圾收集车应形成封闭结构,抑制灰尘的飞扬;

④在容器上方设置一组消毒防尘喷雾系统,在收集车卸料时,喷洒一定量的雾状液体,控制灰尘的飞扬,并与监控系统联动工作。

⑤转运站设臭气和灰尘净化处理系统。卸料大厅的臭气和灰尘由设置的吸风罩抽吸,经处理达到排放标准后排放。

由于该转运站南面为垃圾堆场,周围环境条件要求低,同时考虑到工程投资费用有限,暂不设臭气和灰尘净化设备,只选用通风设备对作业车间换气。作业车间的换气率应不低于 6 次/h,换气量为 20 000 m^3/h。今后,若条件成熟,可考虑增设臭气和灰尘净化设施,本期工程中,预留了今后增设臭气和灰尘净化设施的接口。

(2) 废水控制

转运站内不设渗滤液的净化设施。垃圾装箱、压缩过程中产生的渗滤液暂存在容器中,与垃圾一道运至填埋场,排入填埋场的渗滤液处理系统。转运站内产生的生活污水可排入市政污水管道。场地冲洗和车辆清洗产生的废水进入收集池,经初沉后排入市政污水管道,池内沉淀物定期清理。

(3)噪音控制

车辆产生的噪音,通过限速、禁止鸣喇叭等措施控制。卸料大厅采用封闭结构,减少噪音对周围环境的影响。

(4)灭蚊蝇

每天工作结束后,对作业区的场地和部分设备进行冲洗。夏季是蚊蝇大量繁殖季节,可定时喷洒药水,将蚊蝇量控制在最少。

6. 技术经济指标

工程总投资为1 230万元,占地约1 hm²,工作人员11名,设备装机容量为12 312 kW,油耗约280 L/d[单位油耗为2.33 L/(t·100 km)],用水4 t/d。转运站采用BOT模式运行,在环卫基础设施建设市场化、企业化投融资、运营方面是一次大胆的尝试,以垃圾处理费作为投资回报,运行1年多来取得了良好的经济效益、环境效益和社会效益。

我国香港特别行政区西九龙废物转运系统也采用水陆集装箱联运方式,采用了20 ft国际标准集装箱,其运输流程如图2-15所示。

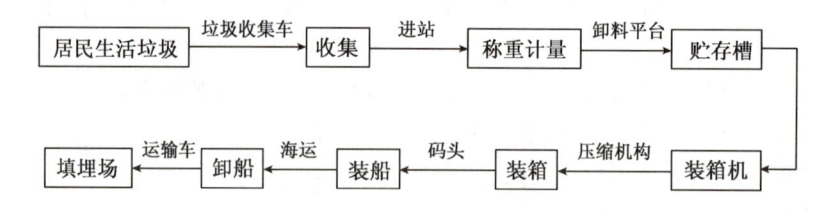

图2-15 香港特别行政区西九龙地区生活垃圾转运流程

总之,转运站的工艺流程、中转作业方式、设备配置及性能要满足城市发展要求,实现垃圾的封闭、压缩化运输,为实现垃圾日收日清创造良好的条件。

同步练习

一、填空题

1. 固体废物按危害性分为_____和_____固体废弃物。
2. 生活垃圾的组成很复杂,但大致可分为_____和_____。
3. 垃圾收集系统有两种,分别是_____和_____。
4. 对固体废物进行分类收集时,一般应遵循如下原则:_____分开、_____分开、_____分开、可燃性物质与不可燃性物质分开。
5. 由于固体废物本身往往是污染物的"源头",故需对其产生—_____—综合利用—处理—贮存—处置,实行全过程管理,每一环节都将其当作污染源进行严格的控制。

二、选择题

1. (　　)不属于危险固体废物。
   A. 生化池的污泥　　　　　　　　B. 高浓度的有机废水
   C. 未用完的氢气钢瓶　　　　　　D. 半桶废弃的浓硫酸

2. 固体废物按来源分类一般不包括( )。
   A. 工业固体废物   B. 放射性固体废物
   C. 危险废物   D. 生活垃圾
3. 下列关于固体废物的危害,不正确的说法是( )。
   A. 固体废物不加利用时,需占地堆放,侵占土地
   B. 固体废物的渗滤液会进入土壤和水体,从而影响土壤和水体的环境质量
   C. 固体废物会影响环境卫生和城市容貌
   D. 如果能防止堆放的固体废物产生扬尘,就不会影响大气环境
4. 固体废物按其来源可以分为( )。
   A. 生产废物   B. 生活废物
   C. 有害废物   D. 城市生活垃圾
5. 固体废物按其化学成分可分为( )。
   A. 固体废物和半固体废物   B. 生活废物和工业废物
   C. 有机废物和无机废物   D. 高热值废物和低热值废物
6. 下列不属于危险废物的是( )。
   A. 医院垃圾   B. 含重金属污泥   C. 酸废物和碱废物   D. 有机固体废物
7. 危险废物是指( )。
   A. 含有重金属的废弃物
   B. 具有致癌性的固体废物
   C. 列入国家危险废物名录或根据国家规定的危险废物鉴别标准和鉴别方法认定具有危险特性的废物
   D. 人们普遍认为危险的废弃物
8. 下列哪种情况会导致生活垃圾产生量的增加？( )
   A. 人口数量增加   B. 居民素质的提高
   C. 居民生活水平的改变   D. 居民生活方式的改变
9. 固体废物从产生到处置的全过程管理中,收集和运输的费用占总费用的( )。
   A. 40%~50%   B. 60%~80%   C. 20%~40%   D. 10%~20%
10. 通常一个收运系统由( )构成。
    A. 转运   B. 搬运与储存   C. 收集与清除   D. 破碎、分选
11. 固体废物收集方式有( )。
    A. 随时收集   B. 分类收集   C. 定期收集   D. 混合收集
12. 转运站按照日转运垃圾能力可分为( )。
    A. 小型转运站 B. 中小型转运站   C. 中型转运站   D. 大型转运站
13. 转运站选址需要考虑( )原则。
    A. 在具备铁路或水路运输条件,且运距较远时,应设置铁路或水路垃圾转运站
    B. 不宜临近群众日常生活聚集场所
    C. 位置应在服务区内人口密度大、垃圾产生量大、易形成经济规模的地方
    D. 符合城镇总体规划和环境卫生专业规划的基本要求

14. 转运站主体工程设计包括(　　)。
A. 工艺设计基本条件　　　　　　B. 转运站转运工艺流程设计
C. 转运站监控系统设计　　　　　D. 转运站主体设备配置

15. 生活垃圾大型转运站配置主要包括(　　)。
A. 称重计量系统　　　　　　　　B. 转运作业系统
C. 运输系统　　　　　　　　　　D. 监视、控制系统

16. 在规划和设计转运站时,应考虑(　　)。
A. 每天的转运量　　　　　　　　B. 转运站的结构类型
C. 主要设备和附属设施　　　　　D. 对周围环境的影响

17. 决定垃圾收集频率的因素有(　　)。
A. 垃圾的组成成分及物化特性　　B. 气候
C. 储存容器　　　　　　　　　　D. 居民的活动

18. 人力装车的载重5吨,建议自卸垃圾收集车除司机外应配备劳动力(　　)人。
A. 2～3　　　　B. 1　　　　C. 2　　　　D. 3～4

19. 我国生活垃圾转运站设计规范规定,可设置大、中型垃圾转运站的运输距离一般大于(　　)km。
A. 10　　　　B. 20　　　　C. 30　　　　D. 40

三、名词解释
1. 垃圾分类收集　2. 转运站　3. 垃圾容重　4. 挥发分　5. 灰分

四、简答题
1. 生活垃圾的主要组分有哪些?
2. 影响生活垃圾组成的主要因素有哪些?
3. 设计垃圾收集路线时应考虑哪些因素?
4. 简述设置转运站的作用和原则。

模块 3

固体废物的预处理

知识目标

1. 掌握固体废物预处理的原理和方法。
2. 熟悉固体废物预处理的工艺和设备。

技能目标

1. 能结合固体废物的特性和后续处理的要求，提出合理的预处理方案。
2. 能够合理选择固体废物预处理工艺和设备。

能力训练任务

1. 能对破碎、分选等主要预处理进行系统评价，正确选择设备。
2. 能对所在地的生活垃圾提出较为合理的分选回收方案。

为了便于对固体废物进行合适的利用、处理和处置，往往要经过预处理。预处理技术是指采用物理、化学或生物方法，将固体废物转变成便于运输、储存、回收利用和处置的形态。预处理技术包括压实、破碎、分选、脱水和干燥。

3.1 固体废物的压实技术

3.1.1 压实的目的及原理

1. 压实的目的和作用

压实又称压缩，是利用机械的方法增加固体废物的聚集程度，增大容重和减小体积，便于装卸、运输、贮存和填埋。

压实技术主要用于生活垃圾。一般,生活垃圾压实后,体积可减少60%～70%。垃圾压实的作用如下:一是通过压实可减少固体废物的体积,增加其密实性和垃圾车的收集量,以便于运输和处置,减少运输量及处置场体积,降低固体废物运输和处理处置费用(成本);二是制取高密度惰性块料,便于贮存、填埋或利用。例如生活垃圾经多次压缩后,其密度可达1 380 kg/m³,体积比压缩前可减少50%以上,因而可大大提高运输车辆的装载效率。而惰性固体废物如建筑垃圾,经压缩成块后,用作地基或填海造地的材料,上面只需覆盖很薄土层,即可再恢复利用。

2. 压实原理

压实是一种采用机械方法将固体废物中的空气挤压出来、以减少其孔隙率以增加其聚集程度(容重),减少固体废物表观体积(表观体积是废物颗粒有效体积与空隙占有体积之和,当对固体废物实施压实操作时,随着压力的增大,空隙体积减小,表观体积也随之减小,而容重增加。)的过程。压实是提高运输和管理效率的一种操作技术。

3. 压实程度的表示方法

(1)容重

在自然堆积状态下,单位体积物料的质量称为该物料的容重,以 kg/L、kg/m³ 或 t/m³ 表示。

(2)压缩比(r)

压缩比可定义为:原始状态下物料的体积 V_q 与压缩后的体积 V_h 的比值,即:

$$r = V_q / V_h$$

式中　　r——压缩比。

　　　　V_q——原始状态下物料的体积。

　　　　V_h——压缩后的体积。

显然 r 越大,说明压实效果越好。

废物压缩比取决于废物的种类及施加的压力。一般固体废物的压缩比为3～5,采用二次压实技术可使压缩比增加到5～10。压实操作的具体压力大小可根据处理废物的物理性质(如易压缩性、脆性等)而定。以生活垃圾为例,压实前容重通常为0.1～0.6 t/m³,经过一般机械压实后,容重可提高到 1 t/m³ 左右。如果通过高压压缩,垃圾容重可达 1.125～1.38 t/m³,体积则可减少为原来体积的1/3～1/10。日本有12%的垃圾是经过压实处理后,再进行填埋处理的。法国正在试验通过掺入黏合剂,并采用更高压力将垃圾压实到原体积的1/20。因此,固体废物填埋前常需进行压实处理,尤其对松散型废物或中空型废物(如冰箱、洗衣机或中空性废物如纸箱、纸袋等)事先压碎更显必要。可见,压实适用于压缩性能大而回复性能小的固体废物;不适用于某些较密实的固体和弹性废物。实践证明,未经破碎的原状生活垃圾,压实容重极限值约为 1.1 t/m³。比较经济的方法是先破碎再压实,可提高压实效率,即用较小的压力取得相同的增加容重效果。

3.1.2 压实的设备及选择

1. 压实设备

固体废物的压实设备称为压实器,压实器的种类很多,但原理基本相同,一般都由一个供料单元和一个压实单元组成,供料单元容纳固体废物原料并将其转入压实单元。压实单元的压头通过液压或气压提供动力,通过高压将废物压实。固体废物的压实器可以分为固定式压实器和移动式压实器两类,这两类压实器的工作原理大体相同。固定式压实器主要在工厂内部使用,一般设在转运站、高层住宅垃圾滑道底部以及需要压实废物的场合。移动式压实器一般安装在垃圾收集车上,接受废物后即行压缩,随后送往处理处置场地。压实器由于所压物品的差异又分为水平式、三向联合式及回转式。下面介绍几种常见的压实设备。

(1) 水平式压实器

图 3-1 为水平式压实器示意图,其操作是靠做水平往复运动的压头将废物压到矩形或方形的钢制容器中,随着容器中废物的增多,压头的行程逐渐变短,装满后压头呈完全收缩状。此时,可将铰接连接的容器更换。将另一空容器装好再进行下一次的压实操作。

(2) 三向联合式压实器

结构如图 3-2 所示。该压实器装有 3 个相互垂直的压头,废物置于料斗后,三向压头 1、2、3 依次实施压缩将废物压实成密实的块体。该装置多用于松散金属类废物的压实。

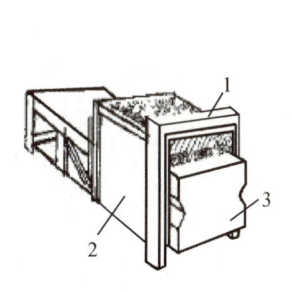

1—破碎杆;2—装料室;3—压面
图 3-1 水平式压实器

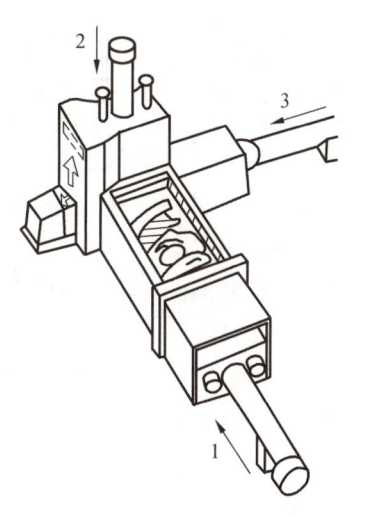

1、2、3—压头
图 3-2 三向联合式压实器

(3) 回转式压实器

结构如图 3-3 所示,平板型压头连接于容器一端,借助液压驱动。这种压实器适于压实体积小、质量轻的固体废物。

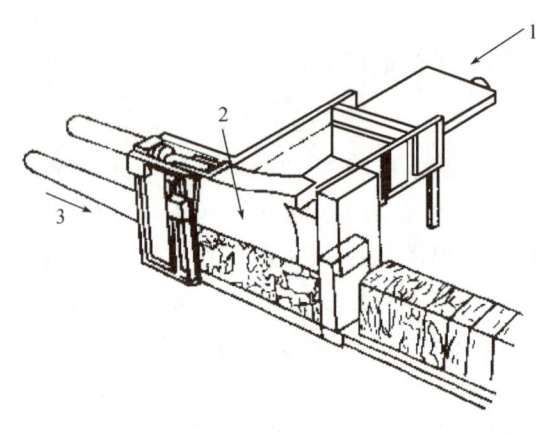

1、3—压头；2—容器
图 3-3　回转式压实器

(4) 固定式高层住宅垃圾压实器

如图 3-4 所示，其工作过程如下：(a) 为开始压缩，此时从滑道中落下的垃圾进入料斗；(b) 为压缩臂全部缩回处于起始状态，垃圾充入压缩室内；(c) 为压臂全部伸展，垃圾被压入容器中。如此反复，垃圾被不断充入，并在容器中压实。

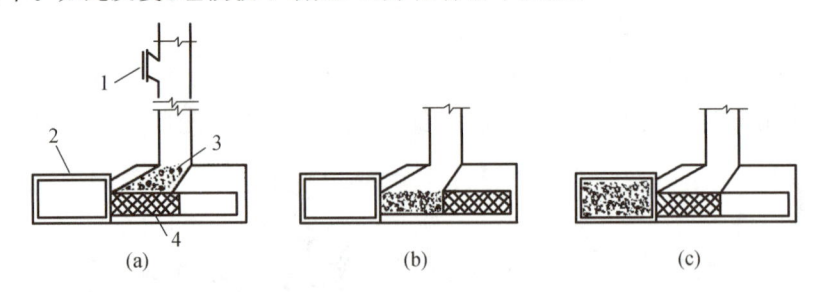

1—垃圾投入口；2—容器；3—垃圾；4—压臂
图 3-4　固定式高层住宅垃圾压实器工作过程

(5) 水平式压实捆扎机

水平式压实捆扎机如图 3-5 所示。其特点是结构简单，效率较高，是一种中等密度的机械，常用于生活垃圾的压实。首先将物料放入压缩容器内，水平输送机 1 水平将物料压送至压实室 3 中，压缩构件 2 将物料压实，最后推动杆 6 将物料推出并在捆扎室 5 中捆扎。由于是单向压缩，因此压实的密度比三向联合式压实捆扎机小，但其经济实用，因此应用广泛。

2. 压实器的选择

为了最大限度减容，获得较高的压缩比，应尽可能选择适宜的压实器。影响压实器选择的因素很多，除废物的性质外，主要应从压实器性能参数进行考虑。

(1) 装载面的尺寸

装载面的尺寸应足够大，以便容纳用户所产生的最大件的废物。如果压实器的容器用垃圾车装填，为了操作方便，就要选择至少能够处理一满车垃圾的压实器。压实器的装载面的尺寸一般为 $0.765 \sim 9.18 \, m^2$。

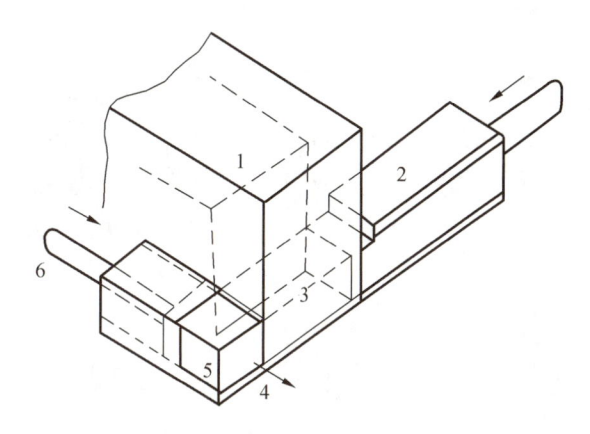

1—水平输送机；2—压缩构件；3—压实室；4—出料槽；5—捆扎室；6—推动杆
图 3-5　水平式压实捆扎机

(2) 循环时间

循环时间是指压头的压面从装料箱把废物压入容器。然后再回到原来完全缩回的位置，准备接受下一次装载废物所需要的时间。循环时间变化范围很大，通常为 20～60 s。如果希望压实器接受废物的速度快，则要选择循环时间短的压实器。这种压实器是按每个循环操作压实较少数量的废物而设计的，重量较轻，但牢固性差，其压实比也不一定高。

(3) 压面压力

压面压力通常根据某一具体压实器额定作用力的参数来确定，额定作用力作用在压头的全部高度和宽度上。固定式压实器的压面压力一般为 103～3 432 kPa。

(4) 压面的行程

压面的行程是指压面压入容器的深度。压头进入压实容器中越深，装填得越有效越干净。为防止压实废物填满时反弹回装载区，要选择行程长的压实器，现行的各种压实器的实际进入深度为 10.2～66.2 cm。

(5) 体积排率

体积排率即处理率，它等于压头每次压入容器的可压缩废物体积与每小时机器的循环次数之积。通常要根据废物产生率来确定。

(6) 压实器与容器匹配

压实器应与容器匹配，最好由同一厂家制造，这样才能使压实器的压力行程、循环时间、体积排率以及其他参数相互协调。如果两者不相匹配，如选择不可能承受高压的轻型容器，在压实操作的较高压力下，容器很容易发生膨胀变形。

此外，在选择压实器时。还应考虑与预计使用场所相适应，要保证轻型车辆容易进出装料区和达到容器装卸提升位置。

3.1.3　压实流程与应用

图 3-6 为国外某生活垃圾压缩处理工艺流程。垃圾先装入四周垫有铁丝网的容器中，然后送入压实器压缩，压力为 1 500～2 000 N，压缩为原体积的 1/5。

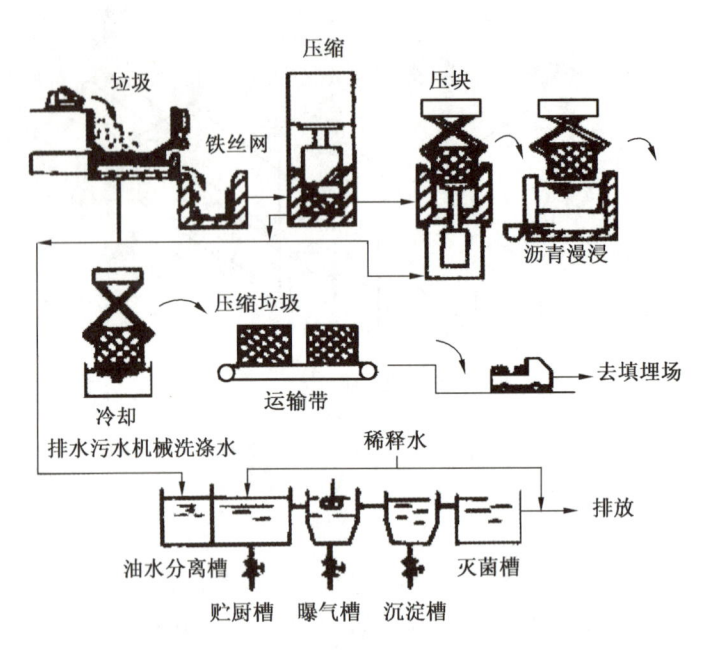

图 3-6　生活垃圾压缩处理工艺流程

该流程中压块由向上的推动活塞推出压缩腔,送入 180～200 ℃沥青浸渍池 10 s 涂浸沥青防漏,冷却后经运输皮带装入汽车运往垃圾填埋场。压缩污水经油水分离槽后进入活性污泥处理系统,处理水灭菌后排放。

3.2　固体废物的破碎技术

3.2.1　破碎的目的、方法和原理

利用人力或机械等外力的作用,破坏固体废物质点间的内聚力和分子间作用力而使大块固体废物破碎成小块的过程称为破碎,使小块固体废物颗粒分裂成细粉的过程称为磨碎。破碎是固体废物处理技术中最常用的预处理工艺。

1. 破碎的目的

固体废弃物的破碎作业的主要目的是:减小垃圾的颗粒尺寸、增大垃圾形状的均匀度,以便后续处理工序的进行。破碎处理具体作用如下:

(1) 使垃圾均匀化。破碎使原来不均匀的垃圾均匀一致,可提高焚烧、热解、熔融、压缩等作业的稳定性和处理效率。

(2) 增加垃圾的容重、减少垃圾的体积,以便于垃圾的压缩、填埋和节约土地。

(3) 便于材料的分离回收,为后续加工和资源化利用做准备,有利于从中分选、拣选、回收有价值的物质和材料。

(4) 防止粗大、锋利的废物损坏分选、焚烧、热解等处理处置设备。

2. 破碎的方法及适用范围

按破碎固体废物所用的外力,可分为机械能破碎和非机械能破碎两类方法。

机械能破碎是使用工具对固体废物施力而将其破碎的,根据对破碎物料的施力特点,可将物料的破碎方式分为冲击、挤压、剪切、摩擦破碎等(图3-7)。

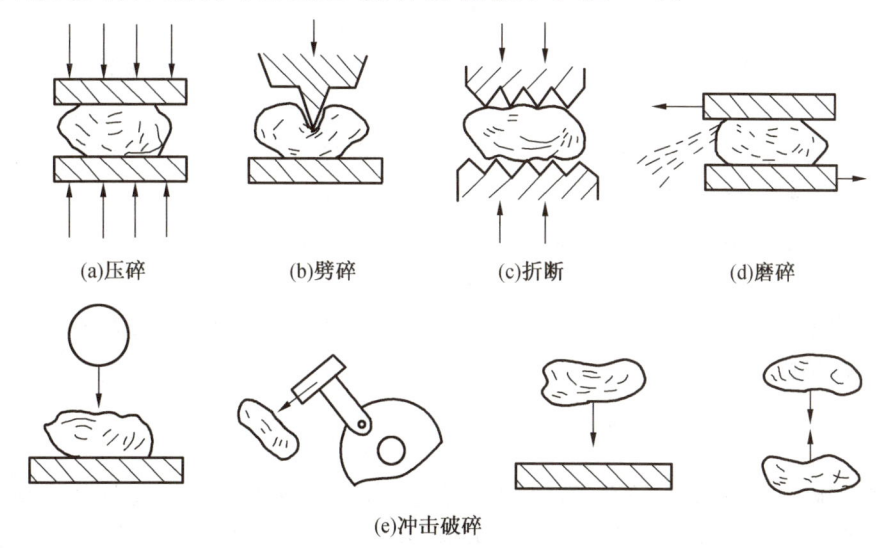

(a)压碎　　(b)劈碎　　(c)折断　　(d)磨碎

(e)冲击破碎

图3-7　破碎方法

非机械能破碎是利用电能、热能等对固体废物进行破碎的新方法,如低温破碎、热力破碎及超声波破碎等。

选择破碎方法时,需视固体废物的机械强度和硬度而定。对于脆硬性废物,如各种废石和废渣等多采用挤压、劈裂、弯曲、冲击和磨剥破碎;对于柔硬性废物,如废钢铁、废汽车、废器材和废塑料等,多采用冲击和剪切破碎。对于含有大量废纸的生活垃圾,近几年来有些国家已经采用半湿式和湿式破碎。对于一般粗大固体废物,往往不是直接将它们送进破碎机,而是先剪切,压缩成型,再送入破碎机。

3. 固体废物的机械强度和破碎比

（1）固体废物的机械强度

固体废物的机械强度是指固体废物抗破碎的阻力。通常可用抗压强度、抗拉强度、抗剪强度和抗弯强度来表示。一般以固体废物的抗压强度为标准来衡量。固体废物的机械强度与废物颗粒的粒度有关,小粒度的废物颗粒,其裂缝比大粒度颗粒要小,因而机械强度较高。

（2）破碎比

在破碎过程中,原废物粒度与破碎产物粒度的比值称为破碎比。破碎比表示废物粒度在破碎过程中减小的倍数,即表征废物被破碎的程度。通常将废物每经过一次破碎机的过程称为一个破碎段。对于由多个破碎机串联组成的多段破碎比,其总的破碎比等于各段破碎比的乘积。

一般破碎机的平均破碎比为3～30,磨碎机破碎比可达40～400。若要求破碎比不大,一段破碎即可满足。例如,对于浮选、磁选、电选等工艺来说,由于要求的入选粒度很小,破碎比很大,往往需要把几台破碎机依次串联,或根据需要把破碎机和磨碎机依次串联组成破碎或磨碎流程。破碎段数是决定破碎工艺流程的基本指标,主要决定破碎废物的原始粒度和最终粒度。破碎段数越多,破碎流程就越复杂,工程投资相应增加,因此,在可能的条件下,应尽量采用一段或两段流程。

破碎比的计算方法有以下两种:

①用废物破碎前的最大粒度(D_{max})与破碎后最大粒度(d_{max})的比值来确定破碎比(i):

$$i = D_{max} / d_{max}$$

用该法确定的破碎比称为极限破碎比,在工程设计中常被采用。根据最大块直径来选择破碎机给料口宽度。

②用废物破碎前的平均粒度(D_{cp})与破碎后平均粒度(d_{cp})的比值来确定破碎比(i):

$$i = D_{cp} / d_{cp}$$

该法确定的破碎比称为真实破碎比,能较真实地反映破碎程度,所以,在科研及理论研究中常被采用。

3.2.2 破碎设备及应用

选择破碎设备时,必须综合考虑下列因素:①所需要的破碎能力;②固体废物的性质(如破碎特性、硬度、密度、形状、含水率等)和颗粒的大小;③对破碎产品粒径大小、粒度组成、形状的要求;④供料方式;⑤安装操作场所情况。

常用的破碎机有颚式破碎机、冲击式破碎机、辊式破碎机、剪切式破碎机、球磨机及特殊破碎机等。下面分别介绍比较典型和常用的几种破碎设备。

1. 颚式破碎机

颚式破碎机是利用两颚板对物料的挤压和弯曲作用,粗碎或中碎各种硬度物料的破碎机械。其破碎机构由固定颚板和可动颚板组成,当两颚板靠近时物料即被破碎,当两颚板离开时小于排料口的料块由底部排出。图3-8、图3-9分别为简单摆动颚式破碎机和复杂摆动颚式破碎机的工作原理示意图。前者在工作时动额只作简单的圆弧摆动,故又称简单摆动颚式破碎机;后者在做圆弧摆动的同时还作上下运动,故又称复杂摆动颚式破碎机。

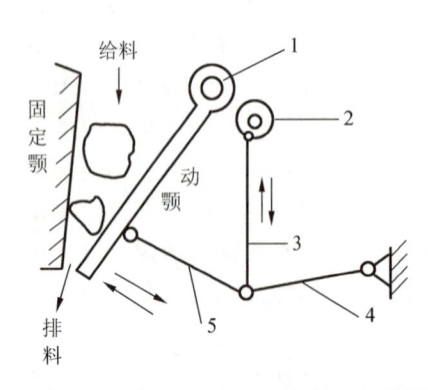

1—心轴;2—偏心轴;3—连杆;4—后肘板;5—前肘板
图3-8 简单摆动颚式破碎机工作原理

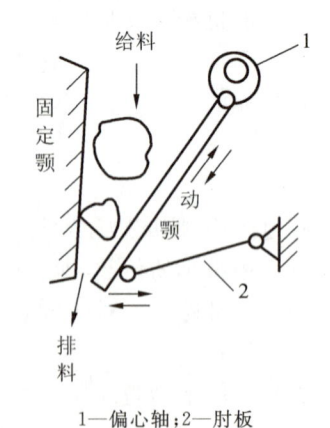

1—偏心轴;2—肘板
图3-9 复杂摆动颚式破碎机工作原理

简单摆动颚式破碎机主要由机架、工作机构、传动机构、保险装置等部分组成。前后推力板做舒张及收缩运动,从而使动颚时而靠近固定颚,时而又离开固定颚。动颚靠近固定颚时就对破碎腔内的物料进行压碎、劈碎及折断。破碎后的物料在动颚后退时靠自重从破碎腔内落下。

从构造上看,复杂摆动颚式破碎机与简单摆动颚式破碎机的区别只是少了一根动颚悬挂的心轴。动颚与连杆合为一个部件,没有垂直连杆,肘板也只有一块。可见,复杂摆动颚式破碎机构造简单,但动颚的运动却较简单摆动颚式破碎机复杂,动颚在水平方向有摆动,同时在垂直方向也有运动,是一种复杂运动,故称复杂摆动颚式破碎机。复杂摆动颚式破碎机的优点是破碎产品较细,破碎比大(一般可达 4~8,简摆只能达 3~6)。规格相同时,复摆型比简摆型破碎能力高 20%~30%。

颚式破碎机具有结构简单坚固、维护方便、高度小、工作可靠等特点。在固体废物破碎处理中,主要用于破碎强度及韧性高、腐蚀性强的废物。例如,煤矸石作为沸腾炉燃料、制砖和水泥原料时的破碎等。颚式破碎机既可用于粗碎,也可用于中、细碎。

2. 冲击式破碎机

冲击式破碎机大多是旋转式,都是利用冲击作用进行破碎的。其工作原理是:进入破碎机的物料块被绕中心轴高速旋转的转子猛烈冲击后,受到第一次破碎,然后从转子获得能量高速飞向坚硬的机壁,受到第二次破碎。在冲击过程中弹回的物料再次被转子击碎,难于破碎的物料被转子和固定板挟持而剪断,破碎产品由下部排出。

冲击式破碎机的主要类型有锤式破碎机、反击式破碎机和笼式破碎机。下面介绍目前国内外应用较多的、适用于破碎各种固体废物的锤式和反击式破碎机。

(1)锤式破碎机

锤式破碎机工作原理如图 3-10 所示。它是利用锤头的高速冲击作用,对物料进行中碎和细碎的机械。固体废物自上部给料口进入机内,立即遭受高速旋转锤子的打击、冲击、剪切、研磨等作用而被破碎,锤头铰接于高速旋转的转子上,机体下部设有筛板以控制排料粒度。小于筛板缝隙的物料被排出机外,大于筛板缝隙的料块在筛板上再次受到锤头的冲击和研磨,直至小于筛板缝隙而被排出。锤头是破碎机的重要工作机件,通常用高锰钢或其他合金钢等制成。

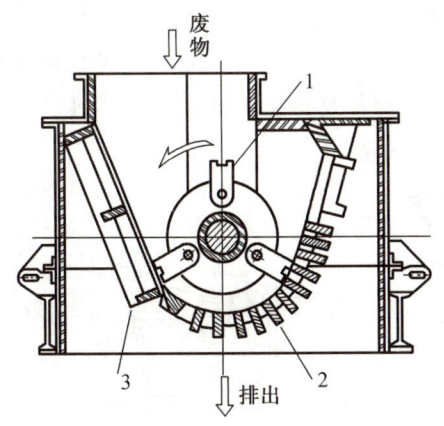

1—锤头;2—筛板;3—破碎板
图 3-10 锤式破碎机的工作原理

锤式破碎机具有破碎比大、排料粒度均匀、能耗低等优点。普通锤式破碎机的破碎比为 10~25，最大可达到 100，在选用时应根据物料的硬度因素确定，硬度大的应采用锤头少但质量大的锤式破碎机。锤式破碎机主要用于破碎中等硬度且腐蚀性弱的固体废物，还可破碎含水分及油质的有机物、纤维结构、木块、石棉水泥废料、回收石棉纤维和金属切屑等。

（2）反击式破碎机

图 3-11 为 Universa 型反击式破碎机，图 3-12 为 Hazemag 型反击式破碎机，该机装有两块反击板，形成两个破碎腔，转子上安装有两个坚硬的板锤，机体内表面装有特殊钢制衬板，用以保护机体不受损坏。固体废物从上部给入，在冲击力和剪切力作用下被破碎。

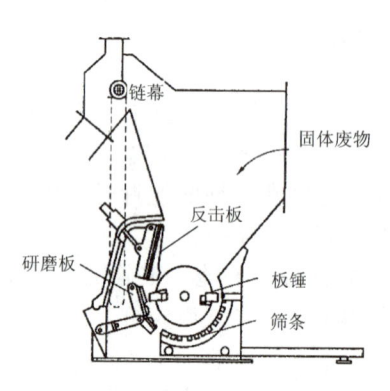

图 3-11　Universa 型反击式破碎机

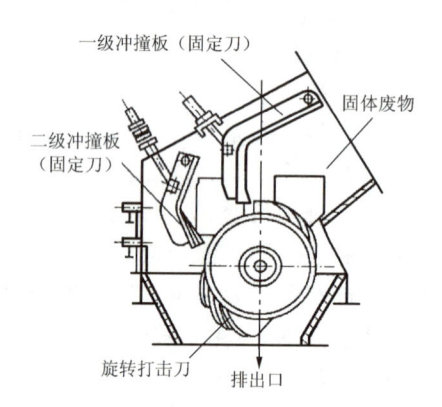

图 3-12　Hazemag 型反击式破碎机

反击式破碎机是一种新型高效破碎设备，它具有破碎比大、适应性广（可破碎中硬、软、脆、韧性、纤维性物料）、构造简单、外形尺寸小、安全方便、易于维护等许多优点，在我国水泥、火电、玻璃、化工、建材、冶金等工业部门广泛应用。

3. 剪切式破碎机

剪切式破碎机是通过固定刀和可动刀（往复式刀或旋转式刀）之间的啮合作用，将固体废物切开或割裂成适宜的形状和尺寸。目前被广泛使用的剪切破碎机主要有旋转剪切式破碎机（图 3-13）、Von Roll 型往复剪切式破碎机（图 3-14）等。

1—旋转刀；2—固定刀

图 3-13　旋转剪切式破碎机

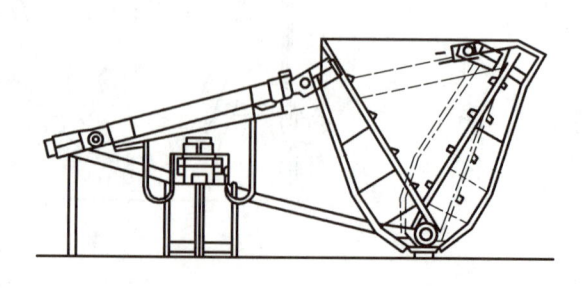

图 3-14　Von Roll 型往复剪切式破碎机

固定刀和可动刀通过下端活动铰轴连接，像一把无柄剪刀。开口时侧面呈 V 形破碎腔。固体废物投入后，通过液压装置缓缓将可动刀推向固定刀，将固体废物剪成碎片（块）。往复剪切破碎机一般具有7片固定刀和6片活动刀，刃的宽度为30 mm，由特殊钢制成，磨损后可以更换。

剪切式破碎机属于低速破碎机，转速一般为20～60 r/min。这种破碎机比较适于垃圾焚烧厂废物的破碎。

4. 球磨机

图3-15为球磨机的结构示意图。该设备主要由圆柱形筒体、端盖、中空轴颈、轴承和传动大齿圈组成。筒体内装有直径为25～150 mm的钢球，两端装有中空轴颈。中空轴颈有两个作用：一是起轴承的支承作用，使球磨机全部重量经中空轴颈传给轴承和机座；二是起给料和排料的漏斗作用。电动机通过联轴器和小齿轮带动大齿圈和筒体慢慢转动，当筒体转动时，在摩擦力、离心力和衬板的共同作用下，产生自由下落和抛落，从而对筒体内底脚区内的物料产生冲击和研磨作用，使物料粉碎。物料达到磨碎细度后由风机抽出。

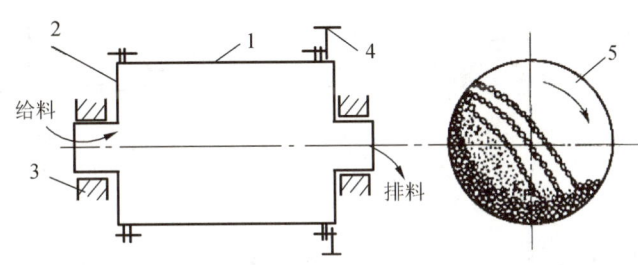

1—筒体；2—端盖；3—轴承；4—小齿轮；5—传动大齿圈

图3-15 球磨机的结构

磨碎在固体废物处理与利用中占有重要地位。例如，在煤矸石生产水泥、回收有色金属、回收化工原料、钢渣生产水泥等过程都离不开球磨机对固体废物的磨碎。

5. 特殊破碎设备和流程

对于一些常温下难以破碎的固体废物，如废旧轮胎、塑料、含纸垃圾等，常需采用特殊的破碎设备和方法，如低温破碎和湿式破碎等。

(1) 低温(冷冻)破碎

对于常温下难以破碎的固体废物，可利用其低温变脆的性能进行有效的破碎，也可利用不同物质脆化温度不同的差异进行选择性破碎，这就是所谓的低温破碎技术。如利用低温(冷冻)破碎法粉碎废塑料及其制品、废橡胶及其制品、包覆电线等。

典型低温破碎的工艺流程如图3-16所示。将需处理的固体废物先投入预冷装置，再进入浸没冷却装置，橡胶、塑料等易冷脆物质迅速脆化，送入高速冲击破碎机破碎，使易脆物质脱落粉碎，破碎产物再进入不同的分选设备进行分选。

低温破碎通常采用液氮作制冷剂。液氮具有制冷温度低、无毒、无爆炸危险等优点，但制取液氮需要耗用大量能源，故低温破碎对象仅限于常温难破碎的废物，如橡胶和塑料等。

(2) 湿式破碎

湿式破碎技术是利用特制的破碎机将投入机内的垃圾和大量的水一起剧烈搅拌，破碎成浆液的过程。

图 3-17 为湿式破碎机。垃圾通过传送带进入湿式破碎机,破碎机于圆形槽底上安装多孔筛,筛上带有 6 个刀片的旋转破碎辊,使投入的垃圾和水一起激烈回旋。废纸则破碎成浆状,通过筛孔落入筛下,然后由底部排出,难以破碎的筛上物(如金属等)则从破碎机侧口排出,再用斗式提升机送至装有磁选器的皮带运输机,以便将铁与非铁物质分离开来。

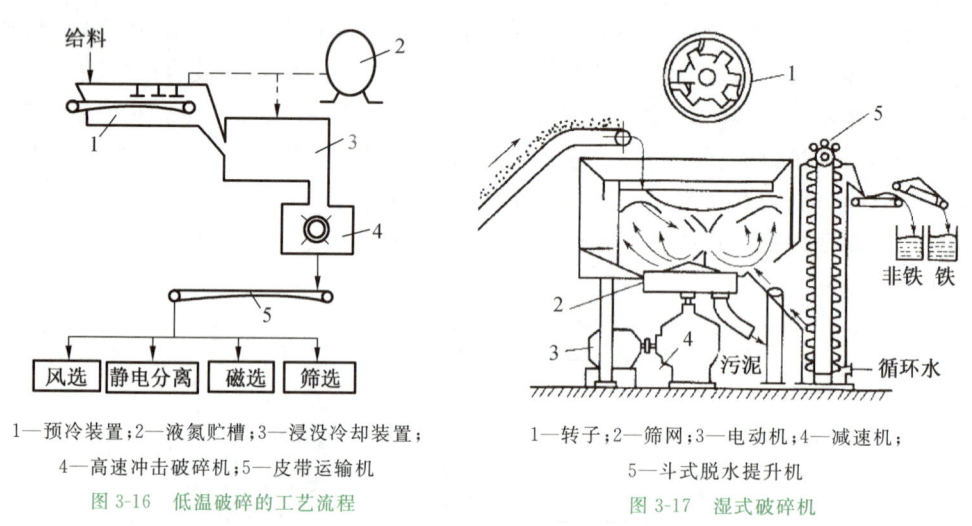

1—预冷装置;2—液氮贮槽;3—浸没冷却装置;
4—高速冲击破碎机;5—皮带运输机

图 3-16　低温破碎的工艺流程

1—转子;2—筛网;3—电动机;4—减速机;
5—斗式脱水提升机

图 3-17　湿式破碎机

湿式破碎的优点是使含纸垃圾变成均质浆状物,按流体处理的优点是噪声低、不滋生蚊蝇、无恶臭、卫生条件好;缺点是有发热、爆炸、粉尘等危害。适用于回收垃圾中的纸类、玻璃及金属材料等。垃圾的湿式破碎技术只有在垃圾的纸类含量高或垃圾经过分离分选而回收的纸类,才适合于选用。

(3) 半湿式选择性破碎

半湿式选择性破碎分选是利用生活垃圾中物质的强度和脆性的差异,在一定的湿度下破碎成不同粒度的碎块,然后通过大小筛网加以分离回收的过程。该过程通过兼有选择性破碎和筛分两种功能的装置实现,称之为半湿式选择性破碎分选机,其构造如图 3-18 所示。

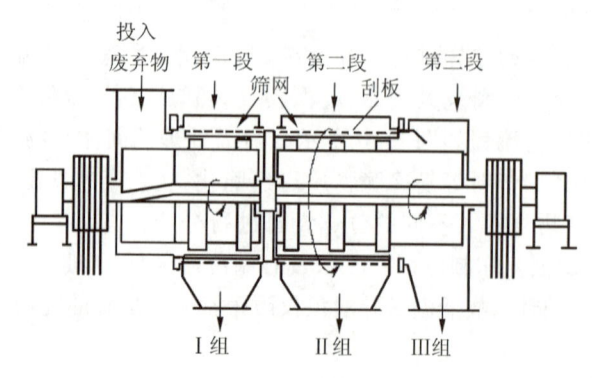

图 3-18　半湿式选择性破碎分选机

该装置由两段具有不同尺寸筛孔的外旋转圆筒筛和筛内与之反方向旋转的破碎板组成。垃圾进入后,沿筛壁在重力作用下抛落,同时被反向旋转的破碎板撞击,脆性物质首先破碎,通过第一段筛网分离排出,可分别去除玻璃、塑料等,可得到以厨房垃圾为主的堆肥沼气发酵原料;剩余垃圾进入第二段,中等强度的纸类在水喷射下被破碎板破碎,又由第二段筛网排出,可回收含量为85%~95%的纸类;最后剩余的垃圾(主要是金属、橡胶、木材等)由不设筛网的第三段排出,难以分选的塑料类废物可在第三段经分选达到95%的纯度,废铁可达98%。

3.3 固体废物的分选技术

3.3.1 分选的目的、方法

固体废物的分选就是将固体废物中各种有用资源或不利于后续工艺处理要求的废物组分,采用人工或机械的方法分门别类地分离出来的过程。分选技术根据固体废物的物理性质和化学性质的差异,将有用成分分选出来加以利用,将有害成分分离出来,以便于固体废物处理处置和资源化利用。固体废物分选的目的是将废物中可回收利用或不利于后续处理处置工艺要求的物料分离出来。

分选分为手工拣选和机械分选。手工拣选是最早采用的方法,适于废物产源地、收集站、处理中心、转运站或处置场。机械分选,是以颗粒物理性质(粒度、密度差等)的差别为主,以磁性、电性、光学等性质差别为辅进行的分选。依据废物的物理和化学性质的不同,可选择不同的分选方法,主要有筛选(分)、重力分选、磁力分选、电力分选、光电分选、摩擦及弹性分选、浮选等。目前在工业发达国家中,还实验性或小规模地采用了浮选、光选、静电分离等分选方法。机械分选大多在分选前要进行预处理,如分选前先进行破碎处理。

3.3.2 筛 分

1. 筛分原理

筛分是根据固体废物尺寸大小进行分选,即利用筛子将混合物料中小于筛孔的细颗粒透过筛面,大于筛孔的粗大颗粒留在筛面上,完成粗细物料分离的过程。

筛选的过程可看成两个阶段,即物料分层、细粒透筛。物料分层是完成分离的条件,细粒透筛是分离的目的。筛分时,必须使物料和筛面之间具有适当的相对运动;这样既可以使筛面上的物料层处于松散状态,即按颗粒大小分层,粗粒位于上层,细粒位于下层,细粒透过筛孔,又可以使堵在筛孔上的颗粒脱离筛孔,以利于细粒透过筛孔。

透过筛孔的细粒,尽管粒度都小于筛孔,但透筛的难易程度不同。"易筛粒"即指小于筛孔 3/4 的颗粒,很容易到达筛面而透筛。"难筛粒"即指大于筛孔 3/4 的颗粒,很难通过间隙到达筛面而透筛。

2. 筛分效率

筛分效率是评价筛分设备分离效率的指标。理论上,小于筛孔尺寸的细粒都应该透过筛孔,成为筛下产品。实际上,受多因素的影响,一些小于筛孔的细粒留在筛上随粗粒一起排出成为筛上产品。筛分效率是指实际得到的筛下物 Q_1 与入筛物中所含的粒径小于筛孔尺寸的细粒物 Q 比值百分数。筛分效率表示方法为

$$E = \frac{Q_1}{Q} \times 100\%$$

式中　Q_1——出筛固体废弃物质量；

　　　Q——入筛固体废弃物中粒径小于筛子孔径的颗粒质量。

筛分效率主要受筛分物料性质、筛分设备特性、筛分操作条件的影响。通常筛分效率低于 85%～95%。影响 E 的因素主要有：

①颗粒的尺寸与形状

直径越小而且为球形或多边形，E 越高：球形＞多面体＞片状＞针状。粒度组成中"易筛粒"含量越大，筛分效率越高。"难筛粒"含量越大，筛分效率越低。

②含水率

含水率小于 5%，含水量对 E 影响不大；含水率为 5%～8%，细小颗粒黏附成团、黏附于粗粒上，不易筛分，E 低；含水率更高时，相当于在泥水中筛分，含水量提高使细粒活动性提高，E 越高。

③筛分设备的性能

a. 筛分设备的有效面积：有效面积越大，筛分效率越高。

b. 筛面不同，E 不同：钢丝编织网筛面＞钢板冲孔筛面＞棒条筛面。

c. 运动方式不同，固定筛＜转筒筛＜摇动筛＜振动筛，不同筛分设备的筛分效率见表 3-1。

d. 筛的形状：一般长宽比为 2.5～3，筛面倾角为 15°～25°，保证筛分时间。

表 3-1　　　　　　　　　　不同筛分设备的筛分效率

筛分设备类型	固定筛	转筒筛	摇动筛	振动筛
筛分效率/%	50～60	60	70～80	＞90

④操作方式

E 值取决于供料负荷波动情况、沿筛面宽度方向上给料均匀情况，当负荷小、顺运动方向均匀给料时，E 高。

3. 筛分设备及应用

(1) 固定筛

筛面由许多平行排列的筛条组成，可以水平或倾斜安装。由于构造简单、不耗用动力、设备费用低和维修方便，故在固体废物处理中被广泛应用。但固定筛易堵塞需经常清扫，筛分效率仅为 50%～60%，用在粗、中破碎机前，且筛孔尺寸一般不小于 50 mm，倾角一般为 30°～35°，只适用于粗筛，以保证物料的块度适宜。例如，建筑工地筛沙。

(2) 棒条筛

棒条筛主要用在粗碎和中碎之前。安装倾角应大于废物对筛面的摩擦角，一般为 30°～35°，以保证废物沿筛面下滑。棒条筛筛孔尺寸为要求筛下粒度的 1.1～1.2 倍，一般筛孔尺寸不小于 50 mm，因此适用于筛分粒度大于 50 mm 的粗粒废物。

棒条筛构造简单、无运动部件(不耗用动力)、设备制造费用低、维修方便,因此,在固体废物资源化过程中被广泛应用。主要缺点是易堵塞。

(3)转筒筛

转筒筛亦叫滚筒筛,具有带孔的圆柱形筛面或圆锥体筛面。滚筒筛在传动装置带动下,筛筒缓缓旋转(转速 10~15 r/min)。为使废物在筒内沿轴线方向前进,筛筒的轴线应倾斜 3°~5°安装。多用于垃圾分选(尤其是堆肥产物的分选等),如图 3-19 所示。生活垃圾由筛筒一端给入,被旋转的筒体带起,当达到一定高度后受重力作用自行落下,使小于筛孔尺寸的细粒透筛,而筛上产品则逐渐移到筛的另一端排出。滚筒筛具有不易堵塞的优点,所以常用于生活垃圾的粗筛堆肥产物的分选等。

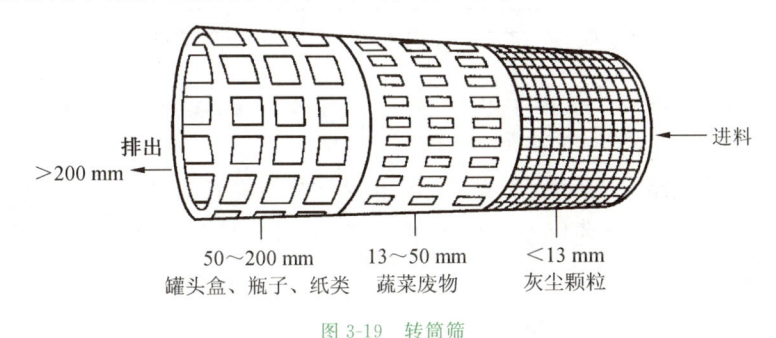

图 3-19 转筒筛

(4)惯性振动筛

惯性振动筛是通过不平衡物体(如配重轮)的旋转所产生的离心惯性力使筛箱产生振动的筛面,其构造及工作原理如图 3-20 所示。当电机带动皮带轮旋转时,配重轮上的重块即产生离心惯性力:水平分力,使弹簧横向变形,所以水平分力被横向刚度所吸收;垂直分力,垂直筛面,通过筛箱作用于弹簧,使弹簧拉伸及压缩。

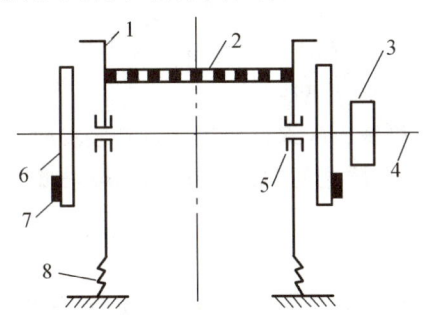

1—筛箱;2—筛网;3—皮带轮;4—主轴;5—轴承;6—配重轮;7—重块;8—弹簧
图 3-20 惯性振动筛工作原理

惯性振动筛具有如下特点:①振动方向与筛面垂直(或近似垂直)。振动次数为 600~3 600 r/min,振幅 0.5~1.5 mm。②物料在筛面上发生离析现象。密度大而粒度小的颗粒进入下层到达筛面,有利于筛分的进行。倾角一般为 8°~40°。③由于强烈振动,消除了堵塞筛孔现象。可用于粗、中、细粒(0.1~0.15 mm)废物的筛分,还可以用于脱水和脱泥筛分。惯性振动筛在筑路、建筑、化工、冶金和谷物加工等部门得到广泛应用。

(5)共振筛

利用连杆上装有弹簧的曲柄连杆机构驱动,使筛子在共振状态下进行筛分。其构造如图 3-21 所示。电机带动下机体上的偏心轴转动时,轴上的偏心使连杆运动。连杆通过其端的弹簧将作用力传给筛箱,与此同时下机体也受到相反的作用力,使筛箱和下机体沿着倾斜方向振动。筛箱、弹簧、下机体组成一个弹性系统,该系统固有的自振频率与传动装置的强迫振动频率相同时,使筛子在共振状态下筛分。

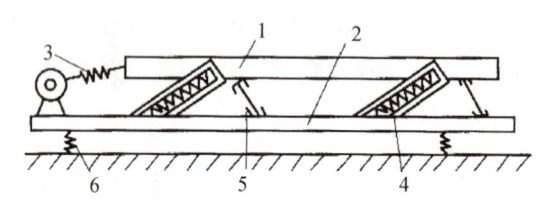

1—上筛箱;2—下机体;3—传动装置;4—共振弹簧;5—板弹簧;6—支承弹簧

图 3-21 共振筛的原理

共振筛具有处理能力大、筛分效率高、耗电少以及结构紧凑等优点,适用于废物中细粒的筛分,还可用于废物分选作业的脱水、脱重介质和脱泥筛分等。缺点是制造工艺复杂,机体重大、橡胶弹簧易老化。

3.3.3 重力分选设备及应用

重力分选是根据固体废物在重介质中的密度差进行分选的方法。它利用不同物质颗粒间的密度差异,在运动介质中受到重力、介质动力和机械力的作用,使颗粒群产生松散分层和迁移分离,从而得到不同密度的产品。

按介质不同,固体废物的重力分选可分为重介质分选、跳汰分选、风力分选等。各种重力分选过程具有的共同工艺条件是:

(1)固体废物中颗粒间必须存在密度的差异。

(2)分选过程都是在运动介质中进行的。

(3)在重力、介质动力及机械力的综合作用下,使颗粒群松散并按密度分层。

(4)分层后的物料在运动介质流的推动下互相迁移,彼此分离。

1. 重介质分选

(1)原理

通常将密度大于水的介质称为重介质。在重介质中使固体废物中的颗粒群按密度分开的方法称为重介质分选。在运动的介质中,凡颗粒密度大于重介质密度的重物料都下沉,集中于分选设备的底部成为重产物;颗粒密度小于重介质密度的轻物料都上浮,集中于分选设备的上部成为轻产物。它们由不同的出料口分别排出,从而达到分选的目的。

为使分选过程有效地进行,选择的重介质密度需介于固体废物中的轻物料密度和重物料密度之间。

(2)重介质

重介质是由高密度的固体微粒和水构成的固液两相分散体系,它是密度高于水的非均质介质。高密度的固体微粒起着加大介质密度的作用,故把这些固体微粒称为加重质。

常用于重介质分选的加重质有硅铁、磁铁矿等。可溶性高密度盐溶液如氯化锌溶液，重晶石、硅铁等的重悬浮液均可作重介质。如硅铁含硅量为 13%～18%，其密度为 6.8 g/cm³，可配制成密度为 3.2～3.5 g/cm³ 的重介质。硅铁具有耐氧化、硬度大、带强磁化性等特点，使用后经筛分和磁选可以回收再生。纯磁铁矿密度为 5.0 g/cm³，用含铁 60% 以上的铁精矿粉可配制得重介质，其密度达 2.5 g/cm³。磁铁矿在水中不易氧化，可用弱磁选法回收再生利用。

（3）重介质分选设备

图 3-22 是鼓形重介质分选机的构造和工作原理图。该设备外形是一圆筒转鼓，由四个辊轮支撑，通过圆筒腰间的大齿轮由传动装置带动旋转。在圆筒的内壁沿纵向设有扬板，用以提升重产物到溜槽内。圆筒水平安装，固体废物和重介质一起由圆筒一端给入，在向另一端流动过程中，密度大的重介质的颗粒沉于槽底，由扬板提升落入溜槽内，被排出槽外成为重产物；密度小于重介质的颗粒随重介质流入圆筒溢流口排出成为轻产物。

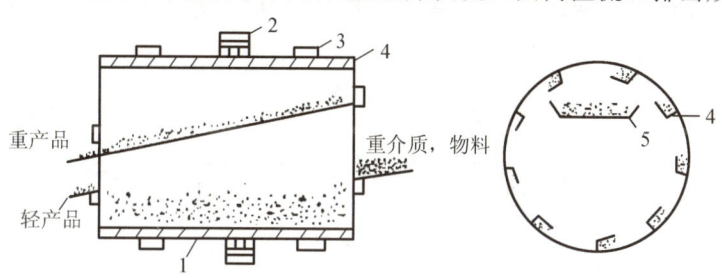

1—圆筒形转鼓；2—大齿轮；3—辊轮；4—扬板；5—溜槽

图 3-22　鼓形重介质分选机的构造和工作原理

它适用于分离粒度较粗（40～60 mm）的固体废物，具有结构简单、紧凑，便于操作，动力消耗低等优点；缺点是轻重产物量调节不方便。

2. 跳汰分选

（1）跳汰分选原理

跳汰分选是在垂直变速介质流中按密度分选固体废物的方法。它使磨细混合废物中的不同粒子群，在垂直脉动运动介质中按密度分层，小密度的颗粒群（轻产物）位于上层，大密度的颗粒群（重质组分）位于下层，从而实现物料的分离。介质可以是水或空气，用水做介质时，称为水力跳汰。用空气做介质时，叫作风力跳汰。目前，用于固体废物分选的是水力跳汰。水在跳汰过程中的运动通过外力作用来实现。图 3-23 是颗粒在跳汰时的分层过程。

(a) 分层前颗粒混杂堆积　　(b) 上升水流将床层抬起　　(c) 颗粒在水中沉降分层　　(d) 下降水流、床层紧密，重颗粒进入底层

图 3-23　颗粒在跳汰时的分层过程

(2)跳汰分选设备

跳汰机机体的主要部分是固定水箱,它被隔板分为二室。右为活塞室,左为跳汰室。活塞室中的活塞由偏心轮带动做上下往复运动,使筛网附近的水产生上下交变水流。当活塞向下时,跳汰室内的物料受上升水流作用,由下而上运动,在介质中成松散的悬浮状态;随着上升水流的逐渐减弱,粗重颗粒就开始下沉,而轻质颗粒还可能继续上升,此时物料达到最大松散状态,形成颗粒按密度分层的良好条件。当上升水流停止并开始下降时,固体颗粒按密度和粒度的不同做沉降运动,物料逐渐转为紧密状态。下降水流结束后,一次跳汰完成。每次跳汰,颗粒都受到一定的分选作用,达到一定程度的分层。粗重物料沉于筛底,由侧口随水流出,轻细颗粒浮于表面,经溢流分离。小而重的颗粒透过筛孔由设备的底部排出。

跳汰分选适用于锰矿、铁矿、萤石矿、重晶石矿、天青石矿、钨矿、锡矿、砂金矿等金属与非金属选矿,也可用于尾矿回收或金属冶炼渣金属回收等领域,选矿效果比较明显。图 3-24 为隔膜跳汰机分选设备。

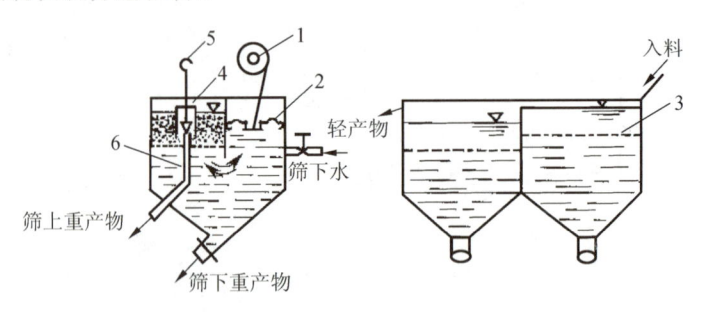

1—偏心机构;2—隔膜;3—筛板;4—外套筒;5—锥形阀;6—内套筒

图 3-24 隔膜跳汰机分选设备

3. 风力分选

(1)原理

风力分选简称风选,又称气流分选。是以空气为分选介质,在气流作用下使固体废物颗粒按密度和粒度大小进行分选的一种方法。其基本原理是气流能将较轻的物料向上带走或水平带向较远的地方,而重物料则由于上升气流不能支撑它们而沉降,或由于惯性在水平方向抛出较近的距离。风选主要用于生活垃圾的分选,将生活垃圾中的有机物与无机物分离,以便分别回收利用或处置。

(2)分选设备及应用

①水平气流风选机

水平气流风选机的基本结构和气流的流向如图 3-25 所示。破碎后的垃圾随空气一起落入气流工作室内。水平方向吹入的气流使重质组分(如金属物)和轻质组分(如废纸、塑料等)分别落入不同的落料口,从而实现物料的分离。

当分选生活垃圾时,水平气流速度为 5 m/s,在回收的轻质组分中废纸约占 90%,重质组分中黑色金属占 100%,中组分主要是木块、硬塑料等。有经验表明,水平气流分选机的最佳风速为 20 m/s。

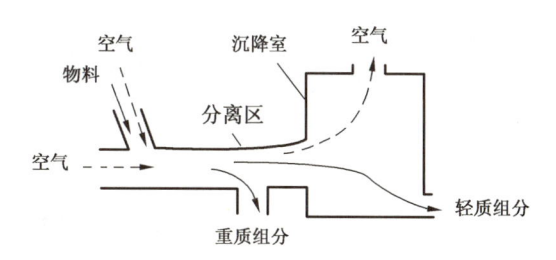

图 3-25　水平气流风选机的基本结构和工作原理图

该风力分选机构造简单,工作室内没有活动部件,维修方便,但分选精度不高,一般很少单独使用,常与破碎、筛分、立式风力分选机联合使用。

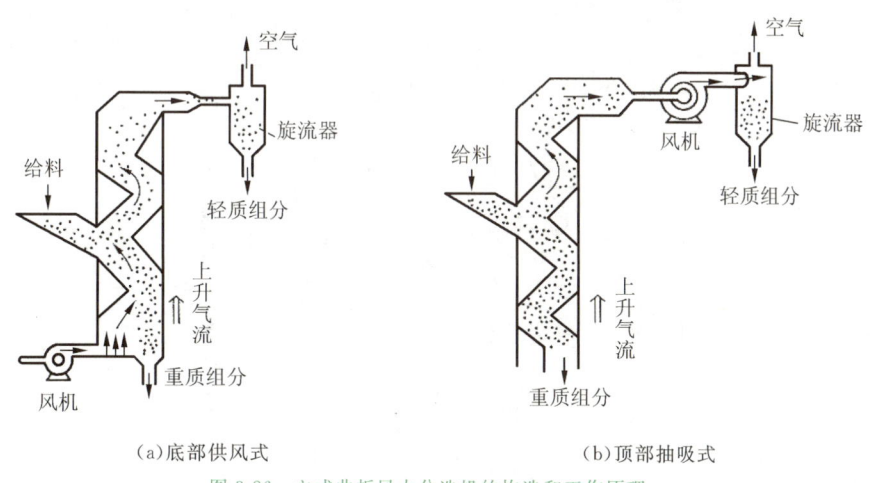

② 立式曲折风力分选机

立式曲折风力分选机的构造和工作原理如图 3-26 所示。经破碎后的生活垃圾从中部送入风力分选机,物料在上升气流作用下,垃圾中各组分按密度进行分离,重质组分从底部排出,轻质组分从顶部排出,经旋风分离器进行气固分离。图 3-26(a)是从底部通入上升气流的曲折风力分选机;图 3-26(b)是从顶部抽吸的曲折风力分选机。

(a) 底部供风式　　　　　　　(b) 顶部抽吸式

图 3-26　立式曲折风力分选机的构造和工作原理

与卧式风力分选机比较,立式曲折风力分选机分选精度较高。由于沿曲折管路管壁下落的废物可受到来自下方的高速上升气流的顶吹,可以避免因管路中管壁附近与管中心流速不同而降低分选精度的缺点,同时可以使结块垃圾因受到曲折处高速气流冲击而被吹散。因此,能够提高分选精度。曲折风路形状为 Z 字形,其倾斜度一般为 60°,每段长度为 280 mm。

③ 倾斜式风力分选机

倾斜式风力分选机的特点是气流工作室是倾斜的,它有两种典型的结构形式(图 3-27)。两种装置的工作室都是倾斜的,但气流工作室的结构形式不同。为了使工作室内的物料保持松散状,便于其中的重质组分排出,在图 3-27(a)的结构中,工作室的底板有较大的倾角,且处于振动状态,它兼有振动筛和气流分选的作用。而在图 3-27(b)的结构中,工作室为一倾斜的转鼓滚筒,它兼有滚筒筛和气流分选的作用。当滚筒旋转时,较轻的颗粒悬浮在气流中而被带往集料斗,较重和较小的颗粒则透过圆筒壁上的筛孔落下,较重的大颗粒则在滚筒的下端排出。该风力分选机构造简单,紧凑,物料不易堵塞,分选效率较高。

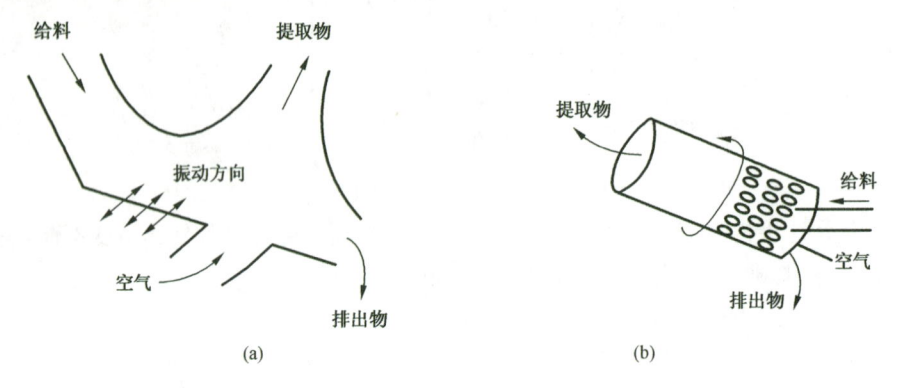

图 3-27 倾斜式风力分选机工作原理图

④风力分选的应用

垃圾风选在城市固体废物分选中占重要地位。生活垃圾的分选多次采用了风选方法,如图 3-28 所示。

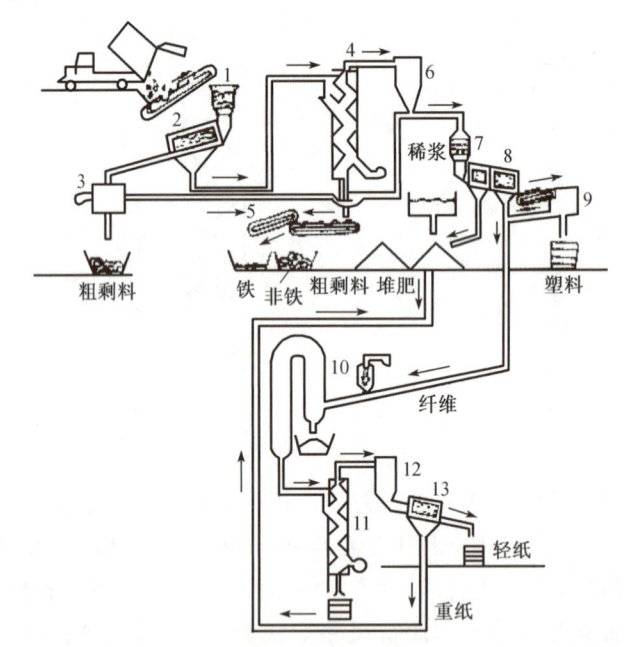

1,7—锤式破碎机;2,8,13—滚筒筛;3—横向风力分选器;4,11—曲折风力分选机;
5—磁选分离器;6,12—旋风分离器;9—静电塑料分选器;10—干燥器

图 3-28 生活垃圾分选装置流程图

垃圾由料仓输送到锤式破碎机 1 初步破碎,而后把一部分均质垃圾输送到第一个滚筒筛 2 过筛,筛上物(主要包括纸类和塑料)通过横向风力分选器 3 分离后进入循环系统,剩下的粗料排出。筛下物输入曲折风力分选机 4 将轻组分和重组分分开,重组分通过磁选分离器 5 分选出铁类物质,轻组分(塑料、纸和有机物)输入旋风分离器 6 去除细小颗

粒,进入锤式破碎机7进行二次破碎,破碎物质采用配有两种筛孔先小后大的第二个滚筒筛8将纸类和有机成分分开,有机成分用于堆肥。由纸类和塑料组成的筛上溢流物输入静电塑料分选器9,选出塑料并送去压缩。从滚筒筛和塑料分选器分出的纸类成分输入干燥器10,这些材料在热气流中干燥,塑料成分发生收缩,与轻质的纸成分相比发生形状变化。随后,将干燥器分出的材料在第二台曲折风力分选机11中分离出轻组分和重组分,重组分包括挤压的塑料成分,轻组分通过旋风分离器12输入第三个滚筒筛13,筛孔直径约4 mm。纸类由粗成分中分离出来,并通过第三次筛选以改善其质量,细成分可做堆肥。

在这种分选流程中,水平式风选器内风速控制在20 m/s,立式风选器内曲折壁呈60°,每段折壁长度280 mm;垃圾先经自然干燥到含水率9.1%,再进行的分选,所得轻组分中有机物纯度和回收率都比较高;重组分中主要为无机成分;也可以直接将含水42%的生活垃圾进行风选,此时所得轻组分中有机物纯度可达99%,重组分中的无机物成分比前一种情况要低。风选过程所需动力不大,但鼓风机噪音较大,需进行噪声防治。

4. 摇床分选

(1) 原理

摇床分选是在一个倾斜的床面上,借助床面的不对称往复运动和薄层斜面的水流的综合作用,使细颗粒固体废物按照密度差异在床面上呈扇形分布而进行的分选。摇床分选过程是:由给水槽给入冲洗水,布满横向倾斜的床面,并形成均匀的斜面薄层水流。当固体废物颗粒送入往复摇动的床面时,颗粒群在重力、水流冲力、床层摇动产生的惯性力以及摩擦力等综合作用下,按密度差异产生松散分层。不同密度(或粒度)的颗粒以不同的速度沿床面纵向和横向运动,因此,它们的合速度偏离摇动方向的角度也不同,致使不同密度颗粒在床层上呈扇形分布(图3-29),从而达到分选的目的。

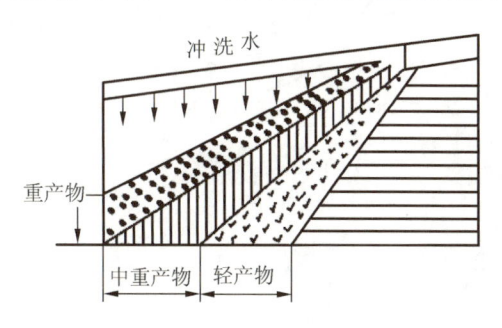

图3-29 摇床上颗粒的分带情况

该分选法按密度不同分选颗粒,但粒度和形状亦影响分选的精确性。为了提高分选的精确性,选择之前需将物料分级,各个粒级单独选择。

(2) 摇床分选设备

摇床分选设备中最常用的是平面摇床。平面摇床主要由床面、床头和传动机构组成(图3-30),整个床面由机架支撑。摇床床面近似呈梯形,横向有1.5°~5°的倾斜。在倾斜床面的上方设置给料槽和给水槽,床面上铺有耐磨层(橡胶等)。沿纵向布置有床条,床条高度从传动端向对侧逐渐降低,并沿一条斜线逐渐趋向于零。床面由传动装置带动进行往复不对称运动。

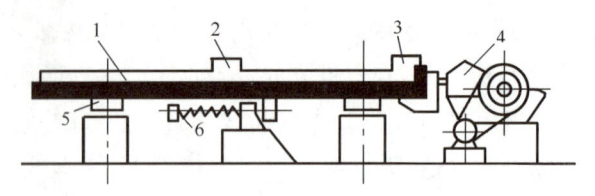

1—床面;2—给水槽;3—给料槽;4—床头;5—滑动支承;6—弹簧

图 3-30　摇床结构

摇床分选是分选精度很高的单元操作,目前主要用于从含硫铁矿较多的煤矸石中回收硫铁矿。

3.3.4　磁力分选设备及应用

1. 原理

常规的磁力分选(磁选)是利用固体废物中各种物质的磁性差异在不均匀磁场中进行分选的方法。物质的磁性分为强磁性、中磁性、弱磁性、非磁性。磁选过程(图 3-31)是将固体废物输入磁选机后,磁性颗粒在不均匀磁场作用下被磁化,从而受磁场吸引力的作用,使磁性颗粒吸附在圆筒上,并随圆筒进入排料端排出;非磁性颗粒由于所受的磁场作用力很小,仍留在废物中而被排出。

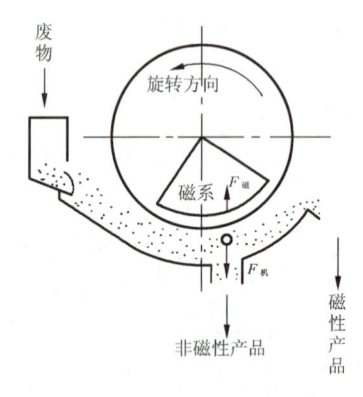

图 3-31　颗粒在磁选机中分离

2. 磁选设备

(1)辊筒式磁选机

辊筒式磁选机由磁力辊筒和输送带组成,它的工作方式如图 3-32、图 3-33 所示。磁力辊筒也是皮带输送机的驱动辊筒。当皮带上的混合垃圾通过磁力辊筒时,非磁性物质在重力及惯性的作用下,被抛落到辊筒的前方,而铁磁性物质则在磁力作用下被吸附到皮带上,并随皮带一起继续向前运动。当铁磁性物质传到辊筒下方逐渐远离磁力辊筒时,磁力就会逐渐减小。这时,铁磁性物质就会在重力和惯性的作用下脱离皮带,并落入预定的收集区。

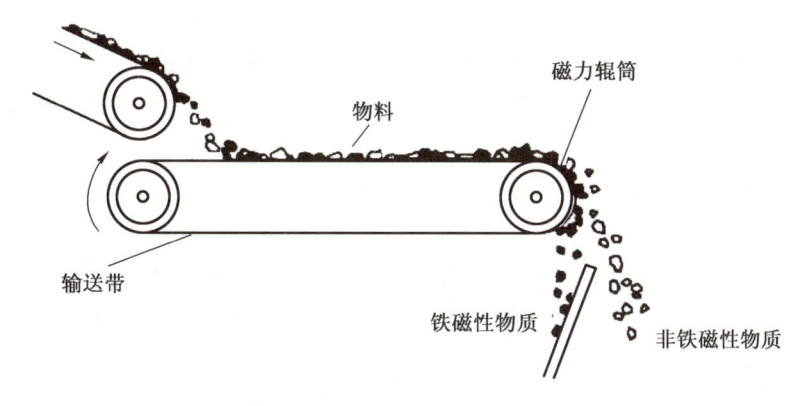

图 3-32　辊筒式磁选机工作示意图

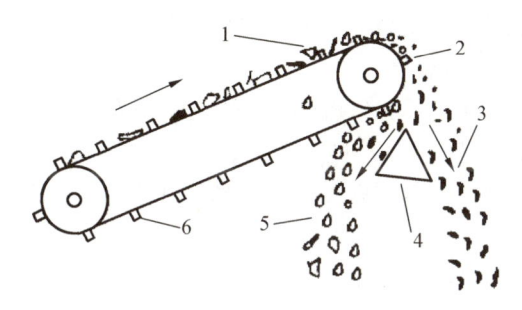

1—固体废物；2—磁辊筒；3—非磁性物质；4—分离块；5—磁性物质；6—隔离板

图 3-33　永磁磁力辊筒结构

（2）带式磁选机

物料放置在输送带上，输送带缓慢向前运动。在输送带的上方，悬挂一大型固定磁铁，并配有一传送带。在传送带不停地转动过程中，由于磁力的作用，输送带上的铁磁性物质就会被吸附到位于磁铁下部磁性区段的传送带上，并随传送带一起向一端移动。当传送带离开磁性区时，铁磁性物质就会在重力的作用下脱落下来，从而实现铁磁性物质的分离。需要注意的是，磁选机下通过的物料输送皮带的速度不能太高，一般不应超过 1.2 m/s，且被分选的物料的高度通常应小于 500 mm（图 3-34）。

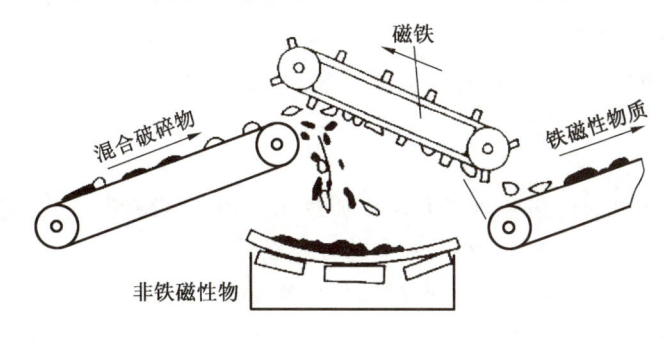

图 3-34　带式磁选机工作原理

3. 磁流体分选

除了上述常规的磁选外,还有特种磁选,即磁流体分选。所谓磁流体是指某种能够在磁场或磁场和电场联合作用下磁化,呈现"似加重"现象,对颗粒产生磁浮力作用的稳定分散液。似加重后的磁流体仍然具有流体原来的物理性质,如密度、流动性、黏滞性。磁流体通常采用强电解质溶液、顺磁性溶液和铁磁性胶体悬浮液。

磁流体分选是利用磁流体作为分选介质,在磁场或磁场和电场的联合作用下产生似加重作用,按固体废物各组分的磁性和密度的差异,磁性、导电性和密度的差异,使不同组分分离。当固体废物中各组分间的磁性差异小而密度或导电性差异较大时,采用磁流体可以有效地进行分离。

磁流体分选是一种重力分选和磁力分选联合作用的分选过程,不仅可以将磁性和非磁性物质分离,而且也可以将非磁性物质之间按密度差异分离。因此,磁流体分选法将在固体废物处理与利用中占有特殊的地位。它不仅可以分离各种工业固体废物,而且还可以从生活垃圾中回收铝、铜、锌、铅等金属。

根据分选原理和介质的不同,磁流体分选可分为磁流体静力分选和磁流体动力分选。

(1) 磁流体静力分选

此法是在不均匀的磁场中,以铁磁性胶体悬浮液或顺磁性液体为分选介质,根据物料之间的密度和比磁化系数的差异进行分选的方法。由于不加电场,不存在电场、磁场联合作用下产生的特性涡流,故称为静力分选。

(2) 磁流体动力分选

在磁场(均匀或不均匀)与电场联合作用下,以强电解质溶液为分选介质,根据物料之间密度、比磁化系数及电导率的差异进行分选的方法叫磁流体动力分选。

通常,要求分离精度高时,采用静力分选;固体废物中各组分间电导率差异大时,采用动力分选。

(3) 分选介质

理想的分选介质应具有磁化率高、密度大、黏度低、稳定性好、无毒、无刺激性气味、无色透明、价廉易得等特性条件。分选介质主要有顺磁性盐溶液,如 $MnCl_2 \cdot 4H_2O$、$MnSO_4$、$FeCl_2$、$FeSO_4$、$NiCl_2$、$CoCl_2$ 和 $CoSO_4$ 等溶液均可作为分选介质,这些溶液的体积磁化率为 $8 \times 10^{-8} \sim 8 \times 10^{-7}$,其密度为 $1400 \sim 1600 \ kg/m^3$,且黏度低、无毒,是较理想的分选介质。此外还有铁磁性胶粒悬浮液[一般采用磁铁矿胶粒(100目)作分散质,用油酸、煤油等非极性液体介质,并添加表面活性剂为分散剂调制成铁磁性胶粒悬浮液]。这种磁流体介质黏度高,稳定性差,介质回收再生困难。

(4) 磁流体分选设备

图 3-35 为磁流体分选设备构造及工作原理示意图。该磁流体分选槽的分离区呈倒梯形。分离密度较高的物料时,磁系用钐-钴合金磁铁,其视密度可达 $10\ 000 \ kg/m^3$。两个磁体相对排列,夹角为 30°。分离密度较低的物料时,磁系用锶铁铁氧体磁体,其密度可达 $3\ 500 \ kg/m^3$,图中阴影部分相当于磁体的空隙,物料在这个区域中被分离。

这种分选槽使用的分选介质是油基或水基磁流体。它可用于汽车的废金属碎块的回收,低温破碎物料的分离及从垃圾中回收金属碎片等。

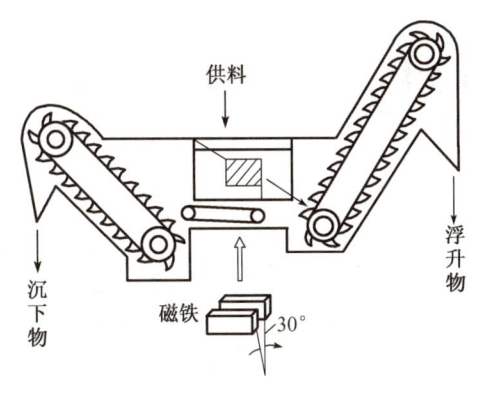

图 3-35　磁流体分选设备构造及工作原理图

3.3.5　电力分选及设备

1. 电选原理

电力分选简称电选,它是利用固体废物中各种组分在高压电场中电性的差异实现分选的一种方法。废物颗粒在电晕静电复合电场电选设备中的分离过程如图 3-36 所示。给料斗把物料均匀地给入辊筒上,物料随着辊筒的旋转进入电晕电场区。由于电场区空间带有电荷,导体和非导体颗粒都获得负电荷,导体颗粒一面荷电,一面又把电荷传给辊筒(接地电极),其放电速度快。因此当废物颗粒随辊筒旋转离开电晕电场区而进入静电场区时,导体颗粒的剩余电荷少,而非导体颗粒则因放电较慢,致使剩余电荷多。

导体颗粒进入静电场后不再继续获得负电荷,但仍继续放电,直至放完全部电荷,并从辊筒上得到正电荷而被辊筒排斥,在电力、离心力和重力的综合作用下,其运动轨迹偏离辊筒,而在辊筒前方落下。非导体颗粒由于带有较多的剩余负电荷,将与辊筒相吸,被吸附在辊筒下,带到辊筒后方,被毛刷强制刷下。半导体颗粒的运动轨迹则介于导体与非导体颗粒之间,成为半导体产品落下,从而完成电选分离过程。

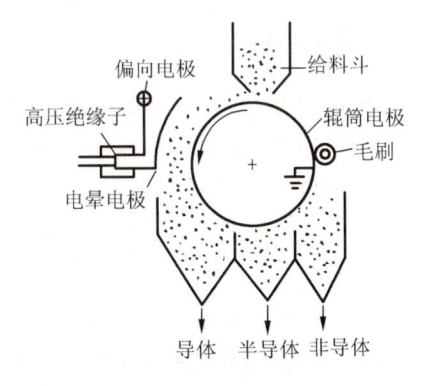

图 3-36　电选分离过程

2. 电选设备及应用

(1)静电分选机

图 3-37 是辊筒式静电分选机的构造和原理示意图。将含有铝和玻璃的废物,通过电振给料器均匀地送到带电辊筒上,铝为良导体,从辊筒电极获得相同符号的大量电荷,因

而被辊筒电极排斥落入铝收集槽内。玻璃为非导体,与带电辊筒接触被极化,在靠近辊筒一端产生相反的束缚电荷,被辊筒吸住,随辊筒带至后面被毛刷强制刷落进入玻璃收集槽,从而实现铝与玻璃的分离。

(2)YD-4型高压电选机及应用

高压电选机构造如图3-38所示,高压电选机将粉煤灰均匀给到旋转接地辊筒上,带入电晕电场后,碳粒由于导电性良好,很快失去电荷,进入静电场后从辊筒电极获得相同符号的电荷而被排斥,在离心力、重力及静电斥力综合作用下落入集碳槽成为精煤。而灰粒由于导电性较差,能保持电荷,与带电符号相反的辊筒相吸,并牢固吸附在辊筒上,最后被毛刷强制刷下落入集灰槽,从而实现碳灰分离。

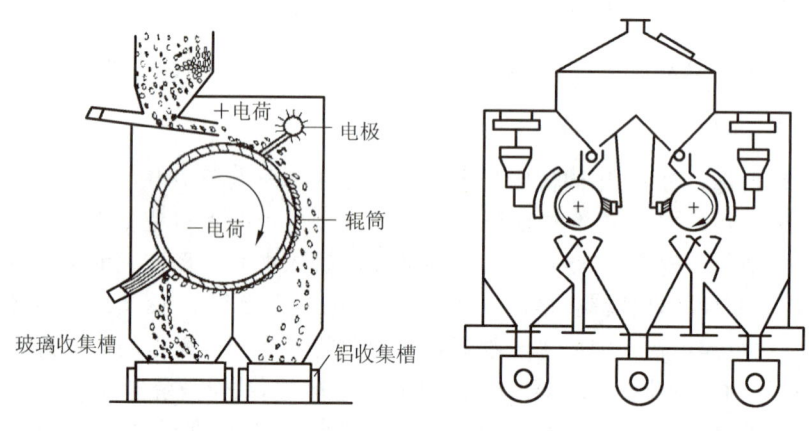

图3-37 辊筒式静电分选机　　图3-38 YD-4型高压电选机结构

该设备具有较宽的电晕电场区、特殊的下料装置和防积灰漏电措施,采用双筒并列式,结构合理、紧凑,处理能力大,效率高。粉煤灰经二级电选分离脱碳灰,其含碳率小于8%,可作为建材原料。精煤含碳率大于50%,可作为型煤原料。

3.3.6　分选回收工艺系统

在设计分选回收工艺系统时应有系统的整体观念,从技术、经济和资源利用角度宏观考虑,对固体废物进行全面的综合处理。综合处理是指将各中小企业产生的各种废物集中到一个地点,根据废物的特征,把各种废物处理过程结合成一个系统,通过综合处理可对废物进行有效的处理,减少最终废物排放量,减轻对地区的污染,同时还能做到总处理费用低,资源利用率高。

综合处理回收工艺系统(图3-39)包括固体废物的收集运输、破碎、分选等预处理技术,它为固体废物焚烧、热分解和微生物分解等转化技术和"三废"处理等后处理技术提供条件。

预处理过程中,废物的性质不发生改变,主要利用物理处理的方法,对废物中的有用组分进行分离提取回收。转化技术是把预处理回收后的残余废物用化学或生物学方法,使废物的物理性质发生改变而加以回收利用。后处理过程和转化过程产生的废渣可用于制备建筑材料、道路材料或进行填埋等。固体废物处理系统由若干过程组成,每个过程有每个过程的作用。综合处理固体废物时,务必从整体出发,选择合适的处理技术及处理过程。

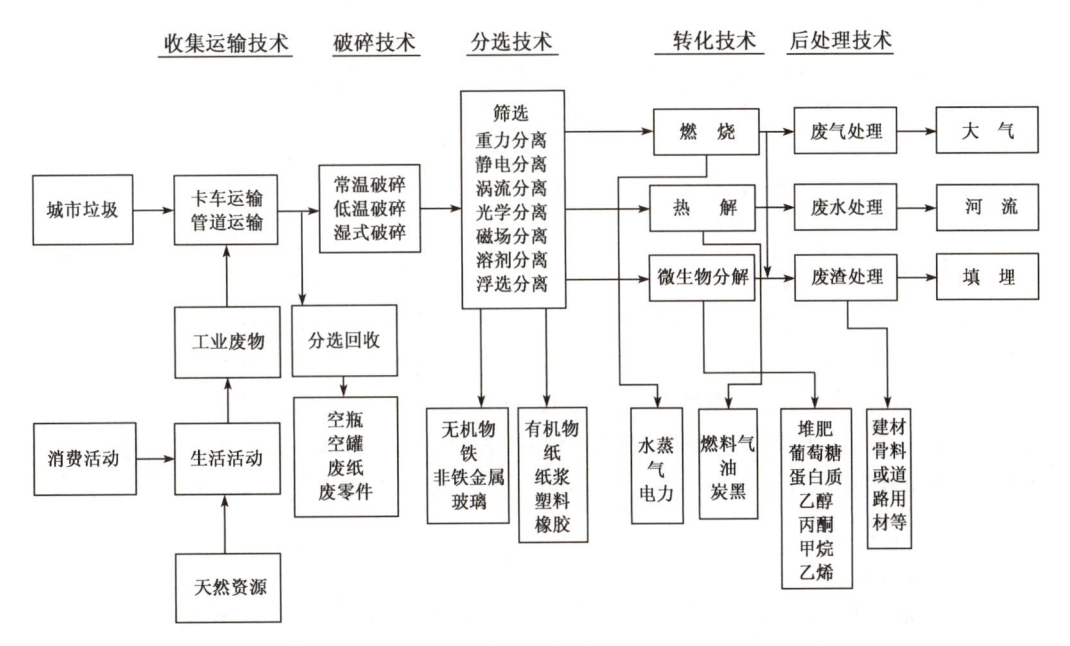

图 3-39　综合回收工艺系统

3.3.7　浮选及设备

1. 原理

浮选是在固体废物和水调制成的浆料中加入浮选药剂,并通入空气,形成无数细小气泡,使欲选颗粒(组分)黏附在气泡上,随气泡浮于浆料表面成为泡沫层,并通过刮板将其刮出泡沫层回收,不浮的颗粒留在浆料中等待后续处理的过程。

2. 浮选药剂

浮选药剂按功能和作用分为以下三种:

①捕收剂:选择性吸附在欲选物质的颗粒表面上,使其疏水性增强,提高可浮性并牢固地黏附在气泡上。常用的捕收剂有极性捕收剂(如黄药、黑药、油酸等)和非极性油类捕收剂(如煤油)两类。

②起泡剂:一种表面活性物质,作用于气水界面上,使其界面张力降低,促使空气在料浆中弥散形成小气泡,防止气泡兼并,增大分选界面,提高气泡与颗粒的黏附和上浮过程中的稳定性。常用的起泡剂有松油、松醇油、脂肪醇等。

③调整剂:调整其他药剂(如捕收剂)与颗粒表面之间的作用,料浆的 pH、料浆的离子组成等性质,可溶性盐的浓度,以加强捕收剂的选择吸附作用,提高浮选效率。调整剂的种类较多,按其作用可分为以下四种:

a. 活化剂:其作用称为活化作用,它能促进捕收剂与欲选颗粒之间的作用,从而提高欲选物质颗粒的可浮性。常用的活化剂多为无机盐,如硫化钠、硫酸铜等。

b. 抑制剂:抑制剂的作用是削弱非选物质颗粒和捕收剂之间的作用,抑制其可浮性,增大其与欲选颗粒之间的可浮性差异,它的作用正好与活化剂相反。常用的抑制剂有各种无机盐(如水玻璃)和有机物(如单宁、淀粉等)。

c. 介质调整剂:主要作用是调整料浆的性质,使料浆对某些物质颗粒的浮选有利,而对另一些物质颗粒的浮选不利。常用的介质调整剂是酸和碱类。

d. 分散与混凝剂:调整料浆中细泥的分散、团聚与絮凝,以减小细泥对浮选的不利影响,改善和提高浮选效果。常用的分散剂有无机盐类(如苏打、水玻璃等)和高分子化合物(如各类聚磷酸盐);常用的混凝剂有石灰、明矾、聚丙烯酰胺等。

3. 浮选的工艺过程

(1) 浮选前料浆的调制

料浆的调制主要是指废物的破碎、磨细等。磨料细度必须做到使有用的固体废物基本上解离成单体,粗粒单体颗粒粒度必须小于浮选粒度上限,且避免泥化。进入浮选的料浆浓度必须适合浮选工艺的要求。若浓度很低,则回收率很低,但产品质量很高。当浓度太高时,回收率反而下降。一般浮选密度较大、粒度较粗的废物颗粒,选用较浓的料浆。另外,在选择料浆浓度时还应考虑到浮选机的大气量、浮选药剂的消耗、处理能力及浮选时间等因素的影响。

(2) 加药调整

加入药剂的种类和数量以及加药地点和方式是浮选的关键,都必须由实验确定。一般在浮选前添加药剂总量的6%~7%,其余的则分几批添加。调整浮选过程中的药剂,包括提高药效、合理添加、混合用药、料浆中药剂浓度的调节与控制等。对水溶性小的药剂,采用配成悬浮液或乳浊液、皂化、乳化等方法来提高药效。药剂合理添加,是为保证药剂的最佳浓度,一般先加调整剂,再加捕收剂,最后加起泡剂。

(3) 充气浮选

将调制好的料浆引入浮选机内,由于浮选机的充气搅拌作用,形成大量的气泡,提供颗粒与气泡的碰撞接触机会,可浮性好的颗粒附于气泡上并上浮形成泡沫层,经刮出收集、过滤脱水即为浮选产品;不能黏附在气泡上的颗粒仍留在料浆内,经适当处理后废弃或作他用。气泡越小,数量越多,分布越均匀,充气程度越好,浮选效果越好。对机械搅拌式浮选机,有适量起泡剂存在时,多数气泡直径介于 0.4~0.8 mm,最小 0.05 mm,最大 1.5 mm,平均 0.9 mm 左右。

固体废物中若有两种或两种以上的有用物质,其浮选方法有优先浮选和混合浮选两种。优先浮选是将固体废物中有用物质依次一种一种地选出,成为单一物质产品。混合浮选是将固体废物中有用物质共同选出为混合物,然后再把混合物中的有用物质一种一种地分离。

4. 浮选设备

浮选设备类型很多,我国使用最多的是机械搅拌式浮选机,其构造如图 3-40 所示。由两个槽子构成一个机组,第一槽(带有进浆管)为吸入槽,第二槽(没有进浆管)为自流槽或称直流槽。在第一槽与第二槽之间设有中间室。叶轮安装在主轴的下端,通过电机带动旋转。空气由进气管吸入。叶轮上方装有盖板和空气筒,筒上开有孔,用以安装进浆管、返回管。其孔的大小,可通过拉杆进行调节。

浮选工作时,料浆由进浆管给到盖板的中心处,叶轮旋转产生离心力将料浆甩出,在叶轮与盖板间形成一定的负压;外界的空气自动经由进气管而被吸入,与料浆混合后一起被叶轮甩出。在搅拌作用下,料浆与空气充分混合,欲选废物与气泡碰撞黏附在气泡上而浮升,经刮泡机刮出成为泡沫产品,再经消泡脱水后即可回收。

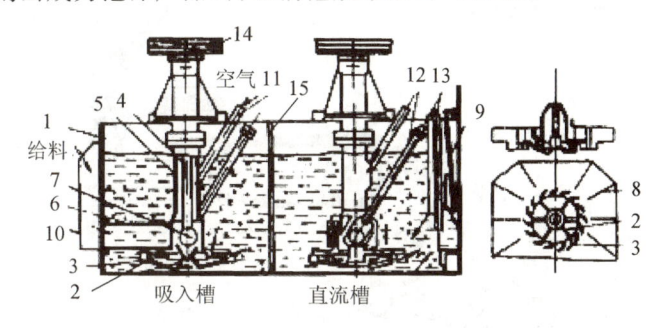

(a)设备构造图　　　　(b)搅拌部件构造图
1—槽子;2—叶轮;3—盖板;4—轴;5—套管;6—进浆管;7—循环孔;8—稳流板;9—闸门;10—受浆箱
11—进气管;12—调节循环量的闸门;13—闸门;14—皮带轮;15—槽间隔板

图 3-40　机械搅拌式浮选机

浮选是资源化的一种技术,我国已应用于从粉煤灰中回收碳、从煤矸石中回收硫铁矿、从焚烧炉灰渣中回收金属等方面。但浮选法要求固体废物在浮选前破碎到一定的细度,需消耗浮选药剂,造成环境污染。需要一些辅助工序,如浓缩、过滤、脱水、干燥等。

3.3.8　其他分选技术及设备

除了上面介绍的常见分选方法外,还有根据物料的电性、磁性、光学等性质差别进行物料分选的方法,如光学分选技术、涡电流分选技术等。

1. 光学分选技术

这是一种利用物质表面反射特性的不同而分离物料的方法。图 3-41 就是此类设备的工作原理图。光学分选系统由给料系统、光检系统和分离系统三部分组成。给料系统包括料斗、振动溜槽等。固体废物入选前,需要预先进行筛分分级,使之成为窄粒级物料,并清除废物中的粉尘,以保证信号清晰,提高分离精度。分选时,使预处理后的物料颗粒排队呈单行,逐一通过光检区,保证分离效果。光检系统包括光源、透镜、光敏元件及电子系统等。这是光学分选机的心脏。因此,要求光检系统工作准确可靠,工作中要维护保养好,经常清洗,减少粉尘污染。固体废物通过光检系统后进入分离系统,分离系统检测所收到的光电信号经过电子电路放大,与规定值进行比较处理,然后驱动执行机构,一般为高频气阀(频率为 300 Hz),将其中一种物质从废物流中吹动使其偏离出来,从而使废物中不同物质得以分离。

光学分选过程为:固体废物经预先分级后进入料斗;由振动溜槽均匀地逐个落入高速沟槽进料皮带上,在皮带上拉开一定距离并排队前进,从皮带首端抛入光检箱受检;当颗粒通过光检测区时,受光源照射,背景板显示出颗粒的颜色或色调;当欲选颗粒的颜色与背景颜色不同时,反射光经光电倍增管转换为电信号(此信号随反射光的强度变化),电子电路分析该信号后,产生控制信号驱动高频气阀,喷射出压缩空气,将电子电路分析出的异色颗粒(欲选颗粒)吹离原下落轨道,加以收集。而颜色符合要求的颗粒仍按原来的轨道自由下落加以收集,从而实现分离。

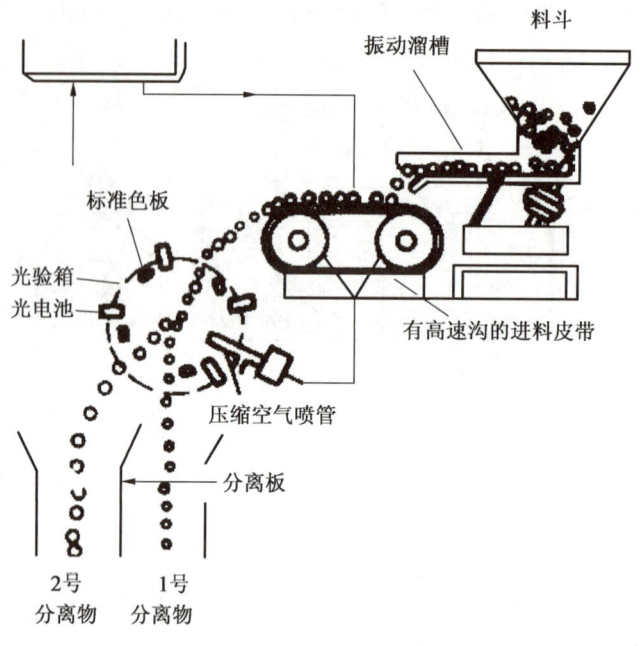

图 3-41　光学分选技术工作原理图

2. 涡电流分选技术

涡电流分选的物理基础是两个重要物理现象：一个随时间而变的交变磁场总是伴生一个交变电场；载流导体产生磁场。因此，如果导电颗粒暴露在交变磁场中，或者通过固定磁场运动，那么在导体内就会产生与交变磁场方向相垂直的涡电流。由于物料流与磁场有一个相对运动的速度，从而对产生涡电流的金属物料具有一个排斥力，排斥力的方向与磁场方向及废物流的方向均呈 90°。排斥力因物料的固有电阻、磁导率等特性及磁场密度的变化速度及大小而异，利用此原理可将一些有色金属从混合物料中分离出去。当含有非磁性导体金属(如铅、铜、锌等物质)的垃圾流以一定的速度通过一个交变磁场时，这些非磁性导体金属中会产生感应涡流。由于垃圾流与磁场有一个相对运动的速度，从而对产生涡流的金属片块有一个推力。利用此原理可将一些有色金属从混合垃圾流中分离出来。

图 3-42 为按此原理设计的涡流分离器。图中 1 为直线感应器，在此感应器中由三相交流电在其绕组中产生一交变的直线移动的磁场，此磁场方向与输送机皮带 3 的运动方向垂直。当皮带 3 上的物料从感应器 1 下通过时，物料中有色金属将产生涡电流，从而产生向带侧运动的排斥力。此分离装置由上下两个直线感应器组成，能保证产生足够大的电磁力将物料中的有色金属推入带侧的集料斗 2 中。当然，此种分选过程带速不宜过高。

涡电流分选设备是一种回收有色金属的有效设备，具有分选效果优良、适应性强、机械结构可靠、结构重量轻、斥力强(可调节)、分选效率高以及处理量大等优点，可使一些有色金属从混合废物流中分离出来，在电子废弃物回收处理生产线中主要用于从混合物料中分选出铜和铝等非铁金属，也可在环境保护领域，特别是在非铁金属再生行业推广应用。

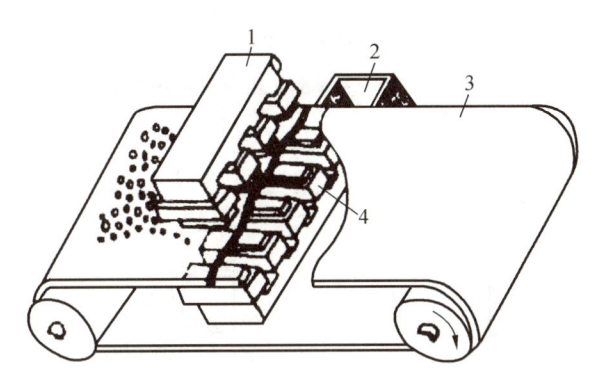

1,4—直线感应器；2—集料斗；3—皮带
图 3-42　涡电流分选工作原理图

3.4　固体废物的浓缩、脱水、干燥和增稠

这节内容主要针对的固体废物是污泥，污泥是给水和污水处理系统中产生的泥渣。污泥中的含水率很高，一般为 96%～99.8%，体积也很大，不利于污泥的贮存、运输、处置及利用。因此，根据需要对其进行浓缩、脱水、干燥乃至增稠处理，以满足后续处理的要求。

3.4.1　污泥浓缩

污泥的含水率很高，这使得污泥的处理难度很大。污泥中所含水分大致分为 4 类：颗粒间的空隙水，约占总水分的 70%；毛细水，即颗粒间毛细管内的水，约占 20%；污泥颗粒吸附水和颗粒内部水，约占 10%。如图 3-43 所示。污泥中颗粒间的空隙水容易从污泥中分离出来，污泥浓缩的目的是去除污泥中的空隙水，缩小污泥的体积，为污泥的输送、消化、脱水、利用与处置创造条件。浓缩的方法主要有重力浓缩、气浮浓缩、离心浓缩。

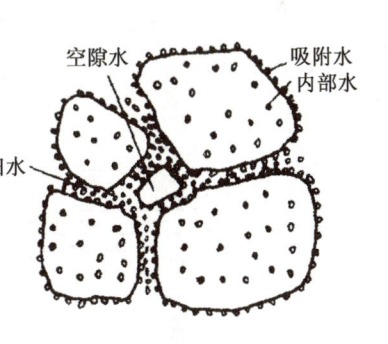

图 3-43　污泥水分示意图

1. 重力浓缩法

利用污泥自身的重力将污泥间隙中的水挤出，使污泥的含水率降低的方法，称为重力浓缩法。重力浓缩构筑物称重力浓缩池。根据运行方式的不同，可分为间歇式重力浓缩池和连续式重力浓缩池两种。

(1) 间歇式重力浓缩池

间歇式重力浓缩池如图 3-44 所示，浓缩时间一般采用 8～12 h。

(2) 连续式重力浓缩池

图 3-45 为连续式重力浓缩池的基本构造，污泥由中心管 1 连续进泥，上清液由溢流堰 2 出水，浓缩污泥用刮泥机 4 缓缓刮至池中心的污泥斗并从排泥管 3 排除，刮泥机 4 上

装有垂直搅拌栅 5 随着刮泥机转动,周边线速度为 1 m/min 左右,每条栅条后面,可形成微小涡流,有助于颗粒之间的絮凝,可使浓缩效果提高 20% 以上。当需要处理大量污泥时,可选用带刮泥机的连续式辐射浓缩池。

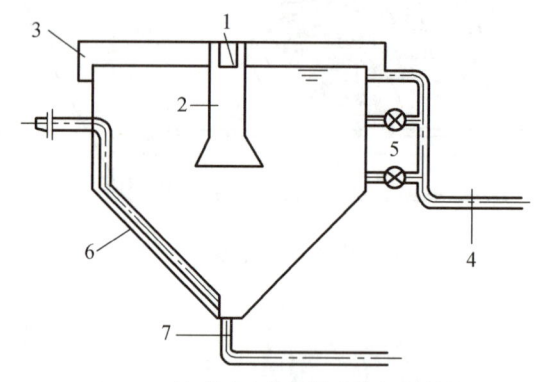

(a) 带中心管间歇式重力浓缩池

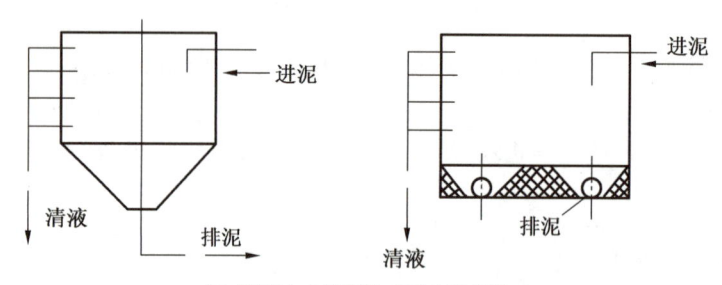

(b) 不带中心管间歇式重力浓缩池

1—污泥入流槽;2—中心管;3—溢流堰;4—上清液排除管;5—闸门;6—污泥泵泥管;7—排泥管

图 3-44 间歇式重力浓缩池

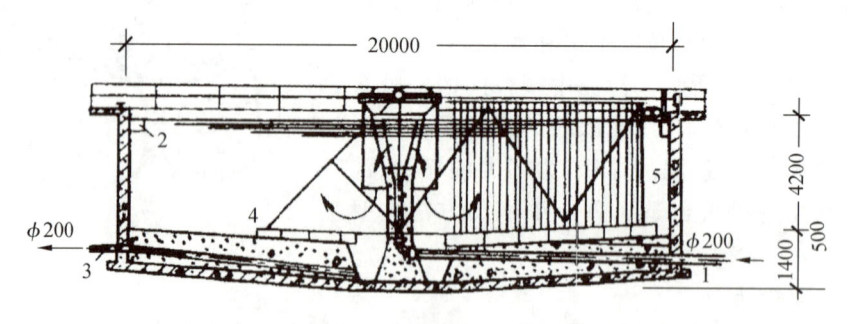

1—中心管;2—溢流堰;3—排泥管;4—刮泥机;5—搅拌栅

图 3-45 连续式重力浓缩池基本构造

2. 气浮浓缩

污泥的气浮浓缩是在加压情况下,将空气溶解在澄清水中,在浓缩池中降至常压后,释放出的大量微气泡附着在污泥颗粒的周围,使污泥颗粒比重减小而被强制上浮,达到浓缩的目的。因此,气浮法较适用于污泥颗粒比重接近于 1 的活性污泥,可将污泥含水率由 99.5% 降至 94%~96%,其工艺流程如图 3-46 所示。气浮浓缩池的基本形式有圆形和矩形两种,如图3-47所示。

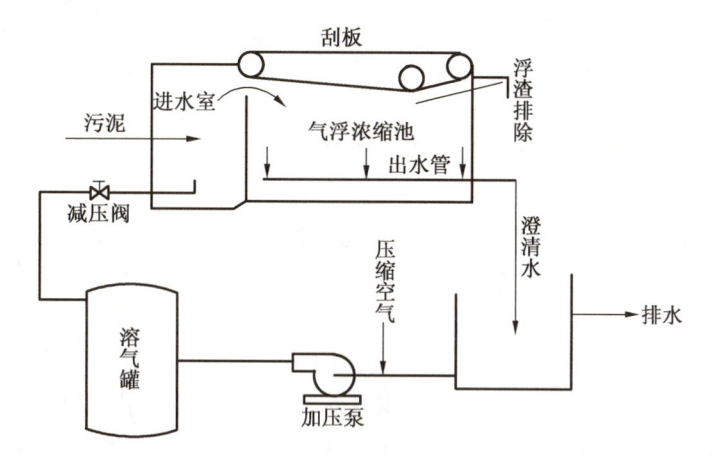

图 3-46　气浮浓缩工艺流程

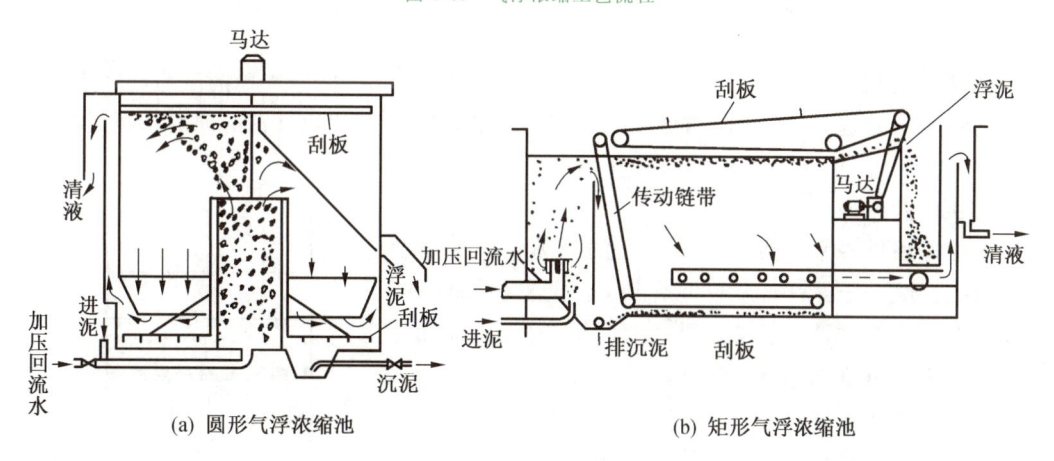

图 3-47　气浮浓缩池的基本形式

3. 离心浓缩

离心浓缩是利用污泥中的固体颗粒与液体的比重差,在离心力场所受到的离心力的不同而分离。由于离心力几千倍于重力,因此离心浓缩占地面积小,造价低,但运行费用与机械维修费用较高。用于离心浓缩的离心机有转盘式离心机、篮式离心机和转鼓离心机等。

3.4.2　污泥脱水

污泥经浓缩、消化后,尚有95%～97%的含水率,体积仍很大。为了综合利用和最终处置,需进一步将污泥减量,进行脱水处理。污泥脱水的主要方法有自然脱水和机械脱水等。

1. 机械脱水前的预处理

由于有机污泥均是以有机物微粒为主体的悬浊液,颗粒很细且具有胶体特性,和水有很大的亲和力,重力浓缩后的含水率仍在90%以上,脱水性能差。因此,有必要对污泥进行预处理。预处理的目的在于改善污泥脱水性能,提高脱水效率与机械脱水设备的生产能力。预处理的方法主要有化学调理法、热处理法、冷冻法及淘洗法等。

(1) 化学调理法

通过向污泥加入助凝剂、混凝剂等化学药剂,促使污泥颗粒絮凝并改善其脱水性能的一种预处理方法。常用的调理剂有混凝剂硫酸铝、明矾、绿矾、$FeCl_3$、$AlCl_3$,助凝剂石灰(5%～25%);有机药剂如藻酸盐、聚丙烯酰胺等。

(2) 热处理法

通过加热使部分有机质分解、亲水性有机胶体水解、细胞分解,细胞膜中的水分游离出来,从而改善污泥浓缩及脱水性能,对于活性污泥脱水预处理特别有效。

(3) 冷冻法

冷冻法是将污泥冷冻到 −20 ℃后再融化的一种改善污泥沉降性能的预处理方法。由于温度大幅度变化,使污泥胶体脱稳凝聚且细胞膜破裂,细胞内的水分得到游离,从而提高污泥的沉降性能和脱水性能,沉降速度可提高 2～6 倍,过滤产率可提高到 200 kg/(m^2·hr),滤饼含水率为 50%～70%。目前已被广泛用于给水污泥处理。

(4) 淘洗法

淘洗法是利用处理后的回用水与污泥混合(水:泥=2:1～5:1)淘洗后将污泥沉淀下来的一种预处理方法。淘洗的目的是降低污泥的碱度和黏度,节省药剂的用量,提高机械脱水的效果,降低污泥脱水的运行费用。

2. 机械脱水原理

污泥的机械脱水以过滤介质两面的压力差作为推动力,使污泥水分被强制通过过滤介质,形成滤液,而固体颗粒被截留在介质上,形成滤饼,从而达到脱水的目的。机械脱水基本过程如图 3-48 所示。

3. 机械脱水方法

常用的污泥机械脱水方法有真空吸滤法、压滤法、滚压法和离心法等。其基本原理相同,不同点仅在于过滤推动力的不同。真空吸滤脱水是在过滤介质的一面造成

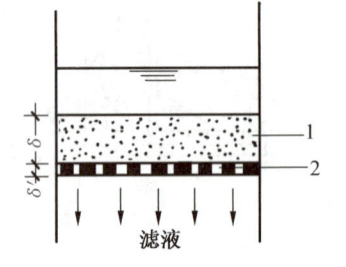

1—滤饼;2—过滤介质
图 3-48 机械脱水基本过程

负压;压滤脱水是加压污泥把水分压过过滤介质;滚压脱水是加压滤布,通过滤布压力与张力脱水。离心脱水的过滤推动力是离心力。

(1) 真空过滤脱水

真空过滤脱水使用的机械是真空过滤机,主要用于初沉污泥及消化污泥的脱水。国内使用较广的是 GP 型转鼓真空过滤机,其构造如图 3-49 所示。转鼓真空过滤机脱水系统的工艺流程如图 3-50 所示。

覆盖有过滤介质的空心转鼓 1 浸在污泥槽 2 内。转鼓用径向隔板分隔成许多扇形格 3,每格有单独的连通管,管端与分配头 4 相接。分配头由两片紧靠在一起的移动部件 5 (与转鼓一起转动)与固定部件 6 组成。转动部件 5 有一列小孔 9,每孔通过连接管与各扇形格相连。固定部件 6 通过缝 7 与真空管路 13 相通,孔 8 与压缩空气管路 14 相通。

当转鼓某扇形格的连通管孔 9 旋转处于滤饼形成区 Ⅰ 时,由于真空的作用,将污泥吸附在过滤介质上,污泥中的水通过过滤介质后沿管 13 流到气水分离罐。吸附在转鼓上的滤

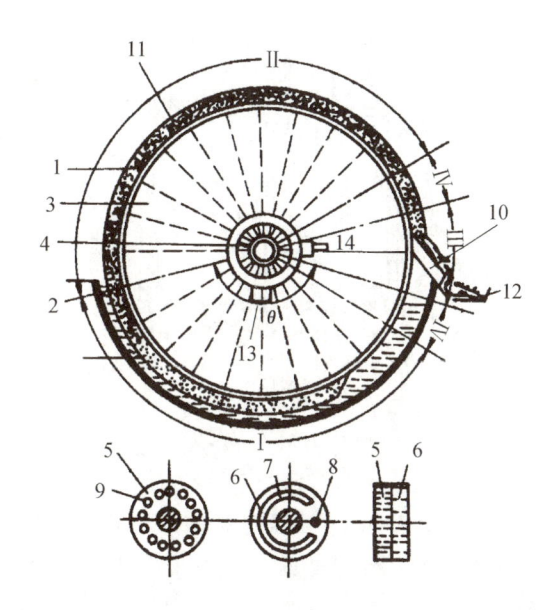

Ⅰ—滤饼形成区;Ⅱ—吸干区;Ⅲ—反吹区;Ⅳ—休止区;
1—空心转鼓;2—污泥槽;3—扇形格;4—分配头;5—转动部件;6—固定部件;7—与真空泵通的缝;
8—与压缩空气管路相通的孔;9—与各扇形格相通的孔;10—刮刀;11—滤饼;12—皮带输送器;
13—真空管路;14—压缩空气管路

图3-49 转鼓真空过滤机

饼转出污泥槽后,若管孔9在固定部件的缝7范围内,则处于吸干区Ⅱ内。继续脱水,当管孔9与固定部件的孔8相通时,便进入反吹区Ⅲ,区Ⅲ与压缩空气相通,滤饼被反吹松动,然后由刮刀10刮除,滤饼11经皮带输送器12往外输。再转过休止区Ⅳ进入滤饼形成区Ⅰ,周而复始。

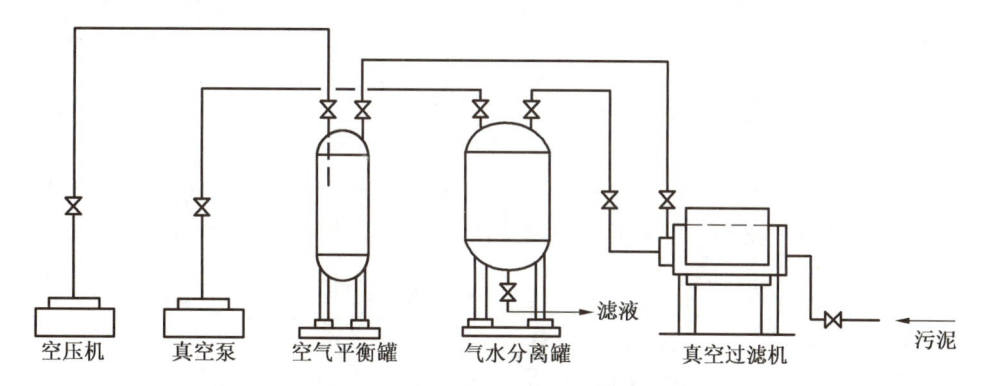

图3-50 转鼓真空过滤机脱水系统工艺流程

(2)压滤脱水

压滤脱水采用板框压滤机。其基本构造如图3-51所示。板与框相间排列,在滤板的两侧覆有滤布,用压紧装置把板与框压紧,即在板与框之间构成压滤室,在板与框的上端中间相同部位开有小孔,污泥由该通道进入压滤室,将可动端板向固定端板压紧,污泥加压到0.2~0.4 MPa,在滤板的表面刻有沟槽,下端钻有供滤液排出的孔道,滤液在压力下通过滤布,沿沟槽与孔道排出滤机,使污泥脱水。

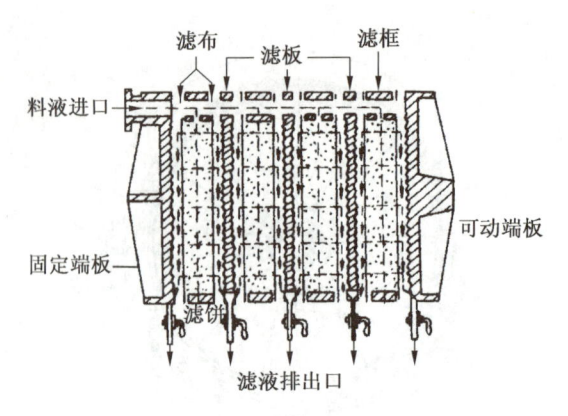

图 3-51 板框压滤机

(3) 滚压脱水

滚压脱水的设备是带式压滤机，其主要特点是把压力施加在滤布上，依靠滤布的压力和张力使污泥脱水。这种脱水方法不需要真空或加压设备，动力消耗少，可以连续生产，目前应用较为广泛。带式压滤机基本构造如图 3-52 所示。

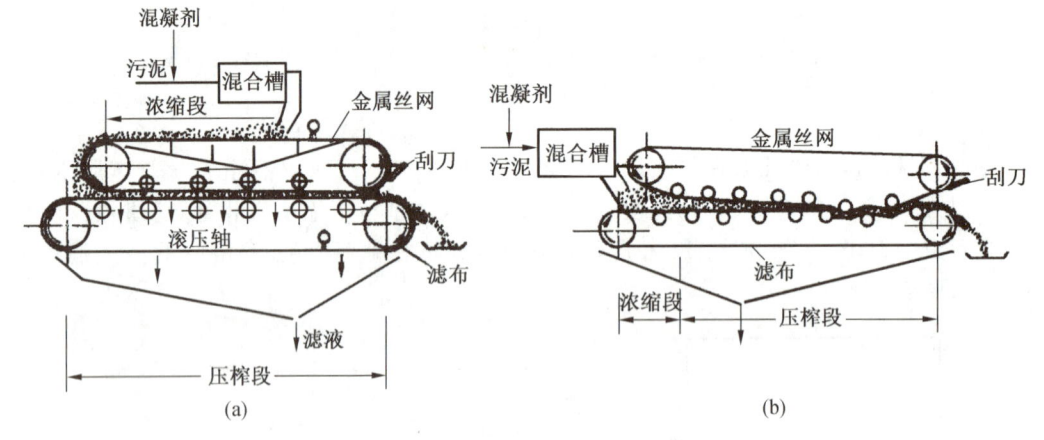

图 3-52 带式压滤机

(4) 离心脱水

离心脱水采用的设备一般是低速锥筒式离心机，构造如图 3-53 所示。

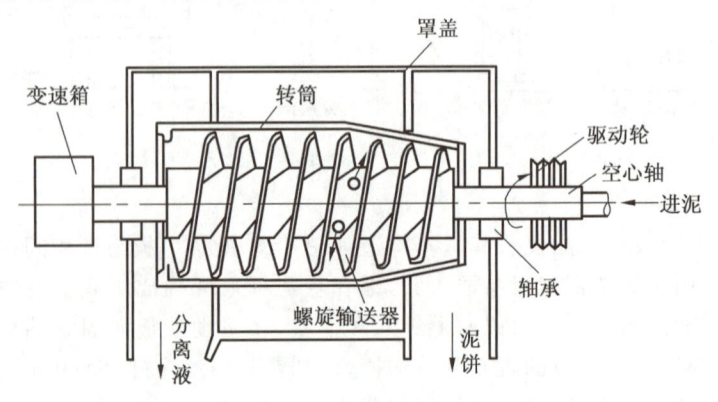

图 3-53 低速锥筒式离心机

污泥中的水分和污泥颗粒由于受到的离心力不同而分离,污泥颗粒聚集在转筒外缘周围,由螺旋输送器将泥饼从锥口推出,随着泥饼的向前推进不断被离心压密,而不会受到进泥的搅动,分离液由转筒末端排出。

3.4.3 污泥的干化、干燥和增稠

1. 污泥的干化
利用自然下渗和蒸发作用脱除污泥中的水分,即自然干化。其主要构筑物是干化场。

(1)干化场的分类与构造

干化场分为自然滤层干化场与人工滤层干化场两种。前者适用于自然土质渗透性能好、地下水位低的地区。人工滤层干化场的滤层是人工铺设的,又可分为敞开式干化场和有盖式干化场两种。

人工滤层干化场的构造如图3-54所示,它由不透水底板、排水管、滤水层、输泥管、隔墙及围堤等部分组成。可以设有可移开(晴天)或盖上(雨天)的顶盖,顶盖一般用弓形复合塑料薄膜制成,移置方便。

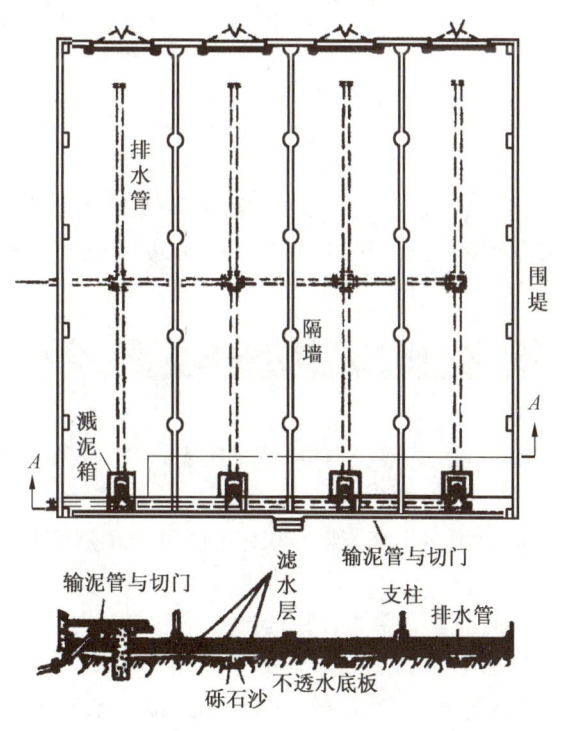

图3-54 人工滤层干化场

隔墙与围堤把干化场分隔成若干分块,通过切门的操作轮流使用,以提高干化场利用率。在干燥、蒸发量大的地区,可采用由沥青或混凝土铺成的不透水层而无滤水层的干化场,依靠蒸发脱水,这种干化场的优点是泥饼容易铲除。

2. 污泥的干燥
让污泥与热干燥介质(热干气体)接触使污泥中水分蒸发而随干燥介质除去。污泥干燥处理后,含水率可降至约20%,体积可大大减小,从而便于运输、利用或最终处置。污

泥的干燥与焚烧各有专用设备,也可在同一设备中进行。回转圆筒式干燥器在我国应用较多,其主体是用耐火材料制成的旋转辊筒。

生产实践表明,污泥脱水用单一方法效果不明显,必须采取几种方法配合使用,才能获得良好的脱水效果。常用的脱水方法和效果见表3-2。

表 3-2　　　　　　　　　常用的脱水方法及效果

脱水方法		含水率/%	推动力	能耗/(kW·h/m³ 污泥水)	脱水后的污泥状态
浓缩	重力浓缩 气浮浓缩 离心浓缩	95～97	重力 浮力 离心力	0.001～0.01	近似糊状
机械脱水	真空过滤 压力过滤 滚压过滤 离心过滤 水中造粒	60～85 55～70 78～86 80～85 82～86	负压 压力 压力 离心力 化学、机械	1～10	泥饼 泥饼 泥饼 泥饼 泥饼
干化	冷冻、温式 氧化、热处理 干燥 焚烧	10～40 0～10	热能 热能 热能 热能	1 000	颗粒、灰

3. 污泥的增稠

可通过向污泥中加入生活垃圾、锯末、秸秆等,以降低污泥含水量、满足处理要求。如污泥和生活垃圾掺混堆肥,既有调节含水率的作用,又可以通过掺混调节物料碳氢比,为堆肥提供有利条件。

同步练习

一、判断题

1. 破碎的目的是降低孔隙率,增加容重,便于压实;便于资源回收;便于焚烧、填埋等。(　)
2. 磁选主要是用于回收黑色金属,纯化非磁性物质和预选固体废物中的大块黑色金属。(　)
3. 影响筛分效率(E)的因素之一为颗粒的尺寸与形状。直径越小而且为球形或多边形,E 越高;方形 E 低,圆形 E 高。(　)
4. 破碎固体废物的破碎机类型有颚式破碎机、锤式破碎机、剪式破碎机和球磨机。(　)
5. 压实比是指固体废物经过压实处理后,体积减小的程度。(　)
6. 筛分效率是筛上物的质量与入筛物料中所含的小于筛孔尺寸颗粒物的质量比。(　)
7. 固体废物按磁性可分为强磁性、中磁性、弱磁性等不同组分。(　)
8. 回旋式剪切破碎机适用于较松散、片状、条状固体废弃物,尤其适用于破坏家庭生活垃圾,但是塞子易堵。(　)
9. 可塑性好的固体废物不适合压实,弹性好的固体废弃物适于压实。(　)

二、填空题

1. 利用固体废弃物中各物质的磁性差异在不均匀磁场中进行分选称为_____。

2. 按介质的不同,固体废物重力分选可分为_____、_____、_____、摇床分选等。

3. 根据破碎固体废物所用的外力,即消耗能量的形式可分为_____和_____两种方法。

4. 浮选药剂的种类很多,根据其在浮选过程中的作用不同,可分为_____、_____和_____等。

5. 常用的机械破碎方法主要有_____、_____、_____、_____和磨碎五种,低温破碎属于_____破碎方法。

6. 固体废物分选的依据是固体废物中不同物料间的_____差异,筛选、重选、磁选、电选、浮选分别是根据废物中不同物料间的_____、_____、_____、_____和_____差异实现分选的。

三、选择题

1. 从粉煤灰中回收精碳可采用(   )的方法。
   A. 电力分选　　B. 磁力分选　　C. 重力分选　　D. 风力分选

2. 为了回收生活垃圾中的纸类,最好采用(   )破碎方法。
   A. 锤式破碎　　B. 剪切破碎　　C. 湿式破碎　　D. 低温破碎

3. 图 3-55 和图 3-56 分别为(   )和(   )破碎设备的工作原理示意图。
   A. 颚式破碎机　B. 锤式破碎机　C. 剪切式破碎机　D. 重介质分选机

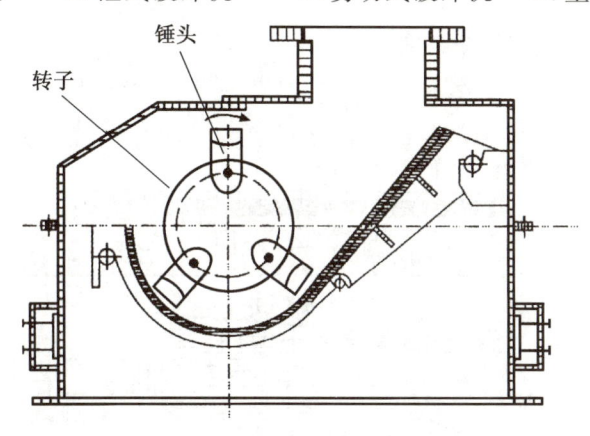

图 3-55　工作原理示意图 1

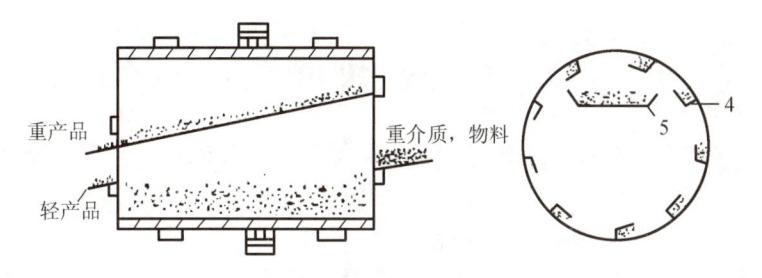

图 3-56　工作原理示意图 2

4.下列属于固体废物预处理技术的是(　　)。
　　A.压实　　　　　B.分选　　　　C.破碎　　　　D.焚烧
5.一般以固体废物的抗压强度为标准来衡量固体废物的机械强度。抗压强度(　　)者为坚硬固体废物。
　　A.小于 250 MPa　B.大于 250 MPa　C.40~250 MPa　D.小于 40 MPa
6.图 3-57 为(　　)工作原理示意图。
　　A.颚式破碎机　　B.锤式破碎机　　C.剪切式破碎机　　D.球磨机
7.图 3-58 为(　　)结构与工作示意图。
　　A.共振筛　　　　　　　　　　　B.惯性振动筛
　　C.半湿式选择性破碎分选机　　　D.滚筒筛

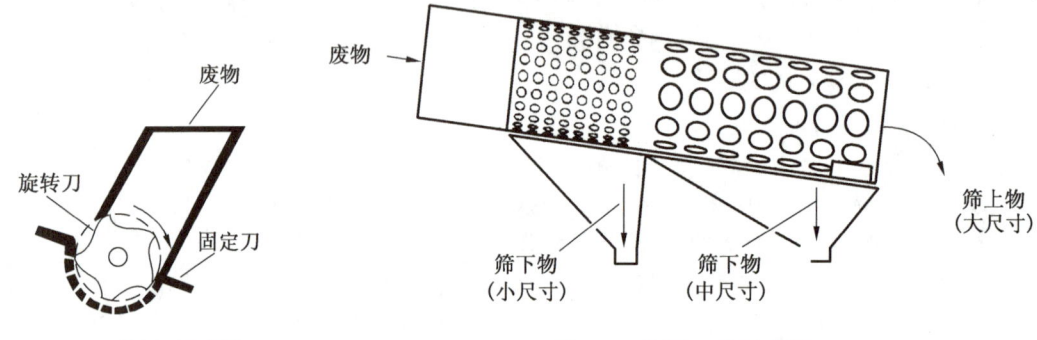

图 3-57　工作原理示意图 3　　　　图 3-58　结构与工作示意图

8.图 3-59 为(　　)结构示意图。
　　A.平面摇床　　　　　　　　　B.鼓形重介质分选机
　　C.卧式风力分选机　　　　　　D.立式风力分选机

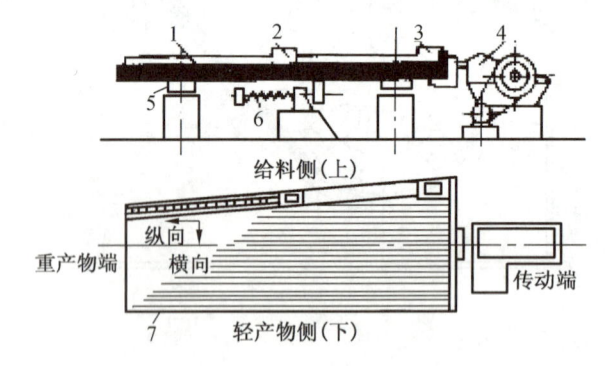

1—床面；2—给水槽；3—给料槽；4—床头；5—滑动支承；6—弹簧；7—床条
图 3-59　结构示意图

四、名词解释
1.破碎比　2.筛分效率　3.浮选药剂　4.重介质　5.磁选　6.风力分选

五、简答题
1.简述固体废物预处理的方法及特点。
2.简述重介质分选的原理,常用的重介质有哪几种?

3. 污泥的机械脱水常用哪些方法?

4. 为什么筛分物料时,必须使物料与筛面之间具有适当的相对运动?

5. 固体废物中不同的物料组分,磁性不同,如何实现废物中不同磁性组分的有效磁选?

6. 简述浮选的原理和浮选药剂的作用。

7. 根据风选原理,如何实现不同密度物料的有效分选?

8. 对固体废物进行破碎的目的是什么?列举出常用的破碎机械。

9. 简述颚式破碎机的工作原理和适用范围。

10. 惯性振动筛的工作原理是什么?

六、综合题

1. 某生活垃圾,含塑料、橡胶等高分子材料 40%,废纸 20%,灰渣 20%,黑色金属 2%,废玻璃瓶 12%,试用所学知识,设计合理的工艺流程将其资源化,并说明流程中各过程的作用与原理。

2. 某生活垃圾,含西瓜皮 15%,烂菜叶 40%,废纸 10%,灰渣 20%,黑色金属 2%,废塑料瓶 13%,试用所学知识,设计合理的工艺流程将其资源化,并说明流程中各过程的作用与原理。

3. 某工厂产生的工业废物其主要成分为:铬渣(主要为铬酸钙和铬铝酸钙)占 50%,铁屑(主要为金属铁)占 20%,易挥发性固体有机物占 10%,其他杂质(主要成分为纸张)占 20%,采用如图 3-60 所示的工艺流程进行工业废物的处理及回收利用,请指出该工艺的不合理之处,并另外设计一套合理的工艺进行最终处理和利用,并对所采用的工艺的原理进行简要的叙述。

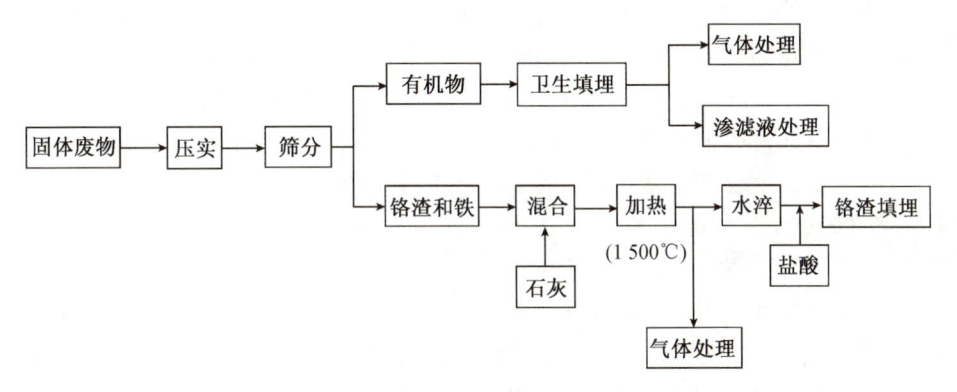

图 3-60 进行工业废物的处理及回收利用的工艺流程

模块 4

固体废物处理与处置

> **知识目标**
>
> 1. 固体废物焚烧、热解、微生物处理的适用范围。
> 2. 理解固体废物处置的必要性。
> 3. 理解焚烧、热解、微生物处理工艺过程。
> 4. 熟悉固体废物各种处理技术的运行管理。
>
> **技能目标**
>
> 1. 能胜任固体废物处理技术的运行管理与维护。
> 2. 会进行固体废物好氧堆肥过程参数控制,并进行效果评价。
> 3. 会进行沼气池的设计、调试与维护。
> 4. 能胜任生活垃圾卫生填埋场各岗位运行管理工作。
>
> **能力训练任务**
>
> 1. 对生活垃圾进行堆肥试验并评价腐熟度。
> 2. 编制垃圾产沼工艺设计说明书。
> 3. 生活垃圾填埋场渗滤液监测和处理方案设计。
> 4. 制订生活垃圾卫生填埋场运行管理计划。

4.1 固体废物焚烧技术及运行管理

焚烧是在有氧条件下将固体废物进行高温分解和深度氧化的处理过程。焚烧最大的特点在于能够最大限度地实现固体废物的减量化、无害化和资源化要求。具体来说,固体废物通过焚烧,其体积一般可以减少 90% 以上,能够彻底破坏原废物中的致病病原体和毒害性有机物质,可以回收利用焚烧过程中产生的热能,并且具有处理时间短、占地少、焚烧灰烬或残渣稳定、可全天候操作等优点。

4.1.1 焚烧的技术原理

废物能否进行焚烧处理,主要取决于其热值和可燃性。固体废物最主要的燃烧特性包括固体废物的热值和组成。

固体废物的热值是指单位质量固体废物在完全燃烧时释放出来的热量,以 kJ/kg 表示。要使固体废物能维持正常焚烧过程,即在进行焚烧时,垃圾焚烧释放出来的热量足以加热垃圾,并使之达到燃烧所需要的温度或者具备发生燃烧所必需的活化能。热值有两种表示方式,即高位热值(粗热值)和低位热值(净热值)。若热值包含烟气中水的潜热,则该热值是高位热值;反之,若不包含烟气中水的潜热,则该热值就是低位热值。由于水蒸气的汽化潜热不能直接加以利用,故焚烧处理一般使用低位热值。生产实践表明,有害废物的燃烧一般需要热值为 18 600 kJ/kg;城市固体废物的热值大于 3 350 kJ/kg 时,燃烧过程无须添加辅助燃料,易于实现自燃。否则,焚烧过程通常需要添加辅助燃料,如掺煤或喷油助燃。通常可通过测定热值初步确定垃圾的燃烧性质。

高位热值(粗热值)、低位热值(净热值)的相互关系,可用以下公式表示和近似计算。一般生活垃圾的含水量≤50%,低位热值多为 3 350~8 374 kJ/kg。

$$NHV = HHV - 2\,420\left[H_2O + 9\left(H - \frac{Cl}{35.5} - \frac{F}{19}\right)\right]$$

式中　NHV——净热值,kJ/kg。

　　　HHV——粗热值,kJ/kg。

　　　H_2O——产物中水的质量分数,%。

　　　H,Cl,F——废物中氢、氯、氟的质量分数,%。

一般情况下,城市固体废物的可燃性受到原料的水分、可燃分和灰分三个因素的影响。固体废物的三组分,即水分、可燃分和灰分,是废物焚烧炉设计的关键因素。水分含量是一个重要的燃料特性,因为物质含水率太高就无法点燃。固体废物的可燃分包括挥发分和固定碳,挥发分含量与燃烧时的火焰有密切关系,如焦炭和无烟煤含挥发分少,燃烧时没有火焰;相反,烟气和烟煤挥发分含量高,燃烧时产生很大的火焰。固体废物灰分的变化很大,多含有惰性物质,如玻璃和金属。

可燃物质,特别是生活垃圾,其焚烧过程是一系列十分复杂的物理变化和化学反应过程,通常可将焚烧过程划分为干燥、热分解、燃烧三个阶段。焚烧过程实际上是干燥脱水、热化学分解、氧化还原反应的综合作用过程。

1. 干燥

干燥是利用焚烧系统热能,使入炉固体废物水分汽化、蒸发的过程。进入焚烧炉的固体废物,通过高温烟气、火焰、高温炉料的热辐射和热传导,首先进行加热蒸发、干燥脱水,以改善固体废物的着火条件和燃烧效果。因此,干燥过程需要消耗较多的热能,固体废物含水率的高低决定了干燥阶段所需时间的长短,这在很大程度上也影响着固体废物焚烧过程。对于高水分固体废物,特别是污泥、废水等,为了蒸发、干燥、脱水和保证焚烧过程的正常进行,常常不得不加入辅助燃料。

2. 热分解

热分解是固体废物中的有机可燃物质,在高温作用下进行化学分解和聚合反应的过程。热分解既有放热反应,也可能有吸热反应。通常热分解的温度越高,有机可燃物质的热分解越彻底,热分解速率就越快。

3. 燃烧

燃烧是可燃物质的快速分解和高温氧化过程。根据可燃物质种类和性质的不同,燃烧过程亦不同,一般可划分为蒸发燃烧、分解燃烧和表面燃烧三种过程。当可燃物质受热融化、形成蒸气后进行燃烧反应,就属于蒸发燃烧;当可燃物质中的碳氢化合物等受热分解、挥发为较小分子可燃气体后再进行燃烧,就是分解燃烧;而当可燃物质在未发生明显的蒸发、分解反应时,与空气接触就直接进行燃烧反应,这种燃烧则称为表面燃烧。在生活垃圾焚烧过程中,垃圾中的纸、木材类固体废物的燃烧属于较典型的分解燃烧;蜡质类固体废物的燃烧可视为蒸发燃烧;而垃圾中的木炭、焦炭类物质燃烧,则属于较典型的表面燃烧。

经过焚烧处理,生活垃圾、危险废物和辅助燃料中的碳、氢、氧、氮、硫、氯等元素,转化成为碳氧化物、氮氧化物、硫氧化物、氯化物及水等物质,形成烟;不可燃物质、灰分成为炉渣。

4.1.2 影响焚烧过程的主要因素

固体废物的焚烧效果受许多因素的影响,如焚烧炉的类型、固体废物的性质、物料停留时间、焚烧温度、供氧量、物料的混合程度等。其中焚烧温度、停留时间、湍流度和过量空气系数称为"3T1E"要素,"3T"是 Temperature(焚烧温度)、Time(停留时间)和 Turbulence(湍流度)的缩写,"1E"是指 Excess Oxygen(过量空气系数)。它们既是影响固体废物焚烧效果的主要因素,也是反映焚烧炉性能的重要技术指标。

1. 固体废物的性质

固体废物中可燃成分、有毒有害物质、水分等物质的种类和含量,决定了这种固体废物的热值、可燃性和焚烧污染物治理的难易程度,也决定了这种固体废物处理的技术经济可行性。废物的热值和粒度是影响其焚烧的主要因素。热值越高,燃烧过程越易进行,焚烧效果也越好。废物粒度越小,单位质量或体积废物的比表面积越大,与周围氧气的接触面积也就越大,焚烧过程中的传热与传质效果越好,燃烧越完全。一般情况下,固体废物的加热时间与其粒度的 2 次方成正比,燃烧时间与其粒度的 1~2 次方成正比。

2. 焚烧温度

焚烧温度对焚烧处理的减量化程度和无害化程度有决定性的影响,主要表现在温度的高低和焚烧炉内温度分布的均匀程度。固体废物中的不少有毒、有害物质,必须在一定温度以上才能有效地进行分解、焚毁。焚烧温度越高,越有利于固体废物中有机污染物的分解和破坏,焚烧速率也就越快。目前一般要求生活垃圾焚烧温度为 850~950 ℃,医疗垃圾、危险固体废物的焚烧温度要达到 1 150 ℃。而对于危险废物中的某些较难氧化分解的物质,甚至需要在更高温度和催化剂作用下进行焚烧。

3. 停留时间

物料停留时间主要是指固体废物在焚烧炉内的停留时间和烟气在焚烧炉内的停留时间。固体废物的停留时间取决于固体废物在焚烧过程中蒸发、热分解、氧化还原反应等反应速度的大小。烟气的停留时间取决于烟气中颗粒状污染物和气态分子的分解、化学反应速率的快慢。当然,在其他条件不变时,固体废物和烟气的停留时间越长,焚烧反应越彻底,焚烧效果就越好。但停留时间过长会使焚烧炉处理量减少,在经济上也不合理。反之,停留时间过短会造成固体废物和其他可燃成分的不完全燃烧。进行生活垃圾焚烧处理时,通常要求垃圾停留时间能达到 1.5 h 以上。烟气停留时间能达到 2 s 以上。

4. 供氧量

焚烧过程的氧气是由空气提供的。空气不仅能够起到助燃的作用,同时也起到冷却炉排、搅动炉气以及控制焚烧炉气氛等作用。显然,供给焚烧系统的空气越多、越有利于提高炉内氧气的浓度,越有利于炉排的冷却和炉内烟气的湍流混合。为了保证废物完全燃烧,通常要供给比理论空气量更多的空气量,即实际空气量。实际空气量与理论空气量之比值为过量空气系数,亦称过量空气率或空气比。一般情况下,过剩空气量应控制在理论空气量的 1.7~2.5 倍。但过大的过量空气系数,可能会导致炉温降低、烟气量增大,对焚烧过程产生副作用。

5. 湍流度

湍流度是表征固体废物和空气混合程度的指标。湍流度越大,固体废物和空气的混合程度越好,有机可燃物能及时充分获取燃烧所需的氧气,燃烧反应越完全。

6. 其他因素

除固体废物性质、物料停留时间、焚烧温度、供氧量、炉气的湍流程度外,物料的混合、固体废物料层厚度、运动方式、空气预热温度、进气方式、燃烧器性能、烟气净化系统阻力等,也会影响固体废物焚烧过程的进行,也是在实际生产中必须严格控制的基本工艺参数。

比如对炉中的废物进行翻转、搅拌,可以使废物与空气充分混合,改善条件。炉中的废物厚度必须适当,厚度太大,在同等条件下可能导致不完全燃烧,厚度太小又会减少焚烧炉的处理量。

4.1.3 生活垃圾焚烧厂建设技术要求

(1)生活垃圾焚烧厂选址应符合国家和行业相关标准的要求。

(2)生活垃圾焚烧厂设计和建设应满足《生活垃圾焚烧处理工程技术规范》(CJJ 90—2009)、《生活垃圾焚烧处理工程项目建设标准》(建标 142—2010)和《生活垃圾焚烧污染控制标准》(GB 18485—2014)等相关标准以及各地地方标准的要求。

(3)生活垃圾焚烧厂年工作日应为 365 日,每条生产线的年运行时间应在 8 000 小时以上。生活垃圾焚烧系统设计服务期限不应低于 20 年。

(4)生活垃圾池有效容积宜按 5~7 天额定生活垃圾焚烧量确定。生活垃圾池应设置垃圾渗滤液收集设施。生活垃圾池内壁和池底的饰面材料应满足耐腐蚀、耐冲击负荷、防渗水等要求,外壁及池底应做防水处理。

(5)生活垃圾在焚烧炉内应得到充分燃烧,二次燃烧室内的烟气在不低于850℃的条件下滞留时间不小于2秒,焚烧炉渣热灼减率应控制在5%以内。

(6)烟气净化系统必须设置袋式除尘器,去除焚烧烟气中的粉尘污染物。酸性污染物包括氯化氢、氟化氢、硫氧化物、氮氧化物等,应选用干法、半干法、湿法或其组合处理工艺对其进行去除。应优先考虑通过生活垃圾焚烧过程的燃烧控制,抑制氮氧化物的产生,并宜设置脱氮氧化物系统或预留该系统安装位置。

(7)生活垃圾焚烧过程应采取有效措施控制烟气中二噁英的排放,具体措施包括:严格控制燃烧室内焚烧烟气的温度、停留时间与气流扰动工况;减少烟气在200~500℃温度区的滞留时间;设置活性炭粉等吸附剂喷入装置,去除烟气中的二噁英和重金属。

(8)规模为300吨/日及以上的焚烧炉烟囱高度不得小于60米,烟囱周围半径200米距离内有建筑物时,烟囱应高出最高建筑物3米以上。

(9)生活垃圾焚烧厂的建筑风格、整体色调应与周围环境相协调。厂房的建筑造型应简洁大方,经济实用。厂房的平面布置和空间布局应满足工艺及配套设备的安装、拆换与维修的要求。

4.1.4 焚烧工艺过程

根据不同的固体废物种类和处理要求,固体废物焚烧设备和工艺流程也各不相同,不同焚烧设备和工艺流程有着各自不同的特点。

目前大型现代化生活垃圾焚烧技术的基本过程大体相同,其工艺流程主要由前处理系统、进料系统、焚烧炉系统、空气系统、烟气系统、灰渣系统、余热利用系统及自动化控制系统组成,如图4-1所示。

1. 前处理系统

固体废物焚烧的前处理系统主要指固体废物的接收、贮存、分选和破碎,具体包括固体废物运输、计量、登记、进场、卸料、混料、破碎、手选、磁选、筛分等。前处理系统在我国非常普遍地应用于混装生活垃圾的破碎和筛分处理过程中,是整个工艺系统的关键步骤。

前处理系统的设备、设施和构筑物主要包括车辆、地衡、控制间、垃圾池、吊车、抓斗、破碎和筛分设备、磁选机以及臭气和渗滤液收集、处理设施等。

2. 进料系统

进料系统的主要作用是向焚烧炉定量给料,同时要将垃圾池中的垃圾与焚烧炉的高温火焰和高温烟气隔开、密闭,以防止焚烧炉火焰通过进料口向垃圾池垃圾反烧和高温烟气反窜。目前应用较广的进料方法有炉排进料、螺旋进料、推料器进料等形式。

3. 焚烧炉系统

焚烧炉系统是整个工艺系统的核心系统,是固体废物进行蒸发、干燥、热分解和燃烧的场所。焚烧炉系统的核心装置就是焚烧炉。焚烧炉有多种炉型,如固定炉排焚烧炉、水平链条炉排焚烧炉、倾斜机械炉排焚烧炉、回转式焚烧炉、流化床焚烧炉、气化热解炉、气化熔融焚烧炉、电子束焚烧炉、离子焚烧炉、催化焚烧炉等。

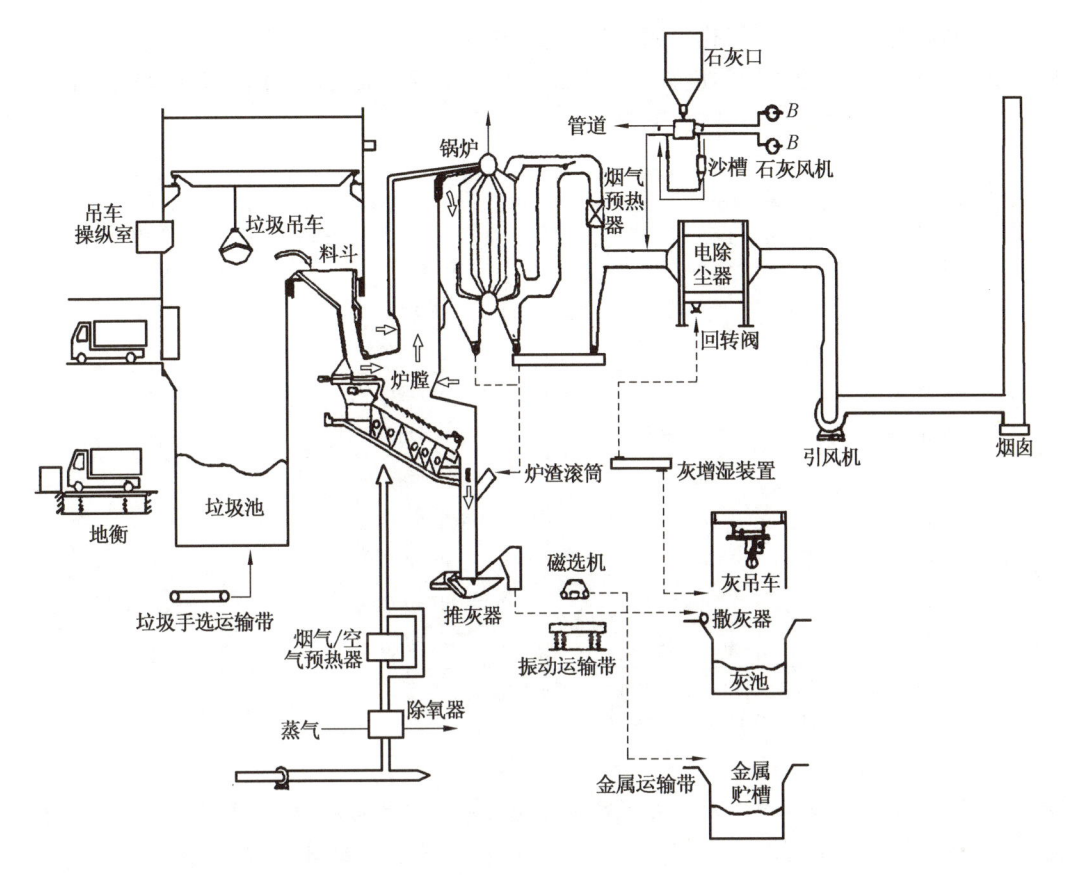

图 4-1 生活垃圾的焚烧工艺流程

4. 空气系统

空气系统即助燃空气系统，除了为固体废物的正常焚烧提供必需的助燃氧气外，还有冷却炉排、混合炉料和控制烟气气流等作用。

助燃空气可分为一次助燃空气和二次助燃空气。一次助燃空气是指由炉排下送入焚烧炉的助燃空气，即火焰下空气。一次助燃空气约占助燃空气总量的 60%～80%，主要起助燃、冷却炉排、搅动炉料的作用。一次助燃空气分别从炉排的干燥段（着火段）、燃烧段（主燃烧段）和燃尽段（后燃烧段）送入炉内，气量分配约为 15%、75% 和 10%。火焰上方空气和二次燃烧室的空气属于二次助燃空气。二次助燃空气主要是为了助燃和控制气流的湍流度。二次助燃空气一般为助燃空气总量的 20%～40%。

空气系统的主要设施是通风管道、进气系统、风机和空气预热器等。

5. 烟气系统

焚烧炉烟气是固体废物焚烧炉系统的主要污染源。焚烧炉烟气含有大量颗粒状污染物质和气态污染物质。设置烟气系统的目的就是去除烟气中的这些污染物质，并使之达到国家相关排放标准的要求，最终排入大气。

烟气中的颗粒状污染物质即各种烟尘，主要可通过重力沉降、离心分离、静电除尘、袋式过滤等技术手段去除；而烟气中的气态污染物质，如 SO_x、NO_x、HCl 及有机气态物质等，则主要利用吸收、吸附、氧化还原等技术途径净化。

烟气净化处理是防止固体废物焚烧造成二次环境污染的关键。国家现行有关标准对焚烧炉烟气排放做出了明确规定（见表 4-1）。

表 4-1　　　　　　　　　　焚烧炉大气污染物排放限值

项目	单位	数值含义	限值
烟尘	mg/m^3	测定均值	80*
烟气林格曼黑度	级	测定值	1**
一氧化碳	mg/m^3	小时均值	150
氮氧化物	mg/m^3	小时均值	400
二氧化硫	mg/m^3	小时均值	260
氯化氢	mg/m^3	小时均值	75
汞	mg/m^3	测定均值	0.2
镉	mg/m^3	测定均值	0.1
铅	mg/m^3	测定均值	1.6
二噁英类	ng TEQ/m^3	测定均值	1

注：＊均以标准状态下含 11% 的 O_2 的干烟气为参照值换算。

　　＊＊烟气最高黑度时间，在任何 1 h 内累计不得超过 5 min。

6. 其他工艺系统

除以上工艺系统外，固体废物焚烧系统还包括灰渣系统、废水处理系统、余热系统、发电系统、自动化控制系统等。其中，灰渣系统的典型工艺流程如图 4-2 所示。

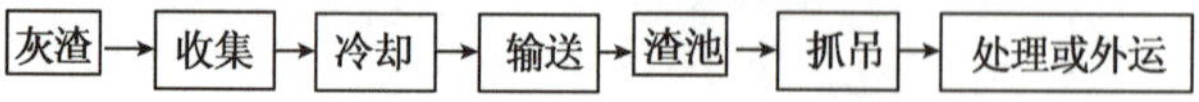

灰渣 → 收集 → 冷却 → 输送 → 渣池 → 抓吊 → 处理或外运

图 4-2　灰渣系统的典型工艺流程

灰渣系统的主要设备和设施有灰渣漏斗、渣池、排渣机械、滑槽、水池或喷水器、抓吊设备、输送机械、磁选机等。

4.1.5　焚烧设备及运行管理

焚烧炉系统的主体设备是焚烧炉，包括受料斗、给料器、炉体、炉排、助燃器、出渣、进风装置等设备和设施。目前在垃圾焚烧中应用最广的生活垃圾焚烧炉主要有机械炉排焚烧炉、流化床焚烧炉和回转窑焚烧炉三种类型。

1. 机械炉排焚烧炉

机械炉排焚烧炉也叫活动式炉排焚烧炉，是在生活垃圾处理方面应用最为广泛的一种炉型。机械炉排焚烧炉的"心脏"是焚烧炉的燃烧室及机械炉排，燃烧室的几何形状（气流模式）和炉排的构造与性能，决定了焚烧炉的性能及固体废物焚烧处理的效果。

炉排是层状燃烧技术的关键，其主要作用是运送固体废物和炉渣通过炉体，还可以不断地搅动固体废物。并在搅动的同时使从炉排下方吹入的空气穿过固体燃烧层，使燃烧反应进行得更加充分。机械炉排焚烧炉的炉排通常可分为三个区（或三个段）：预热干燥区（干燥段）、燃烧区（主燃烧段）和燃尽区（后燃烧段），如图 4-3 和图 4-4 所示。在入炉固体废物从进料端(干燥段)向出料端(后燃段)移动的过程中,分别进行固体废物蒸发、干燥、热分解及燃烧反应,同时松散和翻动料层,并从炉排缝隙中漏出灰烬。

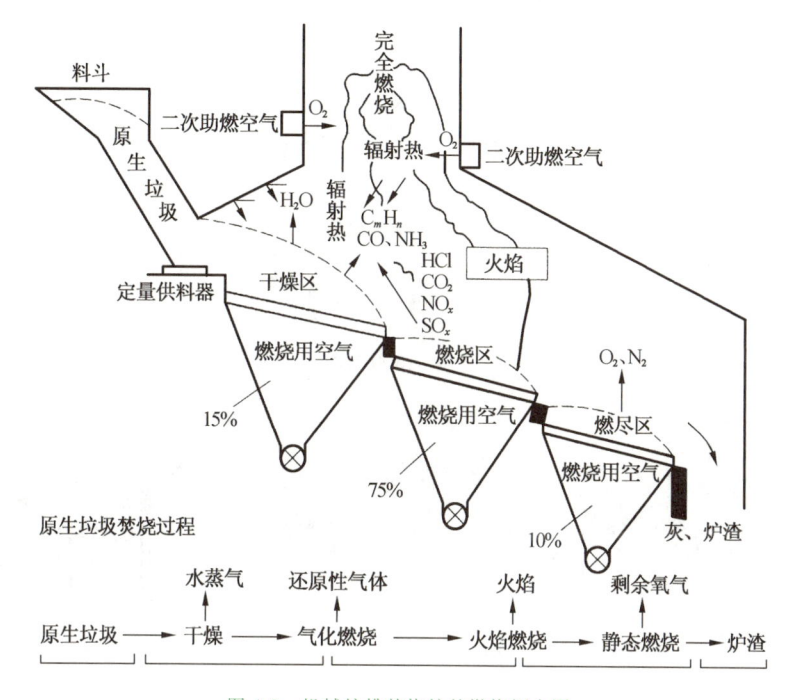

图 4-3 机械炉排焚烧炉的燃烧概念图

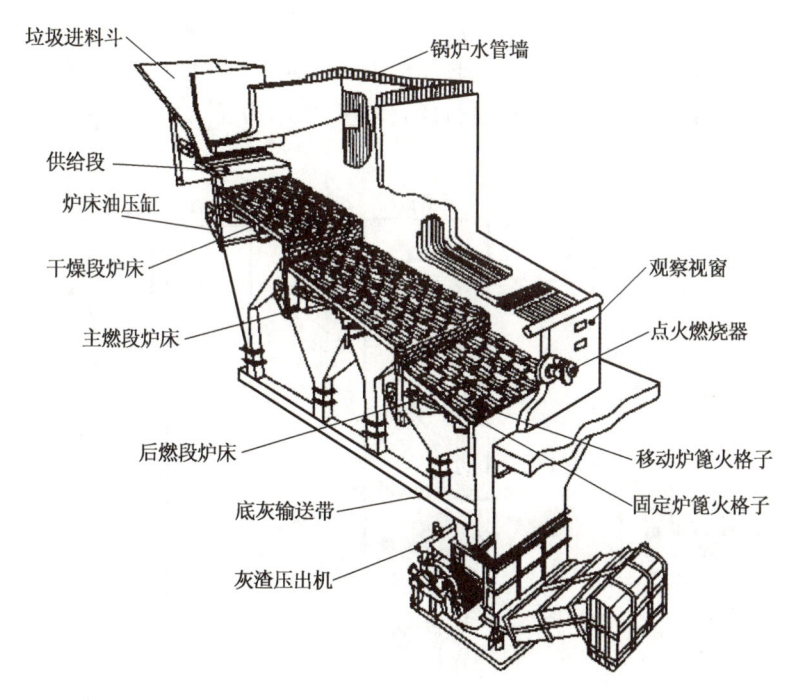

图 4-4 机械炉排焚烧炉构造示意图

目前常用的代表性炉排有台阶式、台阶往复式、履带往复式、滚筒式等（部分炉排如图 4-5 所示）。

(a) 台阶式　　(b) 台阶往复式　　(c) 履带往复式

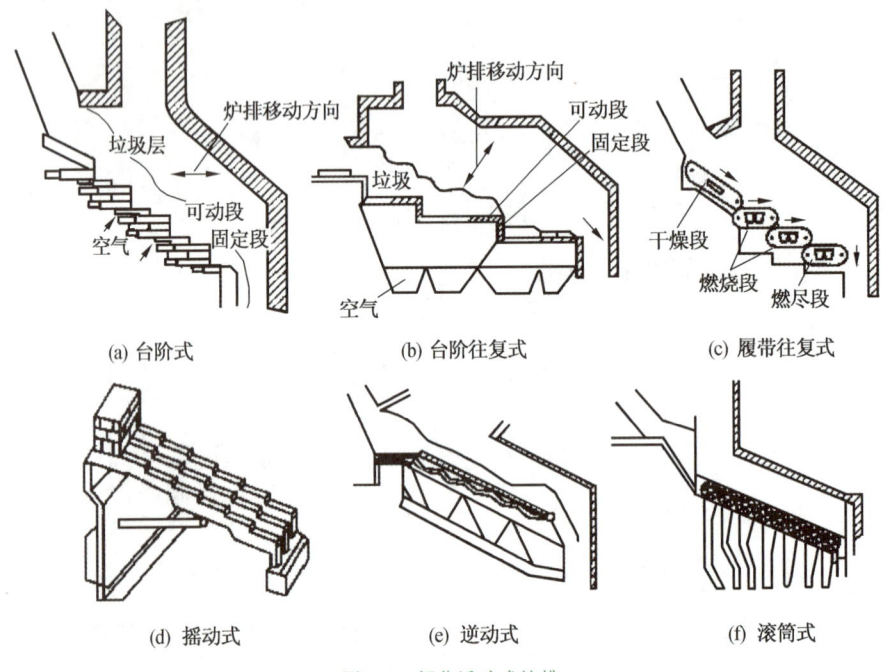

(d) 摇动式　　(e) 逆动式　　(f) 滚筒式

图 4-5　部分活动式炉排

2. 流化床焚烧炉

流化床焚烧炉是在炉内铺设一定厚度、一定粒度范围的石英砂或炉渣，通过底部分配板鼓入一定压力的空气，将沙粒吹起、翻腾、浮动的焚烧炉。其燃烧原理是借助于沙介质的均匀传热与蓄热效果达到完全燃烧的目的，图 4-6 所示为流化床焚烧炉的燃烧原理。

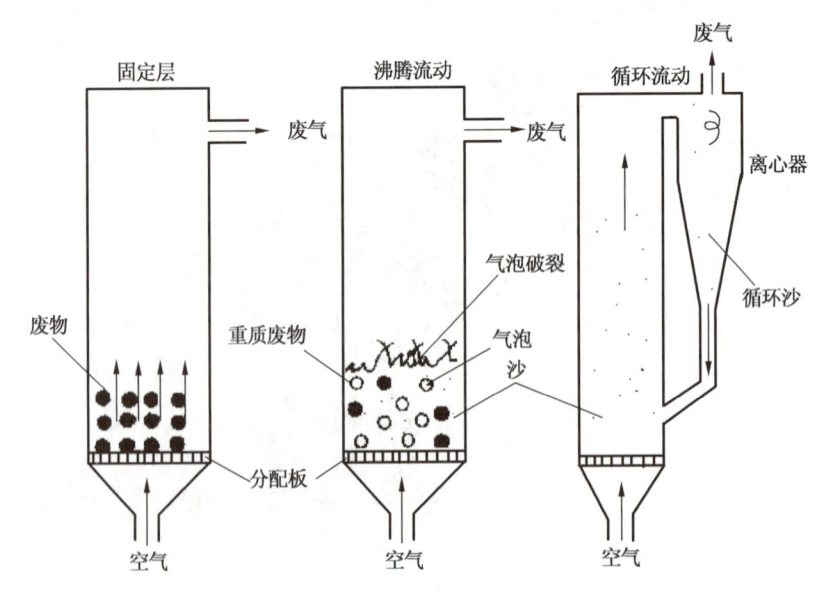

图 4-6　流化床焚烧炉的燃烧原理

流化床焚烧炉的主体设备是一个圆形塔体,下部设有分配气体的分配板,塔内衬有耐火材料,并装有耐热粒状载体。气体分配板有的由多孔板做成,有的平板上穿有一定形状和数量的专用喷嘴。气体从下部通入,并以一定速度通过分配板,使床内载体"沸腾"呈流化状态。废物从塔侧或塔顶加入,在流化床层内经历干燥、粉碎、气化等过程后,迅速燃烧。燃烧气从塔顶排出,尾气中夹带的载体粒子和灰渣一般用除尘器捕集后,载体可返回流化床内。流化床内气-固混合强烈,传热速率高,单位面积处理能力大,具有极好的着火条件。流化床焚烧炉采用石英砂作为热载体,蓄热量大,燃烧稳定性较好,燃烧反应温度均匀,很少局部过热。因此,用它处理生活垃圾、有机污泥和有毒有害废液等废物,有害物质分解率高。

图 4-7 所示为流化床焚烧炉的结构示意图。

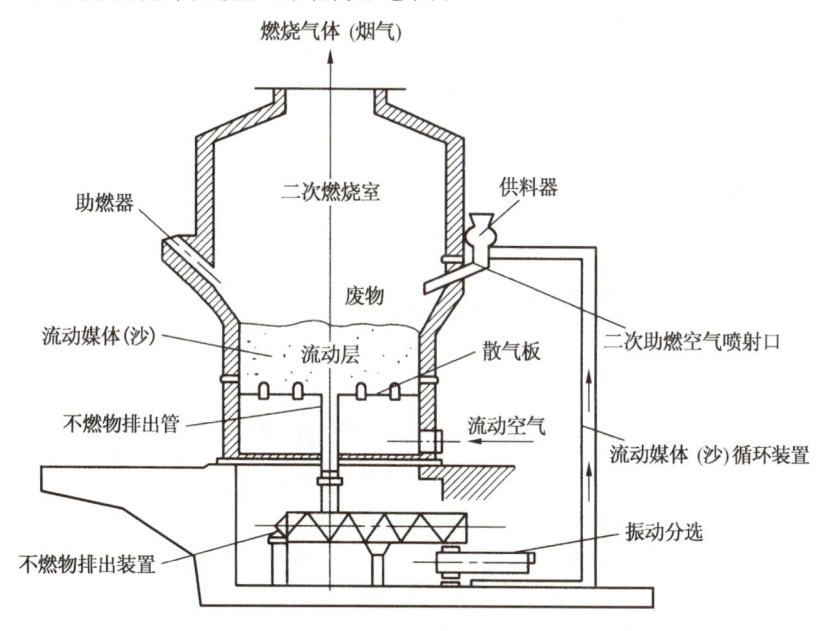

图 4-7 流化床焚烧炉的结构示意图

固体废物经简单的预处理,粉碎到粒径为 20 cm 以下,再由供料器送入流化床焚烧室,调节散气板进入燃烧室的风量,使废物处流化状态燃烧。废物和炉内的高温流动沙(650～800 ℃)接触混合,瞬间气化并燃烧。未燃尽成分和轻质废物一起飞到上部燃烧室继续燃烧。一般认为上部燃烧室的燃烧占 40% 左右,但容积却为流化层的 4～5 倍,同时上部的温度也比下部流化层高 100～200 ℃,通常也称其为二次燃烧室。不可燃物沉到炉底和流动沙一起排出,然后将流动沙和不可燃物分离,流动沙回炉循环使用,流动沙可保持大量的热量,有利于再启动炉。图 4-8 所示为流化床焚烧炉的流程。

流化床焚烧炉运行的条件为:城市固体废物必须压碎或切碎至粒径<150 mm;铁质物料和大的惰性颗粒应该筛出;焚烧炉的运行性能通过添加燃料进行控制。流化床燃烧温度为 800～900 ℃,过量空气系数小,氮氧化物生成量少,有害气体生成易于在炉内得到控制,是新一代"清洁"焚烧炉,极具发展前途。此外,流化床焚烧炉无运动构件,结构简单、故障少,投资及维修费低。但由于流化床对垃圾有严格的预处理要求,在生活垃圾焚烧上的应用有限,有待于进一步完善。

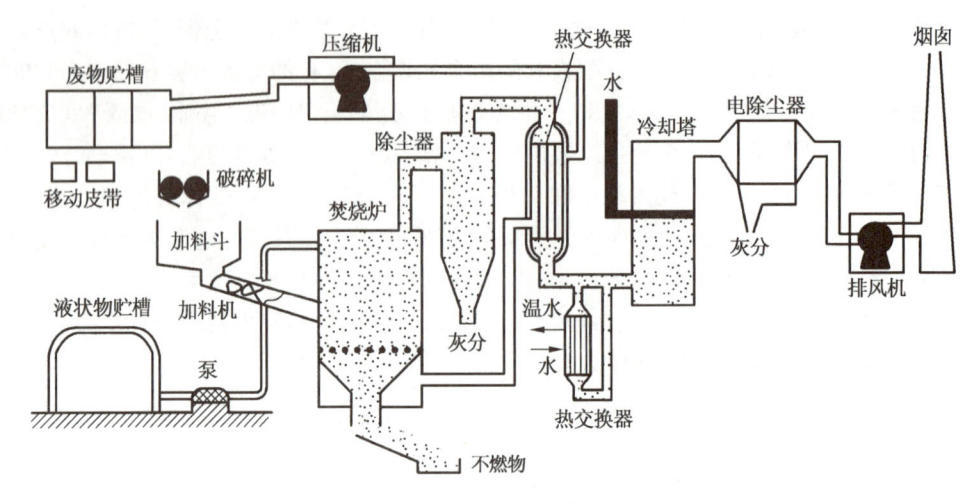

图 4-8　流化床焚烧炉的流程

3. 回转窑焚烧炉

如图 4-9 所示,回转窑焚烧炉圆筒是可旋转的由倾斜钢制成,筒内加装耐火衬里或由冷却水管和有孔钢板焊接形成内筒。炉体向下方倾斜,分成干燥、燃烧及燃尽三段,并由前、后两端滚轮支撑和电机链轮驱动装置驱动。固体废物在窑内由进到出的移动过程中,完成干燥、燃烧及燃尽过程。其温度分布大致为:干燥区 200~400 ℃,燃烧区 700~900 ℃,高温熔融烧结区 1 100~1 300 ℃。冷却后的灰渣由炉窑下方末端排出。在进行固体废物燃烧时,随着回转窑焚烧炉的缓慢转动,固体废物获得良好的翻搅并向前输送,预热空气由底部穿过有孔钢板至窑内,使垃圾能完全燃烧。回转窑焚烧炉通常在窑尾设置一个二次燃烧室,使烟中可燃成分在二次燃烧室得到充分燃烧。有机物破坏率一般能达到 99.999 9% 以上。

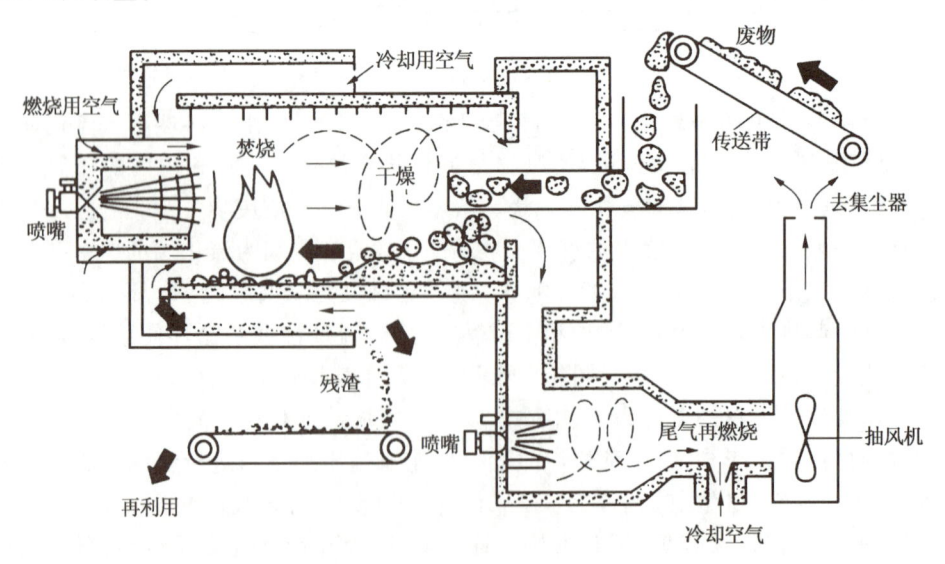

图 4-9　回转窑焚烧炉构造示意图

回转窑焚烧炉的圆筒转速可以调节，一般为 0.75～2.5 r/min，长度和直径之比一般为 2∶1～5∶1，布置倾斜角度多为 2%～4%。

回转窑焚烧炉结构简单，制造成本低，其运行费用和维修费用较低，具有对固体废物适应性广、可连续运行等特点。回转窑焚烧炉不仅能焚烧固体废物，还可焚烧液体废物和气体废物。但回转窑焚烧炉有窑身较长、占地面积较大、热效率低、成本高等缺点。

4. 多段焚烧炉

多段焚烧炉又称为多膛炉或机械炉，是一种有机械传动装置的多膛焚烧炉。多段炉的炉体是一个垂直的内衬耐火材料的钢制圆筒，内部分成许多段（层），每段是一个炉膛。按照各段的功能，可以把炉体分成三个操作区：最上部是干燥区，温度为 310～540 ℃，中部为焚烧区，温度达到 760～980 ℃，固体废物在此区燃烧，最下部为焚烧后灰渣的冷却区。多段焚烧炉的结构如图 4-10 所示。

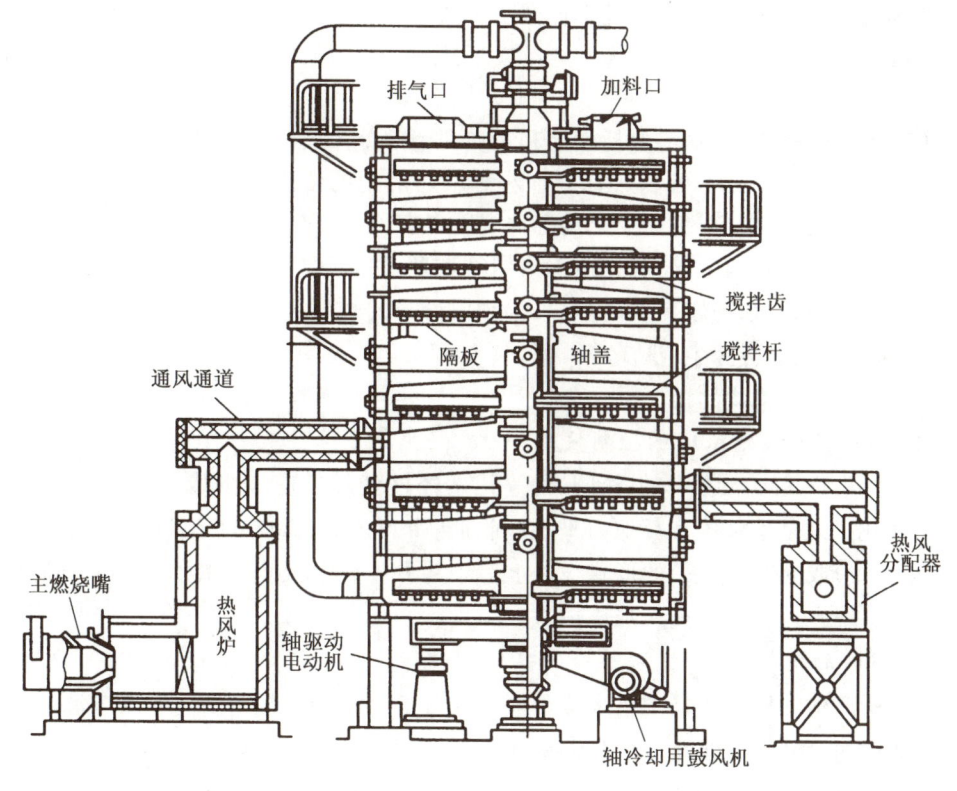

图 4-10 多段焚烧炉的结构

多段焚烧炉中心有一个顺时针旋转的中心轴，各段的中心轴上又带有多个搅拌杆（一般燃烧区有 2 个搅拌杆，干燥区有 4 个）。上部干燥区的中心轴由单筒构成，燃烧区的中心轴由双层套筒构成。两者均在筒内通入空气作为冷却介质。

在操作时，固体废物连续不断地供给到最上段的外围处，并在搅拌杆的作用下，迅速在炉床上分散，然后从中间孔落到下一段。第二段上，固体废物又在搅拌杆的作用下，边分散、边向外移动，最后从外围落下。这样，固体废物在 1、3、5 奇数段从外向里，在 2、4、6 偶数段从里向外运动，并在各段的移动与落下过程中，进行搅拌、破碎，向时也受到干燥和焚烧处理。热空气从炉体下部通入，燃烧尾气从上部排出。

这种装置构造不太复杂，操作弹性大，适应性强，是一种可以长期连续运行、可靠性相当高的焚烧装置，特别适于处理污泥和泥渣。现代几乎70%以上的焚烧污泥设备是使用多段焚烧炉的。但多段焚烧炉机械设备较多，需要较多的维修与保养费用。搅拌杆、搅拌齿、炉床、耐火材料均易受损伤。另外，它通常需设二次燃烧设备，以消除恶臭污染。

4.1.6 焚烧过程中的污染防治

生活垃圾焚烧烟气中的污染物可分为颗粒物（烟尘）、酸性气态污染物（HCl、HF、SO_x、NO_x 等）、重金属（Hg、Pb、Cr 等）和有机剧毒性污染物（二噁英、呋喃等）四大类。烟气的产生及其组成与垃圾的成分、焚烧炉的炉型、燃烧条件等因素都有密切关系。为了防止垃圾焚烧处理过程中烟气的污染，需要在焚烧工艺中采用烟气净化系统控制垃圾焚烧烟气的排放。除此之外，焚烧过程中还产生炉渣，如将其直接排入环境，必然会导致二次污染，因此需要对其进行适当处理。介绍以下几种主要污染物的形成机理及其控制方法。

1. 烟尘的防治

废物焚烧时会产生烟尘，包括黑烟和飞灰两个部分。黑烟是可燃物未燃尽的物质，主要成分是碳粒。飞灰是不可燃灰分的细小颗粒。烟尘的浓度与废物种类、粒度、燃烧方式、烟气流速、焚烧炉运行负荷及结构等许多因素有关。

焚烧过程中控制烟尘的方法有：①增加氧浓度，保证废物燃烧完全，常采用通入二次空气的方法；②利用辅助燃料提高炉温；③选用恰当的炉型和炉膛尺寸，保证燃烧过程合理充分；④对烟气进行除尘、洗涤等处理。

2. 酸性气态污染物的控制

（1）HCl、HF 以及 SO_x 的控制技术

这些污染物是由废物中的 S、Cl、F 等元素经过焚烧反应而形成的。HCl、HF 以及 SO_x 的净化机理是酸碱中和反应。碱性吸收剂［如 NaOH、$Ca(OH)_2$］以液态（湿法）、液/固态（半干法）或固态（干法）的形式与以上污染物发生化学反应。增加进料的预防内容，如减少塑料等含氯有机物进入焚烧炉。

（2）NO_x 的控制技术

焚烧所产生的氮氧化物主要来源于两个方面：一是高温下，N_2 和 O_2 反应形成 NO_x；二是废物中的含氮组分转化成的燃料型 NO_x。焚烧烟气中的 NO_x 以 NO 为主，其含量高达95%以上。

在焚烧过程中可以通过采取以下方法减少 NO_x 的产生和排放：①控制过剩空气量，在燃烧过程中降低 O_2 的浓度；②控制炉膛温度，使反应温度为700～1 200 ℃。

由于 NO_x 的惰性（不易发生化学反应）和难溶于水的特性，NO_x 的净化是最困难且费用最为昂贵的。目前常用的 NO_x 净化方法有以下三种：

①选择性催化氧化（SCR）法

向烟气中通入氨气作为还原剂，并通过催化反应床使 NO_x 还原成 N_2，反应式可以表示为

$$NO+NH_3+\frac{1}{4}O_2 \rightarrow N_2+\frac{3}{2}H_2O$$

$$NO+NO_2+2NH_3 \rightarrow 2N_2+3H_2O$$

这种方法由于催化剂的存在,该反应在不高于 400 ℃ 的条件下即可完成,且 NO_x 的去除率可以达到 90% 以上,运用较为广泛。缺点是建设费用高,且催化剂更换费用也较高。

②选择性非催化还原(SNCR)法

该方法也叫无触媒脱氮法。将尿素或氨水等还原剂喷入焚烧炉内,通过下列反应将 NO_x 转化为 N_2。

$$2NO+2(NH_2)_2CO+2O_2 \rightarrow 3N_2+4H_2O+2CO_2$$

与 SCR 法不同,SNCR 法不需要催化剂,其还原反应所需的温度较高(800~1 000 ℃)。该方法对 NO_x 的去除率约为 30%,当喷入药剂过多时,会产生氯化铵由烟囱排出,烟囱的烟气会变紫。但本方法简便易行,且成本低。

③氧化吸收法

氧化吸收法是在湿法净化系统的吸收剂中加入强氧化剂如 $NaClO_2$,将烟气中的 NO 氧化成 NO_2,NO_2 再被钠碱溶液吸收去除。

3. 二噁英的控制与净化技术

二噁英是废物在焚烧过程中产生的毒性很强的有机氯化物,也是目前已知毒性最强的化合物,其毒性相当于氰化钾的 1 000 倍,被称为地球上毒性最强的毒物,动物实验表明其具有强致癌性和致畸性。固体废物在焚烧过程中会产生二噁英,如聚氯乙烯、氯代苯、氯苯酚等在燃烧中会生成二噁英。

二噁英的控制可从控制来源、减少炉内形成及避免炉外低温区再合成三个方面着手。

(1)控制来源

通过生活垃圾分类收集来加强资源回收,避免含 PCDDs/PCDFs 物质及含氯成分高的物质(如 PVC 塑料等)进入焚烧炉中,是减少二噁英产生的最有效措施。

(2)减少炉内形成

目前国际上大型生活垃圾焚烧系统均采用"3T1E"技术和先进的焚烧自动控制系统。高温(850~1 000 ℃)焚烧,二次燃烧室停留时间超过 2.0 s,以及较大的湍流度和供给过量的空气量(氧含量为 6%~12%),可以从工艺条件上避免二噁英的大量生成。

(3)避免炉外低温区再合成

PCDDs/PCDFs 炉外再合成现象多发生在锅炉内或在粒状污染物控制设备前。可以通过以下几种方法加以控制:

①缩短烟气在合成温度区间内的停留时间

二噁英主要是在燃尽段生成的,烟气温度是影响二噁英形成的最为重要的因素。给焚烧系统余热锅炉接上两根旁路,第一根旁路内的烟气采用水淬急冷,第二根旁路内的烟气采用循环水冷却,在两根旁路的出口处测定 PCDDs/PCDFs 的浓度,结果表明采用水淬急冷的旁路出口处 PCDDs/PCDFs 的浓度只有循环水冷却的旁路出口处浓度的一半。

因此,采用急冷措施(迅速提高烟气的冷却速率)将烟气迅速冷却,缩短在此温度范围内的停留时间可以有效减少二噁英的生成量。

②高温分离飞灰

大量的研究表明,二噁英的生成反应是由飞灰表面物质及其所吸附的重金属催化完成的。从理论上说,在200~500 ℃分离飞灰,二噁英的生成量应该会明显减少。

③优化锅炉设计,加强锅炉吹扫能力

二噁英的原始合成反应需要的碳源主要来自飞灰中的残炭。

④添加二噁英生成抑制剂

二噁英生成抑制剂包括各种有机和无机添加剂。无机添加剂主要有硫氧化物、碱性吸附剂[如 $CaCO_3$、CaO、$Ca(OH)_2$、$CaSO_4$、$MgCO_3$、$MgSO_4$、MgO、$Mg(OH)_2$、BaO、$BaCO_3$、$Ba(OH)_2$ 和 $BaSO_4$ 等]、氨以及强氧化剂 H_2O_2、O_3 等。有机添加剂主要包括2-氨基乙醇、三乙胺、尿素、3-氨基丙醇、吡啶馏分、氰胺以及乙二醇等。

二噁英污染物的净化是指从烟气中去除二噁英,目的是减少从烟气中排放进入环境的二噁英的量。重力沉降、湿法喷淋、旋风分离、静电除尘、文丘里洗涤器洗涤、布袋除尘以及吸附剂吸附等技术在不同的操作条件下被单独或组合使用,其中干式/半干式喷淋塔结合布袋除尘器、活性炭吸附二噁英等方法是目前控制烟气中二噁英排放最常用也是最为有效的技术。

根据活性炭加入方式的不同,又可分为三种工艺:活性炭注射工艺、移动床工艺和固定床工艺。在活性炭注射工艺中,活性炭在干/半干式喷淋塔后(布袋除尘器前)被注入烟气中,吸附烟气中的二噁英,然后由布袋除尘器捕集下来,每隔一定时间清除布袋除尘器捕集下来的飞灰和活性炭。在移动床工艺中,烟气通过一个移动的活性炭床层,新鲜的活性炭从床层的顶部加入,吸附后的活性炭从床层的底部连续或间歇地排出。在固定床工艺中,烟气通过一个固定的活性炭床层,吸附一段时间后,整个床层的活性炭均被替换。

4.1.7 生活垃圾焚烧厂运行监管要求

(1)卸料区严禁堆放生活垃圾和其他杂物,并应保持清洁。

(2)应监控生活垃圾贮坑中的生活垃圾贮存量,并采取有效措施导排生活垃圾贮坑中的渗滤液。渗滤液应经处理后达标排放,或可回喷进焚烧炉焚烧。

(3)应实现焚烧炉运行状况在线监测,监测项目至少包括焚烧炉燃烧温度、炉膛压力、烟气出口氧气含量和一氧化碳含量,应在显著位置设立标牌,自动显示焚烧炉运行工况的主要参数和烟气主要污染物的在线监测数据。当生活垃圾燃烧工况不稳定、生活垃圾焚烧锅炉炉膛温度无法保持在850 ℃以上时,应使用助燃器助燃。相关部门要组织对焚烧厂二噁英排放定期检测和不定期抽检工作。

(4)生活垃圾焚烧炉应定时吹灰、清灰、除焦;余热锅炉应进行连续排污与定时排污。

(5)焚烧产生的炉渣和飞灰应按照规定进行分别妥善处理或处置。经常巡视、检查炉渣收运设备和飞灰收集与贮存设备,并应做好出厂炉渣量、车辆信息的记录、存档工作。飞灰输送管道和容器应保持密闭,防止飞灰吸潮堵管。

(6)对焚烧炉渣热灼减率至少每周检测一次,并做相应记录。焚烧飞灰属于危险废物,应密闭收集、运输并按照危险废物进行处置。经处理满足《生活垃圾填埋场污染控制标准》(GB 16889—2008)要求的焚烧飞灰,可以进入生活垃圾填埋场处置。

(7)烟气脱酸系统运行时应防止石灰堵管和喷嘴堵塞。袋式除尘器运行时应保持排灰正常,防止灰搭桥、挂壁、粘袋;停止运行前去除滤袋表面的飞灰。活性炭喷入系统运行时应严格控制活性炭品质及当量用量,并防止活性炭仓高温。

(8)处理能力在 600 吨/日以上的焚烧厂应实现烟气自动连续在线监测,监测项目至少应包括氯化氢、一氧化碳、烟尘、二氧化硫、氮氧化物等项目,并与当地环卫和环保主管部门联网,实现数据的实时传输。

(9)应对沼气易聚集场所如料仓、污水及渗滤液收集池、地下建筑物内、生产控制室等处进行沼气日常监测,并做好记录;空气中沼气浓度大于 1.25% 时应进行强制通风。

(10)生活垃圾焚烧厂运行和监管应符合《生活垃圾焚烧厂运行维护与安全技术规程》(CJJ 128—2009)、《生活垃圾焚烧污染控制标准》(GB 18485—2014)等相关标准的要求。

4.2 固体废物热解设备的运行管理

4.2.1 热解的原理和特点

1. 热解的原理

热解(Pyrolysis)是利用废物中有机物的热不稳定性,在无氧或缺氧条件下对之进行加热蒸馏,使有机物产生热裂解,经冷凝后形成各种新的气体、液体和固体,从中提取燃料油、油脂和燃料气的过程。该过程是一个复杂的化学反应过程,包括大分子的键断裂、异构化和小分子的聚合等反应,最后生成各种较小的分子。热解产物的产率取决于原料的化学结构、物理形态和热解的温度和速度。热解反应可以用通式表示如下:

$$\text{固体废物} \xrightarrow{\triangle} \text{气体}(H_2、CH_4、CO、CO_2) + \text{有机液体}(\text{有机酸、芳烃、焦油}) + \text{固体}(\text{炭黑、炉渣})$$

$$\text{有机物} + \text{热} \xrightarrow{\text{无氧或缺氧}} Gs(\text{气体}) + Ls(\text{液体}) + Ss(\text{固体})$$

例如,纤维素的热解过程可简单表示为:

$$C_6H_{10}O_5 \rightarrow 5CO + 5H_2 + C$$

2. 热解的特点

热解过程一般在 400~800 ℃ 的条件下进行,通过加热使固体物质挥发液化或分解。产物通常包括气体、液体和固体物质,其含量根据热解的工艺和反应参数(如温度、压力)的不同而有所差异。低温通常会产生较多的液体产物,而高温则会使气态物质增多。慢速热解(碳化)过程需要在较低温度下以较慢的反应速度进行,使固体焦类物质的产量能够达到最大。快速或者闪速热解是为了使气体和液体产物的产量最大化。这样得到的气体产物通常具有适中的热值(13~21 MJ/m³),而液体产物通常称之为"热解油"或"生物油",是混有许多碳水化合物的复杂物质,这些物质可以通过转化成为各种化学产品或者产生电能及热能。

热解法和焚烧法是两个完全不同的过程,其区别见表 4-2。

表 4-2　　　　　　　　　　热解与焚烧的区别

项目	焚烧	热解
反应	放热反应	吸热反应
产物	CO_2 和 H_2O	燃料油、燃料气和碳
资源利用方式	热能（就近使用）	燃料气和燃料油，可远距离输送
污染情况	废气污染严重	二次污染轻

4.2.2　影响热解的主要参数

1. 温度

反应器的关键控制变量是温度。从热解的开始到结束，有机物都处在一个复杂的热解过程中，不同的温度区间所进行的反应过程不同，产出物的组成也不同。因此，热解产品的产量和成分可由控制反应器的温度来进行有效调整。

2. 湿度

热解过程中湿度的影响是多方面的，主要表现为影响产气的产量和成分、热解的内部化学过程以及影响整个系统的能量平衡。

3. 反应时间

反应时间是指反映物料完成反应在炉内停留的时间。它与物料尺寸、物料分子结构特征、反应器内的温度、热解方式等因素有关，并且它又会影响热解产物的成分和总量。物料尺寸愈小，反应时间愈短；物料分子结构愈复杂，反应时间愈长。

4. 加热速率

加热速率的快慢直接影响固体废物的热解过程，从而也影响热解产物。在低温低速条件下，有机物分子有足够时间在其最薄弱的节点处分解，重新结合为热稳定性固体，而难以进一步分解，固体产率增加；在高温高速条件下，热解速度快，有机物分子结构发生全面裂解，生成大范围的低分子有机物，产物中气体组分增加。

此外，物料的粒径及其分布影响到物料之间的温度传递和气体流动，因而对热解也有影响。

4.2.3　热解工艺设备及运行管理

热解过程由于温度、供热方式、热解炉结构以及产品状态等方面的不同，热解工艺也各不相同。按热解炉的结构可分为固定床、移动床、流动床和旋转炉等。

1. 生活垃圾的热解

生活垃圾的热解技术可以根据其装置的类型分为移动床熔融炉方式、回转窑方式、流化床方式、多段炉方式和 Flush Pyrolysis 方式。其中，回转窑方式和 Flush Pyrolysis 方式作为最早开发的垃圾热解处理技术，代表性的系统有 Landgard 系统和 Occidental 系统。多段炉主要用于含水率较高的有机污泥的处理。流化床有单塔式和双塔式两种，其中双塔式流化床已经达到工业化生产规模。移动床熔融炉方式是垃圾热解技术中最成熟的方法，代表性的系统有新日铁系统、Purox 系统和 Torrax 系统。

（1）移动床热解工艺

移动床热解装置如图 4-11 所示。经适当破碎除去重组分的生活垃圾从炉顶的气锁加料斗进入热解炉,从炉底送约为 600 ℃ 的空气-水蒸气混合气,炉体温度由上到下逐渐增加。炉顶为干燥预热区,依次为热分解区和气化区。垃圾经过各区分解后产生的残渣经回转炉栅从炉底排出。空气-水蒸气与残渣换热,排出的残渣温度接近室温,热解产生的气体从炉顶出口排出。炉内的压力为 7 kPa。生成的气体含 N_2 约为 43%,H_2O 和 CO 均为 21% 左右,CO_2 为 12%,CH_4 为 1.8%,C_2H_4 在 1% 以下。由于含大量的 N_2,所以热值非常低,为 3 770~7 540 kJ/m^3。

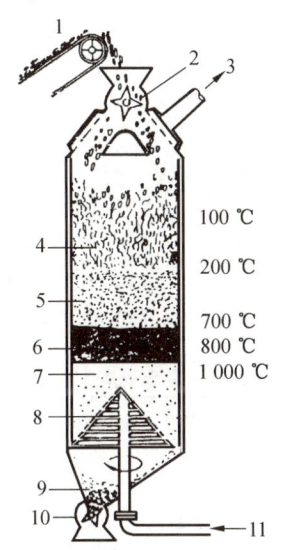

1—垃圾；2—气锁送料器；3—产生气体出口；4—干燥预热区；5—热分解区；6—气化区；
7—灰堆积区；8—回转炉栅；9—受灰槽；10—排灰装置；11—空气、水蒸气进口
图 4-11 移动床热解装置

(2) 双塔循环式流动床热解工艺

该工艺的特点是热分解及燃烧反应分别在两个塔中进行,热解所需要的热量由热解生成的固体碳或燃料气在燃烧塔内燃烧来供给。惰性的热媒体(沙)在燃烧炉内吸收热量并被流化气鼓动成流态化,经连接管到热分解塔与垃圾相遇,供给热分解所需的热量,再经连接管返回燃烧炉内,被加热后再返回热解炉。受热的垃圾在热解炉内分解,生成的气体一部分作为热解炉的流动化气体供循环使用,另一部分成为产品。其工艺如图 4-12 所示。

双塔循环式流动床的特点包括:①热分解的气体系统内,不混入燃烧废气,提高了气体热值,可达到 17 000~18 900 kJ/m^3;②碳燃烧需要的空气量少,向外排出废气少;③在流化床内温度均匀,可以避免局部过热;④由于燃烧温度低,所以产生的 N_2 少,特别适于含热塑性材料多的废物热解。

(3) 纯氧高温热分解工艺

垃圾由炉顶加入并在炉内缓慢下移,纯氧从炉底送入,首先到达燃烧区,参与垃圾燃烧。垃圾燃烧产生的高温烟气与向下移动的垃圾在炉体中部相互作用,有机物在还原状态下发生热解。热解气向上运动穿过上部垃圾层并使其干燥。最后,烟气离开热解炉到净化系统处理回收。产生的气体主要有 CO、CO_2、H_2,约占烟气量的 90%。此外,还有玻璃、金属等熔融体。其工艺如图 4-13 所示。

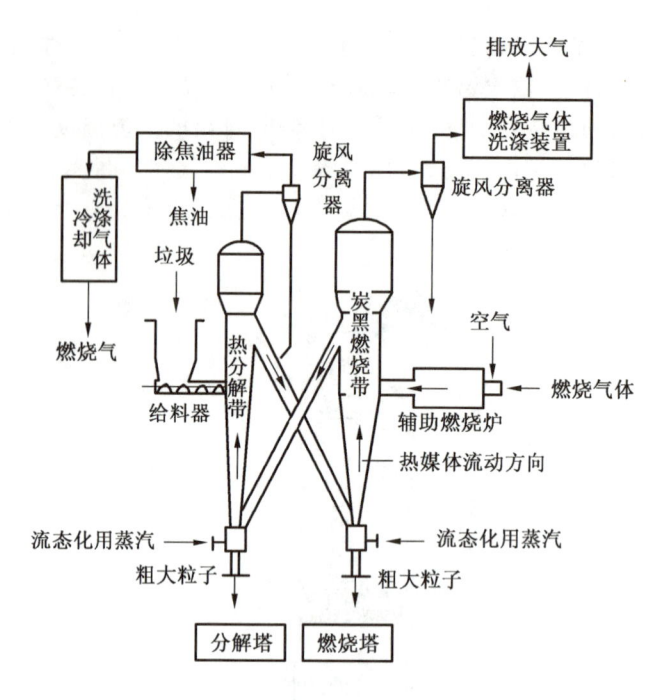

图 4-12 双塔循环式流动床热解工艺

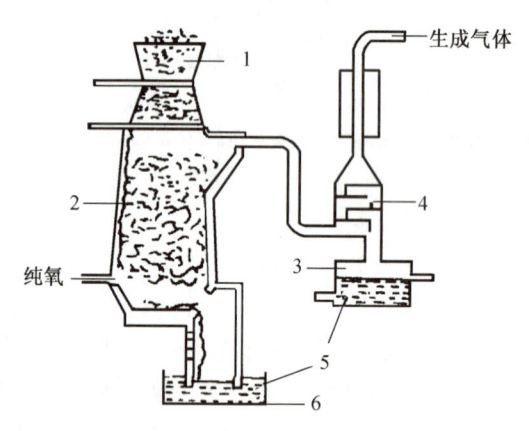

1—垃圾给料斗；2—炉；3—沉降槽；4—洗涤塔；5—水；6—残渣
图 4-13 纯氧高温热分解工艺

该装置实际运行结果表明，产生的气体组分为 CO 47%，H_2 33%，CO_2 14%，CH_4 4%，低位发热值为 11 000 kJ/m^3，每吨垃圾所得热量为 7.3×10^6 kJ，产生气体量为 0.7 t，熔融玻璃、金属 0.22 t，消耗纯氧量 0.2 t/t 垃圾。

该法的特点是不需要前处理，流程简单，有机物几乎全部分解，分解温度高达 1 650 ℃，由于直接采用纯氧，故 NO_x 产生量极少。主要问题是能否提供廉价的纯氧。

(4) 新日铁系统

该系统是将热解和熔融一体化的设备，通过控制炉温和供氧条件，使垃圾在同一炉体内完成干燥、热解、燃烧和熔融。干燥段温度约为 300 ℃，热解段温度为 300~1 000 ℃，熔融段温度为 1 700~1 800 ℃，其工艺流程如图 4-14 所示。

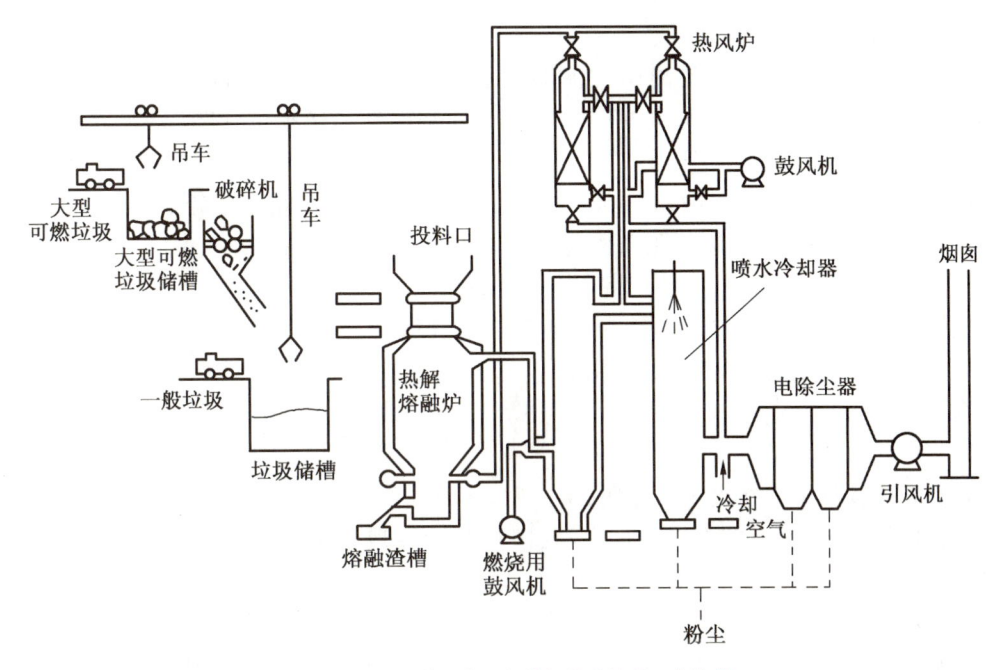

图 4-14　新日铁系统垃圾热解熔融处理工艺流程

垃圾由炉顶投料口进入炉内,为了防止空气的混入和热解气体的泄漏,投料口采用双重密封阀结构。进入炉内的垃圾在竖式炉内由上向下移动,通过与上升的高温气体换热,垃圾中的水分受热蒸发,逐渐降至热解段,在控制的缺氧状态下有机物发生热解,生成可燃气和灰渣。有机物热解产生可燃性气体导入二次燃烧室进一步燃烧,并利用尾气的余热发电。灰渣进一步下移进入燃烧区,灰渣中残存的热解固相产物炭黑与从炉下部通入的空气发生燃烧反应,其产生的热量不足以达到灰渣熔融所需温度,通过添加焦炭来提供碳源。

灰渣熔融后形成玻璃体和铁,体积大大减少,重金属等有害物质也被完全固定在固相中。玻璃体可以直接填埋处置或作为建材加以利用,磁分选出的铁也有足够的利用价值。热解得到的可燃性气体的热值为 1 500～2 500 kcal/m³,其组分见表 4-3。熔融固相产物的玻璃体和金属铁的成分分析分别列于表 4-4、表 4-5 中。

表 4-3　热解气体组分分析

产气量(标态)/(m³/t)	组分/%							热值/(kcal/m³)
	CO_2	CO	H_2	N_2	CH_4	C_2H_4	C_2H_6	
550	23.8	29.6	25.0	17.8	2.65	1.03	0.10	1 880

表 4-4　熔融产物(玻璃体)成分分析

成分	FeO	SiO_2	CaO	Al_2O_3	TiO_2	MgO	K_2O	Na_2O	MnO	Cl	S
含量/%	10.1	42.4	16.1	16.8	0.75	1.64	0.78	5.32	0.24	0.13	0.11

表 4-5　回收金属铁成分分析

成分	C	Si	Mn	P	S	Ni	Cr	Cu	Mo	Sn	Sb
含量/%	1.38	3.22	0.09	1.70	0.34	0.46	0.51	1.41	0.01	0.06	0.03

2. 废塑料的热解

微波加热减压分解废塑料流程：热风炉与微波同时将破碎塑料加热至 230～280 ℃ 使塑料熔融，送入反应炉加热至 400～500 ℃ 分解，生成的气体经冷却液化回收燃料油。

聚烯烃浴热解流程：利用聚氯乙烯脱 HCl 的温度比聚乙烯、聚丙烯和聚苯乙烯分解的温度低的特点，将后三者在接近 400 ℃ 时熔融，形成熔融液使聚氯乙烯受热分解。分解产物有 HCl 和 $C_1 \sim C_{30}$ 的碳氢化合物，还有 CO、N_2、H_2O 及残渣等。

3. 废橡胶的热解

废橡胶（如废轮胎）的热解产物中包括 22% 的气体、27% 的液体、39% 的炭灰、12% 的钢丝。气体主要为甲烷、乙烷、乙烯、丙烯、一氧化碳等，液体主要是苯、甲苯和其他芳香族化合物。

4. 农业固体废物的热解

农业固体废物中存在大量的脂肪、蛋白质、淀粉和纤维素，也可以经过热解而得到燃料油和燃料气。早在 20 世纪 50 年代，我国就从农业废玉米芯中提取糠醛，作为化工原料。

5. 污泥的热解

污泥热解炉型多为多段竖炉，为了提高热解炉的热效率，应该在控制二次污染（六价铬，NO_x）产生量的前提下，尽量采用较高的燃烧率（空气比 0.6～0.8）。此外，热解产生的可燃气体以及 NH_3、HCN 等有毒有害气体必须经过二次燃烧室以实现无害化。在通常情况下，HCN 的热解温度为 800～900 ℃，还应对二次燃烧燃室排放的高温气体进行预热回收。回收的热量主要可用于脱水泥饼的干燥，热解炉助燃空气的预热以及二次燃烧室助燃空气的预热。其中后两项对热量的消耗相对较少，因而回收热主要用于脱水泥饼的干燥。考虑到直接热风干燥方式需要对干燥排气进行处理，干燥方式最好采用蒸气间接加热装置。二次燃烧室高温排气的余热通过余热锅炉产生蒸气作为干燥设备的热源。

一般的污泥干燥-热解生产流程如图 4-15 所示。

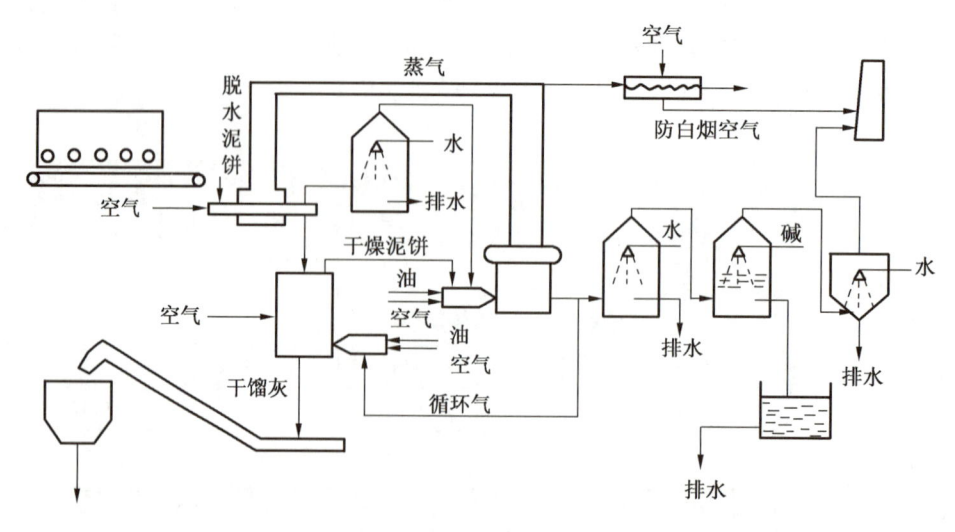

图 4-15 污泥干燥-热解生产流程

污泥经脱水后,干燥至含水率约为 10%,在反应器内热解成油、反应水、气体和碳;气体和碳及部分油在燃烧器中燃烧,高温燃气中的产热先用于反应器加热,后在废热锅炉中产生蒸气用于干燥;尾气净化排空,反应水(约为污泥干重的 5%)回流到污水厂再处理。

4.3 固体废物堆肥及运行管理

堆肥化(Composting)是在人为控制条件下,利用自然界广泛分布的细菌、放线菌、真菌等微生物,促进来源于生物的有机废物发生生物稳定作用。不同于卫生填埋、废物的自然腐烂与腐化。

4.3.1 堆肥原理和过程

1. 堆肥原理

堆肥是在有氧条件下,依靠好氧微生物的作用把有机固体废物腐殖化的过程。在堆肥过程中,首先是有机固体废物中的可溶性物质透过微生物的细胞壁和细胞膜被微生物直接吸收;其次,不溶的胶体有机物质,先吸附在微生物体外,依靠微生物分泌的胞外酶分解为可溶性物质,再渗入细胞。微生物通过自身的生命代谢活动,进行分解代谢(氧化还原过程)和合成代谢(生物合成过程),把一部分被吸收的有机物氧化成简单的无机物,并释放出生物生长、活动所需要的能量,把另一部分有机物转化合成新的细胞物质,使微生物生长繁殖,产生更多的生物体。好氧堆肥原理如图 4-16 所示。

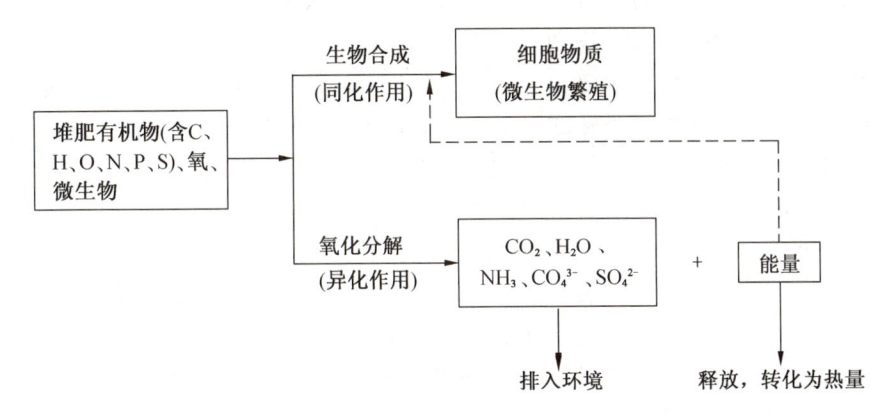

图 4-16 好氧堆肥原理示意图

堆肥过程中,有机物转化可以用如下通式表示:

$$C_aH_bN_cO_d + 0.5(nz+2s+r-d)O_2 \longrightarrow nC_wH_xN_yO_z + rH_2O + sCO_2 + (c-ny)NH_3 + 能量$$

式中 $r = 0.5[b - nx - 3(c - ny)]$。

$s = a - nw$。

n——降解效率(摩尔转化率<1,通常为 0.3~0.5)。

$C_aH_bN_cO_d$ 和 $C_wH_xN_yO_z$ 分别代表堆肥原料和堆肥产物的成分。

堆肥微生物可以来自自然界,也可以利用经过人工筛选出的特殊菌种进行接种,以提高堆肥反应速度。堆肥的结果是有机废物向稳定化程度较高的腐殖质方向转化,腐殖质的形成十分复杂,其生物学过程如图 4-17 所示。

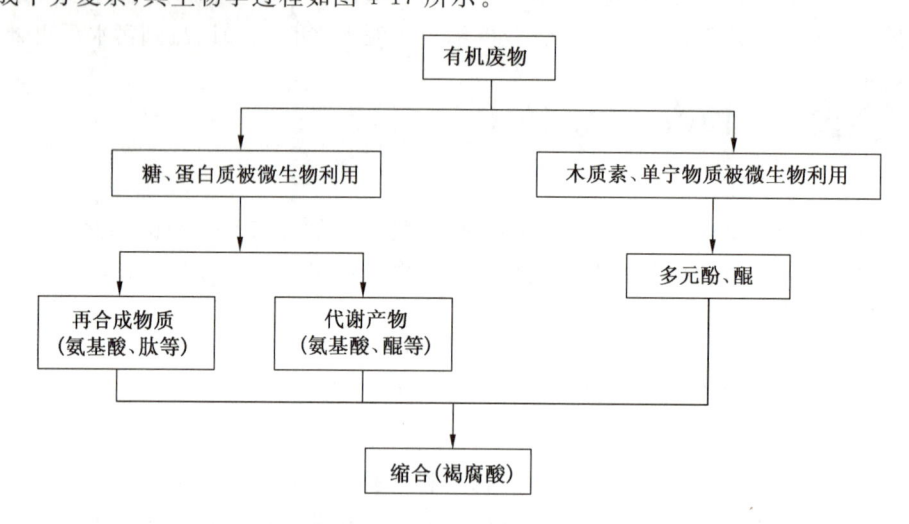

```
                              有机废物
                    ┌────────────┴────────────┐
          糖、蛋白质被微生物利用          木质素、单宁物质被微生物利用
              ┌──────┴──────┐                    │
                                              多元酚、醌
         再合成物质        代谢产物                │
        (氨基酸、肽等)    (氨基酸、醌等)
                    └────────────┬────────────┘
                              缩合(褐腐酸)
```

图 4-17 堆肥过程中腐殖质物质形成示意图

好氧堆肥技术具有在短时间内消除有机污染、高温灭菌、生产周期短、占地面积小、便于浸出液的收集及处理、不产生易燃气体、安全性好等优点。但其耗电量较大,运行费用较高。

2. 堆肥过程

根据堆肥过程中堆体内温度的变化状况,堆肥过程大致可分成以下三个阶段。

(1)中温阶段(主发酵前期,1~3 d)

中温阶段也称产热阶段,主要指堆肥过程初期,堆体温度为 15~45 ℃。该过程嗜温性微生物较为活跃,主要以糖类和淀粉类物质等可溶性有机物为基质,进行自身的新陈代谢过程。这些嗜温性微生物主要包括真菌、细菌和放线菌。真菌菌丝体能够延伸到堆肥原料的所有部分,并会出现中温真菌的实体。

(2)高温阶段(主发酵、一次发酵,3~8 d)

当堆温升至 45 ℃以上时即进入高温阶段,在这一阶段,嗜温性微生物受到抑制甚至死亡,取而代之的是嗜热性微生物。堆肥中残留和新形成的可溶性有机物质继续分解转化,复杂的有机化合物如半纤维素、纤维素和蛋白质等开始被强烈分解。通常,在 50 ℃左右进行活动的主要是嗜热性真菌和放线菌;温度上升到 60 ℃时,真菌几乎完全停止活动,仅有嗜热性放线菌与细菌活动;温度升到 70 ℃以上时对大多数嗜热性微生物已不适宜,微生物大量死亡或进入休眠状态。

(3)腐熟阶段(后发酵、二次发酵,20~30 d)

当高温持续一段时间后,易分解的有机物(包括纤维素等)已大部分分解,只剩下部分较难分解的有机物和新形成的腐殖质,此时微生物活性下降,发热量减少、温度下降。在此阶段嗜温性微生物又占优势,对残余的较难分解的有机物做进一步分解,腐殖质不断增多且稳定化,此时堆肥即进入腐熟阶段,需氧量大大减少,含水量也降低。此阶段堆肥可施用。

堆肥中的微生物随温度变化而变化,堆制物料也有较大差异。在各个阶段参与生化反应的细菌见表 4-6。

表 4-6　　　　　　　　　　　　　高温堆肥的三个阶段

阶段	物质变化	温度/℃	热量	微生物
中温阶段	蛋白质、糖、淀粉等易分解物质迅速分解	常温～50	产热增加	中温好气性微生物为主（芽孢细菌、霉菌）
高温阶段	复杂化合物(纤维素等)强烈分解；腐殖质产生	50～70	产热继续增加	好热性的高温性微生物
腐熟阶段	难分解的木质素和新形成的腐殖质	<50	产热减少	中温性微生物

4.3.2　堆肥过程的技术参数及控制

好氧堆肥过程是利用好氧微生物分解有机物的过程,所以影响好氧微生物生长、繁殖的因素都会影响堆肥过程,主要有以下几个方面。

1. 有机物含量

有机物是微生物赖以生存和繁殖的重要因素。对于快速高温机械化堆肥而言,首要的是热量和温度间的平衡问题。大量的研究工作表明,堆肥中适当的有机物含量为 20%～80%。当有机物含量低于 20% 时,堆肥过程产生的热量不足以提高堆层的温度而达到堆肥无害化,也不利于堆体中高温分解微生物的繁殖,无法提高堆体中微生物的活性。当堆体中有机物含量高于 80% 时,由于高含量的有机物在堆肥过程中对 O_2 的需求很大,而实际供气量难以达到要求,往往使堆体中达不到好氧状态而产生恶臭,也不能使好氧堆肥顺利进行。

2. 供氧量

氧气是堆肥过程有机物降解和微生物生长所必需的物质。因此,较好的通风条件、提供充足的氧气是好氧堆肥过程正常运行的基本保证。通风可使堆层内的水分以水蒸气的形式散失掉,达到调节堆温和堆内水分含量的双重目的,可避免后期堆肥温度过高。但在高温堆肥后期,主发酵排出的废气温度较高,会从堆肥中带走大量水分,从而使物料干化,因此需考虑通风与干化间的关系。

例:用一种成分为 $C_{31}H_{50}NO_{26}$ 的堆肥物料进行实验室规模的好氧堆肥实验。试验结果:每 1 000 kg 堆料在完成堆肥化后仅剩下 200 kg,测定产品成分为 $C_{11}H_{14}NO_4$,试求每 1 000 kg 物料的化学计算理论需氧量。

解:(1)计算出堆肥物料 $C_{31}H_{50}NO_{26}$ 千摩尔质量为 852 kg/kmol,可计算出参加堆肥过程的有机物物质的量为 1 000/852=1.174 kmol。

(2)堆肥产品 $C_{11}H_{14}NO_4$ 的千摩尔质量为 224 kg/kmol,可计算出参加堆肥过程的残余有机物物质的量,即 $n=200/(1.174×224)=0.76$ kmol。

(3)若堆肥过程可表示为:

$$C_aH_bO_cN_d + \frac{nz+2s+r-d}{2}O_2 \rightarrow nC_wH_xO_yN_z + sCO_2 + rH_2O + (c-ny)NH_3$$

由已知条件:$a=31, b=50, c=1, d=26, w=11, x=14, y=1, z=4$,可以算出:

$$r=19.32 \quad s=22.64$$

堆肥过程中所需的氧量为：

$$m=[0.5\times(0.76\times4+2\times22.64+19.32-26)\times1.174\times32]=782.17 \text{ kg}$$

3. 含水率

水分是维持微生物生长代谢活动的基本条件之一，水分适当与否直接影响堆肥发酵速率和腐熟程度，是影响好氧堆肥的关键因素之一。堆肥的最适含水率为50%～60%（质量分数），此时微生物分解速率最快。当含水率为40%～50%时，微生物的活性开始下降，堆肥温度随之降低。当含水率小于20%时，微生物的活动就基本停止。当水分超过70%时，温度难以上升，有机物分解速率降低，由于堆肥物料之间充满水，有碍于通风，从而造成厌氧状态，不利于好氧微生物生长，还会产生H_2S等恶臭气体。

4. 温度

温度是堆肥得以顺利进行的重要因素。堆肥初期，堆体温度一般与环境温度一致，经过中温菌的作用，堆体温度逐渐上升。随着堆体温度的升高，一方面加速分解消化过程；另一方面也可杀灭虫卵、致病菌以及杂草籽等，使得堆肥产品可以安全地用于农田。堆体最佳温度为45～60 ℃。

5. 颗粒度

堆肥过程中供给的氧气是通过颗粒间的空隙扩散到物料内部的，因此，颗粒度的大小对通风供氧有重要影响。从理论上说，堆肥物颗粒应尽可能小，才能使空气有较大的接触面积，并使得好氧微生物更易更快将其分解。如果太小，易造成厌氧条件，不利于好氧微生物的生长繁殖。因此堆肥前需要通过破碎、分选等方法去除不可堆肥化物质，使堆肥物料粒度达到一定程度的均匀化。

6. C/N 比和 C/P 比

堆肥原料中的C/N比是影响堆肥微生物对有机物分解的最重要因子之一。碳是堆肥化反应的能量来源，是生物发酵过程中的动力和热源；氮是微生物的营养来源，主要用于合成微生物体，是控制生物合成的重要因素，也是反应速率的控制因素。而微生物每利用30份的碳就需要1份氮，故初始物料的C/N比为30∶1最好，其最佳值为26∶1～35∶1。成品堆肥的适宜C/N比为10∶1～20∶1。由于初始原料的C/N比一般高于最佳值，故应加入氮肥水溶液、粪便、污泥等调节剂，使之符合要求。如果C/N比过小，容易引起菌体衰老和自溶，造成氮源浪费和酶产量下降；如果C/N比过高，容易引起杂菌感染，同时由于没有足够量的微生物来产酶，会造成碳源浪费和酶产量下降，也会导致成品堆肥的C/N比过高，这样堆肥施入土壤后，将夺取土壤中的氮素，使土壤陷入"氮饥饿"状态，影响作物生长。因此，应根据各种微生物的特性，恰当地选择适宜的C/N比。调整的方法是加入人粪便、牲畜粪便以及城市污泥等。常见有机废物的C/N比见表4-7。

除碳和氮之外，磷也是微生物必需的营养元素之一，它是磷酸和细胞核的重要组成元素，也是生物能ATP的重要组成部分，对微生物的生长也有重要的影响。有时，在垃圾中会添加一些污泥进行混合堆肥，就是利用污泥中丰富的磷来调整堆肥原料的C/P比。一般要求堆肥原料的C/P比为75～150。

表 4-7　　　　　　　　　　　　常见有机废物的 C/N 比

有机废物	C/N 比	有机废物	C/N 比
稻草、麦秆	70~100	猪粪	7~15
木屑	200~1 700	鸡粪	5~10
稻壳	70~100	污泥	6~12
树皮	100~350	杂草	12~19
牛粪	8~26	厨余垃圾	20~25
水果废物	34.8	活性污泥	6.3

7. pH

pH 是微生物生长的一个重要环境条件，一般微生物最适宜的 pH 是中性或弱碱性。pH 是一个可以对微生物环境进行估价的参数，在整个堆肥过程中，pH 随时间和温度的变化而变化。在堆肥初始阶段，由于有机酸的生成，pH 可下降至 5~6，而后又开始上升，发酵完成前可达 8.5~9.0，最终成品达到 7.0~8.0。一般来说，pH 为 7.5~8.5，可获得最佳的堆肥效果。

8. 堆料粒径

合适的堆料粒径是堆肥顺利进行的重要条件。堆料粒径如果过大，堆料的比表面积太小，堆料的分解较慢，延缓堆肥的进程；堆料粒径过小，会增加通风的困难，容易产生厌氧环境，同样延缓堆肥的进程。因而正常堆肥时，堆料粒径需要满足一定的要求，一般情况下，堆料粒径控制为 2~60 cm。

4.3.3　堆肥工艺流程

传统的堆肥化技术采用厌氧野外堆肥法，这种方法占地面积大、时间长。现代化的堆肥生产一般采用好氧堆肥工艺，它通常由前（预）处理、主发酵（亦称一级发酵或初级发酵）、后发酵（亦称二级发酵或次级发酵）、后处理、脱臭及贮存等工序组成。

1. 前处理

前处理往往包括分选、破碎、筛分和混合等预处理工序。主要是去除大块和非堆肥化物料如石块、金属物等。这些物质的存在会影响堆肥处理机械的正常运行，并降低发酵仓的有效容积，使堆肥温度不易达到无害化的要求，从而影响堆肥产品的质量。此外，前处理还应包括养分和水分的调节，如添加氮、磷以调节碳氮比和碳磷比。在前处理时应注意：

(1) 在调节堆肥物料颗粒度时，颗粒不能太小，否则会影响通气性，一般适宜的粒径范围是 2~60 mm。最佳粒径随垃圾物理特性的变化而变化，如果堆肥物质坚固，不易挤压，则粒径应小些；否则，粒径应大些。

(2) 用含水率较高的固体废物（如污水污泥、人畜粪便等）为主要原料时，前处理的主要任务是调整水分和 C/N 比，有时需要添加菌种和酶制剂，保证发酵过程正常进行。

2. 主发酵

主发酵主要在发酵仓内进行，也可露天堆积，靠强制通风或翻堆搅拌来供给氧气。在堆肥时，由于原料和土壤中微生物的作用而开始发酵。首先是易分解的物质分解，产生二氧化碳和水，同时产生热量，使堆温上升。微生物吸收有机物的碳、氮等营养成分，在细菌自身繁殖的同时，将细胞中吸收的物质分解而产生热量。

发酵初期物质的分解作用是靠中温菌(也称嗜温菌)进行的。随着堆温的升高，最适温度为45～60 ℃的高温菌(也称嗜热菌)代替了中温菌，在60～70 ℃或更高温度下能进行高效率的分解(高温分解比低温分解快得多)。然后进入降温阶段，通常将温度升高到开始降低的阶段称为主发酵期。以生活垃圾和家禽粪便为主体的好氧堆肥，主发酵期约4～12 d。

3. 后发酵

后发酵是将主发酵工序尚未分解的易分解有机物和较难分解的有机物进一步分解。使之变成腐殖酸、氨基酸等比较稳定的有机物，得到完全腐熟的堆肥制品。后发酵可在封闭的反应器内进行，但在敞开的场地、料仓内进行较多。此时，通常采用条堆或静态堆肥的方式，物料堆积高度一般为1～2 m。有时还需要翻堆或通气，但通常每周进行一次翻堆。后发酵时间的长短取决于堆肥的使用情况，通常为20～30 d。

4. 后处理

经过后发酵的物料，几乎所有的有机物都被稳定化和减量化。但在前处理工序中还没有完全去除的塑料、玻璃、金属、小石块等杂物还要经过一道分选工序去除。可以用回转式振动筛、磁选机、风选机等预处理设备分离去除上述杂质，并根据需要进行再破碎(如生产精肥)。也可根据土壤的情况，在散装堆肥中加入 N、P、K 等添加剂后生产复合肥。

5. 脱臭

在堆肥工艺过程中，因微生物的分解会有臭味产生，故必须进行脱臭。常见的产生臭味的物质有氨、硫化氢、甲基硫醇、胺类等。去除臭气的方法主要有化学除臭剂除臭；碱水和水溶液过滤；熟堆肥或活性炭、沸石等吸附剂吸附法等。其中，经济而实用的方法是熟堆肥吸附的生物除臭法。

6. 贮存

堆肥一般在春、秋两季使用，在夏、冬两季就需贮存。所以一般的堆肥化工厂有必要设置至少能容纳 6 个月产量的贮存设备。贮存方式可直接堆存在发酵池中或装袋，要求干燥透气，闭气和受潮会影响堆肥产品的质量。

4.3.4 常见堆肥装置设备及运行管理

堆肥装置种类繁多，主要差别在于搅拌发酵物料的翻堆机不同和发酵装置的结构不同。下面介绍在垃圾、污泥和畜禽粪便等堆肥中最常见的堆肥装置设备。

1. 条垛式堆肥系统

物料通常均堆制成条垛式，依据堆料供氧方式不同，条垛式堆肥系统又分为搅拌式或翻堆式堆肥系统和固定堆强制通风堆肥系统。条垛式堆肥系统常见于较大型生活垃圾堆肥场、污泥堆肥场等。

搅拌式堆肥的主要特点是采用定期翻堆，使物料均匀，并提供充足氧气，有时还辅助以强制通气(常采用抽气方式进行)，如图 4-18 所示。翻堆作业通常采用翻堆机进行。

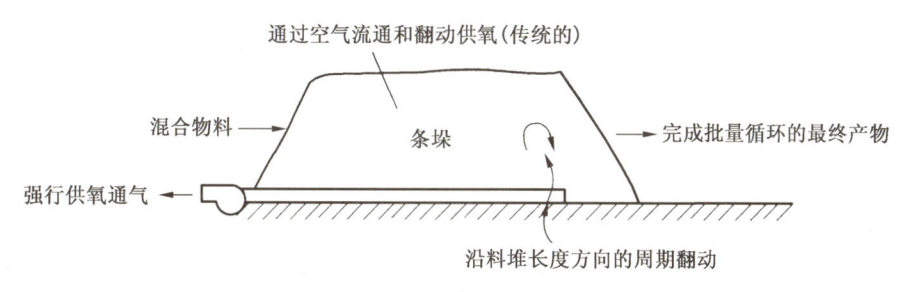

图 4-18　搅拌式堆肥系统

常见的翻堆机有条垛式翻堆机，如图 4-19，它可在驾驶行进过程中对条垛堆肥翻堆，通过旋转桨状、棒状装置对堆肥翻动，达到搅匀、通气的目的。而且机械在行进过程中，堆肥物料自然形成梯形断面，主要用于一些大规模堆肥场。

图 4-19　条垛式翻堆机

固定堆强制通风堆肥法则是利用鼓风机或空气压缩机强行鼓风（图 4-20）或抽风方式供氧。鼓风或抽风可用定时器或在肥堆内安置的温度或氧气浓度自动反馈装置来间断性进行。自然通风堆肥腐熟时间通常较长，而固定堆强制通风堆肥法则比较快，在 3～5 周内能完成整个堆肥周期。

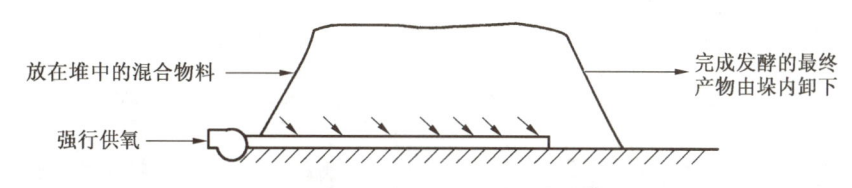

图 4-20　固定堆强制通风堆肥系统

强制通风堆肥系统需要在地面下设置通风沟，在通风沟内埋设通风管（通风管上开有许多通风用的小孔），通风管一端封闭，一端与风机相连。

开放的条垛式堆肥系统的特点是基建投资少，工艺简单，操作简便易行，处理容量大。但缺点是敞开式堆肥，在冬季低温条件下，肥堆不易升温和保温，通常占地较大，堆肥时间比发酵仓式堆肥要长，臭味控制相对较难。

2. 槽式堆肥系统

对于畜禽粪便堆肥，较多的是采用槽式堆肥方法。发酵槽的宽度为 2.0~6.0 m，深度为 0.3~2.0 m，长度为 20~60 m（图 4-21）。这种堆肥方式的一次发酵时间一般为 15~25 d，然后再将完成一次发酵的堆肥送入二次发酵场地进行后熟发酵。发酵槽上方常设置密封的塑料大棚，以防臭气外逸，并加上抽气装置，抽出的气体多数采用人工土壤除臭法处理。

图 4-21　畜禽粪便的槽式堆肥系统实物图

槽式堆肥常见的翻堆机多数为铲式或旋转式。铲式翻堆机的工作原理如图 4-22 所示。将一些三角形挡板均匀地固定在两根链条上面，这些挡板链条转动过程中将前面的材料搅动并将其带至上方，然后从传动装置的上方落下（前进方向的后方）。这样每搅拌一次就将原料往出口（前进方向的反方向）搬运一定的距离。通过调节搅拌机搅拌部位的角度就可以调节每次移动材料的距离。

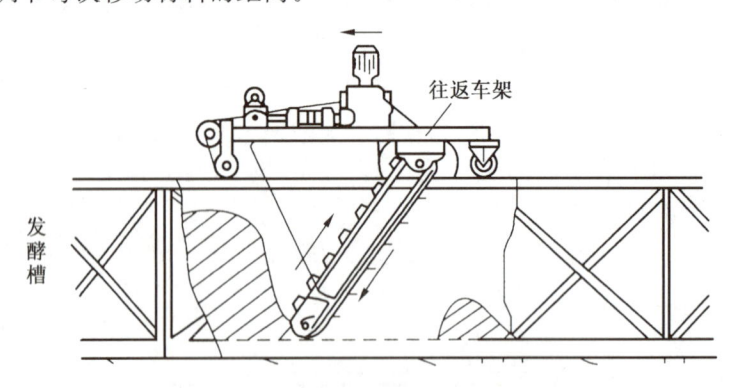

图 4-22　铲式翻堆机的工作原理示意图

旋转式翻堆机的主要部件是一个装有许多搅拌棒的旋转轴。翻堆机在沿着发酵槽侧壁上的轨道运行的过程中，通过旋转轴的转动来带动翻堆棒对堆肥材料进行翻堆，同时将材料向后方拨动一定的距离（前进方向的相反方向）。由于这种翻堆是通过翻堆棒来实现的，翻堆时遇到的阻力较大，所以只适用于发酵槽深度在 80 cm 以下的堆肥设施，翻堆机宽度一般与发酵槽宽度相同。一次翻堆结束后也将旋转轴升起并返回到出发点。

3. 立式堆肥发酵塔

立式堆肥发酵塔也称多段竖炉式发酵塔,通常由 5~8 层组成,堆肥物料由塔顶进入塔内,塔内堆肥物料在各层堆积发酵,并通过不同形式的机械运动和重力作用,由塔顶一层层地向塔底移动。一般经过 5~8 d 的好氧发酵,堆肥物料即由塔顶移动至塔底而完成一次发酵。立式堆肥发酵塔通常为密闭结构,塔内温度分布从上层到下层逐渐升高,塔式装置的供氧通常以风机强制通风。图 4-23 为多段竖炉式发酵塔的立体图与剖面图。

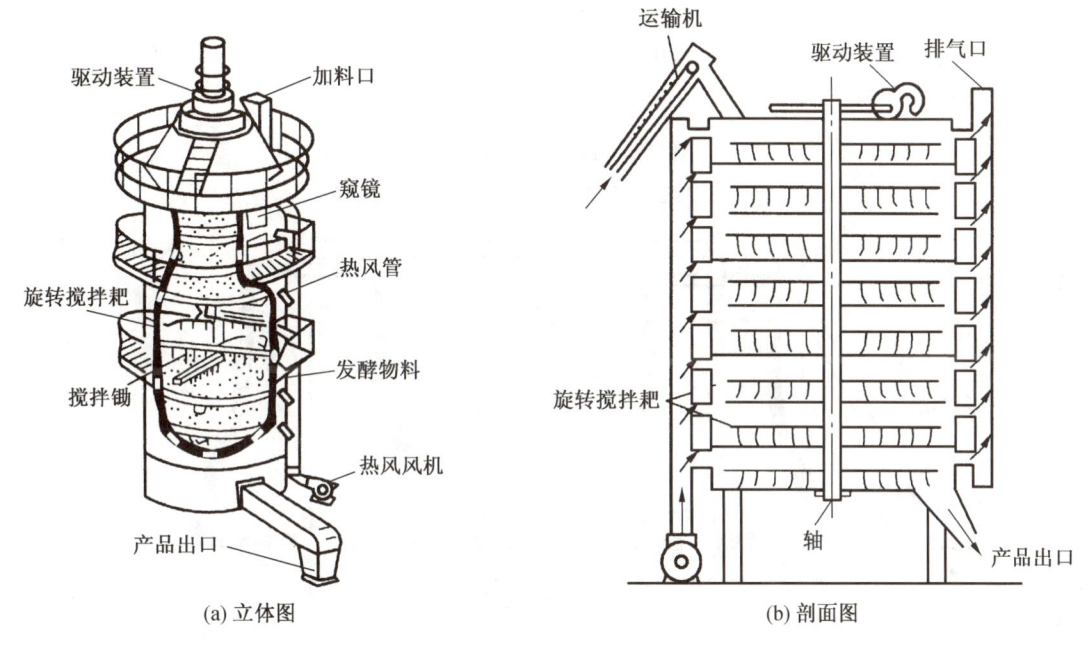

图 4-23 多段竖炉式发酵塔结构

从塔顶加入的物料,在最上层靠内拨旋转搅拌耙的作用,边搅拌翻料边向中心移动,从中央落下口下落到第二层;在第二层的物料则靠外拨旋转搅拌耙的作用从中心向外移动,从周边落下口下落到第三层,依此类推。即单数层内拨自中央落下口下落,双数层外拨自周边落下口下落。第二、三层为中温阶段,嗜温菌起主要作用,第四、五层后已进入高温发酵阶段,嗜热菌起主要作用。

4. 卧式(水平)发酵滚筒

卧式(水平)发酵滚筒形式多样,最为典型的为达诺式发酵滚筒(图 4-24)。主要优点是结构简单,可采用较大粒度的物料,使预处理设备简单化。

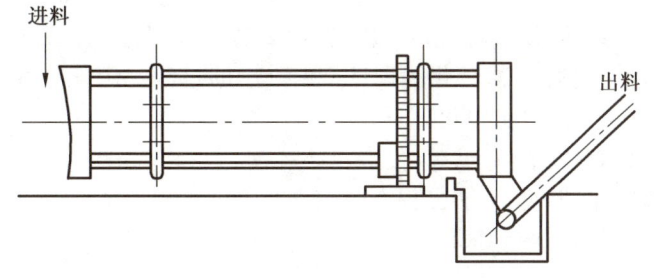

图 4-24 达诺式发酵滚筒示意图

发酵滚筒在水平方向上呈倾斜放置,直径为 2.5~4.5 m,长度为 20~40 m,强制供气。在该装置中废物靠与筒体内表面的摩擦沿旋转方向提升(转速为 0.2~3 r/min),同时借助自身重力落下。通过如此反复升落,废物被均匀地翻倒,同时与供入的空气接触,并通过微生物的作用进行发酵。经 1~5 d 发酵后排出,条垛放置熟化。

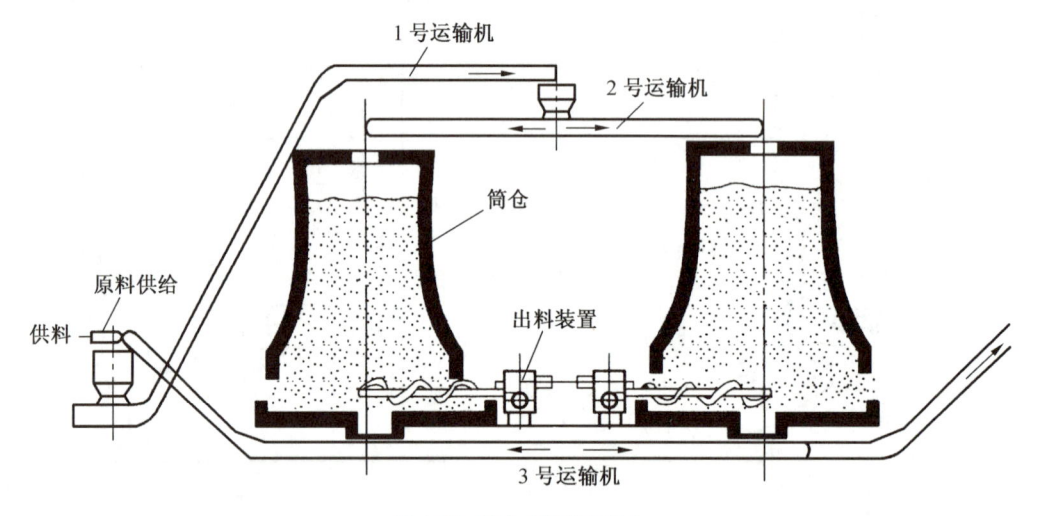

5. 筒仓式堆肥发酵仓

筒仓式堆肥发酵仓为单层圆筒状,发酵仓深度一般为 4~5 m,大多由钢筋混凝土构成(图 4-25)。发酵仓内供氧均采用高压离心风机强制供气,以维持仓内堆肥好氧发酵。空气从仓底进入发酵仓,堆肥原料由仓顶加入,经过 6~12 d 的好氧发酵,初步腐熟的堆肥从仓底通过螺杆出料机出料。

图 4-25　筒仓式堆肥发酵仓

此外,还有螺旋搅拌式发酵仓,是动态筒仓式堆肥发酵仓的一种形式。筒仓式堆肥系统的优点是不受气候影响,能有效控制二次污染,发酵时间快,占地面积少。缺点是基建投资大,运行成本较高,批量生产量相对较小。

4.4　固体废物厌氧发酵及运行管理

厌氧消化或厌氧发酵是一种普遍存在于自然界的微生物学过程。凡是存在有机物和一定水分的地方,只要供氧条件差和有机物含量多,都会发生厌氧消化现象,有机物经厌氧分解产生 CH_4、CO_2 和 H_2S 等气体。因此,厌氧消化处理是指在厌氧状态下利用厌氧微生物使固体废物中的有机物转化为 CH_4 和 CO_2 的过程。厌氧消化可以去除废物中 30%~50% 的有机物并使之稳定化。

厌氧消化技术具有以下特点:
(1)过程可控性、降解快、生产过程全封闭。
(2)资源化效果好,可将废弃有机物中的潜在低品位生物能转化为可以直接利用的高品位沼气。

(3) 易操作,与好氧处理相比,厌氧消化处理不需要通风动力,设施简单,运行成本低。
(4) 产物可再利用,经厌氧消化后的废物基本稳定,可作为农肥、饲料或堆肥化原料。
(5) 可杀死传染性病原菌,有利于防疫。
(6) 厌氧过程中会产生 H_2S 等恶臭气体。
(7) 厌氧微生物的生长速率低,常规方法的处理效率低,设备体积大。

4.4.1 厌氧发酵的原理

厌氧发酵是有机物在无氧条件下被微生物分解、转化成甲烷和二氧化碳等,并合成自身细胞物质的生物学过程。总的反应式为

$$C_nH_aO_bN_c + (2n+c-b-\frac{9sd}{20}-\frac{ed}{4})H_2O \xrightarrow{厌氧微生物}$$

$$\frac{ed}{8}CH_4 + (n-c-\frac{sd}{5}-\frac{ed}{8})CO_2 + \frac{sd}{20}C_5H_7O_2N + (c-\frac{sd}{20})NH_4^+ + (c-\frac{sd}{20})HCO_3^-$$

式中 括号内的符号和数值为反应的平衡常数,其中 $d=4n+a-2b-3c$;s 表示转化成细胞的那部分有机物;e 表示转化成沼气的那部分有机物。

有机废物厌氧发酵的工艺原理如图 4-26 所示。

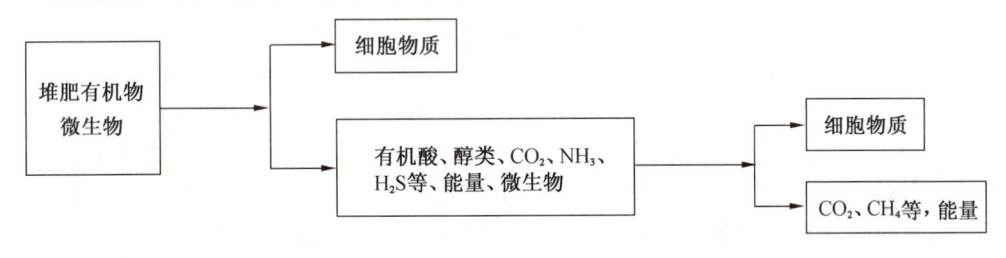

图 4-26 有机物的厌氧发酵

由于厌氧发酵的原料来源复杂,参加反应的微生物种类繁多,这使得厌氧发酵过程变得非常复杂。厌氧发酵一般可以分为三个阶段,即水解阶段、产酸阶段和产甲烷阶段。每一阶段各有其独特的微生物类群起作用。水解阶段起作用的细菌称为发酵细菌,包括纤维素分解菌、蛋白质分解菌;产酸阶段起作用的细菌是醋酸分解菌。这两个阶段起作用的细菌统称为不产甲烷细菌。产甲烷阶段起作用的细菌是产甲烷细菌。有机物分解三阶段过程如图 4-27 所示。

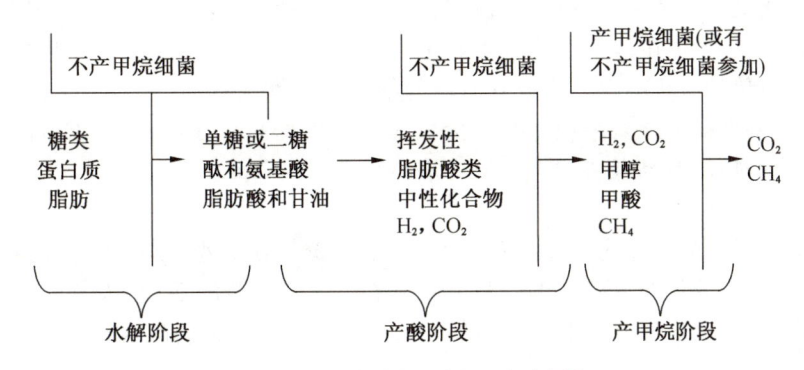

图 4-27 有机物分解三阶段理论示意图

1. 水解阶段

发酵细菌利用胞外酶对有机物进行体外水解,使固体物质变成可溶于水的物质,然后,细菌再吸收可溶于水的物质,并将其分解成为不同产物。高分子有机物的水解速率很低,它取决于物料的性质、微生物的浓度以及温度、pH 等环境条件。纤维素、淀粉等水解成单糖类,蛋白质水解成氨基酸,再经脱氨基作用形成有机酸和氨,脂肪水解后形成甘油和脂肪酸。

2. 产酸阶段

水解阶段产生的简单的可溶性有机物在产氢和产酸细菌的作用下,进一步分解成挥发性脂肪酸(如丙酸、乙酸、丁酸、长链脂肪酸)、醇、酮、醛、CO_2 和 H_2 等。

3. 产甲烷阶段

产甲烷细菌将第二阶段的产物进一步降解成 CH_4 和 CO_2,同时利用产酸阶段所产生的 H_2 将部分 CO_2 再转变为 CH_4。产甲烷阶段的生化反应相当复杂,其中 72% 的 CH_4 来自乙酸,目前已经得到验证的主要反应有:

$$CH_3COOH \longrightarrow CH_4\uparrow + CO_2\uparrow$$

$$4H_2 + CO_2 \longrightarrow CH_4 + 2H_2O$$

$$4HCOOH \longrightarrow CH_4\uparrow + 3CO_2\uparrow + 2H_2O$$

$$4CH_3OH \longrightarrow 3CH_4\uparrow + CO_2\uparrow + 2H_2O$$

$$4CO + 2H_2O \longrightarrow CH_4 + 3CO_2$$

可见,除乙酸外 CO_2 和 H_2 的反应也能产生一部分 CH_4。产甲烷细菌的活性大小取决于水解和产酸阶段提供的营养物质。对于以可溶性有机物为主的有机废水来说,由于产甲烷细菌的生长速率低、对环境和底物要求苛刻,所以产甲烷阶段是整个反应过程的控制重点;而对于以不溶性高分子有机物为主的污泥、垃圾等废物,水解阶段是整个厌氧消化过程的控制重点。

4.4.2 厌氧发酵工艺技术条件

在厌氧发酵中,甲烷发酵阶段是厌氧发酵过程的主要控制因素,因此影响厌氧发酵过程的各项因素也以对产甲烷细菌的影响因素为准。影响发酵过程的主要工艺技术条件有原料配比、温度、pH、混合均匀程度和有毒物质等。

1. 厌氧条件

厌氧消化最显著的一个特点是有机物在无氧的条件下被某些微生物分解,最终转化成 CH_4 和 CO_2。产酸阶段微生物大多数是厌氧菌,需要在厌氧的条件下才能把复杂的有机质分解成简单的有机酸等。而产气阶段的细菌是专性厌氧菌,氧对产甲烷细菌有毒害作用,因而需要严格的厌氧环境。判断厌氧程度可根据氧化还原电位(E_h)的值,当厌氧消化正常进行时,E_h 应维持在 300 mV 左右。

2. 原料配比

厌氧消化原料的碳氮比以 (20~30):1 为宜。碳氮比过小,细菌增殖量降低,氮不能被充分利用,过剩的氮变成游离的 NH_3,抑制了产甲烷细菌的活动,厌氧消化不易进行;如果碳氮比过高,反应速率降低,产气量明显下降。磷含量(以磷酸盐计)一般为有机物量的 1/1 000 为宜。

3. 温度

温度是影响产气量的重要因素，厌氧消化可在较为广泛的温度范围内进行（40～65 ℃）。温度过低，厌氧消化的速率低，产气量低，不易达到卫生要求上杀灭病原菌的目的；温度过高，微生物处于休眠状态，不利于消化。研究发现，厌氧微生物的代谢速率在35～38 ℃和50～65 ℃时各有一个高峰。因此，一般厌氧消化常把温度控制在这两个范围内，以获得尽可能高的消化效率和降解速率。

4. pH

产甲烷微生物细胞内的细胞质pH一般呈中性。但对于产甲烷细菌来说，维持弱碱性环境是十分必要的，当pH低于6.2时，它就会失去活性。因此，在产酸菌和产甲烷细菌共存的厌氧消化过程中，系统的pH应控制在6.5～7.5，最佳pH控制范围是7.0～7.2。为提高系统对pH的缓冲能力，需要维持一定的碱度，可通过投加石灰或含氮物料的办法进行调节。

5. 添加物和抑制物

在发酵液中添加少量的硫酸锌、磷矿粉、炼钢渣、碳酸钙、炉灰等，有助于促进厌氧发酵，提高产气率和原料利用率，其中以添加磷矿粉的效果最佳。同时添加少量钾、钠、镁、锌、磷等元素也能提高产气率。但也有些化学物质能抑制发酵微生物的生命活力，若原料中含氮化合物过多，如蛋白质、氨基酸、尿素等被分解成铵盐，则会抑制甲烷发酵。因此当原料中氮化合物比较高的时候应适当添加碳源，调节碳氮比在（20～30）∶1范围内。此外，如铜、锌、铬等重金属及氰化物等含量过高，也会不同程度地抑制厌氧消化。因此在厌氧消化过程中应尽量避免这些物质的混入。

6. 接种物

厌氧消化中细菌数量和种群会直接影响甲烷的生成。不同来源的厌氧发酵接种物，对产气量有不同的影响。添加接种物可有效提高消化液中微生物的种类和数量，从而提高反应器的消化处理能力，加快有机物的分解速率，提高产气量，还可使开始产气的时间提前。用添加接种物的方法，开始发酵时一般要求菌种量达到料液量的5%以上。

7. 搅拌

搅拌可使消化原料分布均匀，增加微生物与消化基质的接触，使消化产物及时分离，也可防止局部出现酸积累和排除抑制厌氧菌活动的气体，从而提高产气量。

4.4.3 厌氧发酵工艺

一个完整的厌氧消化系统包括预处理、厌氧消化反应器、消化气净化与贮存、消化液与污泥的分离、处理和利用。厌氧消化工艺类型较多，可按消化温度、消化方式、消化级差的不同划分成多种类型。通常是按消化温度划分厌氧消化工艺类型。

1. 根据消化温度划分的工艺类型

根据消化温度不同，厌氧消化工艺可分为高温消化工艺和自然消化工艺两种。

（1）高温消化工艺

高温消化工艺的最佳温度是47～55 ℃，此时有机物分解旺盛，消化快，物料在厌氧池

内停留时间短,非常适用于生活垃圾、粪便和有机污泥的处理。其程序如下:

①高温消化菌的培养:一般是将污水池或地下水道中有气泡产生的中性偏碱的污泥加到备好的培养基上,进行逐级扩大培养,直到消化稳定后即可作为接种用的菌种。

②高温的维持:通常是在消化池内布设盘管,通入蒸汽加热料浆。我国有城市利用余热和废热作为高温消化的热源。这是一种十分经济的方法。

③原料投入与排出:在高温消化过程中,原料的消化速率快,要求连续投入新料与排出消化液。

④消化物料的搅拌:高温厌氧消化过程要求对物料进行搅拌,以迅速消除邻近蒸汽管道区域的高温状态和保持全池温度的均一。

(2) 自然消化工艺

自然温度厌氧消化是指在自然温度影响下消化温度发生变化的厌氧消化。目前我国农村基本上都采用这种消化类型,其工艺流程如图 4-28 所示。

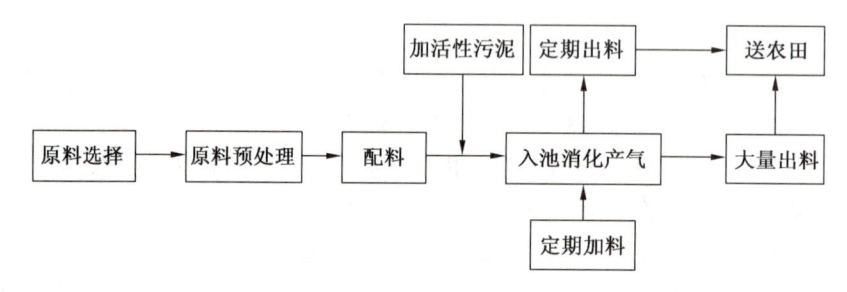

图 4-28 自然消化工艺流程

这种工艺的消化池结构简单、成本低廉、施工容易、便于推广。但该工艺的消化温度不受人为的控制,基本上是随气温变化而不断变化,通常夏季产气率较高,冬季产气率较低,故其消化周期需视季节和地区的不同加以控制。

2. 根据投料运转方式划分的工艺类型

根据投料运转方式不同,厌氧消化可分为连续消化、半连续消化、两步消化等。

(1) 连续消化工艺

该工艺是从投料启动后,经过一段时间的消化产气,随时连续、定量地添加新料和排出旧料。其消化时间能够长期、连续进行。此消化工艺易于控制,能保持稳定的有机物消化速率和产气率,但该工艺要求较低的原料固形物浓度,其工艺流程如图 4-29 所示。

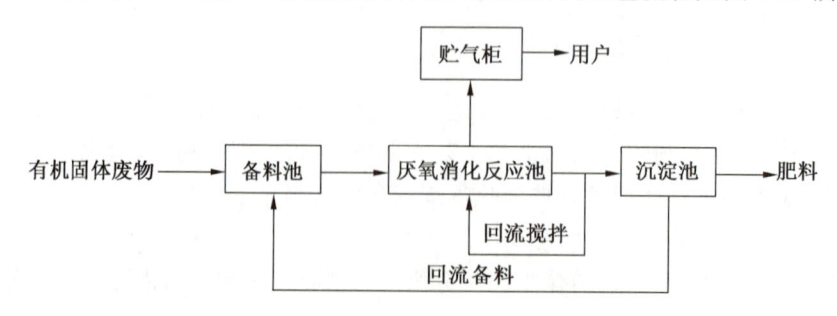

图 4-29 连续消化工艺流程

(2) 半连续消化工艺

半连续消化工艺的特点是:启动时一次性投入较多的消化原料。当产气量趋于下降时,开始定期或不定期添加新料和排出旧料,以维持比较稳定的产气率。由于我国农村的原料特点和农村用肥集中等原因,该工艺在农村沼气池的应用已比较成熟。半连续消化工艺是固体有机原料沼气消化最常采用的消化工艺。图 4-30 所示为半连续沼气消化工艺处理有机原料的工艺流程。

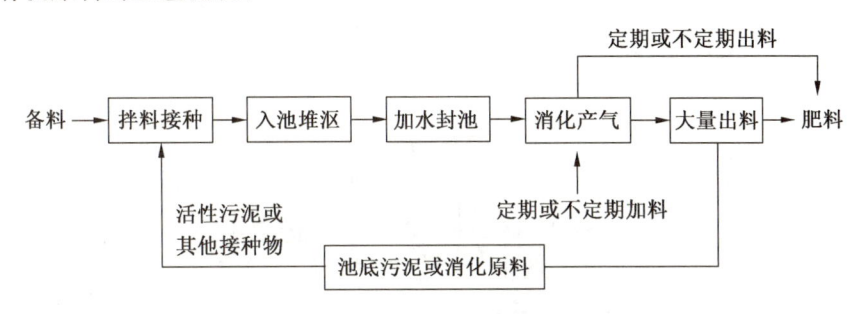

图 4-30 半连续消化工艺流程

(3) 两步消化工艺

两步消化工艺是根据沼气消化过程分为产酸和产甲烷两个阶段的原理开发的。两步消化工艺的特点是将沼气消化全过程分成两个阶段,在两个反应器中进行。第一个反应器的功能是:水解和液化固态有机物为有机酸;缓冲和稀释负荷冲击与有害物质;截留难降解的固体物质。第二个反应器的功能是:保持严格的厌氧条件和 pH,以利于产甲烷细菌的生长;消化、降解来自第一个反应器的产物,把它们转化成甲烷含量较高的消化气,并截留悬浮固体、改善出料性质。因此,两步消化工艺可大幅度地提高产气率,气体中甲烷含量也有所提高。同时实现了渣和液的分离,使得在固体有机物的处理中,引入高效厌氧处理器成为可能。

4.4.4　厌氧发酵典型设备

厌氧消化池亦称厌氧消化器。消化罐是整套装置的核心部分,附属设备有气压表、导气管、出料机、预处理设备(粉碎、升温、预处理池等)、搅拌器等。附属设备可以进行原料的处理,产气的控制、监测,以提高沼气的质量。

厌氧消化池的种类很多,按消化间的结构形式有圆形池、长方形池等;按贮气方式有气袋式、水压式和浮罩式。

1. 水压式沼气池

水压式沼气池产气时,沼气将消化料液压向水压箱,使水压箱内液面升高;用气时,料液压沼气供气。产气、用气循环工作,依靠水压箱内料液的自动提升使气室内的水压自动调节。水压式沼气池的结构与工作原理如图 4-31 所示。

水压式沼气池结构简单、造价低、施工方便;但由于温度不稳定,产气量也不稳定,因此原料的利用率低。

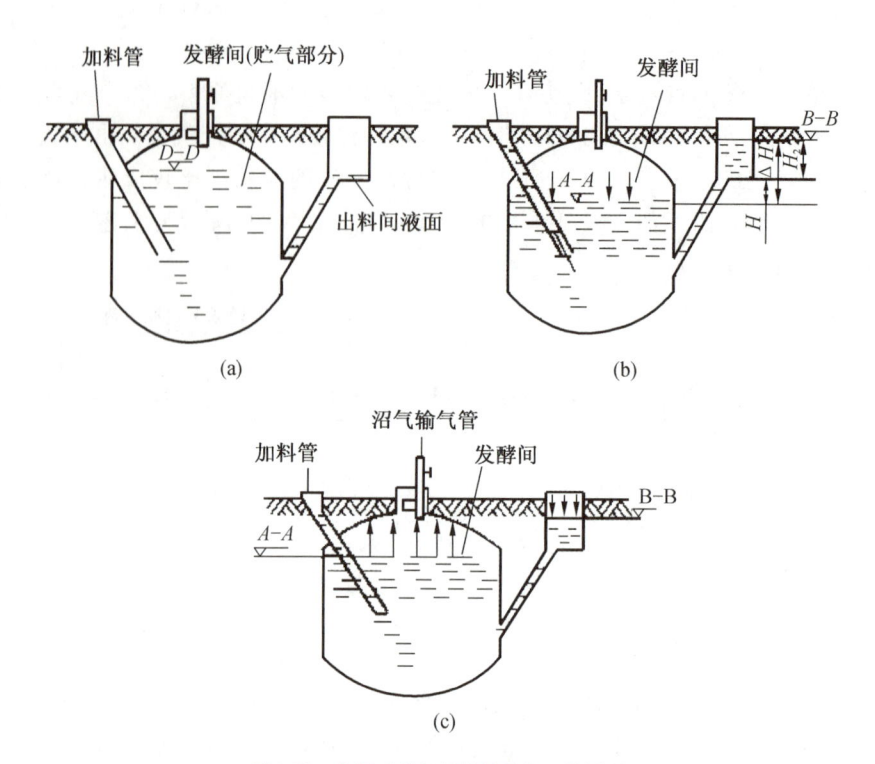

图 4-31 水压式沼气池的结构与工作原理

2. 长方形（或正方形）甲烷消化池

这种消化池的结构由消化室、气体储藏室、贮水库、进料口、出料口、搅拌器、导气喇叭口等部分组成。长方形甲烷消化池的结构如图4-32所示。

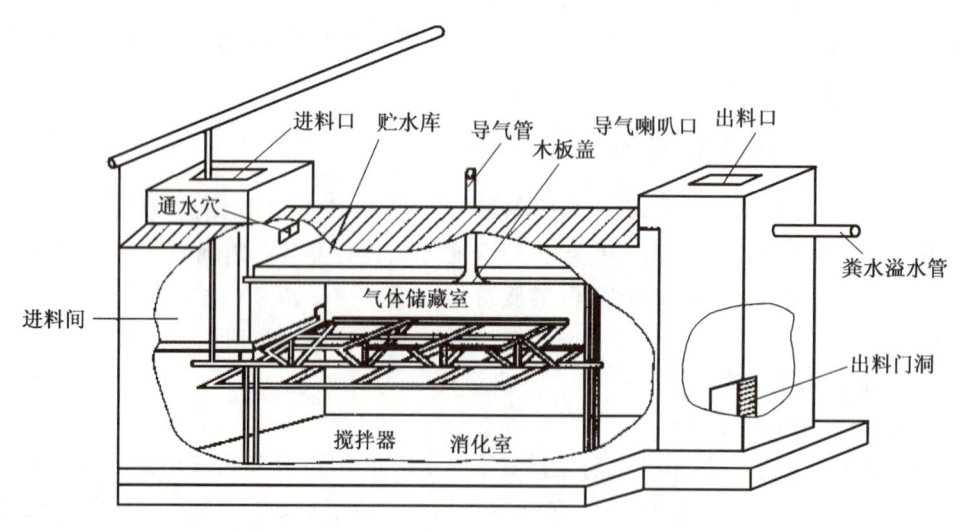

图 4-32 长方形甲烷消化池的结构

其主要特点是：气体储藏室与消化室相通，位于消化室的上方，设一贮水库来调节气体储藏室的压力。若气体储藏室内气压很高，就可将消化室内经消化的废液通过进料间的通水管压入贮水库内。相反，若气体储藏室内压力不足，贮水库内的水由于自重便流入消化室。这样通过水量调节气体储藏室的空间,使气压相对稳定。搅拌器的搅拌可加速消化。产生的气体通过导气喇叭口输送到外面导气管。

3. 红泥塑料沼气池

红泥塑料沼气池用红泥塑料(红泥-聚氯乙烯复合材料)作为池盖或池体材料。该工艺多采用批量进料方式。红泥塑料沼气池有半塑式、两模全塑式、袋式全塑式和干湿交替式等。

(1) 半塑式沼气池

半塑式沼气池由水泥料池和红泥塑料罩两大部分组成,如图 4-33 所示。水泥料池上部设有水封池,用来密封红泥塑料罩与水泥料池的结合处。这种消化池适于高浓度料液或干发酵的成批量进料,可以不设进出料间。

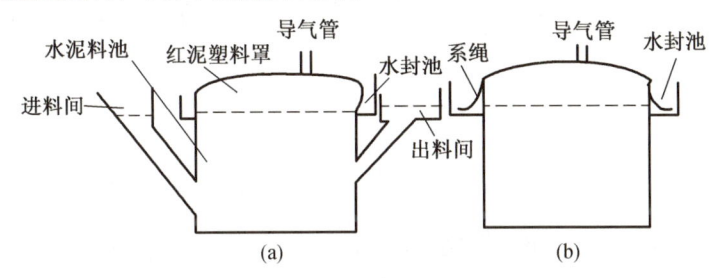

图 4-33 半塑式沼气池

(2) 两模全塑式沼气池

两模全塑式沼气池的池体与池盖由两块红泥塑料盖膜组成。它仅需挖一个浅土坑,压平整成形后即可安装。安装时,先铺上红泥塑料底膜,然后装料,再将红泥塑料盖膜覆上,把二者的边沿对齐,以便黏合紧密。待合拢后向上翻折数卷,卷紧后用砖或泥把卷紧处压在池边沿上,其加料液面应高于两块膜黏合处,这样可以防止漏气,如图 4-34 所示。

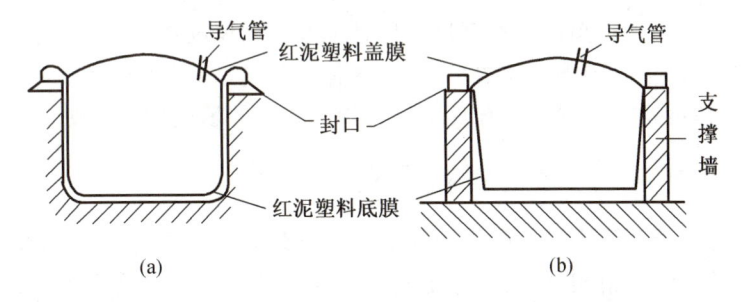

图 4-34 两模全塑式沼气池

(3) 袋式全塑式沼气池

袋式全塑式沼气池的整个池体由红泥-塑料膜热合加工制成,设进料口和出料口,安装时需建槽,主要用于处理牲畜粪便的沼气发酵,是半连续式进料,如图 4-35 所示。

(4) 干湿交替式沼气池

干湿交替式沼气池设有两个消化室,上消化室用来进行批量投料、干消化,所产沼气由红泥塑料罩收集,如图 4-36 所示。下消化室用来半连续进料、湿消化,所产沼气贮存在消化室的气室内。下消化室中的气室处在上消化室料液的覆盖下,密封性好。上、下消化室之间用连通管连通,在产气和用气过程中,两个消化室的料液可随着压力的变化而上、下流动。下消化室产气时,一部分料液通过连通管压入上消化室浸泡干消化原料。用气时,进入上消化室的浸泡液又流入下消化室。

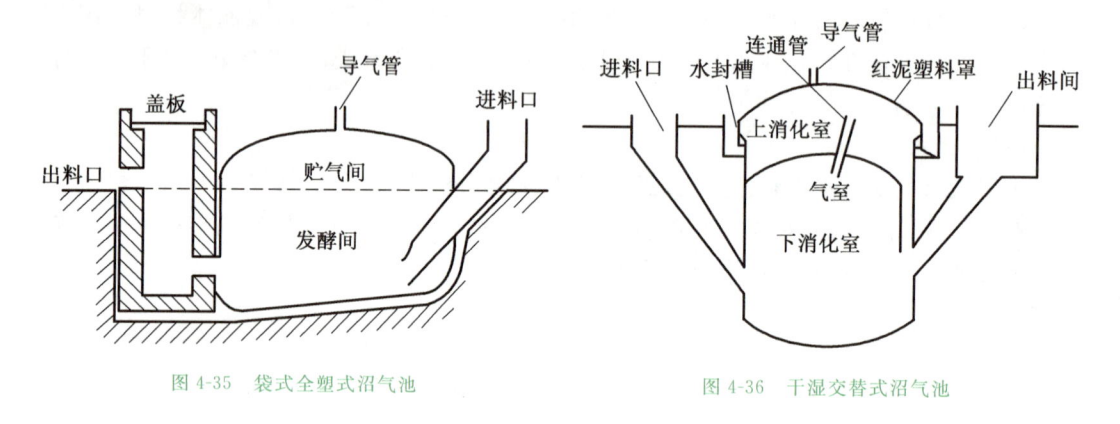

图 4-35　袋式全塑式沼气池

图 4-36　干湿交替式沼气池

4.5 固体废物最终处置场的设计、运行与管理

固体废物不论采用何种减量化和资源化处理方法,如焚烧、热解、堆肥等处理后,剩余下来的无再利用价值的残渣,为了防止其对环境和人类健康造成危害,需要给这些废物提供一条最终出路,即解决固体废物的最终归宿问题。为防止对环境造成污染,根据排放的不同环境条件,采取适当而必要的防护措施,达到被处置废物与环境生态系统最大限度地隔绝,此谓之"最终处置"。

固体废物处置是指将固体废物焚烧和用其他改变固体废物的物理、化学、生物特性的方法,达到减少已产生的固体废物数量、缩小固体废物体积、减少或者消除其危险成分的活动,或者将固体废物最终置于符合环境保护规定要求的填埋场的活动。

4.5.1　固体废物最终处置概述

固体废物最终处置是为了使固体废物最大限度地与生物圈隔离而采取的措施,它解决了固体废物的最终归宿问题,其目标是确保废物中的有毒有害物质无论现在和将来都不会对人类及环境造成危害。

固体废物最终处置的基本方法是通过多重屏障(如天然屏障和人工屏障)实现有害物质同生物圈的有效隔离。目前对废物的最终处置主要采用陆地处置方法,以前曾采用过的海洋处置法(海洋倾倒和海上焚烧)现已被国际公约禁止。根据废物种类的不同,采用的陆地处置方法有土地耕作、土地填埋(又分卫生填埋和安全填埋)、浅地层埋藏和深井灌注等。

本节主要介绍目前广泛采用的卫生填埋方法。

4.5.2 卫生填埋

卫生填埋(Sanitary Landfill)通常是用来处置一般固体废物(主要是生活垃圾)的一种土地填埋方法。它是"利用工程手段,采取有效技术措施,防止渗滤液及有害气体对水体和大气的污染,并将废物压实减容至最小,填埋占地面积也最小,每天操作结束时或每隔一定时间用土覆盖,使整个过程对公共卫生安全及环境污染均无危害的一种土地处理废物的方法"。根据我国《生活垃圾卫生填埋技术规范》(CJJ 17—2014)的定义,卫生填埋是采取防渗、铺平、压实、覆盖对生活垃圾进行处理和对气体、渗滤液、蝇虫等进行治理的垃圾处理方法。生活垃圾卫生填埋场建设技术要求如下:

(1)卫生填埋场的选址应符合国家和行业相关标准的要求。

(2)卫生填埋场设计和建设应满足《生活垃圾卫生填埋技术规范》(CJJ 17—2014)、《生活垃圾卫生填埋处理工程项目建设标准》和《生活垃圾填埋场污染控制标准》(GB 16889—2008)等相关标准的要求。

(3)卫生填埋场的总库容应满足其使用寿命10年以上。

(4)卫生填埋场必须进行防渗处理,防止对地下水和地表水造成污染,同时应防止地下水进入填埋区。鼓励采用厚度不小于1.5毫米的高密度聚乙烯膜作为主防渗材料。

(5)填埋区防渗层应铺设渗滤液收集导排系统。卫生填埋场应设置渗滤液调节池和污水处理装置,渗滤液经处理达标后方可排放到环境中。调节池宜采取封闭等措施防止恶臭物质污染大气。

(6)垃圾渗滤液处理宜采用"预处理—生物处理—深度处理和后处理"的组合工艺。在满足国家和地方排放标准的前提下,经充分的技术可靠性和经济合理性论证后也可采用其他工艺。

(7)生活垃圾卫生填埋场应实行雨污分流并设置雨水集排水系统,以收集、排出汇水区内可能流向填埋区的雨水、上游雨水以及未填埋区域内未与生活垃圾接触的雨水。雨水集排水系统收集的雨水不得与渗滤液混排。

(8)卫生填埋场必须设置有效的填埋气体导排设施,应对填埋气体进行回收和利用,严防填埋气体自然聚集、迁移引起的火灾和爆炸。卫生填埋场不具备填埋气体利用条件时,应导出进行集中燃烧处理。未达到安全稳定的旧卫生填埋场应完善有效的填埋气体导排和处理设施。

(9)应确保生活垃圾填埋场工程建设质量。选择有相应资质的施工队伍和质量保证的施工材料,制定合理可靠的施工计划和施工质量控制措施,避免和减少由于施工造成的防渗系统的破损和失效。填埋场施工结束后,应在验收时对防渗系统进行完整检测,以发现破损并及时进行修补。

1. 卫生填埋场的选址要求

场址的选择主要遵循两个原则:一是从防止污染角度考虑的安全原则;二是从经济角度考虑的经济合理原则。填埋场选址是一个十分重要且复杂的过程,需要认真对待,一般要求:

(1)场址选择应服从总体规划。

(2)场址应满足一定的库容量要求。一般填埋场合理使用年限不少于10年。

填埋场服务年限中拟填埋的废物总量与使用的覆土量之和即计划填埋量。对城市固体废物而言,填埋量既受填埋场库容条件和具体设施容量的制约,也受到因城市经济发展和居民生活水平提高而造成城市固体废物成分变化的影响。通常计划填埋量是填埋场的理论容量,比实际填埋量要大10%以上。

填埋场的理论容量可根据相加各个填埋层体积(每个填埋层的平均面积与该填埋层高度之积)进行估算。填埋场的总填埋容量(V_t,m³)可按填埋场服务区域内的预测人口(P)、人均每天废物产生量(m,kg)和填埋年限(t,a)之积除以废物最终压实密度(ρ,kg/m³)再加上覆土量(V_s,m³)来计算确定。即:

$$V_t = 365 \times \frac{mPt}{\rho} + V_s$$

通常我国每天人均城市固体废物产量可按0.8~1.2 kg/(人·d)考虑。

例:一个有100 000人口的城市,平均每人每天产生垃圾1.0 kg,如果采用卫生填埋处置,覆土与垃圾体积之比为1∶4,填埋后废物压实密度为600 kg/m³,试求1年填埋废物的体积。如果填埋高度为7.5 m,一个服务期为20年的填埋场占地面积应为多少?总容量应为多大?

解:1年填埋废物的体积为:

$$V_t = \frac{365 \times 1.0 \times 100\,000}{600} + \frac{365 \times 1.0 \times 100\,000}{600 \times 4} = 76\,042 \text{ m}^3$$

如果不考虑该城市废物产生量随时间的变化,则运营20年所需库容为:

$$V_{20} = 20 \times V_t = 20 \times 76\,042 \approx 1.5 \times 10^6 \text{ m}^3$$

如果填埋高度为7.5m,则填埋场面积为:$A_{20} = \dfrac{1.5 \times 10^6}{7.5} = 2 \times 10^5 \text{ m}^2$

(3)地形、地貌及土壤条件。土壤抗渗透性好,易压实,可开采量大;地形条件对填埋方式起决定性作用,又制约采土方法。要求有一定坡度,泄水能力强,渗滤液易收集。

(4)填埋场选址应处于居民区下风向,防止尘土、气味等对居民区环境的影响。高寒地区冬季土壤封冻影响采土作业,应避开高寒区,避免冻土;避免设在风口,减轻废物飞扬。

(5)对地表水域的保护。所选场地必须在100年一遇的地表水域的洪水标高泛滥区之外或历史最大洪泛区之外。场地的自然条件应有利于地表水排泄,避开滨海带和洪积平原。最佳的场址是封闭的流域内,这对地下水资源造成危害的风险最小。填埋场不应设在专用水源蓄水层与地下水补给区、洪泛区、淤泥区、距居民居住区或人畜供水点500 m以内的地区。填埋场场址离开河岸、湖泊、沼泽的距离宜大于1 000 m,与河流相距至少600 m。

(6)对居民区的影响。场地至少应位于居民区500 m以外或更远,并位于居民区的下风向,作业期间的噪声应符合居民区的噪声标准。

(7)对场地地质条件的要求。场址应在地质渗透性弱的松散岩石或坚硬岩层上,天然地层的渗透性系数最好能达到1×10^{-8} cm/s以下,并具有一定厚度。

(8)场地应交通方便、运距合理。场地交通应方便,具有能在各种气候条件下运输的全天候公路,宽度合适,承载力适宜,尽量避免交通堵塞。垃圾填埋处理费用中 60%～90% 为垃圾清运费,尽量缩短清运距离,对降低垃圾处理费的作用是明显的。

2.卫生填埋场的结构与填埋作业

(1)卫生填埋场的结构

从外形上看,一般可以将卫生填埋场的形式分为四类,如图 4-37 所示。

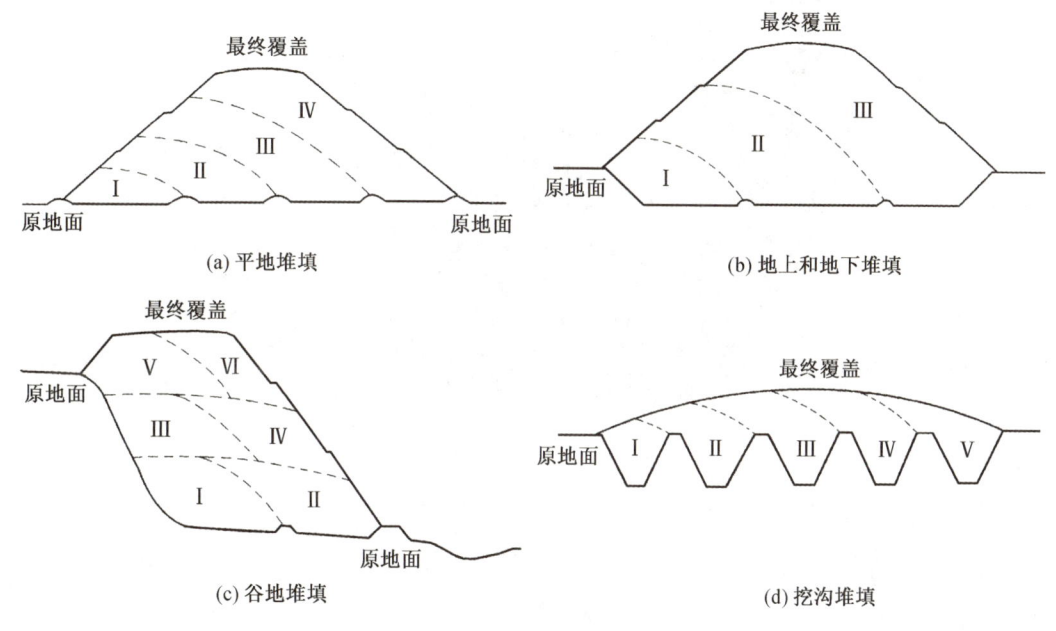

(a) 平地堆填
(b) 地上和地下堆填
(c) 谷地堆填
(d) 挖沟堆填

图 4-37 卫生填埋场的四种类型

①平地堆填填埋 过程只有很小的开挖或不开挖,直接在平地上堆积,通常适用于比较平坦且地下水埋藏较浅的地区。

②地上和地下堆填 适用于比较平坦但地下水埋藏较深的地区,填埋单元通常较大。

③挖沟填埋 在地下挖沟堆填,但其填埋单元是狭窄的和平行的,通常仅用于较小的废物沟。也称为沟槽法填埋。

④谷地堆填或斜坡堆填 堆填的地区位于山谷或斜坡上。

现代卫生填埋场的主体部位构造如图 4-38 所示。主要包括衬垫系统、固体废物层、渗(淋)滤液收集系统、气体收集系统和最终覆盖或封场系统。

(2)填埋工艺

生活垃圾卫生土地填埋执行《生活垃圾卫生填埋技术规范》(CJJ 17—2014)之规定。生活垃圾卫生填埋的实施过程是:每天把运到土地填埋场的废物在限定的区域内铺撒成 40～75 cm 的薄层,然后压实以减少废物的体积,并在每天操作之后用一层厚 15～30 cm 的土壤覆盖、压实。废物层和土壤覆盖层共同构成一个单元,即填筑单元。具有同样高度的一系列相互衔接的填筑单元构成一个升层。完成的卫生填埋场是由一个或多个升层组成的。当土地填埋达到最终的设计高度之后,再在该填埋层上覆盖一层厚 90～120 cm 的土壤,并压实,这时候就得到一个完整的卫生填埋场,其构造如图 4-39 所示。

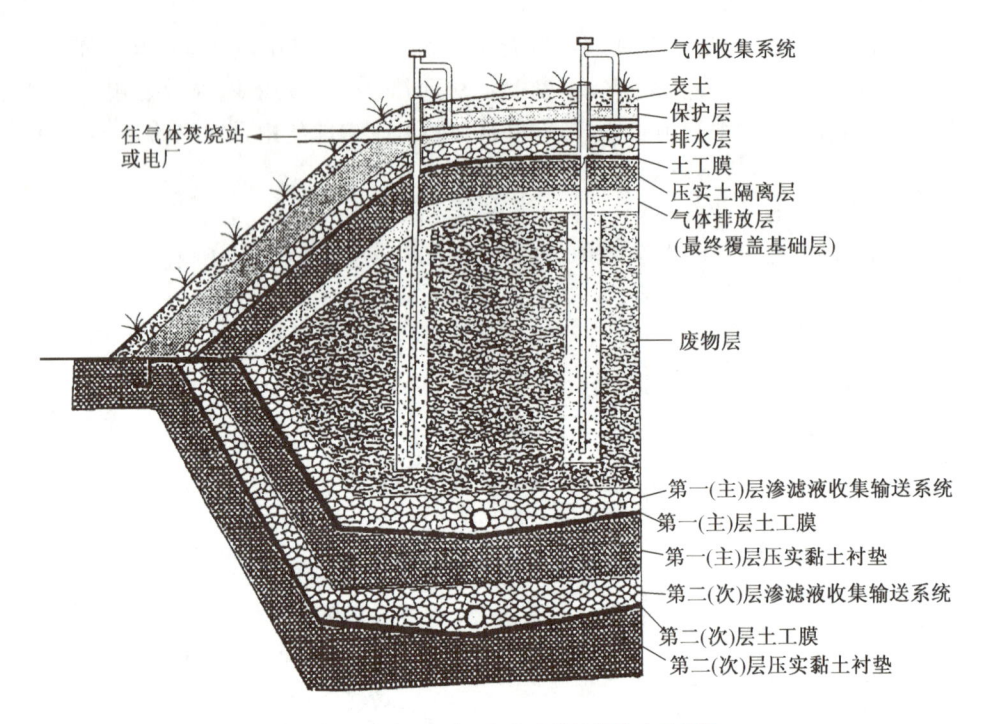

图 4-38 现代卫生填埋场的主体部位构造示意图

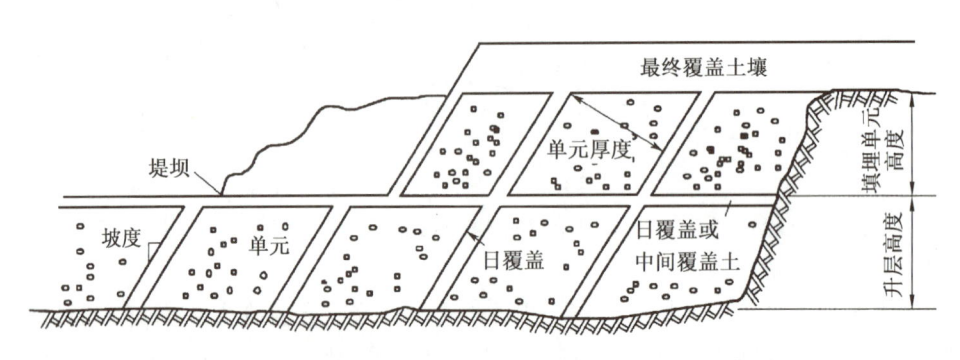

图 4-39 卫生填埋场剖面图

垃圾填埋场工艺总体上服从"三化"(减量化、无害化、资源化)要求。垃圾由陆运进入填埋场,经地衡称重计量,再按规定的速度、路线运至填埋作业单元,在管理人员指挥下,进行卸料、推铺、压实并覆盖,最终完成填埋作业。其中推铺由推土机操作,压实由垃圾压实器完成。每天作业完成后,应及时进行覆盖操作,填埋场单元操作结束后及时进行终场覆盖,以利于填埋场地的生态恢复和终场利用。此外,根据填埋场的具体情况,有时还需要对垃圾进行破碎和喷洒药液。其典型工艺流程如图 4-40 所示。

卫生填埋均由卸料、推铺、压实和覆土四个步骤构成。

①卸料 采用填坑法卸料时,往往设置过渡平台和卸料平台。而采用倾斜面堆积法时,则可直接卸料。

②推铺 推铺由推土机完成,一般每次垃圾推铺厚度达到 30～60 cm 时,进行压实。

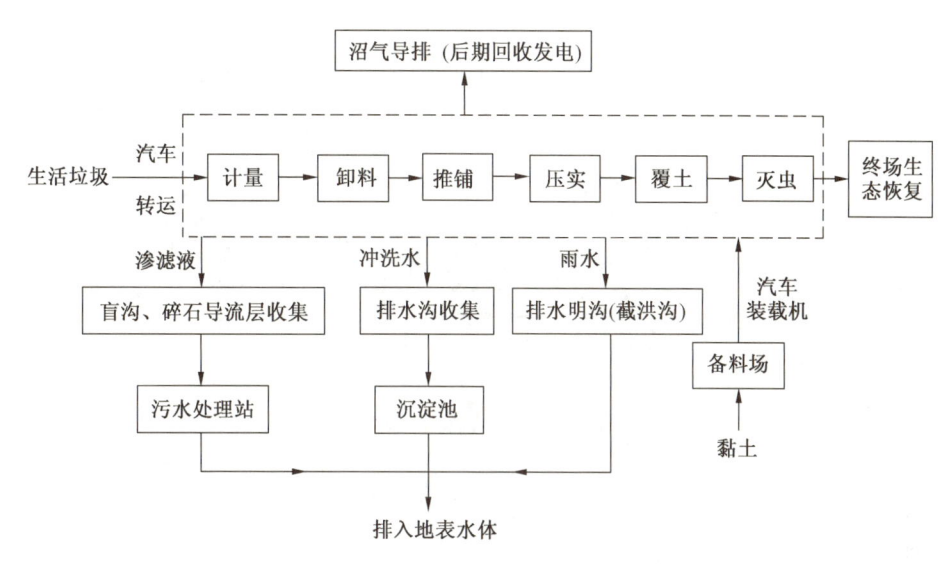

图 4-40　生活垃圾卫生填埋典型工艺流程

③压实　压实是填埋场填埋作业中的一道重要工序,填埋垃圾的压实能有效地增加填埋场的容量;能增加填埋场强度;能减少垃圾孔隙率,有利于形成厌氧环境,减少渗入垃圾层中的降水量及蝇、蛆的滋生;也有利于填埋机械在垃圾层上的移动。

垃圾压实的机械主要为压实器和推土机。在填埋场建设初期,国内较多填埋场用推土机代替专用压实器,压实密度较小,为得到较大的压实密度,国内垃圾填埋场也正在逐步采用垃圾压实器和推土机相结合来实施压实工艺。卫生填埋宜采用分层压实,压实密度应大于 600 kg/m³。

④覆土　垃圾压实后,每日除了要用一层土或其他覆盖材料覆盖以外,还要进行中间覆盖和最终覆盖。日覆盖、中间覆盖和最终覆盖的时间和厚度见表 4-8。

表 4-8　覆盖层参数表

填埋层	各层最小厚度/cm	填埋时间/d
日覆盖层	15	0～7
中间覆盖层	30	7～365
最终覆盖层	60	>365

⑤灭虫　填埋场设有喷药车,定期喷药、灭蝇除害,防止病菌扩散污染。设有洒水车定期洒水防止尘土飞扬;设有洗车装置,防止污泥污染道路,控制扬尘,防止病菌带出场外;填埋场周边布置围网防止轻质垃圾被风吹至场外,引起污染。

(3)填埋作业

填埋作业是指废物在填埋场被推铺、压实的过程。每一个作业期(通常是一天)构成一个填埋单元或隔室,它是按单位时间或单位作业区域划分的垃圾和覆盖材料组成的填埋体(图 4-41)。通常是每天把收集和运输车辆运来的废物按 45～60 cm 厚为一层放置,然后压实,一个单元的高度通常为 2～3 m。工作面的长度随填埋场条件和作业尺度的大小不同而变化,单元的宽度一般为 3～9 m。每天操作之后用 15～30 cm 厚的天然土壤或其他可供使用的材料覆盖和压实,该废物层和覆盖层(也称为日覆盖层)即构成一个填埋单元。

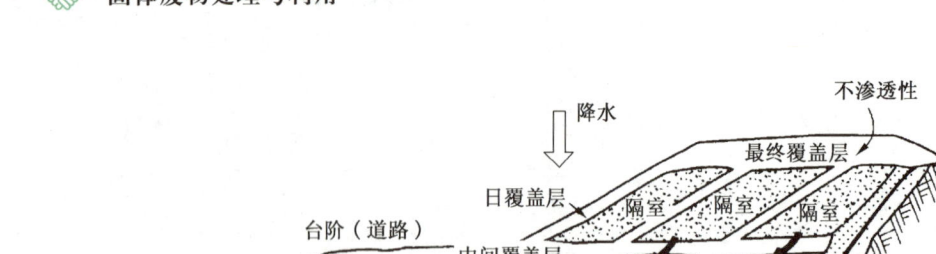

图 4-41　垃圾填埋场施工示意图

一个或者几个填埋单元完工之后,要在完工表面上挖水平气体收集沟渠,沟渠内放砾石,中间铺设打了孔的塑料管。随着填埋场气体的产生,通过此管将其抽排掉。单元层一层叠在另一层之上,直到达到设计高度。最后再在该填埋层之上覆盖一层90～120 cm的土层,压实后就得到一个完整的卫生填埋场。

3. 卫生填埋场的场地处理及防渗设计

卫生填埋场衬垫系统是垃圾填埋场最重要的组成部分,通过在填埋场底部和周边铺设低渗透性材料,建立衬垫系统,以阻隔填埋场气体和渗滤液进入周围的土壤和水体产生污染,并防止地下水和地表水进入填埋场,有效控制渗滤液产生量。

(1)场地处理

为避免填埋场库区地基在垃圾堆积后产生不均匀沉降,保护复合防渗层中的防渗膜,在铺设防渗膜前必须对场底、山坡等区域进行处理,包括场地平整和石块等坚硬物体的清除等。

平整场地和异物消除时配合场底渗滤液收集系统的布设,使场底形成相对整体坡度;边坡坡度一般取1:3,局部陡坡应小于1:2;平整开挖顺序为先上后下;对场底进行压实,压实度不小于93%,边坡压实度不小于90%。同时,还要求对场底进行压实,压实度不小于93%。

(2)防渗系统

①构成

填埋场主要是通过在填埋场的底部和周边建立衬垫系统来达到密封的目的。填埋场的衬垫系统通常从上至下包括过滤层、排水层(包括渗滤液收集系统)、保护层和防渗层等。防渗层的主要材料有天然黏土矿物(如改性黏土、膨润土)、人工合成材料(如柔性膜高密度聚乙烯,即 HDPE)、天然与有机复合材料(如聚合物水泥混凝土,即 PCC)等。

②类型与铺设要求

填埋场防渗系统分为天然防渗系统(黏土垫层)和人工防渗系统。人工防渗是指采用人工合成有机材料(柔性膜)与黏土结合做防渗衬里的防渗方法,目前现代卫生填埋场多数采用人工防渗系统。人工防渗系统按衬里结构的不同又分为单层衬里防渗系统、复合衬里防渗系统和双层衬里防渗系统。

a. 单层衬里防渗系统。位于地下水贫乏地区的防渗系统可采用单层衬里防渗。此种防渗系统只有一层防渗层,其上是渗滤液收集系统和保护层,必要时其下有一个地下水导流层和一个保护层(图4-42)。基础和地下水导流层的厚度应大于30 cm;膜下保护层的黏土厚度应大于100 cm,渗透系数不应大于1.0×10^{-5} cm/s;HDPE土工膜的厚度不应小于1.5 mm;渗滤液导流层厚度应大于30 cm。

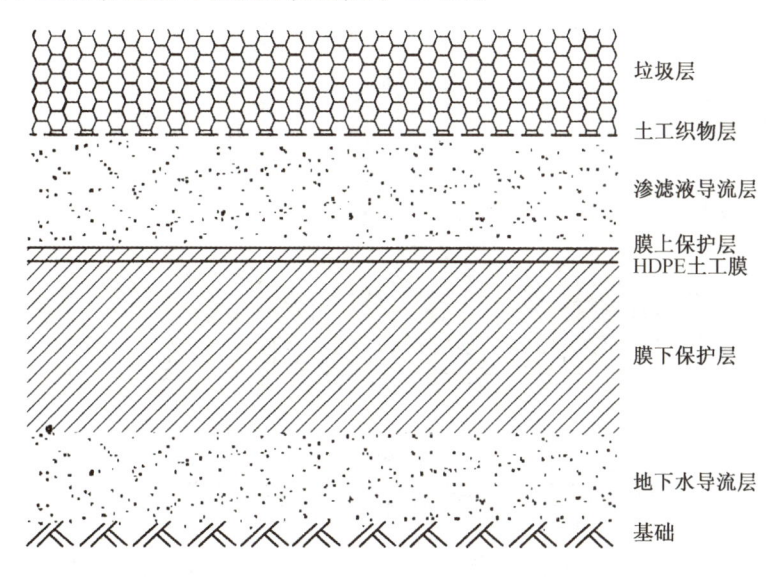

图 4-42 库区底部单层衬里防渗系统的结构示意图

b. 复合衬里防渗系统。人工合成衬里的防渗系统应采用复合衬里防渗系统,即由两种防渗材料相贴而形成的防渗衬里。两种防渗材料相互紧密排列,提供综合效力。比较典型的复合结构是上层为柔性膜,其下为渗透性低的黏土矿物层。与单层衬里防渗系统相似,复合衬里防渗系统的上方为浸出液收集系统,下方为地下水收集系统。

库区底部复合衬里防渗系统必须按图4-43的结构进行铺设。基础和地下水导流层的厚度应大于30 cm;膜下保护层的黏土厚度应大于100 cm,渗透系数不应大于1.0×10^{-7} cm/s;HDPE土工膜的厚度不应小于1.5 mm;渗滤液导流层的厚度应大于或等于30 cm。

c. 双层衬里防渗系统。特殊地质和环境要求非常高的地区,库区底部应采用双层衬里防渗系统。此种防渗系统有两层防渗层,两层之间是排水层,以控制和收集防渗层之间的液体或气体。衬层上方为渗滤液收集系统,下方可有地下水收集系统。透过上部防渗层的渗滤液或者气体受到下部防渗层的阻挡而在中间的排水层中得到控制和收集。

库区底部双层衬里防渗系统必须按图4-44的结构进行铺设。

包括基础厚度大于30 cm的地下水导流层;膜下保护层的黏土厚度应大于100 cm,渗透系数不应大于1.0×10^{-5} cm/s;HDPE土工膜的厚度不应小于1.5 mm;渗滤液导流(检测)层的厚度应大于30 cm;渗滤液导流层的厚度应大于30 cm。

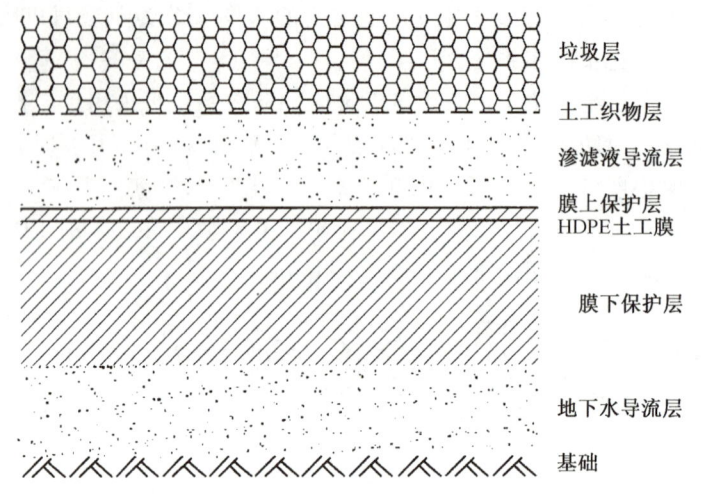

图 4-43　库区底部复合衬里防渗系统的结构示意图

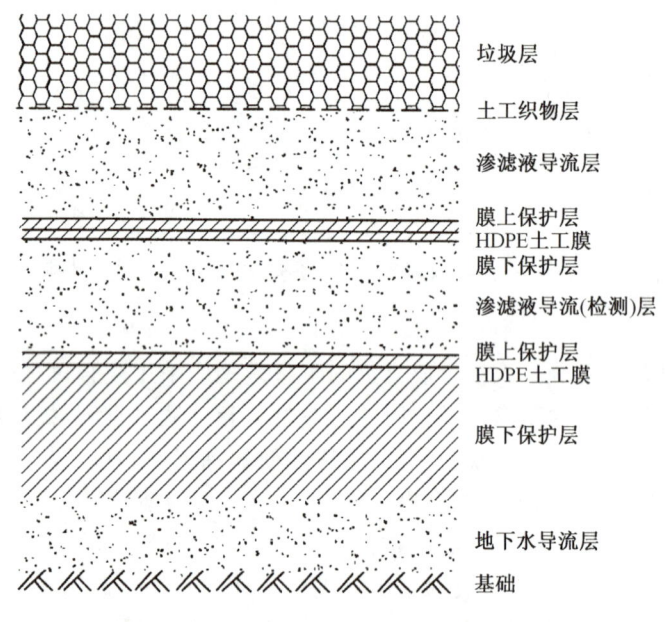

图 4-44　库区底部双层衬里防渗系统的结构示意图

4. 卫生填埋场渗滤液处理技术

(1)渗滤液的来源与性质

垃圾渗滤液是指垃圾在填埋和堆放过程中由于垃圾中有机物质分解产生的水和垃圾中的游离水、降水以及入渗的地下水,通过淋浴作用而形成的污水。

垃圾渗滤液产生的来源主要有降水入渗、外部地表水入渗、地下水入渗、垃圾自身的水分、覆盖材料中的水分、有机物分解生成水等。填埋场渗滤液的产生量通常受该区域降水及气候状况、场地地形地貌及水文地质条件、填埋垃圾性质与组分、填埋场构造、操作条件等因素的影响。

渗滤液的特点是有机污染物浓度高,氨氮含量较高,色度较高,金属离子含量较高。渗滤液是一种成分复杂的高浓度有机废水,需要合理处理,否则污染严重。

(2)垃圾渗滤液产生量的控制措施

①入场垃圾含水率的控制

垃圾填埋过程中随填埋垃圾带入的水分,相当部分会在垃圾压实过程中渗滤出来,其量在渗滤液产生量中占相当大的比例。为此,必须控制入场填埋垃圾的含水率,一般要求小于30%(质量分数)。

②控制地表水的渗入量

消除或者减少地表水的渗入量是填埋场设计的最为重要的方面。包括对降雨、降雪、地表径流、间歇河和上升泉等所有地表水进行有效控制,可以减少填埋场渗滤液的产生量。主要可采取的措施有:①间歇暴露地区产生的临时性侵蚀和淤塞的控制;②最终覆盖区域采取土壤加固、植被整修边坡等控制侵蚀的措施;③加设衬层,以防止在暴雨期间大流量的冲刷;④建缓冲池以减少洪峰的影响;⑤流经未覆盖垃圾的径流引至渗滤液处理与处置系统。可供选用的控制设施有雨水流路、雨水沟、涵洞、雨水贮存塘等。

③控制地下水的渗入量

对地下水进行管理的目的在于防止地下水进入填埋区与废物接触。其主要方法是控制浅层地下水的横向流动,使之不进入填埋区。成功的地下水管理可以减少渗滤液的产生量,此外还可以为改善场区操作创造条件。主要方法有设置隔离层、设置地下水排水管和抽取地下水等。

(3)渗滤液收集系统

渗滤液收集系统的主要功能是将填埋库区内产生的渗滤液收集起来,并通过调节池输送至渗滤液处理系统进行处理。

渗滤液收集系统通常由导流层、收集沟、多孔收集管、集水池、提升多孔管、潜水泵和调节池等组成,如果多孔收集管直接穿过垃圾主坝接入调节池,则集水池、提升多孔管和潜水泵可省略。典型的渗滤液导排系统断面及其和水平衬垫系统、地下水导排系统的相对关系如图4-45所示。

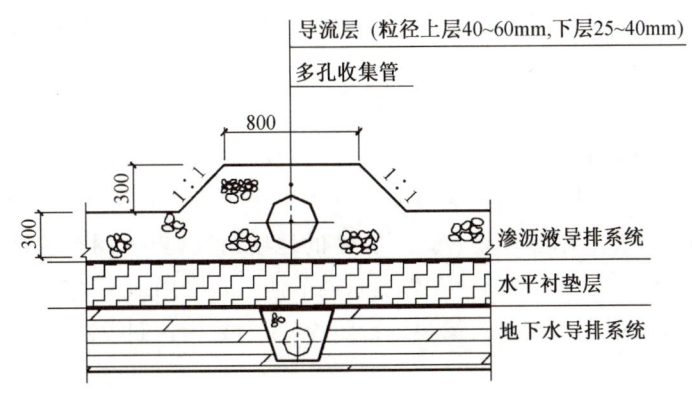

图4-45 典型渗滤液导排系统断面图

① 导流层

为了防止渗滤液在填埋库区场底积蓄,填埋场底应形成一系列坡度的阶梯,填埋场底的轮廓边界必须能使重力水流始终流向垃圾主坝前的最低点。导流层的目的就是将全场的渗滤液顺利地导入收集沟内的渗滤液收集管内(包括主管和支管)。

根据《生活垃圾卫生填埋处理工程项目建设标准》要求,渗滤液在垂直方向上进入导流层的最小底面坡降应不小于2%,以利于渗滤液的排放和防止在水平衬垫层上的积蓄。在场底清基的时候因为对表面土地扰动而需要对场地进行机械或人工压实,特别是已经开挖了渗滤液收集沟的位置,通常要求压实度要达到85%以上。导流层铺设在经过清理后的场基上,厚度应不小于300 mm,由粒径40~60 mm的卵石铺设而成。如图4-46所示。

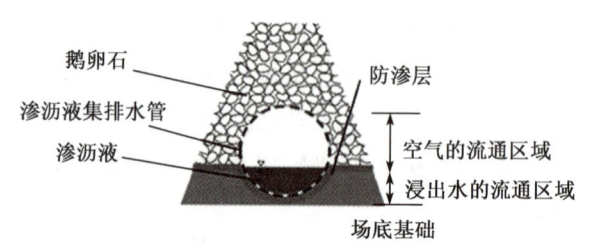

图4-46 典型渗滤液导流系统断面

② 收集沟和多孔收集管

收集沟设置于导流层的最低标高处,并贯穿整个场底,断面通常采用等腰梯形或菱形,铺设于场底中轴线上的为主沟,在主沟上按一定间距(30~50 m)设置支沟,支沟与主沟的夹角宜采用15°的整数倍(通常采用60°),以利于将来渗滤液收集管的弯头加工与安装。同时,在设计时应当尽量把多孔收集管道设置成直管段,中间不要出现反弯折点。收集沟中填充卵石或碎石,粒径按照上大下小形成反滤,一般上部卵石粒径采用40~60 mm,下部采用25~40 mm。典型渗滤液多孔收集管断面如图4-47所示。

③ 集水池及提升系统

渗滤液集水池位于垃圾主坝前的最低洼处,以砾石堆填以支撑上覆废弃物、覆盖封场系统等荷载,全场的垃圾渗滤液汇集到此并通过提升多孔管越过垃圾主坝进入调节池。集水池内填充砾石的孔隙率为30%~40%。

④ 调节池

渗滤液收集系统的最后一个环节是调节池,主要作用是对渗滤液进行水质和水量的调节,平衡丰水期和枯水期的差异,为渗滤液处理系统提供恒定的水量,同时可对渗滤液水质起到预处理的作用。依据填埋库区所在地的地质情况(当采用渗滤液重力自流入调节池时,还需考虑渗滤液穿坝管的标高影响),调节池通常采用地下式或半地下式,调节池的池底和内壁通常采用高密度聚乙烯膜进行防渗,膜上采用预制混凝土板保护。

⑤ 清污分流

实行清污分流是将进入填埋场未经污染或轻微污染的地表水或地下水与垃圾渗滤液分别导出场外,从而减少污水量,降低处理费用。

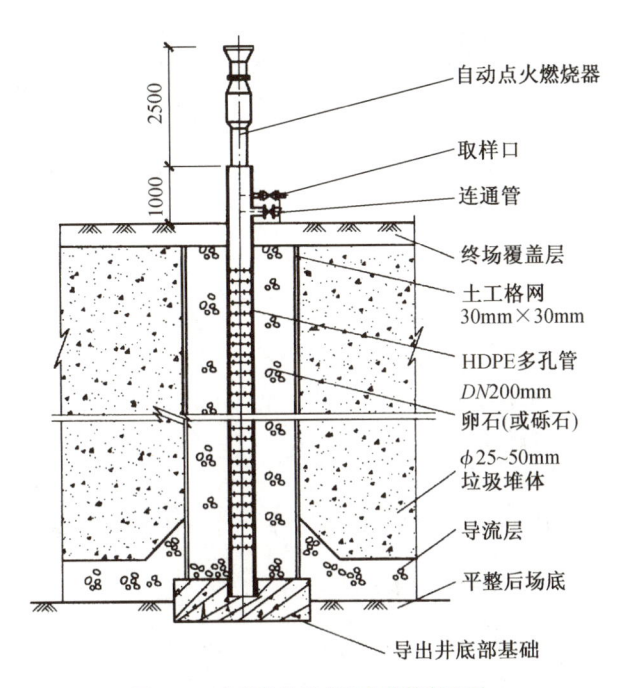

图 4-47 典型渗滤液多孔收集管断面图

控制地表径流就是进入填埋场之前把地表水引走,并防止场外地表水进入填埋区。一般情况下,控制地表径流主要是指排除雨水的措施。对于不同地形的填埋场,其排水系统也有差异。滩涂填埋场往往利用终场覆盖层造坡,将雨水导排进入填埋区四周雨水明沟。山谷型填埋场往往利用截洪沟和坡面排水沟将雨水排出。雨水导排沟一般采用浆砌块石或混凝土矩形沟,此外,地下水的导排主要依靠在水平衬垫层下设置导流层。

(4)渗滤液的处理方法

渗滤液的处理方法和工艺取决于其数量和特性,而渗滤液的特性决定于所埋废物的性质和填埋场使用的年限。生活垃圾填埋场渗滤液处理的基本方法包括渗滤液循环、渗滤液蒸发、处理后处置和排往城市废水处理系统等。

①渗滤液循环指收集渗滤液后再回灌到填埋场。在填埋场的初级阶段,渗滤液中包含有相当量的 TDS、BOD、COD、氮和重金属。通过循环,这些组分在填埋场内发生生物作用和其他物理化学反应而被稀释。为了防止渗滤液循环造成填埋场气体无控释放,填埋场内要安装气体回收系统。最终,必须收集、处理和处置剩余的渗滤液。

②渗滤液蒸发 渗滤液管理系统的最简单方法是蒸发,修建一个底部密封了的渗滤液容纳池,让渗滤液蒸发掉。剩余的渗滤液喷洒在完工的填埋场上。

③渗滤液处理 当未使用渗滤液循环或者蒸发法,而又不可能排往污水处理厂时,就需要加以一定的预处理或者完全处理。由于渗滤液成分变化很大,因此有多种处理方法。主要的生物和物理化学处理方法列于表 4-9 中。采用何种处理过程主要取决于要除去的污染物的范围和程度。

表 4-9　　用于渗滤液处理的生物、化学和物理过程及应用说明

处理过程		应用	说明
生物过程	活性污泥法	除去有机物	可能需要去泡沫添加剂,需要分离净化剂
	顺序分批反应器法	除去有机物	类似于活性污泥法,但不需要分离净化剂
	曝气稳定塘	除去有机物	需要占用较大的土地面积
	生物膜法	除去有机物	常用于类似于渗滤液的工业废水,其填埋场中的使用还在实践中
	好氧塘/厌氧塘	除去有机物	厌氧法比好氧法能耗低、污染低、需加热、稳定性不如好氧法、时间比好氧法长
	硝化作用/反硝化作用	除去有机物	硝化作用、反硝化作用可以同时完成
化学过程	化学中和法	控制 pH	在渗滤液的处理应用上有限
	化学沉淀法	除去金属和一些离子	产生污泥,可能需要按危险废物进行处置
	化学氧化法	除去有机物,还有一些无机成分	用于稀释废物流效果最好
	湿式氧化法	除去有机物	费用高,对顽固有机物效果好,很少单独使用,可以和其他方法合用
物理过程	物理沉淀法/漂浮法	除去悬浮物	仅在三级净化阶段使用
	过滤法	除去悬浮物	高能耗,需要冷凝水,需要进一步处理
	空气提	除去氨和挥发有机物	费用依渗滤液而定
	蒸气提	除去挥发有机物	仅在三级净化阶段使用
	物理吸附	除去有机物	在渗滤处理上应用有限
	离子交换	除去溶解无机物	
	极端过滤	除去细菌和高分子有机物	高费用,需要广泛的预处理
	反渗透	稀释无机溶液	形成污泥可能是危险废物,高费用(除非干燥区)
	蒸发	适用于渗滤液不允许排放处	

根据深圳市生活垃圾成分特点和经对现有垃圾填埋场渗滤液水质实测资料,预测初期渗滤液 COD 浓度为 20～60 g/L,BOD_5 为 10～36 g/L,NH_3-N 为 400～1 500 mg/L。经技术经济和环境指标比较,确定采取以下处理工艺,如图 4-48 所示。

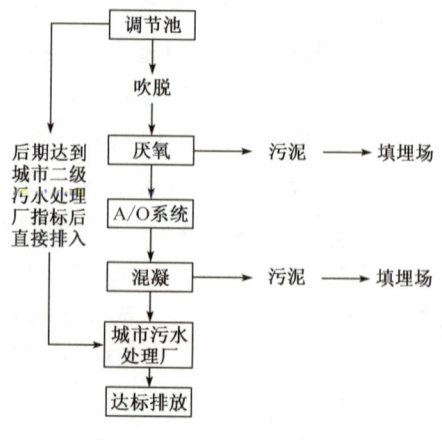

图 4-48　渗滤液处理工艺流程

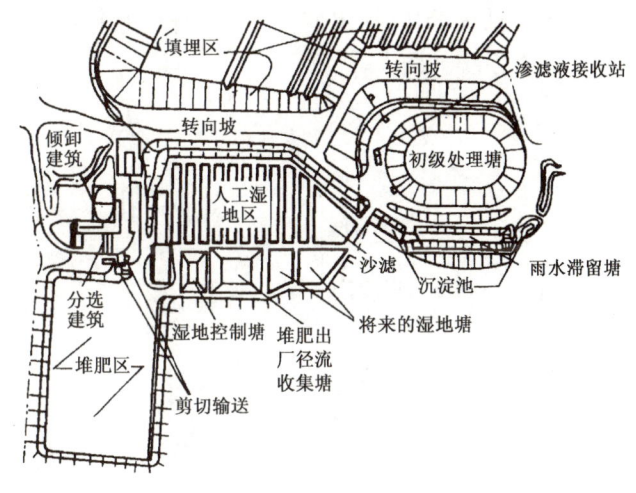

（5）渗滤液综合管理系统

渗滤液综合管理系统如图 4-49 所示。通过固体废物向下运动的流体（渗滤液）首先在沙层过滤，收集的渗滤液被运往处理贮流池（氧化池）中。在贮流池流体通过通风减少有机成分和控制气味，然后被引进经过破碎的生活垃圾中，这种生活垃圾可用作堆肥原料，并可用作填埋场的中间覆盖层。在城市生活垃圾被破碎之前要除去可回收利用的物质和金属。把渗滤液用于生活垃圾可以满足优化堆肥对水分的需要，并降低蒸发渗滤液的体积。多余的渗滤液在通过废物和其下的沙层时得到过滤，收集的渗滤液用管道传输到一系列建造的湿地中，这些湿地用于除去渗滤液中的有机物质、氮、重金属和痕量有机物。经过建造湿地处理之后的流体再经慢沙层的过滤，则可用于灌溉填埋场的绿色土地。

图 4-49　渗滤液综合管理系统

5. 卫生填埋场气体的收集与利用技术

（1）填埋场气体的组成与性质

垃圾填埋场可以被概化为一个生态系统，其主要输入项为垃圾和水，主要输出项为渗滤液和填埋气体，二者的产生是填埋场内生物、化学和物理过程共同作用的结果。填埋场气体主要是填埋垃圾中可生物降解有机物在微生物作用下的产物，其中主要有 NH_3、CO_2、CO、H_2、H_2S、CH_4、N_2 和 O_2 等，此外，还含有很少量的微量气体。填埋气体的典型特征为：温度达 43～49 ℃，相对密度为 1.02～1.06，为水蒸气所饱和，高位热值为 15 630～19 537 kJ/m³。填埋场气体的典型组分及体积分数见表 4-10。当然，随着垃圾填埋场的条件、垃圾的特性、压实程度和填埋温度等不同，所产生的填埋气体各组分的含量会有所变化。

表 4-10　　　　　　　垃圾填埋场气体的典型组分及体积分数

组分	体积分数（干基）/%	组分	体积分数（干基）/%
CH_4	45～60	NH_3	0.1～1.0
CO_2	40～60	H_2	<0.2
N_2	2～5	CO	<0.2
O_2	0.1～1.0	微量气体	0.01～0.6
H_2S	<1.0		

填埋场气体中的主要成分是甲烷和CO_2。甲烷不仅是影响环境的温室气体,而且是易燃易爆气体。CH_4 和 CO_2 等在填埋场地面上聚集过量会使人窒息。当 CH_4 在空气中的含量达到5%~15%时,会发生爆炸。填埋气体还会影响地下水水质,溶于水中的 CO_2 增加了地下水的硬度和矿物质的成分。

(2)填埋场气体的收集与导排

填埋场气体的收集和导排系统的作用是减少填埋气体向大气的排放量和在地下的横向迁移,并回收利用甲烷气体。填埋场废气的导排方式一般有两种,即主动导排和被动导排。

①主动导排。主动导排是在填埋场内铺设一些垂直的导气井或水平的盲沟,用管道将这些导气井和盲沟连接至抽气设备,利用抽气设备对导气井和盲沟抽气,将填埋场内的填埋气体抽出来。主动导排系统如图4-50所示。

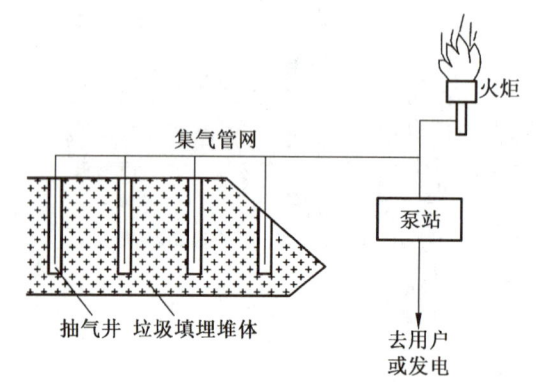

图4-50 填埋场气体主动导排系统示意图

主动导排系统主要由抽气井、集气管网、冷凝水收集井、泵站、真空源、气体处理站(回收或焚烧)以及检测设备等组成。

②被动导排。被动导排就是不用机械抽气设备,填埋气体依靠自身的压力沿导气井和盲沟排向填埋场外。被动导排适用于小型填埋场和垃圾填埋深度较小的填埋场。

(3)气体收集系统的设计

在设计填埋场气体收集和导排系统时,应考虑气体收集方式的选择、抽气井的布置、管道分布和路径、冷凝水收集和处理、材料选择、管道规格(压力差)等。

①气体收集设施根据设置方向可分为水平收集方式和竖向收集方式两种类型。水平收集方式的装置是水平沟,竖向收集方式的装置为竖井。

a.横身水平收集方式。水平收集方式就是沿着填埋场纵向逐层横向布置水平收集管,直至两端设立的导气井将气体引出场面。水平收集管是由HDPE(或UPVC)制成的多孔管,多孔管布设的水平间距为50 m,其周围铺砾石透气层。它适用于小面积、窄形、平地建造的填埋场,此收集方式简单易行,可以适应垃圾填埋作业,在垃圾填埋过程直至封顶时使用都方便。

b.竖向收集方式。竖井的作用是在填埋场范围内提供一种透气排气空间和通道,同时将填埋场内渗滤液引至场底部排到渗滤液调节池和污水处理站。此方式结构相对简单,集气效率高,材料用量少,一次投资省,在垃圾填埋过程容易实现密封。

(4)填埋场气体的净化和利用

填埋场气体在利用或直接燃烧前,常需要进行一些处理。填埋场气体含有水、二氧化碳、氮气、氧气、硫化氢等成分,这些成分的存在不仅降低填埋场气体的热值,而且在高温高压条件下,对填埋场气体的利用系统具有强烈的腐蚀作用。因此,有必要对填埋场气体(简称填埋气)进行处理与净化。

①填埋气各组分的净化方法

现有的填埋气净化技术都是从天然气净化工艺及传统的化工处理工艺发展而来的,按反应类型和净化剂种类分类,针对填埋气中的水、硫化氢、二氧化碳的净化技术见表4-11。

表4-11　　　　　填埋气的净化技术

净化技术	水	硫化氢	二氧化碳
固体物理吸附	活性氧化铝 硅胶	活性炭	
液体物理吸附	氯化物 乙二醇	水洗 丙烯酯	水洗
化学吸收	固体:生石灰 氯化钙 液体:无	固体:生石灰 熟石灰 液体:氢氧化钠 碳酸钠 铁盐 乙醇胺 氧化还原作用	固体:生石灰 液体:氢氧化钠 碳酸钠 乙醇胺
其他	冷凝 压缩和冷凝	膜分离 微生物氧化	

②填埋气的利用

填埋气中甲烷气体约占50%,而甲烷气体是一种宝贵的清洁能源,具有很高的热值。表4-12为填埋气与各种气、液燃料发热量比较。可以看出,填埋场气体的热值与城市煤气的热值接近,每升填埋场气体中所含的能量大约相当于0.45L柴油、0.6L汽油的能量。它净化处理后是一种较理想的气体燃料。

表4-12　　　　　填埋场气体与其他燃料发热量对照表

燃料种类	纯甲烷	填埋气	煤气	汽油	柴油
发热量/(kJ/m³)	35 916	9 395	6 744	30 557	39 276

常用的填埋气利用方式有以下几种:

a.用于锅炉燃料　用于采暖和热水供应,这种利用方式设备简单,投资少,适合于垃圾填埋场附近有热用户的地方。

b.用于民用或工业燃气　用管道输送到居民用户或工厂,作为生活或生产燃料。此种方式投资大,技术要求高,要求规模大的填埋场气体利用工程。

c. 用于发电　填埋气即沼气可用作内燃发动机的燃料,通过燃烧膨胀做功产生原动力使发动机带动发电机进行发电。沼气发电的简要流程为:沼气→净化装置→贮气罐→内燃发动机→发电机→供电。

d. 用作化工原料　填埋气经过净化,可得到很纯净的甲烷和 CO_2,它们是重要的化工原料,比如,在光照条件下,甲烷分子中的氢原子能逐步被卤素原子所取代,生成一氯甲烷、二氯甲烷、三氯甲烷和四氯化碳的混合物。这四种产物都是重要的有机化工原料:一氯甲烷是制取有机硅的原料;二氯甲烷是塑料和醋酸纤维的溶剂;三氯甲烷是合成氟化物的原料;四氯化碳是溶剂又是灭火剂,也是制造尼龙的原料。用 CO_2 制造一种叫"干冰"的冷凝剂,可制取碳酸氢铵肥料。

6. 卫生填埋场封场要求与监测管理

封场是卫生填埋场建设中的一个重要环节。封场的目的在于防止雨水大量下渗;避免垃圾降解过程中产生的有害气体和臭气直接释放到空气中造成空气污染;避免有害固体废物直接与人体接触;阻止或减少蚊蝇的滋生。封场覆土上栽种植被,进行复垦或作其他用途。

(1) 终场覆盖层的一般结构

现代化卫生填埋场的终场覆盖层应由五层组成,从上至下为:表层、保护层、排水层、防渗层(包括底土层)和排气层。各结构层的作用、材料和使用条件列于表 4-13 中。

表 4-13　　　　填埋场终场覆盖系统

结构层	主要功能	常用材料	备注
表层	取决于填埋场封场后的土地利用规划,能生长植物并保证植物根系不破坏下面的保护层和排水层,具有抗侵蚀等能力,可能需要地表水排水管道等建筑	可生长植物的土壤以及其他天然土壤	需要有地表水控制层
保护层	防止上部植物根系以及挖洞动物对下层的破坏,保护防渗层不受干燥收缩、结冻解冻等破坏,防止排水层的堵塞,维持稳定	天然土等	需要有保护层,保护层和表层有时可以合并使用一种材料
排水层	排泄入渗进来的地表水等,降低入渗层对下部防渗层的压力,还可以有气体导排管道和渗滤液回收管道等	沙、石、土工网格、土工合成材料、土工布	此层并非必需层,只有当通过保护层入渗的水量较多或对防渗层的渗透压力较大时才是必要的
防渗层	防止入渗水进入堆填废物中,防止填埋场气体逸出	压实黏土、柔性膜、人工改性防渗材料和复合材料等	需要有防渗层,通常由保护层、柔性膜和土工布来保护防渗层,常用复合防渗层
排气层	控制填埋场气体,将其导入填埋场气体收集设施进行处理或利用	沙、土工网格、土工布	只有当废物产生大量填埋场气体时才是必需的

(2) 终场覆盖层的结构类型

根据防渗层所采用材料,终场覆盖层的结构类型可分为黏土覆盖结构和人工材料覆盖结构。

黏土覆盖结构的特征是防渗层材料采用压实的黏土,其结构如图 4-51 所示。

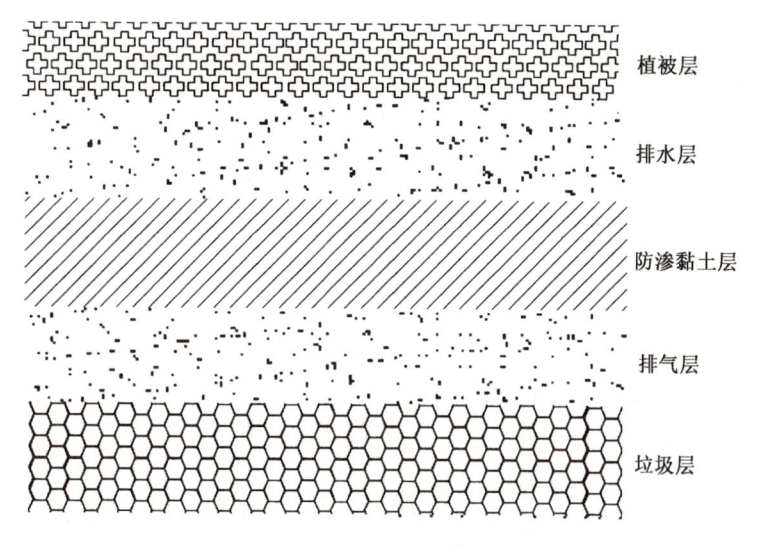

图 4-51 黏土覆盖结构示意图

人工材料覆盖结构的特征是防渗层材料采用人工合成材料如 HDPE 及相应的保护层构成,其结构如图 4-52 所示。

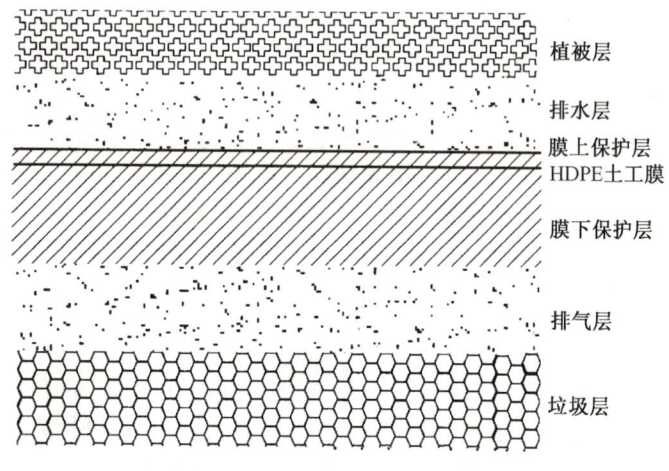

图 4-52 人工材料覆盖结构示意图

值得指出的是,无论采用何种覆盖结构封场,填埋场封场顶面坡度不应小于 5%。边坡大于 10% 时宜采用多级台阶进行封场,台阶间边坡的坡度不宜大于 1∶3,台阶宽度不宜小于 2 m。其次,填埋场封场后应继续进行填埋场气体、渗滤液处理及环境与安全监测等运行管理,直至填埋体稳定。

(3) 填埋场封场后的土地利用

封场后填埋场的再利用必须在填埋体达到稳定安全期后才可进行,使用前必须做出场地鉴定和使用规划。土地利用有以下几个方面①绿化用地,植树、种草;②耕地、菜园、果园;③游艺或运动场;④库房用地;⑤建筑用地等。但在未经环卫、岩土、环保专业技术鉴定之前,填埋场地严禁作为永久性建筑物用地。

(4)环境监测

监测内容包括入场废物例行检查、渗滤液监测、地表水监测、地下水监测、气体监测、土壤和植被监测、终场覆盖层的稳定性监测等。

7. 生活垃圾卫生填埋场运行监管要求

(1)填埋生活垃圾前应制订填埋作业计划和年、月、周填埋作业方案,实行分区域单元逐层填埋作业,控制填埋作业面积,实施雨污分流。合理控制生活垃圾摊铺厚度,准确记录作业机具工作时间或发动机工作小时数,填埋作业完毕后应及时覆盖,覆盖层应压实平整。运行、监测等各项记录应及时归档。

(2)加强对进场生活垃圾的检查,对进场生活垃圾应登记其来源、性质、重量、车号、运输单位等情况,防止不符合规定的废物进场。

(3)卫生填埋场运行应有灭蝇、灭鼠、防尘和除臭措施,并在卫生填埋场周围合理设置防飞散网。

(4)产生的垃圾渗滤液应及时收集、处理,并达标排放,渗滤液处理设施应配备在线监测控制设备。

(5)应保证填埋气体收集井内管道连接顺畅,填埋作业过程应注意保护气体收集系统。填埋气体及时导排、收集和处理,运行记录完整;填埋气体集中收集系统应配备在线监测控制设备。

(6)填埋终止后,要进行封场处理和生态环境恢复,要继续导排和处理垃圾渗滤液和填埋气体。

(7)卫生填埋场稳定以前,应对地下水、地表水、大气进行定期监测。对排水井的水质监测频率应不少于每周一次,对污染扩散井和污染监视井的水质监测频率应不少于每2周一次,对本底井的水质监测频率应不少于每月一次;每天进行一次卫生填埋场区和填埋气体排放口的甲烷浓度监测;根据具体情况适时进行场界恶臭污染物监测。

(8)卫生填埋场稳定后,经监测、论证和有关部门审定后,确定是否可以对土地进行适宜的开发利用。

(9)卫生填埋场运行和监管应符合《城市生活垃圾卫生填埋场运行维护技术规程》(CJJ 93)、《生活垃圾填埋场污染控制标准》(GB 16889—2008)等相关标准的要求。

同步练习

一、判断题

1. 在焚烧废物的过程中,常会产生恶臭。恶臭物质属于未完全燃烧的有机物,多为有机硫化物或氮化物。(   )

2. 固体废物热解是利用有机物的热不稳定性,在无氧或缺氧条件下受热分解的过程。焚烧是放热的,热解是吸热的。(   )

3. 沼气是有机物在厌氧条件下经厌氧细菌的分解作用产生的以氨气和二氧化碳为主的可燃性气体。(   )

4. 焚烧适用于进炉垃圾平均热值高于 5 000 kJ/kg、卫生填埋场地缺乏地区。(   )

5. 焚烧工艺适于处理废塑料、废橡胶、含碳40%以上的污泥和生活垃圾等。（　　）

6. 堆肥化就是依靠自然界广泛分布的细菌、放线菌、真菌等微生物以及人工培养的工程菌等，在一定的条件下，有控制地促进有机物向稳定的腐殖质转化的生物化学过程，其实质就是一种生物代谢过程。（　　）

7. 好氧高温堆肥法的堆温高，一般在55 ℃以上，可维持7～11 d，极限温度可达80 ℃。由于好氧堆肥法具有堆肥周期短、无害化程度高、卫生条件好等优点，所以在有关污泥、生活垃圾、畜禽粪便和农业秸秆等废物的处理中被广泛采用。（　　）

8. 与水压式沼气池相比，浮罩式沼气池将发酵和贮气合并于同一个空间，下部为发酵间，上部为贮气间。（　　）

9. 在固体废物热解过程中，热解温度对于热解产物的产量和成分有着重要的影响。一般说来，高温产生更多的液态油品类物质。（　　）

10. pH直接影响沼气发酵过程的产气率，发酵通常适于在偏酸性环境下进行。（　　）

11. 卫生填埋是处置一般固体废物且会对公众健康及环境安全造成危害的一种方法，主要用来处理生活垃圾。（　　）

12. 土地耕作处置是利用深层土壤处置工业固体废物的一种方法。（　　）

13. 地上式填埋方式通常适用于地下水位较高或者地形不适于挖掘的地方。（　　）

14. 全封闭性填埋场将废物和渗滤液与环境隔绝开，将废物安全保存相当一段时间（数十年甚至上百年）。（　　）

15. 填埋场中产生的气体随着时间的延续不断减小，并沿着土壤向各个方向扩散。（　　）

16. 表面密封系统的表层是土地恢复层，主要使用可生长植物的腐殖土和其他土壤。（　　）

二、填空题

1. 可燃固体废物焚烧时，其热值有两种表示法，即＿＿＿＿＿和＿＿＿＿＿，二者之差表现为＿＿＿＿＿。

2. 固体废物燃烧的机理极其复杂，但就过程而言可以依次分为＿＿＿＿＿、＿＿＿＿＿以及＿＿＿＿＿三大过程。根据可燃物质的不同种类，存在三种不同的燃烧方式，即＿＿＿＿＿、＿＿＿＿＿和＿＿＿＿＿。

3. 有机固体废物的热解是指固体有机废物在完全没有氧或缺氧条件下，通过加热将有机物大分子进行降解，最终生成＿＿＿＿＿、＿＿＿＿＿和炭黑的化学分解过程。

4. 影响热解过程的主要因素有＿＿＿＿＿、＿＿＿＿＿、＿＿＿＿＿等。

5. 热解炉按结构可以分为＿＿＿＿＿、＿＿＿＿＿、＿＿＿＿＿和旋转床等。

6. 按照微生物对氧的需求，堆肥过程可以分为＿＿＿＿＿和＿＿＿＿＿两大类。

7. 好氧堆肥的微生物学过程大致可分为三个阶段，即＿＿＿＿＿、＿＿＿＿＿和腐熟阶段。

8. 影响堆肥过程的因素有＿＿＿、＿＿＿、＿＿＿、＿＿＿、＿＿＿和pH。

9. 厌氧发酵一般可以分为＿＿＿＿＿、＿＿＿＿＿和＿＿＿＿＿三个阶段。

10.影响发酵过程的主要因素有_____、_____、_____、_____和有毒物质等。

11.土地填埋处置种类很多,按照填埋地形特征可分为_____、_____和废矿坑填埋。

三、简答题

1.影响固体废物焚烧处理的主要因素有哪些?这些因素对固体废物焚烧处理有何重要影响?为什么?

2.废物在焚烧过程中会产生哪些污染物?如何防治?

3.热解与焚烧的主要区别是什么?

4.简述高温好氧堆肥的基本原理和微生物学过程。

5.如何评判堆肥的腐熟度?

6.简述沼气发酵的微生物学过程。

7.卫生填埋场选址时主要考虑哪些因素?

8.简要分析卫生填埋场渗滤液收集系统的主要功能及其控制因素。

四、计算题

1.用一种成分为 $C_{31}H_{50}NO_{26}$ 的堆肥物料进行实训室规模的好氧堆肥实训。实训结果,每1 000 kg 堆料在完成堆肥化后仅剩下198kg,测定产品成分为 $C_{11}H_{14}NO_4$,试求每1 000 kg 物料的化学计算理论需氧量。

2.废物混合最适宜的 C/N 比计算:树叶的 C/N 比为50∶1,与来自污水处理厂的活性污泥混合,活性污泥的 C/N 比为6.3∶1。请计算各组分的比例使混合 C/N 比达到25∶1。假定条件如下:污泥含水率为75%;树叶含水率为50%;污泥含氮率为5.6%;树叶含氮率为0.7%。

3.有1 000 kg 猪粪,从中称取10 g 样品,在(105±2)℃烘至恒重后的质量为1.95 g。①求其总固体百分含量和总固体量;②如将这些猪粪中的10 g 样品的总固体在(550±20)℃灼烧至恒重后质量为0.39 g,求猪粪原料总固体中挥发性固体的百分含量。

4.有100 kg 混合垃圾,其物理组成是食品垃圾25 kg、废纸40 kg、废塑料13 kg、破布5 kg、废木材2 kg,其余为土、灰、砖等,求混合垃圾的热值。(食品垃圾热值:4 650 kJ/kg;废纸热值:16 750 kJ/kg;废塑料热值:32 570 kJ/kg;破布热值:17 450 kJ/kg;废木料热值:18 610 kJ/kg;土、灰、砖热值忽略不计)。

5.一个十万人的城市,平均每人每天产生垃圾2.0 kg,如果采用卫生土地填埋处置,覆盖土与垃圾之比为1∶4,填埋后废物压实密度为600 kg/m³,试求1年填埋废物的体积。如果填埋高度为7.5 m,一个服务期为20年的填埋场占地面积为多少?总容量为多少?

模块 5

危险废物的全过程管理

知识目标

1. 了解危险废物的来源和分类。
2. 熟悉危险废物的概念和特性，危险废物的运输管理和相关要求，危险废物的转移管理。
3. 理解危险废物的固化/稳定化处理的技术原理。
4. 掌握危险废物的分析与鉴别方法、危险废物的收集贮存方式、危险废物贮存设施的运行管理与安全防护监测方法。
5. 熟悉巴尔赛公约的基本原则。
6. 熟练掌握常用的危险废物处理技术。

技能目标

1. 能采用水泥固化方法处理电镀污泥。
2. 会进行危险废物的分析与鉴别。
3. 会选择合适的容器、确定装载的方式、选择适宜的运输工具、确定合理的运输路线以及制定泄漏或临时事故的补救措施，进行危险废物的转移。

能力训练任务

1. 对所在城市危险废物的种类、产生量和危害现状进行调查与分析。
2. 设计所在城市危险废物的收运方案和公路运输的最佳管理方案。
3. 编制所在城市危险废物的安全填埋处置系统设计说明书。

为防治危险废物污染环境，应根据其来源和特性，及时进行合理的收集运输，以便采用固化/稳定化和安全填埋处置等合理的综合利用和处理处置技术，对危险废物实行全过程管理。

5.1 危险废物的来源与分类

5.1.1 危险废物的概念

危险废物又称为"有害废物""有毒废渣"等。对危险废物的定义,不同的国家和组织有不同的表述,联合国环境规划署(UNEP)把危险废物定义为:"危险废物是指除放射性以外的那些废物(固体、污泥、液体和利用容器的气体),由于它的化学反应性、毒性、易爆性、腐蚀性和其他特性可能造成对人体健康或环境的危害,不管它是单独的还是与其他废物混在一起,不管是产生的或是被处置的或正在运输中的,在法律上都称危险废物"。而世界卫生组织(WHO)的定义是:"危险废物是一种具有物理、化学或生物特性的需要特殊的管理与处置以免引起健康危害或产生其他环境危害的废物。"

我国自 2020 年 9 月 1 日起施行的《中华人民共和国固体废物污染环境防治法》中将危险废物规定为:"列入国家危险废物名录或者根据国家规定的危险废物鉴别标准和鉴别方法认定的具有危险特性的废物"。

5.1.2 危险废物的来源

危险废物包括工业危险废物、医疗废物和其他社会源危险废物。危险废物的来源主要有石油化学工业、化学工业、钢铁工业、有色金属冶金工业等行业,见表 5-1。

表 5-1　　危险废物的主要来源

废物产生行业	可能产生的废物类别
机械加工及电镀	废矿物油、废乳化液、废油漆、表面处理废物、含铜废物、含锌废物、含铅废物、含汞废物、无机氰化物废物、废碱、石棉废物、含镍废物等
金属冶炼、铸造及热处理	含氰热处理废物、废矿物油、废乳化液、含铜废物、含锌废物、含镉废物、含锑废物、含铅废物、含汞废物、含铊废物、废碱、废酸、石棉废物、含镍废物、含钡废物等
塑料、橡胶、树脂、油脂等化学生产及加工	废乳化液、精(蒸)馏残渣、有机树脂类废物、新化学品废物、感光材料废物、焚烧处理残渣、含酸类废物、含醚废物、废卤化有机溶剂、废有机溶剂、含有机物废物、含重金属废物、废油漆等
建材生产及建材使用	含木材防腐剂废物、废矿物油、废乳化液、废油漆、有机树脂类废物、废碱、废酸、石棉废物等
印刷纸浆生产及纸加工	废油漆、废乳化液、废碱、废酸、废卤化有机溶剂、废有机溶剂、含重金属的废涂料等
纺织印染及皮革加工	废油漆、废乳化液、含铬废物、废碱、废酸、废卤化有机溶剂、废有机溶剂等
化工原料及石油产品生产	含木材防腐剂废物、含有机溶剂废物、废矿物油、废乳化液、含多氯联苯废物、精(蒸)馏残渣、有机树脂类废物、废油漆、易燃性废物、感光材料废物、含铍废物、含铜废物、含锌废物、含硒废物、含锑废物、含铅废物、含汞废物、含铊废物、有机铅化物废物、无机氰化物废物、废碱、废酸、石棉废物、有机磷化物废物、含醚类废物、废卤化有机溶剂、废有机溶剂、含有氯苯并呋喃类废物、多氯联苯二噁英类废物、有机卤化物废物、含镍废物、含钡废物等
电力、煤气厂及废水处理	废乳化液、含多氯联苯废物、精(蒸)馏残渣、焚烧处理残渣等

(续表)

废物产生行业	可能产生的废物类别
医药及农药生产	医药废物、废药品、农药及除草剂废物、废乳化液、精(蒸)馏残渣、新化学品废物、废碱、废酸、有机磷化物废物、有机氰化物废物、含酚废物、含醚类废物、废卤化有机溶剂、废有机溶剂、含有机卤化物废物等
食品及饮料制造生产容器清洗	废碱、废酸、废非卤化有机溶剂等
制鞋行业的黏合剂涂敷	废易燃黏合剂
印刷、出版及相关工业定影显影设备清洗、制版等工艺	废碱、废酸、含汞废液、含铬废物/液、含铜废液、废卤化有机溶剂、废有机溶剂、易燃油墨废物等
化工及化学制造	废碱、废酸、废卤化溶剂、废非卤化溶剂、含农药废物、重金属废物、含氰废物、含重金属催化剂、含重金属废物、蒸馏残渣、石棉废物等
石油及煤产品制造	废卤化溶剂、废非卤化溶剂等
玻璃及玻璃制品生产	废矿物油、废卤化溶剂、废非卤化溶剂、废酸、重金属废液、废油漆等
钢铁生产与加工	重金属废物、废碱、废酸、废矿物油、含锌废液等
有色金属生产与加工	含重金属废物、废碱、废酸、废矿物油、含锌废物、废卤化溶剂、废非卤化溶剂等
金属制品制造	废碱、废酸、含氰废液、废卤化溶剂、废非卤化溶剂、废矿物油、废油漆、易燃废物、含铬废液、含重金属废物/液等
办公及家电机械和电子设备制造、电子及通信设备制造	废碱、废酸、废卤化溶剂、废非卤化溶剂、废矿物油、含重金属废液、含氰废液、易燃有机物等
机械、设备、仪器、运输工具、器材、用品、产品及零件制造	废碱、废酸、废卤化溶剂、废非卤化溶剂、废矿物油、含重金属废液、含氰废液、易燃机物、石棉废物、废催化剂等
运输部门作业及车辆保养修理	废易燃有机物、废油漆、废卤化溶剂、废矿物油、含多氯联苯废物、废酸、含重金属的废电池等
医疗部门	医院废物、医药废物、废药品等
实训室、商业和贸易部门、服务行业	废碱、废酸、废卤化溶剂、废非卤化溶剂、废矿物油、含重金属废物/液、废油漆等、损坏、过期、不合格、废弃及无机的化学药品等
废物处理工艺	废碱、废酸、废卤化溶剂、废非卤化溶剂、废矿物油、含重金属废物/液、含有机卤化物废物、废油漆、有机树脂类废物等

5.1.3 危险废物的分类

1. 目录式分类

目录式分类是根据经验和实训分析鉴定的结果，将危险废物的品名列成一览表，用以表明某种废物是否属于危险废物，再由国家管理部门以立法形式予以公布。由于国情的不同，每个国家的名录分类的依据有所差异。

中国是《巴尔赛公约》的第一批缔约国，几乎参与了《巴尔塞公约》的全部起草过程，并在 1990 年批准了该公约。

《国家危险废物名录(2021 年版)》(见附录 2)已于 2020 年 11 月 5 日经生态环境部部务会议审议通过，现予公布，自 2021 年 1 月 1 日起施行。《国家危险废物名录》依据《巴尔塞公约》将危险废物分为 47 个类别，编号是从 HW01 到 HW47，主要是根据废物的成分和来源、特性来进行分类的。HW10、HW21、HW22、HW23、HW24、HW25、HW26、

HW27、HW28、HW29、HW33、HW41等都属于按所含有毒成分来进行分类的。从来源看,医药方面就包含三个类别:医院临床废物(HW01)、医药废物(HW02)和废药物、药品(HW03),按来源分的还有农药废物(HW04)、表面处理废物(HW17)等。

2. 按特性分类

中国危险废物按照危险特性大体可以分为易燃性废物、腐蚀性废物、反应性废物,见表5-2。

表 5-2　　　　　　　中国部分危险废物按特性分类及其来源

危险特性	废物名称	废物来源
易燃性废物	废卤化溶剂	回收这些溶剂的蒸馏釜底物,废弃的工业化学产品、不合格产品、容器残留物和泄漏残留物
腐蚀性废物	废酸	冷轧带钢、糠醛生产过程、炼焦工艺、酸洗过程、集成电路处理过程电解工艺、半导体部件制造过程、印刷制版过程、热处理、轴承生产过程等
腐蚀性废物	废碱	原油裂解、集成电路热处理、轴承生产过程、碱洗过程、中温淬火、电镀过程等
腐蚀性废物	钠渣	制钠过程
腐蚀性废物	废铬酸	皮革鞣制
腐蚀性废物	废对苯二甲酸	涤纶树脂生产过程,苯酐制造过程
腐蚀性废物	电石渣	乙炔生产过程
腐蚀性废物	硼泥	制硼酸、硼砂工艺
腐蚀性废物	锰泥	制高锰酸钾工艺
腐蚀性废物	白泥	造纸厂
反应性废物	含氰电镀废液	电镀过程产生的含氰的电镀槽废液
反应性废物	含氰电镀污泥	使用氰化物的电镀过程,由镀槽底部产生
反应性废物	含氰清洗槽废液	使用氰化物的电镀过程清洗槽的废液
反应性废物	含氰的油浴淬火槽的残渣	使用氰化物的金属热处理过程油浴淬火槽产生
反应性废物	含氰清洗废液	金属热处理过程清洗盐浴锅产生
反应性废物	含丙烯腈的塔底馏出物	丙烯腈生产中废水汽提塔的底部流出物
反应性废物	含乙腈的塔底馏出物	丙烯腈生产中乙腈塔的底部馏出物
反应性废物	离心和蒸馏残渣	甲苯二异氰酸盐生产过程产生的离子和蒸馏残渣
反应性废物	废水处理污泥	制造和加工爆炸品产生的废水处理污泥
反应性废物	废炭	含爆炸品的废水在处理时产生的废炭
反应性废物	粉红水/红水	TNT(三硝基甲苯)生产操作产生的粉红水/红水
反应性废物	含氰化物废液	矿石金属回收过程氰化槽废液
反应性废物	其他反应性废物	废弃的工业化学产品、不合格产品、容器残留物和泄漏残留物

3. 按物理和化学性质分类

按物理和化学性质分类,可把危险废物分为无机危险废物、有机危险废物、油类危险废物、污泥危险废物等,见表5-3。

表 5-3　　　　　　　　　　按物理和化学性质分类的危险废物

分类名	废物名
无机危险废物	酸、碱、重金属、氰化物、电镀废水
有机危险废物	杀虫剂、石油类的烷烃和芳香烃、卤代物的卤代烃、卤代脂肪酸、卤代芳香烃化合物和多环芳香烃化合物
油类危险废物	润滑油、液压传动装置的液体、受污染的燃料油
污泥危险废物	金属工艺、油漆、废水处理等方面的污染物

5.1.4　危险废物的污染现状

近年来,危险废物对环境和健康的影响受到公众和法律的日益关注。危险废物中的有害物质不仅能造成直接的危害,还会在土壤、水体、大气等自然环境中迁移、滞留、转化,污染土壤、水体、大气等人类赖以生存的生态环境,从而最终影响到人体健康。随着经济的迅速发展,我国危险废物的产生量越来越大、种类繁多、性质复杂,且产生源数量分布广泛,管理难度较大。据中国环境状况公报公布的有关数据,我国每年产生危险废物在1 000 万吨左右。虽然部分危险废物得到利用,但利用还不尽合理,有些还造成二次污染。2019 年,全国共有 200 个大、中城市向社会发布了 2018 年固体废物污染环境防治信息。经统计,此次发布信息的大、中城市一般工业固体废物产生量为 15.5 亿吨,工业危险废物产生量为 4 643.0 万吨,医疗废物产生量为 81.7 万吨,生活垃圾产生量为 21 147.3 万吨。2019 年全国重点城市及模范城市的工业危险废物产生及处理情况见表 5-4。

表 5-4　　2019 年我国重点城市及模范城市的工业危险固体废物产生及处理情况

产生		利用		贮存		处置	
产生量/(万吨)	占产生总量比例/%	综合利用量/(万吨)	占产生总量比例/%	工贮存量/(万吨)	占产生总量比例/%	处置量/(万吨)	占产生总量比例/%
2 978	66.19	1 736	69.68	529	62.74	1 267	70

资料来源:生态环境部、智研咨询整理。

5.2　危险废物的分析与鉴别

5.2.1　危险废物的分析

1. 危险废物的危害

危险废物的危害概括起来有如下几点:

(1) 短期急性危害

这里是指通过摄食、吸入或皮肤吸收引起急性毒性、腐蚀性,眼睛或其他部位接触的危害性,易燃易爆的危险性等,通常是事故性危险废物。例如,1986 年印度发生的博帕尔毒气泄漏事件,短时间造成异氰酸酯毒气大量泄漏,笼罩 25 km^2 的区域,造成 3 000 余居民死亡,20 万余人受害中毒。

(2) 长期环境危害

它起因于反复暴露的慢性毒性、致癌性(某种情况下由于急性暴露而会产生致癌作用,但潜伏期很长)、解毒过程受阻、对地下或地表水的潜在污染或美学上难以接受的特性(如恶臭)。如湖南衡阳一乡镇企业随意堆置炼砷废矿渣,造成当地地下饮用水水源的水质恶化,使附近居民饮用水水源受污染。

(3) 难以处理

对危险废物的治理需要花费巨额费用。根据发达国家经验,在长期内消除"过去的过失"费用相当高,据统计要多花费 10～1 000 倍费用。

2. 危险废物的表现形态

危险废物可能作为副产品、过程残渣、用过的反应介质、生产过程中被污染的设施或装置以及废弃的成品出现。

5.2.2 危险废物的鉴别

危险废物的鉴别是有效管理和处理处置危险废物的首要前提。目前世界各国的危险废物鉴别方法因其危险废物性质和国内立法的不同而存在差异。通常的鉴别方法有两种,一种是名录法,另一种是特性法。

1. 名录法

与美国相似,中国的危险废物的鉴别是采用名录法和特性法相结合的方法。未知废物首先必须确定其是否属于《危险废物名录》中所列的种类。如果在名录之列,则必须根据《危险废物鉴别标准》来检测其危险特性,按照标准来判定具有哪类危险特性;如果不在名录之列,也必须按《危险废物鉴别标准》来判定该类废物是否属于危险废物和相应的危险特性。

2. 特性法

《危险废物鉴别标准》要求检测的危险废物特性为易燃性、腐蚀性、反应性、浸出毒性、急性毒性、传染疾病性、放射性。

(1) 易燃性

易燃性是指易于着火和维持燃烧的性质。但像木材和纸等废物不属于易燃性危险废物。只有废物具有以下特性之一,才称其为易燃性危险废物:

① 酒精含量低于 24%(体积分数)的液体,或闪点低于 60 ℃。

② 在标准温度和压力下,通过摩擦、吸收水分或自发性化学变化引起着火的非液体,着火后会剧烈地持续燃烧,造成危害。

③ 易燃的压缩气体。

④ 氧化剂。

(2) 腐蚀性

腐蚀性是指易于腐蚀或溶解组织、金属等物质,且具有酸或碱的性质。当废物具有以下特性之一,则称其为腐蚀性危险废物:

① 其水溶液的 pH 小于 2 或大于 12.5。

② 在 55 ℃下,其溶液腐蚀钢的速率大于等于 6.35 mm/a。

(3) 反应性

反应性是指易于发生爆炸或剧烈反应,或反应时会挥发有毒的气体或烟雾的性质。废物具有以下特性之一,则称其为反应性危险废物:

① 通常不稳定,随时可能发生激烈变化。

② 与水发生激烈反应。

③ 与水混合后有爆炸的可能。

④ 与水混合后会产生大量的有毒气体、蒸气或烟,对人体健康或环境构成危害。

⑤ 含氰化物或硫化物的废物,当其 pH 为 2~12.5 时,会产生危害人体健康或对环境有危害的毒性气体、蒸气或烟。

⑥ 密闭加热时,可能引发或发生爆炸反应。

⑦ 标准温度压力下,可能引发或发生爆炸或分解反应。

⑧ 运输部门法规中禁止的爆炸物。

(4) 毒害性

毒害性是指废物产生可以污染地下水等饮用水水源的有害物质的性质。美国 EPA 规定了废物中各种污染物的极限浓度(见表 5-5)。如果废物中任意一种污染物的实测浓度高于表 5-5 中规定的浓度则该废物被认定具有毒性。

表 5-5　毒性特征组分及其规定水平值

危险废物编号①	组分	规定水平/(mg/L)	危险废物编号①	组分	规定水平/(mg/L)
D004	砷	5.0	D032	六氯苯	0.13③
D005	钡	100.0	D033	六氯-1,3-丁三烯	0.5
D018	苯	0.5	D034	六氯乙烷	3.0
D006	镉	1.0	D008	铅	5.0
D019	四氯化碳	0.5	D013	高丙体六六六	0.4
D020	氯丹	0.03	D009	汞	0.2
D021	氯化苯	100.0	D014	甲氧基DDT	10.0
D022	氯仿	6.0	D35	甲基乙基酮	200.0
D007	铬	5.0	D036	硝基苯	2.0
D023	邻-甲酚	200.0②	D035	五氯酚	100.0
D024	间-甲酚	200.0②	D038	吡啶	5.0③
D025	对-甲酚	200.0②	D010	硒	1.0
D026	甲酚	200.0②	D011	银	5.0
D016	2,4-D	10.0	D039	四氯乙烯	0.7
D027	1,4-二氯苯	7.5	D015	毒杀酚	0.5
D028	1,2-二氯乙烷	0.5	D040	三氯乙烯	0.5
D029	1,1-二氯乙烯	0.7	D041	2,4,5-三氯酚	400.0
D030	2,4-二硝基甲苯	0.13③	D042	2,4,6-三氯酚	2.0

(续表)

危险废物编号①	组分	规定水平/(mg/L)	危险废物编号①	组分	规定水平/(mg/L)
D012	氯甲桥萘	0.008	D017	2,4,5-TP	1.0
D031	七氯	0.008	D043	氯乙烯	0.2

说明：①危险废物编码；②如果不能区分邻、间和对甲酚的浓度，则用总甲酚 D026 浓度。总甲酚的规定水平为 200 mg/L；③定量限制大于计算的规定水平值，因此定量限制成为规定水平值。

5.3 危险废物的收集与贮存

5.3.1 危险废物的收集

危险废物的收集指持有危险废物经营许可证，专门从事危险废物收集的单位，将其他企事业单位产生的危险废物，收集后暂存在其所设的防扬散、防流失、防渗漏的贮存场所，并适时转移至持有危险废物经营许可证的单位进行利用、处置的行为。

危险废物要根据其成分，用符合国家标准的专门容器分类收集，所谓分类收集是指根据废物的特点、数量、处理和处置的要求分别收集。居民生活、办公和第三产业产生的危险废物（如部分废电池、废日光灯管等）应与生活垃圾分类收集，通过分类收集提高其回收利用和无害化处理处置率，逐步建立和完善社会源危险废物的回收网络。

5.3.2 危险废物的标识

危险废物的产生者除按规定收集、按运输要求包装外，还应在危险废物的包装上贴上标签或放置一张记录废物特性的卡片。

在容器上的标签必须显示标明危险废物的种类和特性，标签必须要醒目。图 5-1 是美国运输部（DOT）指定的必须粘贴在装有危险废物的容器外的指示标签。

图 5-1 危险废物容器指示标签

5.3.3 危险废物的贮存

对已产生的危险废物,若暂时不能回收利用或进行处理处置的,其产生单位须建设专门的危险废物贮存设施进行贮存,并设立危险废物标志,或委托具有专门危险废物贮存设施的单位进行贮存,贮存期限不得超过国家规定。贮存危险废物的单位需拥有相应的许可证。禁止将危险废物以任何形式转移给无许可证的单位,或转移到非危险废物贮存设施中。危险废物贮存设施应有相应的配套设施并按有关规定进行管理。

1. 危险废物的贮存方式和类型

危险废物贮存是指危险废物再利用或无害化处理和最终处置前的存放行为。危险废物的贮存方式可分为集中贮存、隔离贮存、隔开贮存和分离贮存。集中贮存是指为危险废物集中处理、处置而附设贮存设施或设置区域性贮存设施的贮存方式;隔离贮存是指在同一房间或同一区域内,不同的物料之间分开一定的距离,非禁忌物料间用通道保持空间的贮存方式;隔开贮存是指在同一建筑或同一区域内,用隔板或墙将其与禁忌物料隔离的贮存方式;分离贮存是指在不同的建筑物或远离所有建筑的外部区域内的贮存方式。

危险废物贮存的类型主要有贮存容器、贮罐、地表蓄水池、填埋、废物堆栈和深井灌注等。

贮存容器是危险废物贮存最常用的形式之一。它指任何可移动的装置,物料在其中被贮存、运输、处理或管理。

贮罐是用于贮存或处理危险废物的固定设备。因为它可累积大量的物料,有时可达数万加仑,广泛应用于危险废物的贮存或累积。

地表蓄水池是一种天然下沉的地形结构、人造坑洞或是主要由土质材料建造的堤防围起的区域(尽管可能衬有人造材料),被用于处理、贮存或处置的液态危险废物。如贮水塘、贮水井和固定塘。

填埋是一种可以在土地上或土地中安置非液态危险废物的处置类型。

废物堆栈是一种处理或贮存非液态危险废物的露天堆栈。对这种装置的要求与对填埋的要求很相似,但不同的是,废物堆栈只可用于暂时的贮存和处理,不能用于处置。

深井灌注是指把液状废物注入与饮用水和矿脉层隔开的可渗透的地下岩层中。在某些情况下,它是处置某些有害废物的安全处置方法。

2. 危险废物贮存容器的要求

对于危险废物的贮存容器,除了使用符合标准的容器外,应注意危险废物与贮存容器的相容性。盛装危险废物的容器材质和衬里要与危险废物相容,例如塑料容器不应用于贮存废溶剂。对于反应性危险废物,如含氰化物的废物,必须装在防湿防潮的密闭容器中,否则,一旦遇水或酸,就会产生氰化氢剧毒气体。对于腐蚀性危险废物,为防止容器泄漏,必须装在衬胶、衬玻璃或塑料的容器中,甚至用不锈钢容器。对于放射性危险废物,必须选择有安全防护屏蔽的包装容器。装载危险废物的容器及材质要满足相应的强度要求,而且必须完好无损,以防止泄露。液体危险废物可注入开孔直径不超过 70 mm 并有放气孔的桶中进行贮存。盛装危险废物的容器上必须按《危险废物贮存污染控制标准》(GB18957—2001)、《一般工业固体废物贮存和填埋污染控制标准》(GB 18599—2020)、

《医疗废物处理处置污染控制标准》(GB 39707—2020)的有关规定贴上相应的标签。危险废物的贮存容器也必须满足相应的强度要求,清洁、无锈、无擦伤及损坏。

5.3.4　危险废物贮存设施的管理

1. 危险废物贮存设施的运行与管理

①从事危险废物贮存的单位,必须得到有资质单位出具的该危险废物样品的物理和化学性质的分析报告,认定可贮存后,方可接收。

②危险废物贮存前必须进行检验,确保同预定接收的危险废物一致,并登记注册。

③从事危险废物贮存的单位不得接收未粘贴符合《危险废物贮存污染控制标准》(GB 18597—2001)的有关规定的标签或标签没按规定填写的危险废物。

④盛装在容器内的同类危险废物可以堆叠存放。

⑤每个堆间应留有搬运通道。

⑥不得将不相容的危险废物混合或合并存放。

⑦危险废物的产生者和危险废物贮存设施的经营者均须做好危险废物的记录,记录上须注明危险废物的名称、来源、数量、特性和包装容器的类别、入库日期、存放库位、危险废物出库日期及接收单位名称。危险废物的记录和货单在危险废物取回后应继续保留三年,以备核查。

⑧贮存设施经营者必须定期对所贮存的危险废物包装容器及贮存设施进行检查,发现破损应及时采取措施清理更换。

⑨泄漏液、清洗液、浸出液必须符合《污水综合排放标准》(GB 8978—1996)的要求方可排放,气体导出口排出的气体经处理后,应满足《大气污染物综合排放标准》(GB 16297—1996)和《恶臭污染物排放标准》(GB 14554—1993)的要求。

2. 危险废物贮存设施的安全防护与监测

①危险废物贮存设施都必须按《环境保护图形标志　固体废物贮存(处置)场》(GB 15562.2—1995)的规定设置警示标志。

②危险废物贮存设施周围应设置围墙或其他防护栅栏。

③危险废物贮存设施应配备通信设备、照明设施、安全防护服装及工具,并设有应急防护设施。

④危险废物贮存设施内清理出来的泄漏物,一律按危险废物处理。

⑤危险废物管理者必须按国家污染源管理要求对危险废物贮存设施进行监测。

5.4　危险废物的运输

运输是指从危险废物产生地移至处理或处置地的过程。危险废物的运输需选择合适的容器、确定装载方式、选择适宜的运输工具、确定合理的运输路线以及制定泄漏或临时事故的补救措施。

5.4.1　危险废物运输容器

装运危险废物的容器应根据危险废物的不同特性而设计,不易破损、变形老化,能有效地防止渗漏、扩散。装有危险废物的容器必须贴有标签,在标签上详细标明危险废物的名称、重量、成分、特性以及发生泄漏、扩散污染事故时的应急措施和补救方法。采用安全高效的危险废物运输系统,各种形式的专用车辆,运输车辆需有特殊标志。

危险废物运输者将危险废物从其产生地运输至其最终的处理处置点,在危险废物管理系统中扮演了一个十分重要的角色,是废物生产者与最终处理、贮存者之间的关键环节。对运输者的规定并不适用于从事生产现场危险废物运输的运输者,他们所运输的废物在生产现场接受处理处置。但必须注意的是,操作人员和运输者必须避免在生产现场附近的公共道路上运输危险废物。

5.4.2　危险废物的运输要求

《中华人民共和国固体废物污染环境防治法》规定,运输危险废物必须采取防止污染环境的措施,并遵守国家有关危险废物运输管理的规定。运输单位和个人在运输危险废物过程中,必须采取防扬散、防流失、防渗漏或其他防止污染环境的措施。禁止将危险废物与旅客在同一运输工具上载运。

5.4.3　危险废物的运输管理

危险废物的运输管理是指危险废物收集过程中的运输和收集后运送到中间贮存处理或处置厂(场)的过程所需实行的污染控制。在运输危险废物时,对装载操作人员和运输者要进行专门的培训,并进行有关危险废物的装卸技术和运输中的注意事项等方面的知识教育,同时配备必要的防护工具,以确保操作人员和运输者的安全。对危险废物的运输,工作人员要使用专用的工作服、手套和眼镜。对易燃或易爆炸性固体废物,应当在专用场地上操作,场地要装配防爆装置和消除静电设备。对于毒性、生物毒性以及可能具有致癌作用的固体废物,为防止固体废物与皮肤、眼睛或呼吸道接触,操作人员必须佩戴防毒面具。对于具有刺激性或致敏性的固体废物,也必须使用呼吸道防护器具。

公路运输是危险废物的常用运输方式。运输必须是接受过专门培训并持有证明文件的司机和拥有专用或适宜运输的车辆,即运输车辆必须经过主管单位的检查,并持有有关单位签发的许可证。指定运输危险废物的车辆,应标有适当的危险符号,以引起关注。运输者必须持有有关运输材料的必要资料,并制定废物泄露情况的应急措施,防止意外事故的发生。运输危险废物,必须采取防止污染环境的措施,并遵守国家有关危险货物运输管理的规定。经营者在运输前应认真验收运输的废物是否与运输单相符,决不允许有互不相容的危险废物混入;同时检查包装容器是否符合要求,查看标记是否清楚,尽可能熟悉产生者提供的偶然事故的应急措施。为了保证运输的安全性,运输者必须按照有关规定装载和堆积废物,若发生撒落、泄露及其他意外事故,运输者必须立即采取应急补救措施,妥善处理,并向环境保护行政主管部门呈报。在运输完之后,经营者必须认真填写危险废物转移联单,包括日期、车辆车号、运输许可证号、所运的废物种类等,以便接受主管部门的监督管理。

5.5 危险废物的转移

5.5.1 转移危险废物的污染防治

危险废物的越境转移应遵从《控制危险废物越境转移及其处置的巴尔赛公约》的要求,危险废物的国内转移应遵从《危险废物转移联单管理办法》及其他有关规定的要求。

各级环境保护行政主管部门应按照国家和地方制定的危险废物转移管理办法对危险废物的流向进行有效控制,禁止在转移过程中将危险废物排放至环境中。

5.5.2 危险废物的国内转移

为加强对危险废物转移的有效监督,中国 1999 年 10 月 1 日开始实施《危险废物转移联单管理办法》。管理办法规定国务院环境保护行政主管部门对全国危险废物转移联单实施统一监督管理。各省、自治区人民政府环境保护行政主管部门对本行政区域内的联单实施监督管理。

危险废物产生单位在转移危险废物前,须按照国家有关规定报批危险废物转移计划;经批准后,产生单位应当向移出地环境保护行政主管部门申请领取联单。产生单位应当在危险废物转移前三日内报告移出地环境保护行政主管部门,并同时将预期到达时间报告接受地环境保护行政主管部门。

转移联单共分五联,第一联:白色;第二联:红色;第三联:黄色;第四联:蓝色;第五联:绿色。联单编号由十位阿拉伯数字组成。第一位、第二位数字为省级行政区划代码。第三位、第四位数字为省辖市级行政区划代码,第五位、第六位数字为危险废物类别代码,其余四位数字由发放空白联单的危险废物移出地省辖市级人民政府环境保护行政主管部门按照危险废物转移流水号依次编制。联单由直辖市人民政府环境保护行政主管部门发放,其编号第三位、第四位数字为零。

危险废物产生单位每转移一车、船(次)同类危险废物,应当填写一份联单。危险废物产生单位应当如实填写联单中产生单位栏目,并加盖公章,经交付危险废物运输单位核实签字后,将联单第一联副联自留存档,将联单第二联副联交移出地环境保护行政主管部门,联单其余各联交付运输单位随危险废物转移运行。

危险废物运输单位应当如实填写联单的运输单位栏目,按照国家有关危险物品运输的规定,将危险废物安全运抵联单载明的接受地点,并将联单第一联副联、第二联副联、第三联、第四联、第五联随转移的危险废物交付危险废物接受单位。

危险废物接受单位应当按照联单填写的内容对危险废物核实验收,如实填写联单中接受单位栏目并加盖公章。接受单位应当将联单第一联副联、第二联副联自接受危险废物之日起十日内交付产生单位,联单第一联副联由产生单位自留存档,联单第二联副联由产生单位在两日内报送移出地环境保护行政主管部门;接受单位将联单第三联交付运输单位存档;将联单第四联自留存档;将联单第五联自接受危险废物之日起两日内报送接受地环境保护行政主管部门。

转移危险废物采用联运方式的,前一运输单位须将联单各联交付后一运输单位随危险废物转移运行,后一运输单位必须按照联单的要求核对联单产生单位栏目事项和前一运输单位填写的运输单位栏目事项,经核对无误后填写联单的运输单位栏目并签字。经后一运输单位签字的联单第三联的复印件由前一运输单位自留存档,经接受单位签字的联单第三联由最后一运输单位自留存档。

联单保存期限为五年;贮存危险废物的,其联单保存期限与危险废物贮存期限相同。

5.5.3 危险废物的越境转移

危险废物的越境转移应遵从《控制危险废物越境转移及其处置的巴尔赛公约》的要求。

危险废物由一国向另一国转移的事件时有发生,危险废物及其他废物的越境迁移对人类和环境可能造成严重的损害,为了防止或减少其危害,1989年3月,34个国家签署了《控制危险废物越境转移及其处置的巴尔赛公约》。公约的目标在于加强各国在控制危险废物越境迁移和处置方面的合作,促进其环境安全管理,保护环境,保障人类的健康。

1. 巴尔赛公约的基本原则

首先,所有国家都应禁止输入危险废物;其次,应尽量减少危险废物的产生量;第三,对于不可避免而产生的危险废物,应尽可能以对环境无害的方式处置,并应尽量在产生地处置,须帮助发展中国家建立起最有效的管理危险废物的管理体系;第四,只有在特殊情况下,当危险废物产生国没有合适的处置设施时,才允许将危险废物出口到其他国家,并以对人体健康和环境更为安全的方式处置。

2. 控制危险废物越境转移的措施

为控制危险废物的越境转移,公约主要采取以下措施:

第一,缔约国有权禁止危险废物的出口。第二,建立通知制度,即在酝酿进行危险废物的越境转移时,必须将有关危险废物的详细资料通过出口国主管部门预先通知进出口国和过境国的主管部门,以便有关主管部门对转移的风险进行评估。通知制度是公约的核心内容。第三,只有在得到进口国和过境国主管部门书面答复同意后,才能允许开始危险废物的越境转移。第四,如果进口国没有能力对进口的危险废物以对环境无害的方式进行处理,出口国的主管当局有责任拒绝危险废物的出口。第五,缔约国不得允许向非缔约国出口或从非缔约国进口危险废物,除非有双边、多边或区域协定,而且这些协定与公约的规定相符。

总之,危险废物收集、贮存及运输管理实行转移联单制度(转移报告制度)及分类收集、贮存制度、运输许可证制度、污染事故预先防范制度,以及事故应急与通报制度等特别管理制度。

5.6 危险废物处理技术

5.6.1 固化/稳定化处理技术概述

固化/稳定化处理的过程是污染物经过化学转变,引入某种稳定的固体物质的晶格中去,或者通过物理过程把污染物直接渗入惰性基材中去。固化/稳定化作为废物最终处置的预处理技术在国内外的应用非常广泛。它还是处理重金属废物和其他非金属危险废物的重要手段。

1. 固化/稳定化处理的目的

固化/稳定化处理的目的在于改变废物的工程特性,即增加废物的机械强度,减少废物的可压缩性和渗透性,降低废物中有毒有害组分的毒性(危害性)、溶解性和迁移性,使有害物质转化成物理或化学特性更加稳定的物质,以便于废物的运输、处置和利用,降低废物对环境与健康的风险。

2. 固化/稳定化处理的方法

固化时所用的惰性材料叫固化剂;有害废物经过固化处理所形成的块状密实体称为固化体。

根据固化基材和固化过程,目前常用的固化与稳定化技术主要有:水泥固化、石灰固化、塑性材料固化、有机聚合物、自胶结固化、玻璃固化(熔融固化)和陶瓷固化等。

3. 固化/稳定化处理的基本要求

①固化体是密实的、具有一定几何形状和稳定的物理化学性质,有一定的抗压强度。
②有毒有害组分浸出量满足相应标准要求,即符合浸出毒性标准。
③固化体的体积尽可能小,即体积增率尽可能地小于掺入的固体废物的体积。
④处理工艺过程简单、操作便捷,无二次污染,固化剂来源丰富,价廉易得,处理费用或成本低廉。
⑤固化体要有较好的导热性和热稳定性,以防内热或外部环境条件改变造成固化体自融化或结构破损,污染物泄漏。尤其是放射性废物的固化体,还要有较好的耐辐射稳定性。

5.6.2 危险废物固化/稳定化处理方法

根据固化基材及固化过程,目前常用的固化处理方法主要包括:水泥固化;石灰固化;塑性材料固化;有机聚合物固化;自胶结固化;熔融固化(玻璃固化)和陶瓷固化。这些方法已用于处理许多废物。

1. 水泥固化

(1)水泥固化的基本理论

水泥是最常用的危险废物稳定剂,由于水泥是一种无机胶结材料,经过水化反应后可以生成坚硬的水泥固化体,所以在处理废物时最常用的是水泥固化技术。

水泥固化法应用实例比较多:以水泥为基础的固化/稳定化技术已经用来处置含不同金属的电镀污泥,诸如含 Cd、Cr、Cu、Pb、Ni、Zn 等金属的电镀污泥;水泥也用来处理复杂的污泥,如多氯联苯(氯化联苯,PCBs)、油和油泥,含有氯乙烯和二氯乙烷的废物,多种树脂,被固化/稳定化的塑料、石棉、硫化物以及其他物料。实践证明,用水泥进行的固化/稳定化处置对 As、Cd、Cu、Pb、Ni、Zn 等的稳定化是有效的。

(2)水泥固化基材及添加剂

水泥是一种无机胶结材料,由大约 4 份石灰质原料与 1 份黏土质原料制成,其主要成分为 SiO_2、CaO、Al_2O_3 和 Fe_2O_3,水化反应后可形成坚硬的水泥石块,可以把分散的固体填料(如沙石)牢固地黏结为一个整体。

由于废物组成的特殊性,水泥固化过程中常常会遇到混合不均、凝固过早或过晚、操作难以控制等困难,同时所得固化产品的浸出率高、强度较低。为了改善固化产品的性能,固化过程中需视废物的性质和对产品质量的要求,添加适量的必要添加剂。添加剂分为有机添加剂和无机添加剂两大类,无机添加剂有蛭石、沸石、多种黏土矿物、水玻璃、无机缓凝剂、无机速凝剂和骨料等;有机添加剂有硬脂肪酸丁酯、δ-糖酸内酯、柠檬酸等。

(3)水泥固化的工艺过程

水泥固化工艺较为简单,通常是把有害固体废物、水泥和其他添加剂一起与水混合,经过一定的养护时间而形成坚硬的固化体。固化工艺的配方是根据水泥的种类处理要求以及废物的处理要求制定的,大多数情况下需要进行专门的实训。对于废物稳定化的最基本要求是对关键有害物质的稳定效果,它是通过低浸出速率体现的。除此之外,还需要达到一些特定的要求。影响水泥固化的因素很多,为在各种组分之间得到良好的匹配性能,在固化操作中需要严格控制以下各种条件:

a. pH 当 pH 较高时,许多金属离子将形成氢氧化物沉淀,且 pH 较高时,水中的 CO_3^{2-} 浓度也高,有利于生成碳酸盐沉淀。

b. 水、水泥和废物的量比 水分过小,则无法保证水泥的充分水合作用;水分过大,则会出现泌水现象,影响固化的强度。水泥与废物之间的量比需要由实验确定。

c. 凝固时间 为确保水泥废物混合浆料能够在混合以后有足够的时间进行输送、装桶或者浇注,必须适当控制初凝时间和终凝时间。通常设置的初凝时间大于 2 h,终凝时间在 48 h 以内。凝结时间的控制是通过加入促凝剂(偏铝酸钠、氯化钙、氢氧化铁等无机盐)、缓凝剂(有机物、泥沙、硼酸钠等)来完成的。

d. 其他添加剂 为使固化体达到良好的性能,还经常加入其他成分。例如,过多的硫酸盐会由于生成水化硫酸铝钙而导致固化体的膨胀和破裂,如加入适当数量的沸石或蛭石,即可消耗一定的硫酸或硫酸盐。

e. 固化块的成型工艺 主要目的是达到预定的机械强度,尤其是当准备利用废物处理后的固化块作为建筑材料时,达到预定强度的要求就变得十分重要,通常需要达到 10 MPa 以上的指标。

(4)混合方法及设备

水泥固化混合方法的经验大部分来自核废物处理,近年来逐渐应用于危险废物。混合方法的确定需要考虑废物的具体特性。

a. 外部混合法　将废物、水泥、添加剂和水单独在混合器中进行混合,经过充分搅拌后注入处置容器中。该法需要设备较少,可以充分利用处置容器的容积,但在搅拌混合以后的混合器需要洗涤,不但耗费人力,还会产生一定数量的洗涤废水。

b. 容器内混合法　直接在最终处置使用的容器内进行混合,然后用可移动的搅拌装置混合。其优点是不产生二次污染物,但由于处置所用的容器体积有限(通常所用的200 L的桶),不但充分搅拌困难,而且势必需要留下一定的无效空间,大规模应用时,操作的控制也较为困难。该法适用处置危害性大但数量不太多的废物,例如放射性废物。

c. 注入法　对于原来的粒度较大或粒度十分不均匀、不便进行搅拌的固体废物,可以先把废物放入桶内,然后再将制备好的水泥浆料注入,如果需要处理液态废物,也可以同时将废液注入。为了混合均匀,可以将容器密封闭以后放置以滚动或摆动的方式运动的台架上。但应该注意的是,有时物料的拌和过程会产生气体或放热,从而提高容器的压力。此外,为了达到混匀的效果,容器不能完全充满。

2. 石灰/粉煤灰固化

石灰固化是指以石灰、垃圾焚烧飞灰、水泥窑灰以及熔矿炉炉渣等具有火山灰反应或波索来反应(Pozzolanic Reaction)的物质为固化基材而进行的危险废物固化/稳定化的操作。常用的技术是加入氢氧化钙(熟石灰)使污泥得到稳定。使用石灰作为稳定剂也和使用烟道灰一样具有提高pH的作用。此种方法也基本应用于处理重金属污泥等无机污染物。

3. 塑性材料固化

塑性材料固化法属于有机性固化/稳定化处理技术,由使用材料的性能不同可以把该技术划分为热固性塑料包容和热塑性材料包容两种方法。

(1)热固性塑料包容

热固性塑料是指在加热时会从液体变成固体并硬化的材料。它与一般物质的不同之处在于,这种材料即使以后再次加热也不会重新液化或软化。它实际上是一种由小分子变成大分子的交链聚合过程。危险废物也常常使用热固性有机聚合物达到稳定化。它是将热固性有机单体例如脲醛和已经经过粉碎处理的废物充分地混合,在助絮剂和催化剂的作用下产生聚合以形成海绵状的聚合物质,从而在每个废物颗粒的周围形成一层不透水的保护膜。

与其他方法相比该法的主要优点是:大部分引入的物质密度较低,所需要的添加剂数量也较小。热固性塑料包容法在过去曾是固化低水平有机放射性废物(如放射性离子交换树脂)的重要方法之一,同时也可用于稳定非蒸发性的、液体状态的有机危险废物。由于需要对所有废物颗粒进行包封,在适当选择包容物质的条件下,可以达到十分理想的包容效果。

此方法的缺点是操作过程复杂,热固性材料自身价格高昂。由于操作中有机物的挥发,容易引起燃烧起火,所以通常不能在现场大规模应用。可以认为该法只能处理小量、高危害性废物,例如剧毒废物、医院或研究单位产生的小量放射性废物等。不过,仍然有人认为,未来也可能在对有机物污染土地的稳定化处理方面有大规模应用的前途。

(2)热塑性材料包容

用热塑性材料包容时可以用熔融的热塑性物质在高温下与危险废物混合,以达到对其稳定化的目的。可以使用的热塑性物质如沥青、石蜡、聚乙烯、聚丙烯等。在冷却以后,废物就被固化的热塑性物质所包容,包容后的废物可以在经过一定的包装后进行处置。在20世纪60年代末期所出现的沥青固化,因为处理价格较为低廉,即被大规模应用于处理放射性的废物。由于沥青具有化学惰性,不溶于水,具有一定的可塑性和弹性,故对于废物具有典型的包容效果。在有些国家,该法被用来处理危险废物和放射性废物的混合废物,但处理后的废物是按照放射性废物的标准处置的。

该法的主要缺点是在高温下进行操作会带来很多不便之处,而且较耗费能量;操作时会产生大量的挥发性物质,其中有些是有害的物质;另外,有时在废物中含有影响稳定剂的热塑性物质或者某些溶剂,影响最终的稳定效果。

在操作时,通常是先将废物干燥脱水,然后将聚合物与废物在适当的高温下混合,并在升温的条件下将水分蒸发掉。该法可以使用间歇式工艺,也可以使用连续操作的设备。与水泥等无机材料的固化工艺相比,除了污染物的浸出率低外,由于需要的包容材料少,又在高温下蒸发了大量的水分,它的增容率也就较低。

4. 自胶结固化

自胶结固化是利用废物自身的胶结特性来达到固化目的的方法。该技术主要用来处理含有大量硫酸钙和亚硫酸钙的废物,如磷石膏、烟道气脱硫废渣等。废物中的二水合石膏的含量最好高于80%。

废物中所含有的 $CaSO_4$ 与 $CaSO_3$ 均以二水化物的形式存在,其形式为 $CaSO_4 \cdot 2H_2O$ 与 $CaSO_3 \cdot 2H_2O$。将它们加热到107~170 ℃,即达到脱水温度,此时将逐渐生成 $CaSO_4 \cdot 0.5H_2O$ 和 $CaSO_3 \cdot 0.5H_2O$,这两种物质在遇到水以后,会重新恢复为二水化物,并迅速凝固和硬化。将含有大量硫酸钙和亚硫酸钙的废物在控制的温度下煅烧,然后与特制的添加剂和填料混合成为稀浆,经过凝结硬化过程即可形成自胶结固化体。这种固化体具有抗渗透性高、抗微生物降解和污染物浸出率低的特点。

自胶结固化法的主要优点是工艺简单,不需要加入大量添加剂。该法已经在美国大规模应用。美国泥渣固化技术公司(SFT)利用自胶结固化原理开发了一种名为Terra-Crete的技术,用以处理烟道气脱硫的泥渣。其工艺流程是:首先将泥渣送入沉降槽,进行沉淀后再将其送入真空过滤器脱水;得到的滤饼分为两路处理,一路送到混合器,另一路送到煅烧器进行煅烧,经过干燥脱水后转化为胶结剂,并被送到贮槽储藏;最后将煅烧产品、添加剂、粉煤灰一并送到混合器中混合,形成黏土状物质。添加剂与煅烧产品在物料总量中的比例应大于10%。固化产物可以送到填埋场处置。

5. 固化/稳定化技术的适应性

不同种类的废物对不同固化/稳定化技术的适应性不同,具体情况见表5-6。

表5-6　　　　　　　　不同种类的废物对不同固化/稳定化技术的适应性

废物成分		处理技术			
		水泥固化	石灰等材料固化	热塑性微包容法	大型包容法
有机物	有机溶剂和油	影响凝固,有机气体挥发	影响凝固,有机气体挥发	加热时有机气体会逸出	先用固体基料吸附
	固态有机物(如塑料、树脂、沥青)	可适应,能提高固化体的耐久性	可适应,能提高固化体的耐久性	有可能作为凝结剂来使用	可适应,可作为包容材料使用
无机物	酸性废物	水泥可中和酸	可适应,能中和酸	应先进行中和处理	应先进行中和处理
	氧化剂	可适应	可适应	会引起基料的破坏甚至燃烧	会破坏包容材料
	硫酸盐	影响凝固,除非使用特殊材料,否则会引起表面剥落	可适应	会发生脱水反应和再水合反应引起泄露	可适应
	卤化物	很容易从水泥中浸出,妨碍凝固	妨碍凝固,会从水泥中浸出	会发生脱水反应和再水合反应	可适应
	重金属盐	可适应	可适应	可适应	可适应
	放射性废物	可适应	可适应	可适应	可适应

5.6.3　药剂稳定化处理技术

1. 概述

药剂稳定化是利用化学药剂通过化学反应使有毒有害物质转变为低溶解性、低迁移性及低毒性物质的过程。

用药剂稳定化来处理危险废物,根据废物中所含重金属的种类可以采用的稳定化药剂有石膏、漂白粉、硫代硫酸钠、硫化钠和高分子有机稳定剂。

药剂稳定化技术以处理重金属废物为主,到目前为止已发展了许多重金属稳定化技术,包括:重金属废物的药剂稳定化技术,其中包括pH控制技术、氧化/还原电势控制技术、沉淀技术;吸附技术;离子交换技术;其他技术。

2. 重金属废物药剂稳定化技术

(1)pH控制技术

这是一种最普遍、最简单的方法。其原理为:加入碱性药剂,将废物的pH调整至使重金属离子具有最小溶解度的范围,从而实现其稳定化。常用的pH调整剂有石灰[CaO或Ca(OH)$_2$]、苏打(Na$_2$CO$_3$)、氢氧化钠(NaOH)等。另外,除了这些常用的强碱外,大部分固化基材,如普通水泥、石灰窑灰渣、硅酸钠等也都是碱性物质,它们在固化废物的同时,也有调整pH的作用。另外,石灰及一些类型的黏土可用作pH缓冲材料。

(2)氧化/还原电势控制技术

为了使某些重金属离子更易沉淀,常需将其还原为最有利的价态。最典型的是把六价铬(Cr^{6+})还原为三价铬(Cr^{3+})、五价砷(As^{5+})还原为三价砷(As^{3+})。常用的还原剂有硫酸亚铁、硫代硫酸钠、亚硫酸氢钠、二氧化硫等。

(3)沉淀技术

常用的沉淀技术包括氧化物沉淀、硫化物沉淀、硅酸盐沉淀、碳酸盐沉淀、磷酸盐沉淀、共沉淀、无机络合物沉淀和有机络合物沉淀。

3. 吸附技术

作为处理重金属废物的常用吸附剂有:活性炭、黏土、金属氧化物(氧化铁、氧化镁、氧化铝等)、天然材料(锯末、沙、泥炭等)、人工材料(飞灰、活性氧化铝、有机聚合物等)。研究发现,一种吸附剂往往只对某一种或某几种污染物具有优良的吸附性能,而对其他污染成分则效果不佳。例如,活性炭对吸附有机物最有效,活性氧化铝对镍离子的吸附能力较强,而其他吸附剂对这种金属离子却表现出无能为力。

4. 离子交换技术

最常见的离子交换剂有有机离子交换树脂、天然或人工合成的沸石、硅胶等。用有机树脂和其他的人工合成材料去除水中的重金属离子通常是非常昂贵的,而且和吸附一样,这种方法一般只适用于给水和废水处理。另外,还需注意的是,离子交换与吸附都是可逆的过程,如果逆反应发生的条件得到满足,污染物将会重新逸出。

可以大规模应用的重金属稳定化的方法是比较有限的,但由于重金属在危险废物中的存在形态千差万别,具体到某一种废物,需根据所要达到的处理效果对处理方法和实施工艺选择适当的处理方法。

5.6.4 固化/稳定化处理效果的评价指标

危险废物在经过固化/稳定化处理以后是否真正达到了标准,需要对其进行有效的测试,以检验经过稳定化的废物是否会再次污染环境,或者固化以后的材料是否能够被用作建筑材料等。为了评价废物稳定化的效果,各国的环保部门都制定了一系列的测试方法。很明显,人们不可能找到一个理想的、适用于一切废物的测试技术。每种测试得到的结果都只能说明某种技术对于特定废物的某一些污染特性的稳定效果。

固化/稳定化处理效果的评价指标主要有浸出率、增容比、抗压强度等。

1. 浸出率

浸出率指固化体浸于水中或其他溶液中时,其中有害物质的浸出速度。因为固化体中的有害物质对环境和水源的污染,主要是由于有害物质溶于水所造成的。所以,浸出率是评价无害化程度的指标。其数学表达式为

$$R_{in} = \frac{a_r/A_0}{(F/M)t}$$

式中 a_r——浸出时间内浸出的有害物质的量。

A_0——样品中含有的有害物质的量。

t——浸出时间。

F——样品暴露的表面积。

M——样品的质量。

2. 增容比

增容比指所形成的固化体体积与被固化前有害废物体积的比值。增容比是评价减量化程度的指标。其数学表达式为

$$C_i = \frac{V_2}{V_1}$$

式中　C_i——增容比。

　　　V_2——固化体体积。

　　　V_1——固化前有害废物的体积。

3. 抗压强度

为避免出现因破碎和散裂从而增加暴露的表面积和污染环境的可能性，就要求固化体具有一定的结构强度。

对于最终进行填埋处置或装桶贮存的固化体，抗压强度要求较低，一般控制在 1~5 MPa；对于准备作建筑基料使用的固化体，抗压强度要求在 10 MPa 以上，浸出率也要尽可能低。抗压强度是评价无害化和可资源化程度的指标。

5.6.5　固化/稳定化处理案例

以某危险废物处置中心固化处理工段设计为例，采用水泥固化为主、药剂稳定化为辅的工艺技术路线，并分别从废物种类和规模、配伍方案、固化工艺流程和主体设备参数及主要技术经济指标等方面进行分析和探讨，为同类项目建设提供借鉴和参考。

1. 废物种类、规模和配伍方案

根据对项目建设区域有关废物进行 TCLP 浸出实训的结果分析，其重金属类废物、残渣类废物等浸出浓度均高于《危险废物填埋污染控制标准》(GB 18598-2019)的限值。

项目处理规模为 8 404 t/a，废物种类和各项废物处理规模见表 5-7。

表 5-7　　　　　　　　　废物种类和处理规模

废物种类	污染成分	性状	特性	处理量/(t/a)
焚烧飞灰	重金属	固	T	2 584
物化残渣	重金属	固	T	1 660
回收残渣	铅、酸	固	T	750
重金属废物	铬、铅	固	T	2 995
废酸残渣	酸	固	T	415
合计				8 404

2. 固化工艺流程

将需固化的废料及其固化剂、药剂采样送实训室进行实训分析，并将最佳配比等参数提供给固化车间。需固化处理的含重金属、残渣类废物通过车辆运送到固化车间，倒入配料机的骨料仓，并经过卸料、计量和输送等过程进入混合搅拌机。水泥、粉煤灰药剂和水等物料按照实训所得的比例通过各自的输送系统送入搅拌机，连同废物料在混合搅拌槽内进行搅拌。其中水泥、粉煤灰和飞灰由螺旋输送机输送再称量后进入固化搅拌机拌和

料槽;固化用水、药剂通过泵计量送入搅拌机料槽。物料混合搅拌均匀后,开闸卸料,通过皮带输送机输送到砌块成型机成型。成型后的砌块体放入链板机的托板上,通过叉车送入养护厂房进行养护处理。养护凝硬后取样检测,合格品用叉车直接运至安全填埋场填埋,不合格品由养护厂房返回预处理间经破碎后重新处理。固化工艺流程如图5-2所示。

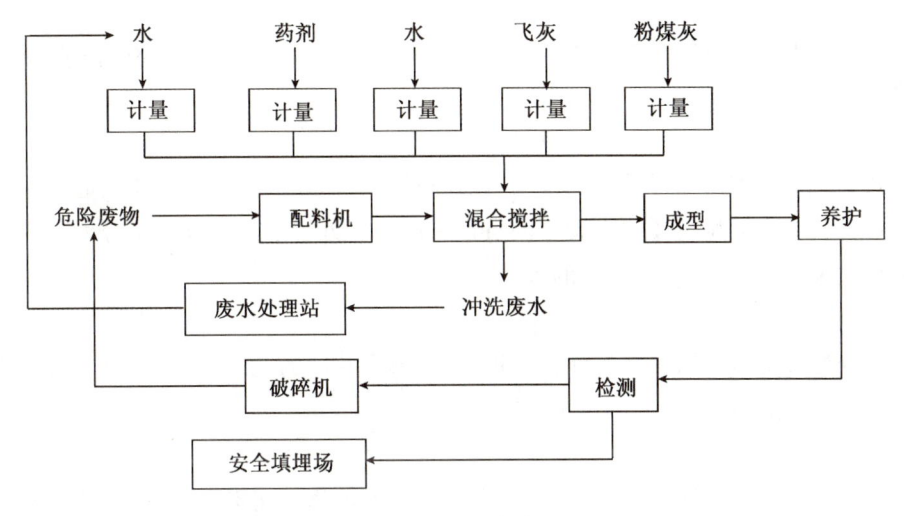

图 5-2　固化工艺流程

3. 主要技术经济指标

本项目主要技术经济指标见表5-8。

表 5-8　主要技术经济指标

处理规模/(t/a)	总占地面积/m²	建筑面积/m²	硫脲消耗/(t/a)	氢氧化钠消耗/(t/a)	次氧酸钠消耗/(t/a)	柴油消耗/(t/a)	总投资/(万元)	单位处理成本/(元/t)
8 404	1 100	400	17	15	15	2	620.04	289.70

从表5-8可看出,采用水泥固化技术处理危险废物具有厂房占地面积小、投资和单位运行成本低等优点。

4. 结论和建议

本项目含重金属类废物在处置废物总量中所占比例较大,考虑部分采用药剂稳定化技术进行处理,不但能大大降低由于使用水泥或石灰而增加的体积,节省大量库容,提高填埋场使用寿命,而且经药剂稳定化处理后的重金属类废物比较容易达到危险废物填埋污染控制标准要求,减少处理后废物二次污染的风险。

由于危险废物的种类繁多、成分复杂、有害物含量变化幅度大,需要通过分析、实训来确定每一批废物的处理工艺和配方,并根据配方确定药剂品种及用量。

为了方便操作和运行管理,提高物料配比的准确度。单种类型废物物料应采用单一混合搅拌,不同的时段搅拌不同的废物,不同类型废物物料不宜同时混合搅拌。

5.7 危险废物的安全处置

5.7.1 危险废物的填埋处置技术

目前常用的危险废物填埋处置技术主要包括共处置、单组分处置、多组分处置和预处理后再处置四种。

1. 共处置

共处置就是将难以处置的危险废物有意识地与生活垃圾或同类废物一起填埋。主要的目的就是利用生活垃圾或同类废物的特性来减弱所处置危险废物的组分所具有的污染性和潜在危害性,达到环境可承受的程度。

2. 单组分处置

单组分处置是指采用填埋场处置物理、化学形态相同的危险废物,废物处置后可以不保持原有的物理形态。

3. 多组分处置

多组分处置是指在处置混合危险废物时,应确保废物之间不发生反应,从而不会产生毒性更强的危险废物,或造成更严重的污染。其包括类型有:①将被处置的混合危险废物转化成较为单一的无毒废物,一般用于化学性质相异而物理状态相似的危险废物处置。②将难以处置的危险废物混在惰性工业固体废物中处置。③将所接受的各种危险废物在各自区域内进行填埋处置。

4. 预处理后再处置

预处理后再处置就是将某些物理、化学性质不适于直接填埋处置的危险废物,先进行预处理,使其达到入场要求后再进行填埋处置。目前的预处理的方法有脱水、固化、稳定化技术等。

5.7.2 危险废物安全填埋场结构

危险废物安全填埋应执行《危险废物填埋污染控制标准》(GB 18598—2019)和《危险废物安全填埋处置工程建设技术要求》(环发〔2004〕75号)的规定执行。填埋场按其场地特征,可分为平地型填埋场和山谷型填埋场;按其填埋场基底标高,又可分为地上填埋场和凹坑填埋场。危险废物采用安全填埋场,全封闭型危险废物安全填埋场剖面图如图5-3所示。

安全填埋场是处置危险废物的一种陆地处置设施,它由若干个处置单元和构筑物组成。处置场有界限规定,主要包括废物预处理设施、废物填埋设施和渗滤液收集处理设施。它可将危险废物和渗滤液与环境隔离,将废物安全保存数十年甚至上百年的时间。

安全填埋场必须设置满足要求的防渗层,防止造成二次污染,一般要求防渗层最底层应高于地下水位,减少渗滤液的产生量,设置渗滤液集排水系统、监测系统和处理系统;对

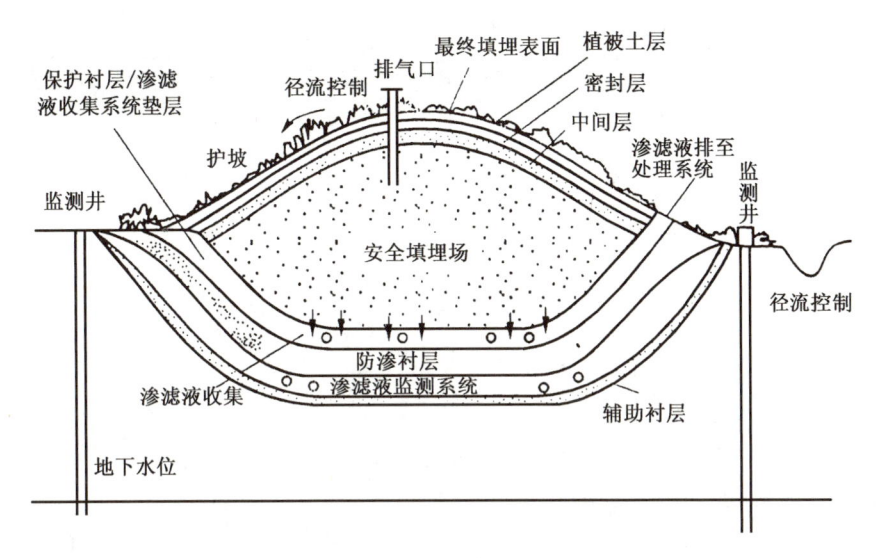

图 5-3 全封闭型危险废物安全填埋场剖面图

易产生气体的危险废物填埋场,应设置一定数量的排气孔、气体收集系统、净化系统和报警系统。填埋场运行管理单位应自行或委托其他单位对填埋场地下水、地表水、大气进行定期监测,还要认真执行封场及其管理,从而达到使处置的危险废物与环境隔绝的目的。

安全填埋场防渗系统应以柔性结构为主,且柔性结构的防渗系统必须采用双人工衬层。其结构由下到上依次为:基础层、地下水排水层、压实的黏土衬层、高密度聚乙烯膜、膜上保护层、渗滤液次级集排水层、高密度聚乙烯膜、膜上保护层、渗滤液初级集排水层、土工布、危险废物。

5.7.3 安全填埋场的基本要求

1. 安全填埋场场址的选择要求

安全填埋场比卫生填埋场有更高的要求。安全填埋场场址应符合的要求有:
(1)位于地下水和饮用水水源地主要补给区范围之外,且下游无集中供水井。
(2)地下水位应在不透水层 3 米以下。
(3)天然地层岩性相对均匀、面积广、厚度大、渗透率低。
(4)填埋场场址距飞机场、军事基地的距离应在 3 000 m 以上,距地表水域的距离应大于 150 m,其场界应位于居民区 800 m 以外,并保证在当地气象条件下对附近居民区大气环境不产生影响。
(5)填埋场作为永久性的处置设施,封场后除绿化以外不能作他用。

2. 危险废物入场要求

(1)可直接入场填埋的废物
①测得的废物浸出液中有一种或一种以上有害成分浓度超过表 5-9 中浸出毒性鉴别标准值,并低于表 5-9 中稳定化控制限值的废物。

表 5-9　　　　　　　　危险废物允许进入安全填埋场的控制限值

序号	项目	浸出毒性鉴别标准值/(mg/L)	稳定化控制限值/(mg/L)
1	有机汞	不得检出	0.001
2	汞及其化合物（以总汞计）	0.05	0.25
3	铅（以总铅计）	3	5
4	锡（以总锡计）	0.3	0.50
5	总铬	10	12
6	六价铬	1.5	2.50
7	铜及其化合物（以总铜计）	50	75
8	锌及其化合物（以总锌计）	50	75
9	铍及其化合物（以总铍计）	0.1	0.20
10	钡及其化合物（以总钡计）	100	150
11	镍及其化合物（以总镍计）	10	15
12	砷及其化合物（以总砷计）	1.5	2.5
13	无机氟化物（不包括氟化钙）	50	100
14	氰化物（以 CN^- 计）	1.0	5

②测得的废物浸出液 pH 为 7.0～12.0 的废物。

(2) 需经预处理后方能入场填埋的废物

①测得废物浸出液中任何一种有害成分浓度超过表 5-9 中稳定化控制限值的废物。

②测得的废物浸出液 pH≤7.0 和 pH≥12.0 的废物。

③本身具有反应性、易燃性的废物。

④含水率高于 85% 的废物。

⑤液体废物。

(3) 禁止填埋的废物

①医疗废物。

②与衬层具有不相容性反应的废物。

3. 填埋场运行管理要求

安全填埋场要制订一套简明的运行计划,这是确保填埋场运行成功的关键。运行计划不仅要满足常规运行,还要提出应急措施,以保证填埋场能够被有效利用和环境安全。填埋场运行应满足的基本要求包括：

①入场的危险废物必须符合填埋物入场要求,或须进行预处理达到填埋场入场要求。

②填埋场运行中应进行每日覆盖,避免在填埋场边缘倾倒废物,散状废物入场后要进行分层碾压,每层厚度视填埋容量和场地情况而定。

③填埋工作面应尽可能小,使其能够得到及时覆盖。

④废物堆填表面要维护最小坡度,一般为 1∶3（垂直∶水平）。

⑤必须设有醒目的标志牌,应满足《环境保护图形标志　固体废物贮存（处置）场》(GB 15562.2—1995) 的要求,以指示正确的交通路线。

⑥每个工作日都应有填埋场运行情况的记录,内容包括设备工艺控制参数,入场废物来源、种类、数量,废物填埋位置及环境监测数据等。

⑦填埋场运行管理人员应参加环境保护行政主管部门组织的岗位培训,合格后上岗。

4. 填埋场污染控制要求

严禁将集排水系统收集的渗滤液直接排放,必须对其进行处理并达到《污水综合排放标准》(GB 8978—1996)中第一类污染物最高允许排放浓度的要求及第二类污染物最高允许排放浓度标准的要求后方可排放。渗滤液第二类污染物排放控制项目主要有pH、悬浮物、五日生化需氧量、化学需氧量、氨氮、磷酸盐(以P计),并且必须防止渗滤液对地下水造成污染,对于填埋场地下水污染评价指标及其限值按照《地下水质量标准》(GB/T 14848—2017)执行。

填埋场排出的气体应按照《大气污染物综合排放标准》(GB 16297—1996)中无组织排放的规定执行,监测因子应根据填埋废物特性由当地环境保护行政主管部门确定,必须是具有代表性,能表示废物特性的参数。在作业期间,噪声控制应按照《工业企业厂界环境噪声排放标准》(GB 12348—2008)的规定执行。

5. 封场及封场后的维护管理

当填埋场处置的废物数量达到填埋场设计容量时,无法再填入危险固体废物,应实行填埋封场,并一定要在场地铺设覆盖层。填埋场的最终覆盖层为多层结构,包括:

(1)底层(兼作导气层)厚度不应小于20 cm,倾斜度不小于2%,由透气性好的颗粒物质组成。

(2)防渗层:天然材料防渗层厚度不应小于50 cm,渗透系数不小于$1×10^{-7}$ cm/s,若采用复合防渗层,人工合成材料层厚度不应小于1.0 mm,天然材料层厚度不应小于30 cm。

(3)排水层及排水管网,排水层和排水系数的要求与底部渗滤液集排水系统相同,设计时采用的暴雨重现期不得低于50年。

(4)保护层:保护层厚度不应小于20 cm,由粗砥性坚硬鹅卵石组成。

(5)植被层:植被层厚度一般不应小于60 cm,其土质应有利于植物生长和场地恢复;同时植被层的坡度不应超过33%,在坡度超过10%的地方,必须建造水平台阶,坡度小于20%时,标高每升高3 m,建造一个台阶,坡度大于20%时,标高每升高2 m,建高一个台阶,台阶应有足够的宽度和坡度,要能经受暴雨的冲刷。

封场后管理主要是为了完成废物稳定化过程,防止场内发生难以预见的反应。封场后管理阶段一般规定要延续到30年。

封场后例行检查项目、频率和可能遇到的问题见表5-10。在封场后的长时间内,填埋场运行期间建立的,封场后仍然保留的设施应得到维护。

表 5-10　封场后例行检查项目、频率和可能遇到的问题

检查项目	检查频率	可能遇到的问题
覆盖层	每年一次,每次大雨之后	合成膜衬层因腐蚀而裸露,塌方
植被	每年四次	植物死亡

(续表)

检查项目	检查频率	可能遇到的问题
边坡	每年两次	长期积水
地表水控制系统	每年四次,再次大雨之后	排水管破裂或垃圾堵塞
气体监测系统	按填埋场后期管理计划规定连续进行	出现异味,压实器故障,气体浓度异常,监测井管道破裂
地下水监测系统	按设备要求和填埋场后期管理计划进行	监测井破坏,采样设施故障
渗滤液收集处理系统	按填埋场后期管理计划规定的进行	渗滤液收集泵故障,渗滤液收集管道堵塞

5.8 医疗废物的处理实例

——青岛市固体废物无害化处理中心医疗废物的处理

5.8.1 工艺路线

废物收集→运输→暂存→进料→热解焚烧→烟气换热→烟气急冷→烟气过滤→酸气吸收→二噁英吸附→烟气排放。

5.8.2 关键技术

焚烧装置主要包括以下几部分:进料系统、热解焚烧系统、烟气净化系统、自动控制系统、在线监测系统、应急管理系统等。其中采用了以下几个方面的关键技术:

1. 热解焚烧技术

热解焚烧技术在以下几个关键技术做了重大改进,做到了对焚烧的有效控制,以提高废物焚烧的效率。

(1)焚烧温度控制。一燃室、二燃室炉温均控制在 900~1 100 ℃。

(2)滞留时间控制。为保证废物及产物全部分解,装置的烟气在二燃室内停留时间大于 2.0 s。

(3)焚烧炉炉体材料。炉体采用优质高铝的耐火材料砌成,具有耐腐蚀、耐高温、高强度等优点,可以延长炉体的使用寿命,减少耐火材料的维修次数,降低运行成本。

(4)焚烧炉炉排结构。装置的上、下炉排均为活动炉排,并分为定排和动排,均采用耐高温不锈钢制作,耐磨、耐腐蚀性好。翻动次数、翻转角度可调。该装置运行周期长,故障少,可调性好,操作方便。

(5)有害物质销毁率。高销毁率,DRE≥99.99%。

(6)空气扰动。焚烧炉有独特的供风系统,对废物的充分燃烧起到了有效的作用。

2. 烟气净化技术

采用先干式除尘,再进行湿式酸性气体吸收的工艺路线,既能达到较高的烟气净化效果,又最大限度地减少二次废物的产生量。

烟气净化工艺流程为:

烟气急冷→袋滤器除尘→低能文丘里填料酸气吸收→活性炭吸附。

烟气净化技术在以下几个关键技术点上做到了有效控制:

(1)烟气急冷。装置中烟气冷却由水冷器、空冷器、喷水急冷塔组成。

水冷器和空冷器主要用于高温段烟气冷却,重点在余热利用,即一方面产生热水供淋浴使用(也可根据用户要求,选用余热锅炉供应蒸汽),另一方面将助燃空气加热到200～300 ℃左右送入焚烧炉,以提高焚烧效率、降低助燃油的消耗量。

采用喷水急冷的方法,即通过高效雾化喷水将少量冷却水雾化成极小的雾滴与烟气直接进行热交换而变成水蒸气,在1.0 s之内快速将烟气冷却到200 ℃以下。在以往技术的基础之上又进行了改进,即将冷却水改为碱液(Na_2CO_3溶液),可同时进行酸性气体的中和净化。

(2)袋滤器除尘。采用可在160～200 ℃下工作的特殊滤材作为过滤介质,它对于微米级的粉尘离子具有很高的过滤效率;表面光滑、耐腐蚀、耐温高,尘饼易于脱落,有利于清灰。

(3)低能文丘里和填料吸收。采用Na_2CO_3溶液作为吸收液,吸收液循环使用,待吸收液接近中性(pH≈8)后排出,然后再补充配制的新碱液。废吸收液可外送到专业污水处理厂进行处理。

(4)活性炭粉吸附床。在工艺设计中采取了以下几点抑制二噁英产生及净化的措施:

①采用热解焚烧工艺,燃烧完全程度高,飞灰量低。

②燃烧炉温度维持在900～1 100 ℃的高温范围(文献报道,二噁英在850 ℃以上即发生分解)。

③中温段(≤600 ℃)的烟气采用喷水急冷方式,快速跨过烟气中的二噁英生成段。

④使用预敷活性炭的高效袋滤器进行捕集。

3. 辅助燃烧技术

辅助燃烧技术具有全自动管理燃烧程序、火焰检测、自动判断与提示故障等功能;出口油压稳定,燃烧均匀充分无烟炱;根据焚烧炉设定温度进行自动补偿;节省能源消耗,低成本运行。实现了自热式热解和燃气预燃烧,绝大部分情况下,无须外加辅助燃料助燃,较国内其他同类产品运行成本明显降低。

4. 安全防腐措施

根据物料的化学成分,物料在焚烧后的烟气中含有粉尘、HCl、NO_x、水蒸气等复杂组分,酸碱交替,冷热交替,干湿交替,腐蚀与磨损并存,设备必须承受多种多样的物理化学温度和机械负荷,特别是其中的HCl是导致设备腐蚀的主体。因此,设备的防腐直接关系到设备的使用寿命。系统在安全防腐技术上的最大特点是根据不同温度采取了分段式防腐措施,同时采取如下防护措施:

①耐火炉衬:一燃室和二燃室用抗腐蚀耐火材料砌筑而成。

②炉排采用耐高温不锈钢,它具有耐腐蚀、耐高温、耐机械磨损的性能。

③烟道:在高温段连接各设备的烟道均采用耐酸耐火浇筑材料作为烟道内衬,低温段控制烟气温度在露点以上,防止烟气结露,造成腐蚀。

④喷雾吸收设备为衬胶结构,以防止酸碱腐蚀。

⑤碱液循环冷却系统采用ABS和聚丙烯,有效地防止了酸碱腐蚀。

5. 装置应急系统

采取了由应急电源、应急引风机、应急控制系统等组成的应急系统。其作用主要是：①在系统运行发生突然停电情况下应急系统自动启动，以保证装置内已投入的物料安全焚烧。②在设备检修过程中启动应急系统可使焚烧主工艺系统处于负压状态，以防有害气体的外逸，提高检修人员的安全性。

5.8.3 工程规模

本工程项目占地面积 0.7 hm^2，一套处理规模为 5 t/d 的高净化率、低能耗医疗废物热解焚烧处理装置。

主要技术指标：焚烧炉使用寿命≥10 a；焚烧炉温度≥900 ℃；烟气停留时间≥2.0 s；燃烧效率≥99.93%；焚烧灰去除率≥99.99%；焚烧残渣的热灼减率<5%；焚烧灰热灼减率≤2.86%；焚烧炉出口烟气中的氧含量 6%～10%；炉体可接触壳体外表温度≤50 ℃。

5.8.4 主要设备及运行管理

1. 主要设备

根据工艺要求，主要设备包括废物暂存进料系统、焚烧系统、余热利用系统、烟气除尘净化系统、自动控制系统、应急处理系统等。

2. 主要运行参数

采用中央控制台集中控制，主要的运行参数将即时显示在中央控制台的工业计算机上，主要的运行参数有：焚烧炉温度；烟气中氧浓度；塔釜液位；配碱罐液位；冷却水箱液位；碱液 pH；焚烧炉负压；急冷塔温度。

5.8.5 投资及运行费用

项目总投资 980 万元。其中工程建设费用 178 万元；生产设备投资 480 万元；运输设备及配套投资 50 万元；流动资金总投资 143 万元。处理每吨医疗废物的单位成本 1 784 元，年总成本 294.3 万元。

5.8.6 环境效益分析

该处置实施的运行，改变了青岛市医疗废物集中处理难的问题；该处置设施的各项污染物控制指标达到有关标准要求，避免了小型焚烧炉处理医疗废物造成的二次污染；该项目的运行对提高城市环境水平、提高城市形象具有重大意义。

5.9 有毒有害工业废渣处理实例

铬渣是铬盐及铁合金等行业在生产过程中排放的有毒废渣，铬渣中的 Cr(Ⅵ) 被列为对人体危害最大的八种化学物质之一，是国际公认的三种致癌金属物之一，同时也是美国 EPA 公认的 129 种重点污染物之一。据不完全统计，目前铬渣的存量已达 400 万吨之多,每年仍以 10 万吨左右的数字增长,给人类生存环境带来极大的威胁。

国外发达国家主要从改革铬盐生产工艺出发,减少排渣量及渣中铬的残余量,或采用固化安全处置的方法填埋。而我国在生产铬盐的道路上,就在不断探索铬渣的治理技术,概括起来主要有干法解毒和高温熔融解毒两种常见方式。

干法解毒将铬渣与煤粒在回转窑混合煅烧,比例为 100∶15,温度控制在 880～950 ℃之间,可将六价铬还原为无毒的三价铬,需增加除烟除尘设备除去煅烧过程中的烟气,避免二次污染。

该法广泛应用于水泥制造:水泥煅烧窑的高温还原气能将六价铬还原为无毒的三价铬,铬渣可以在水泥烧制时起矿化剂作用,煤耗可下降 5%～10%,电耗下降 3～6 kW·h/t,水泥生产成本降低 1.33 元/吨。

高温熔融解毒,高炉内高温、高还原性、熔融状态下,高炉内焦炭与空气反应产生的 CO 将六价铬、三价铬等氧化态的铬还原为零价的铬,铬大部分进入铁水中,达到回收金属铬资源的目的。高温熔融法将铬渣作为原料,生产自熔性烧结矿,冶炼含铬铁水是目前国内外铬渣处理的最好方法之一。据统计,配加铬渣后,炼铁烧结矿成本降低 2.48 元/t。

高温熔融下烧制玻璃,铬渣被微量的 CO 彻底还原为三价铬,起染色剂作用,将玻璃染成绿色。还可以用铬渣处理制造微晶玻璃。国内已建立多条生产线,每年将处理大量铬渣,大量代替花岗石和大理石用于建筑装饰。

此外,微生物法的微生物的柱浸、微波辐射高温改性是在研究中的两种铬渣领先处理法,处于实验阶段,部分已用于大量铬渣中试实验。

同步练习

一、填空题

1. 危险废物的特性主要指它具有_____,即废物所表现出来的对人可能造成致病性或致命性的,或对环境造成生态危害的性质。一般来说,危险废物具有_____、_____、_____、_____、_____、_____及_____等一种或几种以上的危害特性,并以其特有的性质对环境产生污染,给人类健康和生态环境造成很大威胁。

2. 中国是《巴尔赛公约》的第_____批缔约国,几乎参与了《巴尔赛公约》的全部起草过程,并在_____年就批准了该公约。

3. 目前世界各国的危险废物鉴别方法因其_____和_____的不同而存在差异。通常的鉴别方法有两种,一种是_____,另一种是_____。

4. 危险废物贮存是指危险废物_____或_____和最终处置前的存放行为。危险废物的贮存方式可分为_____和分离贮存。

5.《中华人民共和国固体废物污染环境防治法》规定,运输危险废物必须采取防止污染环境的措施,并遵守国家有关危险废物运输管理的规定。运输单位和个人在运输危险废物过程中,必须采取_____的措施。禁止将危险废物与旅客在同一运输工具上载运。

6. 危险废物的越境转移应遵从_____的要求。

7. 固化/稳定化处理效果的评价指标主要有_____、_____和_____等。

8. 目前常用的危险废物填埋处置技术主要包括_____、_____、_____和_____四种。

9. 危险废物安全填埋场主要包括_____、_____、_____、_____、监测系统和应急系统等。

10. 中国危险废物的鉴别采用_____和_____相结合的方法。

二、选择题

1. 下列(　　)危险废物属于无机危险废物。

　　A. 卤代烃　　　　　　　　　　B. 润滑油

　　C. 氰化物　　　　　　　　　　D. 液压传动装置的液体

2. 易燃性是指易于着火和维持燃烧的性质。但是(　　)等废物不属于易燃性危险废物。

　　A. 氧化剂　　　　　　　　　　B. 木材和纸

　　C. 易燃的压缩气体　　　　　　D. 废弃的高锰酸钾

3. 根据美国 EPA 规定的废物中各种污染物的极限浓度判断：下列(　　)废物具有毒性(假定不含其他有害成分)。

　　A. 含六氯乙烷浓度为 2.6 mg/L 的废渣

　　B. 含砷浓度为 5.6 mg/L 的废渣

　　C. 含四氯化碳浓度为 0.3 mg/L 的废液

　　D. 含硝基苯浓度为 1.6 mg/L 的废渣

4. 危险废物的危害概括起来有(　　)。

　　A. 长期环境危害　　　　　　　B. 短期急性危害

　　C. 难以处理　　　　　　　　　D. 危险废物的治理需要花费巨额费用

5. 安全填埋场是处置危险废物的一种陆地处置设施，填埋场按其场地特征，可分为(　　)。

　　A. 平地型填埋场　　B. 山谷型填埋场　　C. 地上填埋场　　D. 凹坑填埋场

6. 危险废物的腐蚀性是指易于腐蚀或溶解组织、金属等物质,具有酸或碱的性质。当废物具有以下(　　)特性之一,则称其为腐蚀性危险废物。

　　A. 其水溶液的 pH 大于 2 或小于 12.5

　　B. 在 55 ℃下,其溶液腐蚀钢的速率小于 6.00 mm/a

　　C. 其水溶液的 pH 小于 2

　　D. 在 55 ℃下,其溶液腐蚀钢的速率大于 6.35 mm/a

三、名词解释

1. 危险废物　2. 固化　3. 稳定化　4. 增容比

四、判断题

1. 危险废物贮存设施都必须按《环境保护图形标志　固体废物贮存(处置)场》(GB 15562.2—1995)的规定设置警示标志。(　　)

2.危险废物的越境转移应遵从《控制危险废物越境转移及其处置的巴尔赛公约》的要求,危险废物的国内转移应遵从《危险废物转移联单管理办法》及其他有关规定的要求。(   )

3.自胶结固化是利用废物自身的胶结特性来达到固化目的的方法。该法的主要优点是工艺简单,但需要加入大量添加剂。(   )

4.药剂稳定化是利用化学药剂通过化学反应使有毒有害物质转变为低溶解性、低迁移性及低毒性物质的过程。(   )

5.危险废物贮存的类型主要有贮存容器、贮罐、地表蓄水池、填埋、废物堆栈和深井灌注等。(   )

6.盛装危险废物的容器上必须按《危险废物贮存污染控制标准》(GB 18597—2001)的有关规定贴上相应的标签。(   )

五、简答题

1.简述巴尔赛公约的基本原则。

2.简述对危险废物的贮存容器的具体要求。

3.简述国内危险废物转移的要求。

4.简述危险废物的固化/稳定化处理原理和水泥固化法的应用。

模块 6 固体废物综合实训

实训项目 1　城市生活垃圾综合处理方案编制

从根本解决固体废物污染问题，必须加强开发和推广适合我国国情的生活垃圾减量化、无害化、资源化先进处理技术，使固体废物由单一处理向综合处理转化。

在实际工作中通常需要针对待处理固体废物的性质来选择合适的综合处理、利用和处置技术，实现固体废物污染控制的"资源化""无害化""减量化"。

本实训项目通过对固体废物特性调查、在对某地区生活垃圾组分分析和物理性质、化学性质、生物性质分析的基础上，提出某市生活垃圾（或其他典型固体废物）处理的合理方案，为提高生活垃圾的减量化、资源化、无害化管理水平提出合理化建议。

任务一：生活垃圾特性调查

【任务导入】

通过调查某市生活垃圾（或其他典型固体废物）的产量、种类、组分、发展趋势以及现有生活垃圾处理情况等现状，进一步分析某市生活垃圾（或其他典型固体废物）组分、性质和污染特性，为制订某市生活垃圾综合处理的方案提供依据。

【相关知识】

生活垃圾产生量计算及预测，具体参考模块 2 的内容，这里不再重复。

【调查方案设计】

1. 生活垃圾产生量计算及发展趋势预测

通过现场调查、资料统计分析，获知该地区垃圾人均日产生量，再根据人口预测垃圾产生量。具体参考模块 2。

2. 生活垃圾特性调查

通过实地勘察和资料整理，调查垃圾产生源和当地垃圾处理、利用和处置现状，为当地垃圾综合处理方案的改进提供参考。

【任务实施】
1.将学生分成小组,分工与合作完成现场调查、资料查阅、整理和统计分析。
2.学生分组讨论生活垃圾产生量及趋势,垃圾产生源和当地垃圾处理、利用和处置现状,形成调查表。

【考核与评价】
考查能否正确设计调查方案、分工合作和沟通交流等关键技能。
1.各组现场调查、分析情况。
2.各组调查方案、调查表设计和创新情况。

【讨论与拓展】
讨论各小组的调查方案,交流实施过程的问题和经验,通过验证,改进调查表。

任务二:生活垃圾样品的采集

【任务导入】
在实际工作中通常需要根据固体废物的性质选择适当的处理、利用和处置技术,实现固体废物污染控制的"资源化""无害化"和"减量化"。而对固体废物的性质分析将是正确选择固体废物处理、利用和处置方案的首要任务。在对固体废物进行实训与分析时,首先始于固体废物的采样。由于固体废物量大、种类繁多且混合不均匀,是一种由多种物质组成的异质混合体,因此与水质及大气实训分析相比,从固体废物这种不均匀的混合体中采集有代表性的试样的确很难,但是必须采集有代表性的固体废物样品。

【相关知识】
固体废物的采样和制样参见《工业固体废物采样制样技术规范》(HJ/T 20—1998)和《生活垃圾采样和物理分析方法》(CJ/T 313—2009)。

1.工业固体废物的采集

(1)份样数的确定

工业固体废物是指工业、交通等生产活动中产生的固体废物。份样数是由一批固体废物中的一个点或一个部位按规定量取出的样品个数。采样份样数的多少取决于两个因素:

①物料的均匀程度　物料越不均匀,采样份样数应越多。
②采样的准确度　采样的准确度要求越高,采样份样数应越多。

份样数可由公式法或查表法确定。

当已知份样间的标准偏差和允许误差时,可按下式计算份样数。

$$n \geqslant (ts/\Delta)^{1/2}$$

式中　n——必要的份样数。

s——份样间的标准偏差。

Δ——采样允许误差。

t——选定置信水平下的概率密度。

取 $n \to \infty$ 时的 t 值作为最初 t 值,依次计算出 n 的初值。用对应于 n 的初值的 t 值代入,不断迭代,直至算得的 n 值不变,此 n 值即必要的份样数。

当份样间的标准偏差和允许误差未知时,可按表 6-1～表 6-2 确定份样数。

表 6-1　　　　　　　　　　　批量大小与最少份样数　　　　　　　　单位:固体(t);液体(m³)

批量大小	最少份样数/个	批量大小	最少份样数/个	批量大小	最少份样数/个	批量大小	最少份样数/个
<1	5	≥100	30	≥30	20	≥5 000	60
≥1	10	≥500	40	≥50	25	≥10 000	80
≥5	15	≥1 000	50				

表 6-2　　　　　　　　　　　贮存容器数量与最少份样数

容器数量/个	最少份样数/个	容器数量/个	最少份样数/个	容器数量/个	最少份样数/个	容器数量/个	最少份样数/个
1～3	所有	65～125	5～6	344～730	7～8	1 001～1 300	9～10
4～64	4～5	126～343	6～7	731～1 000	8～9	每增加 300 个容器或设施,增加 1 个采样点	

(2)份样量的确定

份样量的大小主要取决于固体废物颗粒的最大粒径,颗粒越大,均匀性越差,份样量应越多,份样量可根据切乔特经验公式(又称缩分公式)计算。

$$Q = Kd^a$$

式中　Q——应采的最小样品量,kg;

　　　d——固体废物最大颗粒直径,mm。

　　　K——缩分系数。

　　　a——经验常数。

K、a 都是常数,与固体废物的种类、均匀程度和易破碎程度有关。一般矿石的 K 值介于 0.05～1,固体废物越不均匀,K 值就越大。a 的数值介于 1.5～2.7,一般由实际情况确定。

也可以按表 6-3 确定每个份样应采的最小质量。所采的每个份样量应大致相等,其相对误差不大于 20%。表 6-3 中要求的采样铲容量是为保证在一个地点或一个部位能够取到足够数量的份样量。

液态废物的份样量以不小于 100 mL 的采样瓶(或采样器)所盛量为宜。

表 6-3　　　　　　　　　　　份样量和采样铲容量

最大粒度/mm	最小份样量/kg	采样铲容量/mL	最大粒度/mm	最小份样量/kg	采样铲容量/mL
>150	30		20～40	2	800
100～150	15	16 000	10～20	1	300
50～100	5	7 000	<10	0.5	125
40～50	3	1 700			

(3)采样方法

①简单随机采样法

当对一批废物了解很少,且采取的份样比较分散不影响分析结果时,对废物不做处理,按照其原来的状况从中随机采取份样。

②系统采样法

在一批废物以运送带、管道等形式连续排出的移动过程中,按一定的质量或时间间隔采份样,份样间的间隔按下式计算:

$$T \leqslant Q/n \text{ 或 } T' \leqslant \frac{60Q}{Gn}$$

式中　T——采样质量间隔,t。
　　　T'——采样时间间隔,min。
　　　Q——批量,t。
　　　n——份样数。
　　　G——每小时排出量,t/h。

③分层采样法

在一批废物分次排出或某生产工艺过程的废物间歇排出过程中,可分 n 层采样,根据每层的质量,按比例采取份样。第 i 层采样份数按下式计算:

$$n_i = nQ_L/Q$$

式中　n_i——第 i 层应采份样数。
　　　n——份样数。
　　　Q_L——第 i 层废物质量,t。
　　　Q——批量,t。

④两段采样法

简单随机采样、系统采样、分层采样都是一次就直接从批废物中采取份样,称为单阶段采样。当批废物由许多车、桶、箱、袋等容器盛装时,由于各种容器件数比较分散,所以要分阶段采样。首先从批废物总容器件数 N_0 中随机抽取 n_1 件容器,然后再从 n_1 件的每一件容器中采 n_2 个份样。

推荐当 $N_0 \leqslant 6$ 时,取 $n_1 = N_0$;当 $N_0 > 6$ 时,按下式计算:

$$n_1 \geqslant 3N_0^{1/3}（小数进整数）$$

试中　N_0——总容器件数,车、桶、箱、袋等。
　　　n——抽取容器件数,车、桶、箱、袋等。

推荐第二阶段的采样数 $n_2 \geqslant 3$,即 n_1 件容器中的每个容器均随机采上、中、下最少 3 个份样。

(4)采样点设置

对于堆存、运输中的固态废物和大池(坑、塘)中的液态废物,可按对角线形、梅花形、棋盘形、蛇形等点分布确定采样点(采样位置)。

对于粉末状、小颗粒的固体废物,可按垂直方向、一定深度的部位确定采样点(采样位置)。

对于容器内的固体废物,可按上部(表面下相当于总体积的 1/6 深处)、中部(表面下相当于总体积的 1/2 深处)、下部(表面下相当于总体积的 5/6 深处)确定采样点(采样位置)。

根据采样方式(简单随机采样、分层采样、系统采样、两端采样等)确定采样点(采样位置)。

①运输车及容器采样

在运输一批固体废物时,当车数不多于该批废物规定的采样单元数时,每车应采样单元数按下式计算:

每车应采样单元数(小数应进为整数)=规定采样单元数/车数

当车数多于规定的采样单元数时,按图 6-1 选出所需最少的采样份数后,从所选车中各随机采集一个份样。在车中,采样点应均匀分布在车厢的对角线上(图 6-1),端点距车角应大于 0.5 m,表层应减 30 cm。

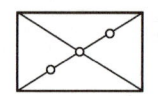

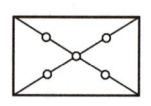

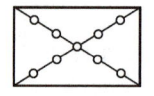

图 6-1　车厢中采样布点的位置

对于一批若干容器盛装的废物,按表 6-4 选取最少采样车容器数,并且每个容器中均随机采两个样品。

表 6-4　　　　　　　　　　所需最少采样车容器数

车(容器)数/辆(个)	所需最少采样车容器数/辆(个)
<10	5
10~25	10
25~50	20
50~100	30
>100	50

②废渣堆采样法

在废渣堆两侧距堆底 0.5 m 处画第一条横线,然后每隔 0.5 m 画一条横线;再每隔 2 m 画一条横线的垂线,其交点作为采样点。按表 6-1 确定的采样份样数,确定采样点数时在每点上从 0.5~1.0 m 深处各随机采样一份(图 6-2)。

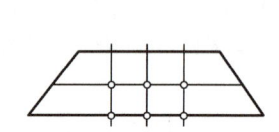

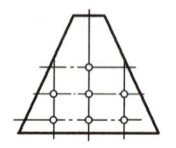

图 6-2　废渣堆中采样点的分布

2. 生活垃圾的采集

(1)采样点选择原则

生活垃圾采样点选择原则是:该点垃圾具有代表性和稳定性。生活垃圾采样点应按垃圾流节点进行选择,见表 6-5。

表 6-5　　　　　　　　　　生活垃圾流节点及分类

序号	生活垃圾流节点	分类
1	产生源	居住区、事业区、商业区、清扫区等
2	收集站	地面收集站、垃圾桶收集站、分类垃圾收集站等
3	收运车	车厢可卸式、压缩式、分类垃圾收集车、餐厨垃圾收集车等
4	转运站	压缩式、筛分、分选等
5	处理处置场(厂)	填埋场、焚烧厂、堆肥厂、餐厨垃圾处理厂等

注:产生源节点按产生垃圾的功能区特性进行分类,其他节点按设施的用途进行分类;在产生源功能区采样,适用于原始垃圾成分和理化性质分析;在其他生活垃圾流节点采样,适用于生活垃圾动态过程中的成分和理化性质分析。

在生活垃圾产生源设置采样点,应根据所调查区域的人口数量确定最少采样点数(表6-6),并根据该区域内功能区(表6-7)的分布、生活垃圾特性等因素确定采样点。

表6-6　　　　　　　　　　　　人口数量与最少份样数的关系

人口数量/万人	<50	50~100	100~200	>200
最少份样数/个	8	16	20	30

表6-7　　　　　　　　　　　　生活垃圾采样点的设置

序号	1	2	3	4	5	6
区域	居民区		事业区	商业区	清扫区	特殊区	混合区
类别	燃煤	半燃煤	无燃煤	办公、文教	商店(场)、饭店、娱乐场所、交通站(场)	街道、园林、广场	医院	领事馆	垃圾堆放处理场

在生活垃圾产生源以外的垃圾流节点设置采样点,应由该类节点(设施或容器)的数量确定最少采样点数,参考表6-2。在调查周期内,地理位置发生变化的采样点数不宜大于总数的30%。

(2)采样频率和间隔时间

产生源生活垃圾采样与分析以年为周期,采样频率宜每月1次,同一采样点的采样间隔时间宜大于10天。因环境引起生活垃圾变化时,可调整部分月份的采样频率。调查周期小于1年时,可增加采样频率,同一采样点的采样间隔时间不宜小于7天。采样应在无大风、雨、雪的条件下进行,在同一市区每次各点的采样宜尽可能同时进行。

垃圾流节点生活垃圾采样与分析应根据该类节点特性、设施的工艺要求、测定项目的类别确定采样周期和频率。

(3)最小采样量

根据生活垃圾最大粒径及分类情况,选取的最小采样量应符合表6-8的规定。

表6-8　　　　　　　　　　　　生活垃圾最小采样量

生活垃圾最大粒径/mm	最小采样量/kg		主要适用范围
120	50	200	产生源生活垃圾、生活垃圾筛上物
30	10	30	生活垃圾筛下物、餐厨垃圾等
10	1	1.5	堆肥产品、焚烧残渣等
3	0.15	0.15	

注:最大粒径指筛余量为10%时的筛孔尺寸。

(4)采样方法

生活垃圾常用的采样工具主要包括:采样车、密闭容器(采样桶或具有内衬的采样袋)、磅秤、铁锹、竹夹、橡皮手套、剪刀、小铁锤等。

各类垃圾收集点的采样应在收集点收运垃圾前进行。在大于3 m³的设施(箱、坑)中采用立体对角线布点法在等距点(不少于3个)采等量垃圾,共100~200 kg;在小于3 m³的设施(箱、坑)中,每个设施采20 kg以上,最少采5个,共100~200 kg;混合垃圾点的采样应采集当日收运到堆放处理场的垃圾车中的垃圾,在间隔的每辆车内或在其卸下的垃圾堆中采用立体对角线法在 3 个等距点采等量垃圾共 20 kg 以上，最少采 5 车，共计 100～200 kg。采样的全过程要有翔实记录。

对呈堆体状态的生活垃圾、垃圾桶（箱或车）内的生活垃圾、坑（槽）内生活垃圾（如焚烧厂贮料坑和堆肥厂发酵槽等）可参照下述方法采样。

①四分法

将生活垃圾堆搅拌均匀后堆成圆形或方形，如图 6-3 所示将其十字四等分，然后，随机舍弃其中对角的两份，余下部分重复进行前述铺平并四等分，舍弃一半，直至达到表 6-8 所规定的采样量。

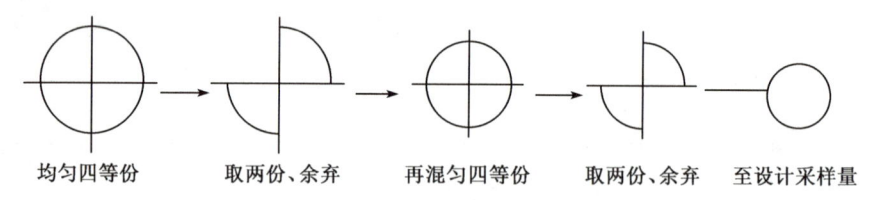

图 6-3　四分法采样示意图

②剖面法

沿生活垃圾堆对角线做一采样立剖面，如图 6-4 所示确定点位，水平点距不大于 2 m，垂直点距不大于 1 m。各点位等量采样，直至达到表 6-8 所规定的采样量。

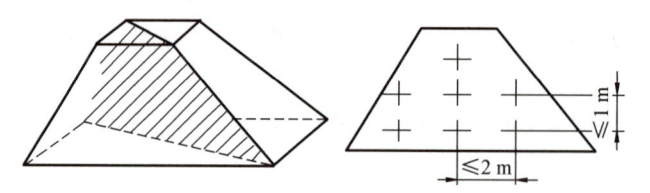

图 6-4　剖面法采样位置示意图

③周边法

在生活垃圾堆四周各边的上、中、下三个位置采集样品，按图 6-5 所示方式确定点位（总点位数不少于 12 个），各点位等量采样，直至达到表 6-8 所规定的采样量。

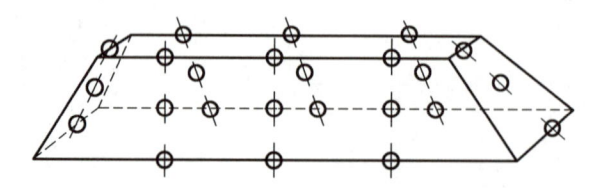

图 6-5　周边法采样位置示意图

④网格法

将生活垃圾堆成一厚度为 40～60 cm 的正方形，把每边三等分，将生活垃圾平均分成九个子区域，将每个子区域中心点前后左右周边 50 cm 内以及从表面算起垂直向下 40～60 cm 深度的所有生活垃圾取出，把从九个子区域内取得的生活垃圾倒在清洁的地面上，搅拌均匀后，采用四分法缩分至表 6-8 所规定的采样量。

【采样方案设计】

在固体废物采样前,应首先进行采样方案(采样计划)设计。方案内容包括采样目的和要求、背景调查和现场踏勘、采样程序、安全措施、质量控制、采样记录和报告等。

(1)采样目的

采样的基本目的是从一批固体废物中采集具有代表性的样品,通过实训和分析,获得在允许误差范围内的数据。在设计采样方案时,应首先明确分析的目的和要求,如:特性鉴别、环境污染监测、综合利用或处置、环境影响评价、科学研究、法律责任及仲裁等。

(2)背景调查和现场踏勘

采样目的明确后,要调查以下影响采样方案制订的因素,并进行现场踏勘:

①固体废物的产生地点、产生时间、产生形式(间歇还是连续)、贮存(处置)方式。

②固体废物的种类、形态、数量、特性(含物理性质和化学性质)。

③固体废物实训及分析的允许误差和要求。

④固体废物污染环境、监测分析的历史资料。

⑤固体废物产生、堆存、处置或综合利用现场踏勘,了解现场及周围环境。

(3)采样程序

①明确采样目的和要求。

②进行背景调查和现场踏勘。

③确定采样点、份样数、份样量;

④确定采样方法、选择采样工具。

⑤制订安全措施和质量控制措施。

⑥采样。

(4)采样记录和报告

采样时应记录固体废物的名称、来源、数量、性状、包装、贮存、处置、环境、编号、份样量、份样数、采样点、采样法、采样日期、采样人等。必要时,根据记录填写采样报告。

【任务实施】

1.采样前的调查、准备

(1)生活垃圾采样前需先调查并记录该地区背景资料,包括区域类型、服务范围、产生量、处理量、收运处理方式等。根据分析要求调查固体废物的产生、贮存情况;整理资料,明确采样方法和技术要点。为了使采集的样品具有代表性,在采集之前要调查研究生产工艺过程、废物类型、排放数量、堆积历史、危害程度和综合利用情况。如采集有害废物则应根据其有害特性采取相应的安全措施。

(2)准备采样工具

固体废物的采样工具包括尖头铁锹、钢锤、采样探子、采样钻、气动和真空探针、取样铲、带盖盛样桶或内衬塑料薄膜的盛样袋等。

2.采样点的设置和计算

根据某地区人口和市区的布置,选择若干个代表不同功能区的采样点,采样点力求分布均匀,使采集的样品有代表性。并计划采样时间和采样量,记录在表6-9中。

表 6-9　　　　　　　　　　　调查点分布和采样记录表

区域	类别	采样点数/个	采样量/kg	备注(采样频率、时间)
居民区	高档小区			
	中档小区			
	普通小区			
	旧城居住区			
事业区	文教			
	办公			
商业区	商店(场)、饭店			
	娱乐场所			
	交通站(场)			
混合区	垃圾转运站			

采样时,将 50 L 容器(搪瓷盆)洗净、干燥、称量、记录,然后布置于点上,每个点设置若干个容器;在面上采集时,带好备用容器。

采样量为该点 24 h 内的全部生活垃圾,到时间后收回容器,并将同一点上若干容器内的样品全部集中;面上的取样数量以 50 L 为一个单位,要求从当日卸到垃圾堆放场的每车垃圾中进行采样(每车 5 t),共取 1 m^3 左右(约 20 个垃圾车)。

将各点集中或面上采集的样品中大块物料现场进行人工破碎,然后用铁锹充分混匀,此过程尽可能迅速完成,以免水分散失。

现场用四分法把混合后的样品缩分到 90～100 kg 为止,即初样品。将初样品装入容器,取回分析。

3. 采样记录

根据固体废弃物的赋存状态,选用不同的采样方法,在每一个采样点上采取一定质量的物料,并记录在表 6-10 中。

表 6-10　　　　　　　　　　　固体废物采样记录表

采样时间:　　　年　　月　　日　　　　　　　　　采样地点:

样品名称		废物来源	
份样数		采样方法	
份样量		采样人	
采样现场简述			
废物产生过程简述			
采样过程简述			
样品可能含有的主要有害成分			
样品保存方式及注意事项			

【考核与评价】

考查学生对特定固体废物能否正确制订实施方案,能否选择采样方法、采样份数、采样量以及采样点等。

1. 采样方法的选择和考察。
2. 采样份数、采样量的确定。
3. 采样点的设置。
4. 采样操作。
5. 成果评价。

【讨论与拓展】
1. 对比和讨论不同固体废物采样方法。
2. 改进采样方法,反复训练不同类型固体废物的采样技术。

任务三:生活垃圾组分分析

【任务导入】
通过对某市生活垃圾进行科学采样,进一步分析该地区垃圾的物理组分及各组分所占比例,为垃圾后续利用和处理提供依据。

【任务实施】
采集具有代表性的样品,通过手工分拣、筛分等方式,目测确定垃圾的成分,分别称重,记录各组分所占比例,下面以生活垃圾为例,介绍实施过程。

1. 确定采样制样方案

按本模块实训项目一的方法选择了代表性的功能区采样并制样,在每一个采样点上采取一定质量的物料,并记录采样要点,为后续分析提供依据。

2. 组分分析

(1) 设备

分样筛(孔径为 10 mm);磅秤(最小分度值 50 g);台秤(最小分度值 5 g)

(2) 步骤

① 称量生活垃圾样品总重。
② 按照表 6-10 的类别分拣生活垃圾样品中各成分。
③ 将粗分后剩余的样品充分过筛(孔径 10 mm),仔细分拣筛上物各成分,筛下物按其主要成分分类,确实分类困难的归为混合类。
④ 分别称量各成分重量。

采样后应立即进行物理组成分析,否则,必须将样品摊铺在室内避风、阴凉、干净的铺有防渗塑胶的水泥地面,厚度不超过 50mm,并防止样品损失和其他物质的混入。将垃圾通过手工分拣,目测确定垃圾的成分,分别称重,生活垃圾组成成分含量比(或重量百分比)表示如下:

$$重量百分比 = \frac{W_1}{W_2} \times 100\%$$

式中 W_1——分拣出的组分重量,kg/g。

W_2——样品总重,kg/g。

将各组分所占比例记录于表6-11。

表6-11　　　　　　　　垃圾成分记录表

成分	有机物		无机物		可回收物						其他
	动物	植物	灰土	砖瓦陶瓷	纸类	塑料橡胶	纺织物	玻璃	金属	木竹	
比例/%											

【考核与评价】

考查学生能否正确采样，针对后续分析要求对样品进行预处理，并对组分分析的合理性进行评价。

1. 正确采样和预处理。
2. 组分分析的合理性。

【讨论与拓展】

讨论各小组在组分分析中遇到的问题和经验，通过交流和验证，改进组分分析表。

任务四：生活垃圾制样

【任务导入】

对固体废物性质分析时，在采集了代表性的固体废物样品后，还必须对代表性的固体废物样品进行一定的处理，才能满足实训或分析的要求，为固体废物收运、处理、利用和处置提供参考。

【相关知识】

制样方法

根据以上采样方法采取的原始固体试样，往往数量很大、颗粒大小相差悬殊、组成不均匀，无法进行实训分析。因此在实训室分析之前，需对原始固体试样进行加工处理，称为制样。制样的目的是将原始试样制成满足实训室分析要求的分析试样，即数量缩减到几百克、组成均匀（能代表原始样品）、粒度细（易于分解）。制样的步骤包括：粉碎、筛分、混合、缩分。制样的四个步骤反复进行，直至达到实训室分析试样要求为止。

(1) 工业固体废物样品制备

将所采样品均匀平铺在洁净、干燥、通风的房间自然干燥。样品的制备过程如图6-6所示。当房间内有多个样品时，可用一大张干净滤纸盖在搪瓷盘表面，以避免样品受外界环境污染和交叉污染。

① 粉碎　经破碎和研磨以减小样品的粒度。用机械方法或人工方法破碎研磨，使样品分阶段达到相应筛料的最大粒度。

② 筛分　使样品保证95%以上处于某一粒度范围：根据样品的最大粒径选择相应的筛号，分阶段筛出全部粉碎样品。筛上部分应全部返回粉碎工序重新粉碎，不得随意丢弃。

③ 混合　使样品达到均匀。用机械设备或人工转堆法，使过筛的一定粒度范围的样品充分混合，以达到均匀分布。

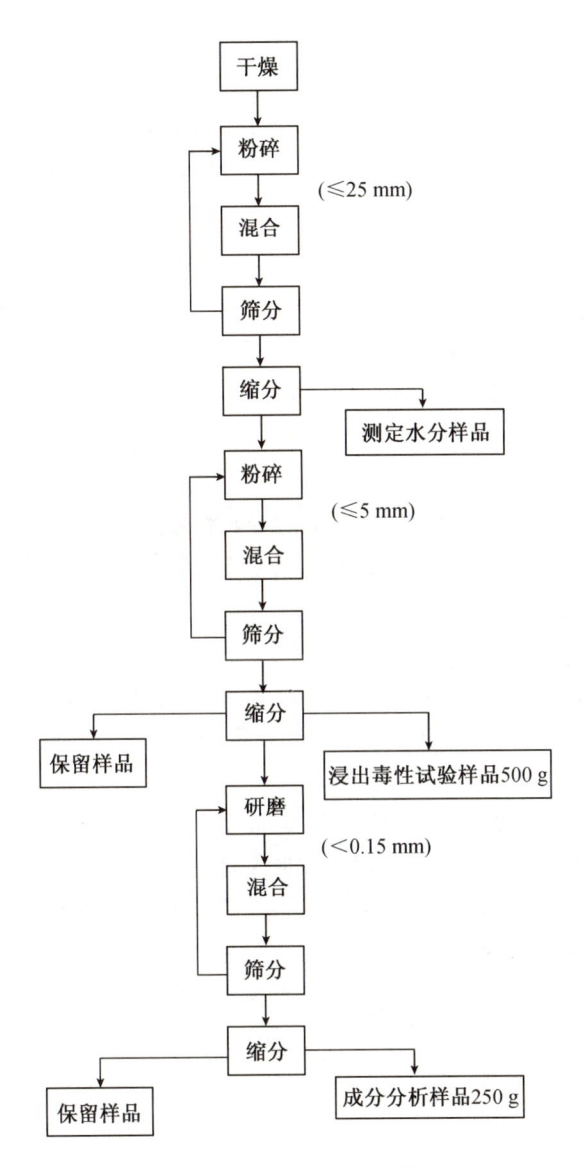

```
       ┌─────┐
       │ 干燥 │
       └──┬──┘
          ▼
       ┌─────┐
    ┌─▶│ 粉碎 │
    │  └──┬──┘   (≤25 mm)
    │     ▼
    │  ┌─────┐
    │  │ 混合 │
    │  └──┬──┘
    │     ▼
    │  ┌─────┐
    │  │ 筛分 │
    │  └──┬──┘
    │     ▼
    │  ┌─────┐
    └──┤ 缩分 ├──▶ 测定水分样品
       └──┬──┘
          ▼
       ┌─────┐
    ┌─▶│ 粉碎 │   (≤5 mm)
    │  └──┬──┘
    │     ▼
    │  ┌─────┐
    │  │ 混合 │
    │  └──┬──┘
    │     ▼
    │  ┌─────┐
    │  │ 筛分 │
    │  └──┬──┘
    │     ▼
    │  ┌─────┐
    └──┤ 缩分 │
       └─┬─┬─┘
         │ └──▶ 浸出毒性试验样品500 g
         ▼
     保留样品
          │
          ▼
       ┌─────┐
    ┌─▶│ 研磨 │   (<0.15 mm)
    │  └──┬──┘
    │     ▼
    │  ┌─────┐
    │  │ 混合 │
    │  └──┬──┘
    │     ▼
    │  ┌─────┐
    │  │ 筛分 │
    │  └──┬──┘
    │     ▼
    │  ┌─────┐
    └──┤ 缩分 │
       └─┬─┬─┘
         │ └──▶ 成分分析样品250 g
         ▼
     保留样品
```

图 6-6 工业固体废物样品制备

④缩分　将样品缩分,以减少样品的质量:根据制样粒度,使用缩分公式求出保证样品具有代表性前提下应保留的最小质量。采用圆锥四分法进行缩分。圆锥四分法:即将样品置于洁净、平整板面(聚乙烯板、木板等)上,堆成圆锥形,每铲自圆锥的顶尖落下,使样品均匀地沿堆尖散落,不可使圆锥中心错位,反复转堆至少三次,使其充分混匀,然后将圆锥顶端轻轻压平,摊开物料后,用十字分样板自上压下,分成四等份,任取对角的两等份,重复操作数次直至达到所需分析试样的最小质量为止。

液态废物制样主要为混合、缩分。缩分采用二分法,每次减量一半,直至实训分析用量的 10 倍为止。

(2) 生活垃圾样品的制备

生活垃圾样品制备设备包括:粉碎机械(粉碎机、破碎机)、天平、药碾、研钵、钢锤、标准套筛、十字分样板、机械缩分器、250~500 mL 带磨口的广口玻璃样品瓶等。

①粉碎

分别对各类废物进行粉碎。对灰土、砖瓦、陶瓷类废物,先用钢锤将大块敲碎,然后用粉碎机或其他粉碎工具进行粉碎;对动植物、纸类、纺织物、塑料等废物,用剪刀剪碎。粉碎后样品的大小,根据分析测定项目确定。

②一次样品制备

将测定生活垃圾容重后的样品中大粒径物品破碎至 100~200 mm,摊铺在水泥地面充分混合搅拌,再用四分法缩分 2 或 3 次,至 25~50 kg 样品,置于密闭容器运到分析场地。确实难以全部破碎的可预先剔除,在其余部分破碎缩分后,按缩分比例将剔除生活垃圾部分破碎加入样品中。

③二次样品制备

在生活垃圾含水率测定完毕后,应进行二次样品制备。根据测定项目对样品的要求,将烘干后的生活垃圾样品中各种成分的粒径分级破碎至 5 mm 以下,选择下面两种样品形式之一制备二次样品备用。

a) 混合样

混合样应严格按照生活垃圾样品物理组成的干基比例,将粒径为 5 mm 以下的各种成分混合均匀,缩分至 500 g,再用研磨仪将其粒径研磨至 0.5 mm 以下。

b) 合成样

合成样应用研磨仪将烘干后的粒径为 5 mm 以下的各种成分的粒径分别研磨至 0.5 mm 以下,缩分至 100 g 后装瓶备用。按照生活垃圾样品物理组成的干基比例,配制测定用合成样,合成样的重量(M)可根据测定项目所用仪器要求确定,各种成分的重量(M_i)按下式计算,称重结果精确至 0.000 5 g。

$$M_i' = \frac{M \times C_i'}{100}$$

式中 M_i'——某成分干重,g。

M——样品重量,g。

C_i'——某成分干基含量,%。

i——各成分序数。

④缩分

将需要缩分的样品放在清洁、平整、不吸水的板面上,按图 6-3 用四分法缩分至 100 g 左右为止,并将其保存在瓶中备用。

瓶上应贴有标签,注明样品名称(或编号)、成分名称、采样地点、采样人、制样人、制样时间等信息。

⑤样品制备注意事项

应防止样品产生任何化学变化或受到污染,在粉碎样品时,确实难全部破碎的生活垃圾可预先剔除,在其余部分破碎缩分后,按缩分比例将剔除生活垃圾部分破碎加入样品中,不可随意丢弃难破碎的成分。

(3)样品的运送和保存

样品在运送过程中,应避免样品容器的倒置和倒放。样品应保存在不受外界环境污染的洁净房间内,并密封于容器中,贴上标签备用。

二次样品应在阴凉干燥处保存,保存期内若吸水受潮,则应在 105±5 ℃的条件下烘干至恒重后,才能用于测定,必要时可采用低温、加入保护剂的方法保存。制备好的样品,一般有效保存期为三个月,易变质的试样不适合此限制。最后,填写采样制样表,分别存于有关部门。

【任务实施】

在固体废物采样前,应根据实训或分析要求进行设计制样工作计划。

(1)根据工作要求讨论实训或分析要求。

(2)固体废物实训及分析的允许误差和要求。

(3)制样程序

① 分拣 按本实训项目任务一采集的生活垃圾,进一步分拣明确其物理组成。

② 粉碎 根据后续分析目的和要求,确定粒径大小,将生活垃圾按要求破碎。

③ 混合缩分 根据分析要求确定样品量。

④ 制定安全措施和质量控制措施。

⑤ 样品运输和保存。

(4)制样记录和报告。制样时应记录固体废物的名称、来源、数量、性状、包装、贮存、处置、环境、编号、份样量、份样数、采样点、采样法、采样日期、采样人等。必要时,根据记录填写制样记录于表 6-12。

表 6-12　　　　　　　　　　固体废物制样记录表

制样时间:_____年_____月_____日　　　　　　　制样地点:

样品名称		送样人	
样品量		制样人	
制样目的			
	样品性状简述		
	制样过程简述		
	样品保存方式及注意事项		

【考核与评价】

考查学生对特定固体废物能否正确选择制样方法并正确操作等关键技能。

1. 制样方法选择和考察。
2. 制样操作、记录、标志。
3. 成果评价。

【讨论与拓展】

1. 讨论不同分析要求的制样方法。

2. 反复训练不同类型固体废物的采样技术,并将所制样品作为后续检验分析的样品,检查验证制样结果。

任务五：生活垃圾性质分析

【任务导入】

通过调查某市生活垃圾(或其他典型固体废物)的产量、种类、组分、发展趋势等,进一步分析某市生活垃圾(或其他典型固体废物)的物理性质、化学性质及生物性质。

【相关知识】

按实训项目一完成生活垃圾的采样和制样后,根据《生活垃圾采样和物理分析方法》(CJ/T313—2009)测定垃圾的容重、含水率及灰分。热值用经验法计算或氧弹热量计测得,营养元素总 N、总 P 和总 K 含量是根据建设部城镇建设行业标准测得。重金属元素是根据国家标准法消解,用原子吸收分光光度计分别测定 Pb、Cu、Zn,用比色法测定 As 和 Cr 含量。

【制定性质分析计划】

1. 物理性质分析

(1)物理组成分析。

(2)容重测定。

(3)含水率测定。

垃圾的含水率是研究垃圾特性、选择和确定垃圾处理方法时必不可少的参数。测定垃圾含水率的目的主要有三：①以垃圾干物质为基础(干基),计算垃圾中各成分的含量；②以便科学合理地计算垃圾堆放场或填埋场产生的渗滤液数量；③将垃圾进行堆肥或焚烧处理时,可作为处理过程的重要调节控制参数。

测定垃圾容重后,选取一部分,先人工挑出大块石块、煤渣和塑料装袋,再过孔径为 10 mm 的钢丝筛,筛下的作为筛下混合物装袋；再将未筛下的石块、煤渣和塑料挑选出来。最后,所有的石块和煤渣等作为无机物装袋,所有的塑料装一袋,剩下的筛上物作为可腐物装袋。4 个组分都装在黑色塑料袋中,分别贴上标签后运回实训室进行分析测定。塑料袋置于室内避风阴凉处,保存期不超过 24 h。样品测完含水率后,粉碎为 80 目的细末,缩分后装袋备用。为垃圾理化性质测定做好准备。

2. 化学性质分析

(1)挥发分：指的是烘干后的生活垃圾在 550～600 ℃条件下燃烧后的损失量的比例,这个指标常用以表示生活垃圾的可燃成分,是确定生活垃圾发热量的重要指标。

(2)灰分：是指除去水分、挥发分后残留部分的比例。

(3)热值测定,生活垃圾的热值对分析燃烧性能判断能否选用焚烧处理工艺提供重要依据。

(4)元素组成分析,如总 C、N、P,总 K、Cu、Zn、Cr、Pb、As 等,实施时可在特性调查的基础上,结合后续处理需要选择要分析的元素。

(5)有机质含量分析,采用堆肥法处理垃圾时,垃圾中的有机质含量是必须考虑的重要参数。

【任务实施】

按制定性质分析计划,合理制备和保存样品,安排分析程序,根据需要依次测定生活垃圾的容重、含水率等指标。

1. 容重测定

(1)取具有代表性的试样,按堆积的自然状态将其放进一定容量的容器中,称重并计算重量与容重之比。

(2)仪器设备

磅秤,标准容器,有效高度 100 cm、容积 100 L 的硬质塑料圆桶。

(3)步骤

将 100～200 kg 样品重复 2～4 次放入标准容器中,加满,稍加振动但不得压实。分别称量各次样品重量。

(4)结果的表示

$$容重 = \frac{W_3 - W_4}{V_0} \times 100\%$$

式中　W_3——自然堆满垃圾后容器重量,g。

　　　W_4——容器重量,g。

　　　V_0——容器的容积,L。

2. 含水量测定

粉碎样品,称取 100 g 样品平铺放置托盘内,置于电热鼓风恒温干燥箱内,在 105±5 ℃ 的条件下烘 4～8 h(厨余生活垃圾可适当延长烘干时间),待冷却 0.5 h 后称重并记录。

妥善保存烘干后的各种成分,用于生活垃圾其他项目的测定。

3. 灰分测定

(1)仪器设备

马弗炉、小型万能粉碎机、标准筛(有孔径为 0.5 mm 的网目)、天平(感量为 0.000 1 g)、干燥器、坩埚及坩埚钳、耐热石棉板。

(2)测定步骤

将烘干的垃圾分别放入研钵中研磨至粉末,然后各样品用分析天平称取 2 g(精确到 0.000 2 g),放入箱式电炉中,缓慢将炉温升至 850 ℃,当达到此温度时,继续灼烧 1.5 h,取出坩埚冷却到室温,称量。

①挥发分:指的是烘干后的生活垃圾在 550～600 ℃ 条件下燃烧后的损失量的比例。

②可燃分:垃圾的可燃分可按下式计算:

实际生活垃圾中可燃分(%) = 100(%) − 水分(%) − 实际垃圾的灰分(%)

4. 热值测定

垃圾热值的测定方法有直接实训测定法、经验公式法和组分加权计算法。当垃圾的成分未知时,常用燃烧测定仪器——氧弹量热计进行直接实训测定。当垃圾元素组成已知时,可用如下经验公式法估算垃圾的热值。

经验公式:

$$Q_H = 800C + 300H + 26(O+S)$$
$$Q_L = 800C + 300H + 26(O+S) + 6(W+9H)$$

式中　Q_H—高位热值。

　　　Q_L—低位热值。

C、H、O、S—垃圾元素组成中碳、氢、氧、硫元素。

W—垃圾含水率(质量分数),%。

当垃圾的物理组成已知时,可利用各单一组分的热值、质量百分比,通过加权公式来计算,具体计算过程如下例。

例:有 1 000 kg 混合垃圾,其物理组成是:食品垃圾 250 kg、废纸 400 kg、废塑料 130 kg、破布 50 kg、废木料 20 kg,其余为土、灰、砖等。请利用表 2-7 的数据求该混合垃圾的热值。

解:①先求出混合垃圾中灰、土、砖等的数量,为:

$$1\ 000-250-400-130-50-20=150\ kg$$

②再利用加权公式求其热值为:

$$Q=[(250×4\ 650+400×16\ 750+130×32\ 570+50×17\ 450+20×18\ 610+150×6\ 980)÷1\ 000]\ kJ/kg=14\ 388.3\ kJ/kg$$

将固体废物理化性质记录于表 6-13。

表 6-13 垃圾的物理性质记录表

功能区	地点	容重/%	含水率/%	灰分/%	可燃分/%	热值/kJ/kg
居民区	高档小区					
	中档小区					
	普通小区					
	旧城居住区					
事业区	文教					
	办公					
商业区	商店(场)饭店					
	娱乐场所					
	交通站(场)					
混合区	垃圾转运站					

5. 元素组成分析

(1)重金属元素分析

参照固体废物浸出毒性测定方法,按照原生垃圾的物相组成按比例称量配成 100 g 干基,置于浸出容器中,加去离子水,用乙酸及氨水调节 pH 至 5.8~6.3,将容器固定在往复水平振荡器上,振幅 40 mm,室温震荡 8 h,静置 16 h,滤液用原子吸收光谱仪测试。

(2)碳、硫元素含量的测定

分别采用燃烧-容积法测定碳,燃烧-碘量法测定硫。

①仪器:管式定碳、定硫仪。

②步骤:a.配制含有碳、硫的标准样品。b.将优质膨润土置于马弗炉中,在 850 ℃下灼烧 1 h,冷却后称取该膨润土并加入一定量的邻苯二甲酸氢钾和升华硫黄,于研钵中混合研磨,称取每份 0.500 0 g 进行十次测定,结果的相对标准偏差(C_V)要小于 5%。c.称取一定量的经过灼烧的膨润土和样品(重量比为 100∶1),混合研磨后,进行碳、硫测定,

以标准样品为基准,计算出垃圾样品中的碳、硫含量。

(3) 氮元素含量的测定

用凯氏消化蒸馏法测定氮。

①仪器:凯式烧瓶,电子天平,电炉等。

②步骤:a. 称取 2.000 g 样品加入凯式烧瓶中,加入消解液,在通风柜中消解完全;b. 冷却后,用氨水稀释,加入氢氧化钠-硫代硫酸钠溶液蒸馏,用盛有硼酸溶液的容器收集馏出液;c. 用盐酸标准溶液滴定馏出液至反应终点,同时做空白实验。

(4) 磷元素含量的测定

在酸性条件下,加入钒酸盐-钼酸盐显色,用分光光度计测定吸光度。

①仪器:分光光度计,烧瓶,电子天平,凯式烧瓶。

②步骤:a. 取 0.200 0 g 标准样品置于凯式烧瓶中,加入消解液消解;b. 配制磷酸二氢钾标准溶液,加入钒酸盐-钼酸盐显色剂,用分光光度计测定吸光度,绘制标准曲线;c. 将消解好的样品溶液移入比色管中,加入显色剂,用分光光度计测定吸光度。d. 在标准曲线上找出试样的对应值,同时做空白实验。

(5) 钾元素的测定

在硝酸-硫酸的联合作用下,试样中与有机物结合的以及与悬浮颗粒相结合的钾元素转化为盐溶液,用原子吸收分光光度计测定含量。

①仪器:原子吸收分光光度计,钾元素空心阴极灯。

②步骤:a. 配制钾元素标准溶液。b. 确定钾元素测定条件,测定标准溶液的吸光度值,绘制标准曲线。c. 样品预处理。准确称取制备的样品,在硫酸-硝酸介质中消解完全后定容。d. 按标准曲线测定操作,测定试样溶液吸光度值,在标准曲线上查找钾元素的对应值。将固体废物元素分析测定结果计入表 6-14 中。

表 6-14　　　　　　　　垃圾元素组成记录表

功能区	地点	总 N%	总 C%	总 P% (P_2O_5)	总 K% (K_2O)	Cu mg/kg	Zn mg/kg	Cr mg/kg	Pb mg/kg	As mg/kg
居民区	高档小区									
	中档小区									
	普通小区									
	旧城居住区									
事业区	文教									
	办公									
商业区	商场饭店									
	娱乐场所									
	交通站(场)									
混合区	垃圾转运站									

6. 结果分析

根据性质分析结果,分析生活垃圾污染特性以及物理、化学、生物性质。

【考核与评价】

考查学生能否结合固体废物性质,提出性质分析的主要指标和检验分析计划;是否具有正确操作并得出结论的技能。

1. 分析计划制定。

2. 性质分析方法、操作技能掌握。

【讨论与拓展】

讨论各小组的固体废物性质测定计划,交流实施过程的问题和经验、通过验证、改进分析方案,提高操作技能。

任务六:生活垃圾综合处理方案的编制

【任务导入】

通过对当地垃圾产生量、污染现状调查,根据组分分析和性质分析结果,完成当地垃圾特性调查、性质分析报告,并对当地垃圾处理、利用、处置提出合理的建议。

【任务实施】

1. 结合调查和分析结果,分析固体废物特性,并分析原因。

比如:某地区生活垃圾主要来源于居民区,占垃圾总量的 80%~90%;垃圾的主要成分是果蔬类和厨余类,占垃圾组成的 70% 左右;垃圾的水分含量较高,年平均值达 70% 以上,明显高于国内其他城市;生活垃圾水分含量一般为 50%~60%,这与果蔬类和厨余类含量高及袋装收集生活垃圾有关;由于垃圾的水分含量高,生活垃圾的低位热值低,达不到焚烧所要求的低位热值的最低值 3 350 kJ/kg。若采取焚烧法,垃圾必须进行预处理或添加其他燃料。

2. 分类收集方案和建议

结合固体废物调查和性质分析结果,对生活垃圾分类及回收利用提出合理化建议。

3. 提出合理收运计划

4. 生活垃圾综合处置系统选择

根据城市的经济发展水平,结合本地区垃圾的基本特性,选择适宜的垃圾处理方法组合。可供选用的处理、处置系统可以概括为以下几种组合:

(1)分选回收+堆肥+卫生填埋。

(2)分选回收+堆肥+焚烧+卫生填埋。

(3)分选回收+填埋。

(4)填埋。

(5)分选回收+焚烧+卫生填埋。

【考核与评价】

考查学生对特定固体废物能否提出合理的处理利用方案和建议。

实训成果:典型固体废物调查分析报告。

【讨论与拓展】

讨论各小组对不同固体废物制定的处理利用方案,通过交流实施过程的问题和经验,改进方案。

实训项目 2　生活垃圾收运系统设计

任务一：某生活垃圾收运现状调查

【任务导入】

通过调查某城市的人口规模、城市规模、经济发展水平、环卫基础设施现状，为制定某市生活垃圾收运方案提供依据。

【相关知识】

城市人口规模、生活垃圾产生量计算及发展趋势预测，具体参考模块 2 的内容，这里不再重复。

【调查方案设计】

1. 城市人口规模、生活垃圾产生量计算及发展趋势预测

通过现场调查、资料统计分析，获知该地区人口规模、人均日产生垃圾量，再根据人口预测垃圾产生量。具体参考模块 2。

2. 生活垃圾特性调查

通过实地勘察和资料整理，调查当地垃圾收运方式，收集点、转运站、处置场位置以及目前该城市垃圾收运模式，为制订当地垃圾收运方案提供参考。

【任务实施】

1. 将学生分成小组，分工合作完成现场调查、资料查阅、整理和统计分析。

2. 学生分组讨论城市人口规模，生活垃圾产生量及趋势，垃圾产生源和当地垃圾收运现状，形成调查表。

【考核与评价】

考查学生能否正确设计调查方案、分工合作和沟通交流等关键技能。

1. 各组现场调查、资料查阅、整理和统计分析情况。

2. 各组调查方案、调查表设计和创新情况。

【讨论与拓展】

讨论各小组的调查方案，交流实施过程的问题和经验。通过验证，改进调查表。

任务二：编制城市垃圾收集路线设计说明书

【任务导入】

通过调查研究，查阅文献、文件进行垃圾收运路线设计，确定收集方案和收运路线，并合理安排垃圾收集方法、收运车辆数量、装载量及机械化装卸程度、收运次数、时间、劳动定员和收运路线等，提高收运效率，降低收运成本。通过实训，提高使用技术资料和正确使用相关标准、规范、编写设计说明书的能力。

【设计资料】

1. 人口分布资料、人口发展预测资料。

2. 人均日产垃圾现状及趋势预测。

3. 环卫设备、设施及发展资料。

4. 环卫地形图、收集点、收集站调查资料。

5. 转运站、处置场现状的资料。

6. 参考文献:《城市环境卫生设施设置标准》《垃圾处理处置技术工程实例——环境工程设计实例丛书》相关书籍和学术期刊等。

【设计内容和要求】

1. 城市人口预测。

2. 垃圾产生量预测(见本模块实训项目一)。

3. 收集方案的分析确定。

4. 选择收集设备、设施。

5. 确定或调查垃圾箱、收集点、转运站的位置。

6. 编写设计说明书。

【任务实施】

1. 查阅资料、文献,制定设计垃圾收集路线的思路。

2. 进行设计计算:包括服务人口、设计总量等参数。

3. 垃圾收集布置、方案及路线设计。

(1)该区域垃圾收集点、产生量、收集频率调查,绘制工作图。

(2)确定收集方式、收集时间。

(3)均衡车辆负载,确定每天收集点(计算、绘表)。

(4)绘制收运线路,绘制图纸。

4. 编写设计说明书。

【考核与评价】

评议各组收集路线设计结果及设计说明书,考查学生调查分析和综合应用能力。

实训成果:设计图纸和设计说明书。

【讨论与拓展】

评议设计要点,讨论各小组的收集路线,通过交流实施过程的问题和经验,改进方案。

任务三:生活垃圾收运系统方案设计

【任务导入】

在对城区垃圾收运、处置现状调查基础上,重点对城区生活垃圾收运系统进行方案设计。通过对生活垃圾调查,了解垃圾分布区域,计算垃圾产生量;结合生活垃圾现状,设计符合城市经济发展规模的垃圾收运系统,并提出垃圾收运和管理的意见。

【设计资料】

1. 人口分布资料、人口发展预测资料。

2. 城市基础设施建设、能源及发展资料。

3. 环卫设备、设施及发展资料。

4. 环卫地形图、收集点、收集站调查资料。

5. 人均日产垃圾现状及趋势预测。

6. 转运站、处置场资料。

7. 设计规模、期限等。

【设计内容和要求】

1. 垃圾产生量预测。

2. 垃圾收运系统设计。

3. 编写设计指导书。

【任务实施】

1. 某市环境卫生状况、垃圾产生量调查。

2. 进行设计计算，包括垃圾产生量计算等。

3. 垃圾转运系统的构成和流程、垃圾转运站数量的确定、垃圾转运站规模、类型的确定、垃圾转运站平面布置等。

4. 绘制平面图、编写设计指导书。

【考核与评价】

评议各小组垃圾转运系统的构成、垃圾转运站的平面布置图、设计说明书的写作规范。

实训成果：设计图纸和设计指导。

【讨论与拓展】

组织各小组讨论点评，探讨符合该城市现状和发展需要的收运方案，为城市环境卫生建设规划的编制提供依据。

实训项目 3　生活垃圾好氧堆肥综合实训

好氧堆肥是利用好氧微生物的分解代谢能力对可生物降解的固体废物中有机物进行稳定化与无害化的处理过程。好氧堆肥是实现生活垃圾、城镇污水处理厂剩余污泥及其他有机固体废物的减容、减量及无害化、资源化的有效途径。本实训通过评价固体废物的生物降解度、好氧堆肥以及堆肥腐熟度来完成。

任务一：生活垃圾生物降解度的测定

【任务导入】

垃圾中含有大量天然和人工合成的有机物质，有的容易生物降解，有的难以生物降解。此实训采用COD实训法，可以在室温下对垃圾生物降解度进行适当估计，为好氧堆肥提供参考。

【任务实施】

1. 实训准备

(1) 硫酸亚铁铵溶液浓度 $c\{[1/2(NH_4)_2Fe(SO_4)_2] \cdot 6H_2O\}=0.5 \text{ mol/L}$。

(2) 指示剂为二苯胺，配制方法：将100 mL浓硫酸加到20 mL蒸馏水中后加入0.5 g二苯胺。

2. 实训操作步骤

(1)称取 0.5 g 已烘干磨碎试样于 500 mL 锥形瓶中。

(2)准确量取 20 mL $c(1/6K_2Cr_2O_7)=2$ mol/L 的重铬酸钾溶液,加入试样瓶中并充分混合。

(3)用另一只量筒量取 20 mL 硫酸加到试样瓶中。

(4)在室温下将这一混合物放置 12 h 且不断摇动。

(5)加入大约 15 mL 蒸馏水。

(6)再依次加入 10 mL 磷酸、0.2 g 氟化钠和 30 滴指示剂。注意,每加入一种试剂后必须混合均匀。

(7)用标准硫酸亚铁铵溶液滴定,在滴定过程中颜色的变化是棕绿—绿蓝—蓝—绿,在等当点出现的是纯绿色。

(8)用同样的方法在不放试样的情况下做空白实验;如果加入指示剂时出现绿色,则实验必须重做,必须再加入 30 mL 重铬酸钾溶液。

3. 生物降解物质的计算

$$BOM = \frac{(V_2-V_1)V_C \times 1.28}{V_2}$$

式中　BOM——生物降解度。

　　　V_1——滴定体积,mL。

　　　V_2——空白实验滴定体积,mL。

　　　V_C——重铬酸钾的体积,mL。

【考核与评价】

考查学生实训准备、测定、结果分析等关键技能。

实训成果:生物降解度的测定实训报告。

【讨论与拓展】

各小组通过对实训结果的讨论和分析比较固体废物的生物降解度,探讨特定固体废物采用好氧堆肥处理的可行性。

任务二:生活垃圾好氧堆肥

【任务导入】

通过生活垃圾静态好氧堆肥实训,掌握堆肥处理的基本原理及其操作方法;学会生活垃圾好氧堆肥工艺中的有关参数控制;掌握堆肥腐熟度的测定原理和方法,要求学生通过本项技能训练,熟练掌握厌氧发酵制沼气的程序,为可生物降解固体废物好氧堆肥的操作、工艺运行以及管理等生产实践环节提供依据。

【相关知识】

好氧堆肥时只有营造一个适宜微生物生长的环境,才能达到对固体废物中的有机物稳定化与无害化处理的目的。影响堆肥的主要因素有物料的碳氮比、含水率、温度、通风量等。表 6-15 是好氧堆肥的适宜条件,堆肥过程控制可参考该表。

表 6-15　　　　　　　　　　　　　　好氧堆肥的适宜条件

影响因素	适宜条件
垃圾颗粒物	物料颗粒的平均适宜粒度为 12～60 mm
含水率	含水率范围是 45%～60%，以 55% 为最佳
有机物含量	适宜的有机物含量为 20%～80%
温度	适宜温度为 55～60 ℃
通风量	维持氧气浓度为 10%～18%
碳氮比	适宜的碳氮比为(20∶1～35∶1)
碳磷比	堆肥原料适宜的碳磷比应为(75∶1～150∶1)
pH	一般认为 pH 为 7.5～8.5 时堆肥化效率最高
搅动	简单堆肥不搅动或阶段性搅动；有机械装置时可短暂地剧烈搅动
堆的大小	自然通风时高 1.5 m，长度任意；强制通风时堆可放大

【任务实施】

1. 实训仪器药剂的准备

(1) 抽屉式垃圾发酵箱 1 套，内分 3 层，每层 2 格，每个抽屉底部均匀分布穿孔管、集水管，上有出气口。

(2) 增氧泵 2～3 台，气体流量计 6 支，温度计 6 支。

(3) 万能粉碎机、pH 计、恒温水浴、离心机、电导仪、溶解氧测定仪、比重计、马弗炉、分析天平、元素分析仪、AA7000 型 AAS、常用玻璃仪器若干。

(4) 实训药剂：HCl、HNO_3、$HClO_4$、H_2SO_4、$MgCl_2$、NaAc-HAc、NH_2OHCl、H_2O_2、NH_4Ac、硼酸、甲基红、重铬酸钾、硫酸亚铁铵、硫酸银、邻菲罗啉。

2. 好氧堆肥物料的准备和预处理

(1) 收取生活垃圾、污水处理厂浓缩后的污泥、秸秆等有机固体废物，并记录来源与主要物理组成。

(2) 将用于堆肥的固体废物进行预处理，除去粗大物和不可堆积物如石头块、塑料、纤维等，作为堆肥物料。

(3) 对堆肥物料的感官特征和物化性质进行分析，记录堆肥物料的感官特征如色泽等，针对堆肥物料的 pH、含水率(%)、碳(%)、氮(%)、容重(kg/m^3)、总固体(%)、挥发性固体(%)、热值等项目进行分析测定，测定项目可根据需要选择。

(4) 调节堆肥物料的含水率、碳氮比，一般用喷水或与适量剩余污泥搅拌的方法进行调节。

3. 静态好氧堆肥

(1) 将预处理好的堆肥物料装入抽屉式堆肥器的 6 个抽屉中，开启增氧泵向堆体中送入新鲜空气。堆肥 7～12 d 后，将物料倒入贮料槽内，再次记录堆肥后物料的理化性质以及感官特征，如色泽等。

记录堆肥的温度、pH、含水率、有机质、总 N、重金属及重金属各形态等随时间的变化情况。将实训数据记录在表 6-16～表 6-21 中。

表 6-16　　　　　　　　　　好氧堆肥温度变化记录表

时间/d							
温度/℃							

表 6-17　　　　　　　　　好氧堆肥含水率变化记录表

时间/d							
含水率/%							

表 6-18　　　　　　　　　好氧堆肥 pH 变化记录表

时间/d							
pH							

表 6-19　　　　　　　　　好氧堆肥电导率变化记录表

时间/d							
电导率/(S/m)							

表 6-20　　　　　　　　好氧堆肥有机质 C 和 N 变化记录表

时间/d							
C/%							
N/%							

表 6-21　　　　　　　好氧堆肥前、后重金属各形态记录表

种类		可交换态	碳酸盐结合态	铁锰氧化态	有机物结合态	残渣态
Cu	堆肥前					
	堆肥后					
Zn	堆肥前					
	堆肥后					
Cr	堆肥前					
	堆肥后					
Pb	堆肥前					
	堆肥后					

(2)好氧堆肥适宜条件探索

在堆肥过程中,探索堆肥过程参数的最佳范围具体可以以一个参数为变量,其余参数按经验取值,通过用堆肥器的 6 个抽屉做平行实验,总结出该参数的最佳条件。

(3)通风 20～30 d 后,将物料倒入贮料槽内,再次记录堆肥后物料的理化性质以及感官特征,记录方法同前。

4. 实训数据整理和结果分析

(1)堆肥物料来源、主要物理组成和理化性质。

(2)堆肥前、后物料物化性质的比较。

(3)以堆肥时间为横坐标,以物料的水分、温度、pH 等堆肥物化性质为纵坐标,绘制这些因素随时间变化的曲线。

(4)总结实训数据和结果,探索特定堆肥物料好氧堆肥的适宜条件。

【考核与评价】

考查学生实训准备、现场操作、指标的测定、结果分析等关键技能。

实训成果:好氧堆肥实训报告。

【讨论与拓展】

各小组讨论交流实施过程的问题和经验,进一步交流好氧堆肥前的物料预处理方法;讨论堆肥过程数据检测和记录心得;堆肥过程参数对堆肥效果的影响等。通过对实训结果进行讨论,探索特定固体废物好氧堆肥的适宜条件,检查纠错。

任务三:堆肥腐熟度判定

【任务导入】

堆肥腐熟度是指堆肥物料中的有机物经过矿化、腐殖化过程所达到的稳定程度。通过实训,掌握堆肥腐熟度分析测定的原理和方法;熟悉堆肥腐熟度的评价方法。

【相关知识】

1. 堆肥腐熟度的判定方法

(1)直观标准:无激烈分解、低温、茶褐色或黑色、无恶臭,手感松软易碎,无明显纤维素和木质结构等。

(2)化学标准:包括堆肥中的 COD、淀粉和纤维素、碳氮比、氧化还原电位、碱性基本交换量、硝酸铵等。

(3)工艺参数标准:包括堆层温度、水分物料平衡、耗氧速率等。

2. 淀粉分析法原理

垃圾在堆肥处理过程中,需借助于淀粉量分析来鉴定堆肥的腐熟程度。这一分析化验的基础是垃圾堆肥处理过程中形成了淀粉碘化络合物。这种络合物颜色的变化取决于堆肥降解度,当堆肥降解尚未结束时,淀粉碘化络合物呈蓝色,堆肥降解结束时呈黄色。堆肥颜色的变化过程是深蓝→浅蓝→灰→绿→黄。

【任务实施】

1. 实训准备

(1)酒精。

(2)36%的高氯酸。

(3)碘反应剂:将 2 g KI 溶解到 500 mL 水中,再加入 0.08 g I_2。

2. 实训操作步骤

(1)将 1 g 堆肥置于 100 mL 烧杯中,滴入几滴酒精使其湿润,再加入 20 mL 36%的高氯酸。

(2)用纹网滤纸(90号纸)过滤。

(3)加入20 mL碘反应剂到滤液中并搅动。

(4)将几滴滤液滴到白色板上,观察其颜色变化。

3. 实训结果分析

(1)根据观察到的颜色变化,分析堆肥的腐熟程度。

(2)根据本实训前一任务中的堆肥产品,利用直观标准判定堆肥腐熟程度。

(3)根据本实训前一任务中的堆肥过程参数,如温度、含水率、好氧速率等判定堆肥腐熟度。

【考核与评价】

考查学生实训准备、测定、结果分析等关键技能。

实训成果:腐熟度的测定实训报告。

【讨论与拓展】

各小组通过对实训结果进行讨论,分析前一任务固体废物好氧堆肥的腐熟度,并探讨特定固体废物采用好氧堆肥的最佳工艺运行条件。

实训项目4　有机固体废物产沼工艺设计

【任务导入】

根据所学教材内容,进行固体废物产沼工艺设计。通过该项实训,增强学生对于设计理论及设计过程科学严密性的理解,并进一步掌握设计中涉及的方法要点。

【设计内容和要求】

收集和查阅有关资料,了解固体废物的成分、特性、要求;通过论证分析,确定较为合理的固体废物产沼工艺流程。主要是进行相关基础参数的计算,并在此基础上确定沼气发酵工艺方案,最后以报告(包括图、表)的形式完成实训任务。

【任务实施】

1. 设计参数的获得

(1)气压。

(2)池容产气率。

(3)贮气量。

(4)池容。

(5)投料率。

2. 确定沼气池选用工艺流程

(1)沼气池的池形。

(2)平面布局方案。

3. 工艺计算

(1)发酵料液的计算。

(2)厌氧发酵间的设计:计算发酵间的容积、气室容积、发酵间各部分尺寸。

(3)进料间、出料间(水压间)的设计计算。

4. 编写设计说明书

设计说明书按设计程序编写,应包括方案的确定、设计计算、有关设计的简图等内容。

5. 固体废物产沼工艺设计实例

荷兰蒂尔堡 Valorga 生活垃圾厌氧发酵工厂于 1994 年投入使用,采用厌氧发酵工艺处理城市垃圾,得益于荷兰实施的垃圾分类投放政策,处理的垃圾中 60% 以上为有机垃圾。工厂年处理量为 52 000 t,处理约 300 000 户居民日常生活产生的垃圾。

首先,垃圾经过分拣、破碎,颗粒直径小于 80 mm,稀释到总固体含量大约为 30%,冲入热蒸汽,加热至大约 40 ℃。

Valorga 工厂采用两座厌氧消化器,每座容积为 3 300 m³。两座消化器相同负荷运转,全部的厌氧过程都发生在消化器中。消化器为椭圆形结构,侧面附有塞孔。内壁位于消化器内部 2/3 处,上面的洞孔用于混合物的导入/导出。消化残渣由于重力作用沉降至底部,产生的沼气由高压转换管压至消化器底部的容器。由于工艺流程中,消化器中不需要任何机械设备,所以物质在消化器中的循环没有任何障碍。

产生的气体与垃圾填埋场的沼气混合,经纯化后,用于沼气发电。重力沉降后的消化残渣直接采用螺旋压榨机脱水。泥浆经泥浆除沙器去除较大的颗粒,并用离心过滤机去除悬浮固体。过滤的污水排至附近的污水处理厂处理,固体颗粒经过大约四周的好氧发酵稳定后,最终形成有机化肥。流程图如图 6-7 所示。

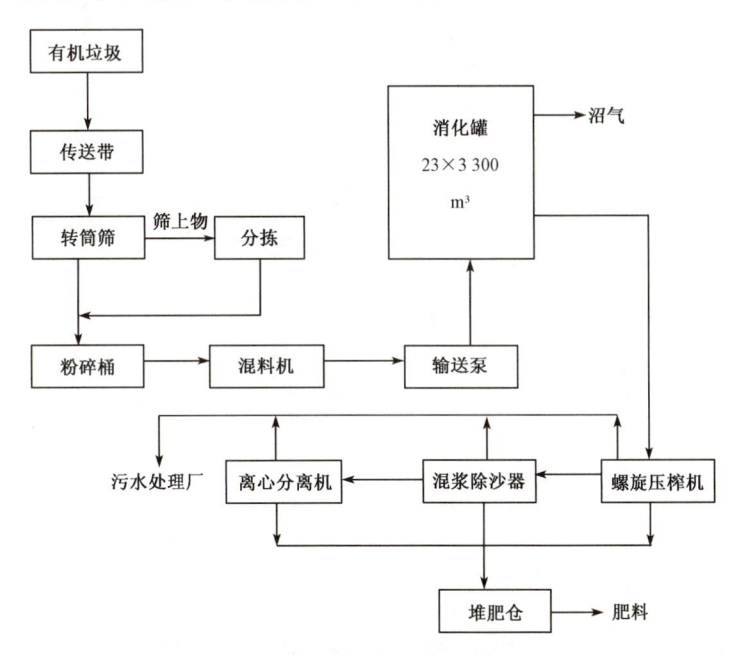

图 6-7 蒂尔堡 Valorga 工厂工艺流程图

工厂运行多年效果良好,证明厌氧发酵处理城市垃圾是切实可行的处理方法。

【考核与评价】

考查固体废物产沼工艺流程确定、相关参数的计算、图纸的绘制等。

实训成果:固体废物产沼工艺图和设计说明书。

【讨论与拓展】

各小组通过对工艺图和设计说明书的可行性、可操作性进行讨论,改进设计方案。

实训项目 5　生活垃圾填埋场渗滤液监测与处理

任务一:生活垃圾填埋场渗滤液监测

【任务导入】

渗滤液监测应包括填埋场内渗滤液监测和处理后渗滤液排放监测。填埋场内渗滤液监测是指随时监测填埋场内渗滤液的液位,并定期采样进行分析。处理后渗滤液排放监测是对填埋场处理情况好坏的了解。通过对渗滤液监测,可为渗滤液处理提供参考数据,同时也可有效避免填埋场对地下水污染的风险。

【相关知识】

渗滤液来源于固体废物生物降解的产物与外部的地面径流水和地下水。渗滤液的性质十分复杂且有些污染成分浓度甚高,具有 COD、NH_4^+-N 浓度高,色度大,难生化物质含量多等特点。生活垃圾填埋场渗滤液成分见表 6-22。

表 6-22　　　　　　　　　生活垃圾填埋场渗滤液成分

成分	浓度/(mg/L) 范围	典型值
BOD_5	2 000～30 000	10 000
TOC	1 500～20 000	6 000
COD	3 000～45 000	18 000
总悬浮固体	200～1 000	500
有机氮	10～600	200
氨氮	10～800	200
硝酸根	5～40	25
总磷	1～70	30
有机磷	1～60	20
碱度(以 $CaCO_3$ 计)	1 000～10 000	3 000
pH	3.5～8.5	6
总硬度(以 $CaCO_3$ 计)	300～10 000	3 500
Ca^{2+}	200～3 000	1 000
Mg^{2+}	50～1 500	250
K^+	200～2 000	300
Na^+	200～2 000	500
Cl^-	100～3 000	500
SO_4^{2-}	100～1 500	300
总铁	50～600	60

1. 渗滤液监测

调节池的渗滤液为取样点,规范要求一月一次,但一般根据渗滤液处理和当地降雨情况调节监测频率。监测项目:pH、色度、总悬浮物、化学需氧量、五日生化需氧量、硬度、总磷、总氮、胺、硝酸盐、亚硝酸盐氮含量、大肠菌群数、总铅、总铬、总镉、总汞和总砷。

2. 处理后渗滤液尾水监测

应在当地环保部门认可的排放口取样，一般一日一次。监测项目：色度、化学需氧量、五日生化需氧量、悬浮物、总氮、氨氮、总磷、大肠菌群数、总铅、总铬、总镉、总汞、总砷和六价铬。

【任务实施】

1. 制定渗滤液监测方案

(1)监测工作组织和分工。

(2)监测范围、因子及频次。

可根据当地垃圾成分选择监测项目，一般选择悬浮物、五日生化需氧量、化学需氧量、氨氮和大肠菌群数。分析方法按国家有关水质测定方法进行。刚启用的填埋场，应每月一次；第二年后，每季一次。

(3)监测时间进度安排。

(4)监测的技术要求如下：

①布点与采样

对有渗滤液收集、处理、排放等系统的应在排放口处设置采样点；对无渗滤液处理系统、依靠黏土层吸附垃圾渗滤液的填埋场，应以吸附渗滤液的黏土作为渗滤液样品。采样按《生活垃圾卫生填埋场环境监测技术标准》(GB/T 18772—2017)进行。

②监测方法

渗滤液监测项目及监测方法列于表 6-23。

2. 渗滤液典型指标检验分析

渗滤液监测项目及测定方法列于表 6-23。其他项目，视各地垃圾成分，由地方环境保护行政主管部门确定。

表 6-23　　　　　　　　　渗滤液监测项目及测定方法

序号	项目	测定方法	方法来源
1	悬浮物	重量法	GB 11901—1989
2	化学需氧量	重铬酸钾法	HJ 828—2017
3	五日生化需氧量	稀释与接种法	HJ 505—2009
4	氨氮	蒸馏—中和滴定法	HJ 537—2009
5	大肠菌群数	多管发酵法	HJ/T 347.2—2018

3. 监测质量保证

(1)基本要求

对强检仪器必须经检定合格，并在检定有效期内使用。在仪器的日常使用过程中，应注意仪器的校验和维护。妥善保存好监测采样、分析的原始记录，确保能够复原再现采样监测过程。

(2)实训室分析

一般分析实训用水电导率应小于 3.0 $\mu s/cm$，特殊用水则按有关规定制备；需标定的标准溶液，按《化学试剂标准滴定溶液的制备》(GB/T 601—2016)进行标定。

(3)原始数据处理

异常值的判断和处理:一组监测数据中,个别数值明显偏离其所属样本的其余测定值,即异常值。对异常值的判断和处理,采用 Dixon 检验法,对一组测量值的一致性检验和剔除一组测量值中的异常值,检出异常值的统计检验的显著性水平(检出水平)的适宜取值是 5%。对检出的异常值,按规定以剔除水平代替检出水平进行检验,若在剔除水平下此检验是显著的,则判断此异常值为高度异常。剔除水平一般采用 1%。

4. 监测报告

按时、按要求报告监测数据和报表,并形成监测报告。

【考核与评价】

考查根据不同监测目的制定渗滤液监测方案、典型指标监测操作规范性、数据处理等关键技能。

实训成果:生活垃圾填埋场渗滤液监测方案、监测报告。

【讨论与拓展】

各小组通过对监测方案和监测结果的讨论,提出提高监测技能的方法和技巧。

任务二:生活垃圾填埋场渗滤液处理

【任务导入】

生活垃圾卫生填埋场的渗滤液必须经过处理才能排入水体或并入地下污水管网。根据渗滤液性质选择较为理想的处理方案,取得良好的治理效果。

【相关知识】

填埋场渗滤液具有 COD、NH_4^+-N 浓度高,色度大,难生化物质含量多,有毒性,水质、水量变化幅度大等特点。生活垃圾渗滤液排放限值见表 6-24。

表 6-24　　　　　　　　生活垃圾渗滤液排放限值　　　　　　　　mg/L

项目	一级	二级	三级
悬浮物	70	200	400
生化需氧量(BOD_5)	30	150	600
化学需氧量(COD_{cr})	100	300	10 000
氨氮	15	25	—
大肠菌群数	$1×10^{-1}$~$1×10^{-2}$	$1×10^{-1}$~$1×10^{-2}$	—

对排入 GB 3838—2002 规定的三类水域或 GB 3097—1997 规定的二类海域的生活垃圾渗滤液,其排放限值执行表 6-24 中的一级指标值;对排入 GB 3838—2002 规定的Ⅳ、Ⅴ类水域或 GB 3097—1997 规定的三类海域的生活垃圾渗滤液,其排放限值执行表 6-24 中的二级指标值;排入设置城市二级污水处理厂的生活垃圾渗滤液,其排放限值执行表 6-24 中的三级指标值。

【任务实施】

1. 选择渗滤液处理方案

渗滤液处理典型工艺可以参考如下流程:调节池→FE 反应器→UBF 反应器→一体

化氧化沟→氧化塘→消毒池为主,辅以格栅池、加药系统、固液分离器、浓缩池等处理设施,形成有机组合的处理系统,具有较强的抗冲击负荷能力。

(1)FE反应器是高浓度、难生化污水预处理的重要手段。它采用多种工业废料,进行多种生物化学反应、电化学反应和絮凝吸附共沉淀效应,从而分解难生化和不可生化的有机物,降低色度,为后续生化处理提供良好保障。

(2)UBF反应器是高效厌氧反应器,高浓度的COD、BOD在UBF反应器中去除率达70%以上。

(3)一体化氧化沟是去除COD、BOD、NH_4^+-N等的设备。氧化沟内同时具有厌氧、缺氧、好氧等生化作用,也具有固液分离作用,渗滤液经有氧区、无氧区的多次反复转换,既达到渗滤液硝化、反硝化的脱氮作用,又在无氧条件下进行氧传递,提高了氧传递效率。

2. 渗滤液处理方案设计

(1)根据实际情况合理选择处理工艺。
(2)选择合理的污水处理设备。
(3)确定工艺运行参数。
(4)方案经济、技术可行性分析。

【考核与评价】

考查根据任务获知渗滤液典型值,制定合理的渗滤液处理方案,并对方案进行可行性论证的能力。

实训成果:渗滤液处理设计方案。

【讨论与拓展】

各小组通过渗滤液处理方案分析讨论,对比各方案的可行性,进一步优化设计方案。

实训项目6 垃圾填埋场运行管理实训

【任务导入】

垃圾填埋场可以分为厌氧、好氧、准好氧三种类型,由于后两种工程结构复杂,施工难度大,成本高,目前难以应用推广,因此生产实习的对象是厌氧型垃圾填埋场。通过垃圾填埋场生产实习,全面了解填埋场的运转。并结合理论知识,强化对垃圾填埋场的认识。结合实际,深刻领会垃圾填埋场设计及运行中要注意的主要问题。

【相关知识】

1. 生活垃圾无害化填埋场等级划分

依据是建设部《生活垃圾填埋场无害化评价标准》(CJJ/T 107—2019)和《生活垃圾卫生填埋处理技术规范》(GB 50869—2013),我国将填埋场评价等级分为四个级别,即AAA级、AA级、A级、B级。

(1)AAA级填埋场建设和运行水平高,全面达到了无害化处理要求。
(2)AA级填埋场建设和运行水平较高,达到了无害化处理要求。
(3)A级填埋场建设和运行情况良好,达到了无害化处理要求。
(4)B级填埋场基本达到无害化处理要求,还有改进余地。

垃圾填埋场无害化评价内容包括垃圾填埋场工程建设评价和垃圾填埋场运行管理评

价。垃圾填埋场工程建设评价内容包括垃圾填埋场设计的使用年限、选址、防渗系统、渗滤液导排及处理系统、雨污分流、填埋气收集及处理、监测井、设备配置等；垃圾填埋场运行管理评价内容包括垃圾填埋场进场垃圾检验、称重计量、分单元填埋、垃圾摊铺压实、每日覆盖、垃圾堆体、场区消杀、飘扬物污染控制、运行管理、渗滤液处理、环境监测、环境影响、安全管理、资料等。

2. 填埋作业与管理

(1) 填埋工艺

垃圾进入填埋场，首先称重计量，再按规定的速度、线路运至填埋作业单元，在管理人员指挥下，进行卸料、摊铺、压实并覆盖，最终完成填埋作业。其中摊铺由推土机操作，压实由垃圾专用压实机完成。每天垃圾填埋作业完成后，应及时进行覆盖操作，填埋场单元操作结束后，及时进行终场覆盖，以利于填埋场地的生态恢复和终场利用。生活垃圾卫生填埋典型工艺流程如图 6-8 所示。

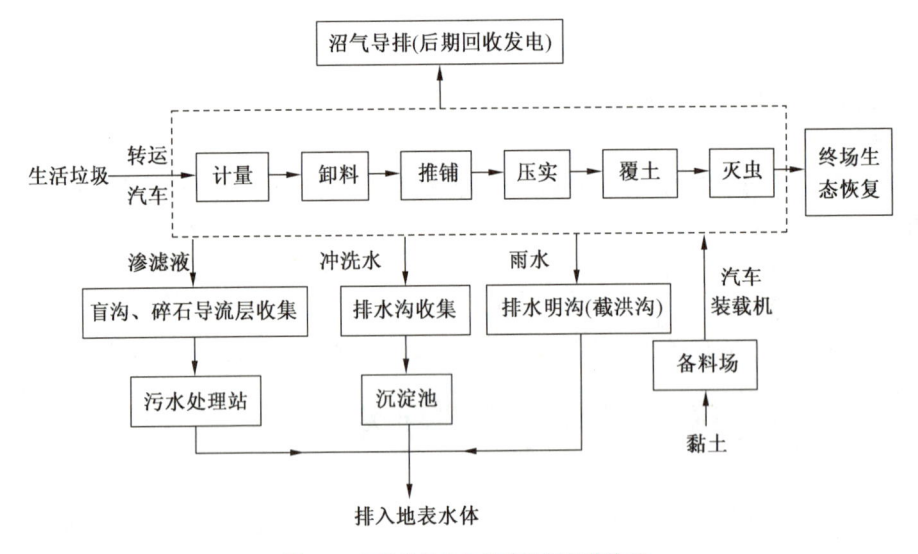

图 6-8 生活垃圾卫生填埋典型工艺流程

(2) 填埋设备的配置

为了使填埋场日常操作规范化、标准化，填埋场应该配备完整的填埋机械设备。表 6-25 列出了建设部《生活垃圾卫生填埋工程项目建设标准》中列出的主要大型机械设备的配置要求。

表 6-25　填埋场主要大型机械设备的配置要求

日处理规模/(t/d)	推土机/(辆)	压实机/(辆)	挖掘机/(辆)	装载机/(辆)
>1 200	2～3	2～3	2	2～3
500～1 200	2	2	2	2
200～500	1～2	1～2	1～2	1～2
<200	1～2	1～2	1～2	1～2

注：卫生填埋机械使用率不得低于65%。

3. 填埋场气体导排与防爆

(1)总体要求

填埋场必须设置有效的填埋气体导排设施,填埋气严禁自然聚集、迁移等,防止引起火灾和爆炸。填埋场不具备填埋气体利用条件时,应主动导出并采用火炬法集中燃烧处理。未达到安全稳定的旧填埋场应设置有效的填埋气导排和处理设施。

(2)具体要求

①填埋库区除应按安全生产的火灾危险性分类等级采取防火措施外,还应在填埋场设消防贮水池,配备洒水车,储备干粉灭火剂和灭火沙土。

②应配置填埋气监测及安全报警仪器,严格控制填埋场上方甲烷气体,含量必须小于5%,建(构)筑物内甲烷气体含量,严禁超过1.25%。

③填埋库区周围应设安全防护设施及10 m宽度的防火隔离带。

④填埋场达到稳定安全期前的填埋库区及防火隔离带范围内,严禁设置封闭式建(构)筑物,严禁堆放易燃、易爆物品。

⑤严禁将火种带入填埋库区,进入库区的作业车辆、设备应保持良好的机械性能,应避免产生火花。

⑥及时充填、密实填埋体中不均匀沉降的裂隙,防止填埋气体在局部聚集。

4. 垃圾渗滤液的收集与处理

(1)渗滤液的收集

垃圾渗滤液收集系统包括导流层、盲沟、集液井(池)、调节池设施等。填埋库区底部铺设了渗滤液收集管网,盲沟采用砾石、卵石、渣石、高密度聚乙烯管材料铺设,结构为石料盲沟、石料与HDPE管盲沟、石笼盲沟等。HDPE管的干管直径不小于250 mm,支管直径不小于200 mm。HDPE管的开孔率应保证强度要求。HDPE管的布置呈直线,其转度小于或等于20°,其连接处不密封。集液井(池)按库区分区情况设置,一般设在填埋库区外部。调节池设在库区主坝下方,主要用于调节污水量和水质浓度,同时起到厌氧作用,为污水进入处理程序创造良好条件。

(2)渗滤液的处理

目前渗滤液处理达标后应优先选择排入城市污水处理厂,按国家《生活垃圾填埋污染控制标准》中的三级指标执行。但是,按照《生活垃圾填埋场污染控制标准》(GB 16889—2008)新要求,从2011年7月1日起,所有垃圾处理场都应设立单独渗滤液处理设施,达标后方能直接排入天然水体。新的规定标准严、要求高、时间短,这对从事环卫行业的领导提出了新的挑战。

5. 环境保护与环境监测

填埋场地在填埋前应进行水、空气、噪声、蝇类滋生等的本底测定,填埋后应进行相应的定期污染监测。在污水调节池下游约30 m、50 m处设污染监测井、在填埋场两侧设污染扩散井,同时在填埋场上游设本底井。

6. 建立日常业务工作资料

(1)进场垃圾成分测试资料。

(2)每日垃圾入库量及填埋区域资料。

(3)每日覆土量资料。
(4)每日消杀用药、用水、效果情况资料。
(5)每日渗滤液水质状况资料。
(6)渗滤液处理各操作单元的运转情况和水质状况资料。
(7)每月各种监测项目数据资料。
(8)每季地下水、地表水的水质监测资料。
(9)每月当地环保部门对垃圾场的环境监测资料。
上述各种业务工作资料应分类按月、季、年整理归档保存。

【任务实施】

1.垃圾卫生填埋场的实习重点

(1)填埋场地的选择和设计参数

如:填埋场类型、占地面积、填埋容量、使用年限等。

(2)填埋场工程设计资料

包括:场地平面设计、防渗系统、清污分流系统,渗滤液导排处理系统,气体收集与利用等资料。

(3)填埋作业运行与管理

①填埋工艺与作业程序。
②称重计量管理。
③填埋作业与管理。
④填埋设备的配置与管理。
⑤填埋场气体导排、防爆措施与气体利用途径。
⑥渗滤液导排、收集与处理措施。
⑦填埋场的环境保护措施,包括对蚊蝇害虫的防治措施以及飞尘的影响及控制措施。
⑧填埋场的环境监测内容:根据建设部《城市生活垃圾填埋场 运行维护技术规程》(CJJ 93—2003)要求,填埋场环境监测项目应包括渗滤液、大气、臭气、填埋气体、地下水、噪声和苍蝇密度。另外还要对进场垃圾成分、垃圾堆体沉降性、消杀药物残留物和垃圾压实密度进行监测,同时,在垃圾填埋场开始运行前要进行填埋场的本底环境监测。

a.大气监测

每月一次,每次布点4个:大坝(污染区)2个,管理中心(侧下风向)1个,污水处理站(正下风向)1个,监测方法按《生活垃圾卫生填埋场环境监测技术标准》(GB/T 18772—2017),监测项目:总悬浮物、甲烷、硫化氢、氨、二氧化碳、一氧化碳和二氧化硫。

填埋气监测一般要随时监测,根据各自条件不同可适时调整,采样点在气体收集输导系统的排气口和甲烷气易聚集处,监测项目:二氧化碳、一氧化碳和二氧化硫、氧气、甲烷、硫化氢、氨。

b.地下水监测

根据当地气候情况,按丰、平、枯水期每年不少于3次,监测点不少于5个进行,监测点:1个环境本底井,2个污染监视井,2个污染扩散井。监测项目:pH、肉眼可见物、浊度、嗅味、色度、总悬浮物、化学需氧量、硫酸盐、硫化氢、总硬度、挥发分、总磷、总氮、胺、硝酸盐氮、亚硝酸盐氮、大肠菌群数、铅、铬、镉、汞和砷。

c. 渗滤液监测和处理后渗滤液尾水监测

见实训项目五任务一。

d. 垃圾进场成分监测

按规定每月一次,但由于垃圾成分变化大,取样随机性高,因此,可根据各自实际情况加大监测频率。

e. 苍蝇滋生密度监测

根据当地气候和苍蝇活跃的季节进行测试,一般当气温持续低于5 ℃时每月一次,其余每月两次。

(4)日常业务工作资料的建立与归档

2. 填埋场典型工作实习岗位

(1)填埋场运行管理岗位

(2)填埋场环境监测岗位

(3)渗滤液处理站运行与维护岗位

(4)资料员、外联员岗位

【考核与评价】

考查学生在各岗位工作任务的熟悉和胜任程度,由填埋场指导教师给出实习评价和考核结果。

【讨论与拓展】

通过各岗位轮流实训,进一步熟练填埋场各岗位工作任务。

实训项目7 污水处理厂污泥处理、利用、处置实训案例

根据污水处理厂污水处理设计方案,完成该厂污泥处理工艺选择和污泥池构筑物设计,通过污泥处理效益分析,对该厂污泥处理、利用、处置提出建议。

1. 工程概况

东莞市御景湾酒店产生的污水量约有600 m³/d,主要由厨房污水,洗涤污水,生活污水组成,采用的处理工艺为水解酸化和接触氧化法。由于工程处理规模较小及酒店周围环境要求较高,故构筑物都采用地埋式,剩余污泥用好氧消化进行处理,工艺流程如图6-9所示。

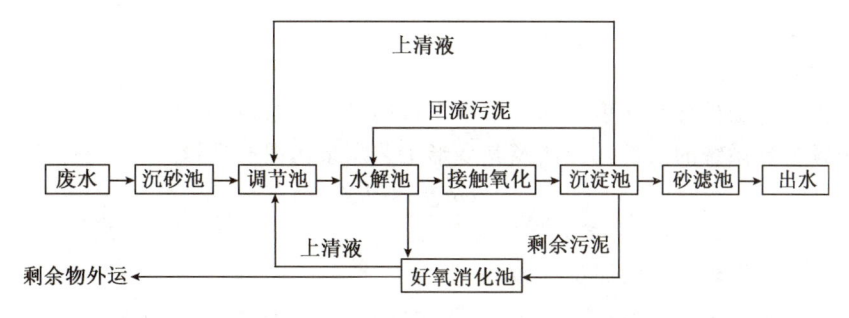

图6-9 污泥好氧消化工艺流程图

2. 任务要求

根据污水处理设计方案，计算污泥产生量，选择合理的污泥厂内处理工艺，通过对污泥处理构筑物的设计，对污泥处理主要设备、设施选型，并分析可行性。

任务一：污泥处理方案的选择和设计

【任务导入】

在熟悉污水处理设计资料的基础上，对污水处理厂污泥产生量进行估算，作为污泥处理方案选择和污泥池设计的基础数据。

【相关知识】

1. 污水处理厂污泥性质和危害

一般污水处理厂产生的污泥是含水量在 75%～99% 不等的固体或流体状物质。其中的固体成分主要由有机残片、细菌菌体、无机颗粒、胶体及絮凝所用药剂等组成，是一种以有机成分为主，组分复杂的混合物。污泥有机物含量高、易腐烂，有强烈的臭味，并且含有寄生虫卵、病原微生物和重金属以及盐类等难降解的有毒、有害物质，如不加以妥善处理，任意排放，将会造成二次污染。

2. 污水处理厂污泥处理方法

一般而言，在污水处理厂内污泥经过预处理（浓缩、脱水及相关辅助设施）后，在厂内（或厂外）根据后续处置的不同，采用不同的处理方式。污水处理厂污泥厂内处理主要是将经过浓缩处理后的污泥进一步生物稳定，主要有污泥厂内好氧消化和厌氧消化两种。污水处理厂污泥厂外处理与处置主要是将污泥在厂内机械脱水后外运，主要处理处置方式有：土地利用、生活垃圾、其他有机废渣一并堆肥、发酵、卫生填埋、焚烧等。

3. 污水处理厂污泥产生量计算

（1）各工艺段污泥产量

① 预处理工艺的污泥产量（包括初沉池、水解池、AB法A段和化学强化一级处理工艺等）

$$\Delta X_1 = a \cdot Q(SS_i \cdot SS_o)$$

式中 ΔX_1——预处理污泥产生量，kg/d。

SS_i 和 SS_o——分别为进出水悬浮物浓度，kg/m³。

Q——日平均污水流量，m³/d。

a——系数，无量纲，初沉池 $a=0.8\sim1.0$，排泥间隔较长时，取下限。

AB法A段 $a=1.0\sim1.2$。

水解池 $a=0.5\sim0.8$。

化学强化一级处理和深度处理工艺根据投药量：$a=1.5\sim2.0$。

② 带预处理系统的活性污泥法及其变形工艺剩余污泥产生量

$$\Delta X_2 = \frac{(aQLr - bX_V V)}{f}$$

式中 ΔX_2——剩余活性污泥量（kg/d）。

f——MLVSS/MLSS 之比值。对于生活污水，一般在 0.5～0.75。

Q——日平均污水流量，m³/d。

$L_r = L_a \cdot L_e$——有机物浓度降解量,kg(BOD$_5$)/m^3,L_a、L_e分别为曝气池进水、出水有机物(BOD$_5$)浓度,kg/m^3。

V——曝气池容积,m^3。

X_V——混合液挥发性污泥浓度,kg/m^3。

a——污泥产生率系数[kg(挥发性悬浮固体)/kg(BOD$_5$)],一般可取 0.5~0.65。

b——污泥自身氧化率(kg/d),一般可取 0.05~0.1。

(2)污泥总产量

一般指带有初沉池、水解池、AB 法 A 段等预处理工艺的二级污水处理系统,会产生两部分污泥。带深度处理工艺时,其总污泥产生量计算公式如下:

$$W_1 = \Delta X_1 + \Delta X_2$$

式中 W_1——污泥总产生量,kg/d。

ΔX_1——预处理污泥产生量,kg/d。

ΔX_2——剩余活性污泥量,kg/d。

污水处理厂应在污泥产生、贮存和处理各单元设置计量装置,如初沉池、集泥池(或浓缩池)、污泥消化池、污泥脱水房等。

【任务实施】

1. 根据污水处理设计方案确定污泥处理工艺

污水处理厂预处理段和生物处理段产生的污泥经过厂内浓缩等相关辅助设施后,在厂内进一步生物稳定,由于该污水处理厂规模小,酒店生活污水可生化性好,本实训采用好氧消化工艺处理污泥。

2. 污水处理厂污泥产生量估算

不考虑 BOD$_5$ 在水解池中的变化,则设计时采用曝气池污泥产量公式 $W = YQS_r - KVX_a$ 来估算污泥产量。为估算方便,将其简化为:

$$W = YQS_r$$

上式中,Y 为理论产泥率,取典型值 $Y = 0.6$;Q 为日处理水量,$Q = 600$ m^3/d;S_r 为进水与出水 BOD$_5$ 的浓度差,$S_r = 180$ mg/L。

根据上式计算出 $W = 0.6 \times 600 \times 0.18 = 64.8$ kg/d。

3. 污泥处理池设计

(1)设计参数

污水处理中进水 BOD$_5$ 为 200 mg/L,出水 BOD$_5$ 为 20 mg/L,生物膜法的产泥浓度为 10~20 g/L,挥发性悬浮固体去除率为 45%~50%,进水中 SS 为 150 mg/L,预处理段水解池出水 SS 为 90 mg/L。

(2)池形的选择

好氧消化池设计成矩形,以便于管道的安装,池子长宽比为 1:1,采用穿孔管曝气,由于构筑物采用地埋式,故设计超高取 0.4 m。为保障连续运行,设计 2 座消化池一备一用。

(3)池容积 V_1 的确定

池容积根据污泥产生量 W(kg/d)和达到设计氧化率所需的停留时间 t_{HB}(d)来确定。

①污泥体积

因为污水采用接触氧化法进行处理,所以产泥浓度参照生物膜法的产泥浓度进行估算(10~20 g/L),取其平均值 15g/L,另由平衡公式 $V_1 \times 15g/L = W$ 得每天所产污泥体积 $V_1 = 4.32 \text{ m}^3/\text{d}$。

②水力停留时间 t_{HR}

在污泥的好氧消化处理中,VSS 大多在 10~15 天被去除,由于酒店污水可生化性较好,污泥中的挥发性有机成分含量也相对较高,因而,在好氧条件下,其消化时间应相对短一些,故将水力停留时间确定为 10d。根据污泥的体积和消化时间,消化池的有效容积 $V = t_{HR} \times V_1 = 43.2 \text{m}^3$。

4. 需气量的确定和风机的选型

分解污泥中的有机物的需氧量取经验值每 1 kg VSS 需 2kg O_2,假定产生的 VSS 全部进入消化池且去除率为 40%,则 VSS 的去除量为 26.0 kg,需氧量为 52 kg/d。穿孔管曝气氧气利用率一般为 6%,由平衡关系式 $Q_{O_2} \times 20\% \times 6\% \times 1.25 = 52$($Q_{O_2}$ 为所需空气量,空气密度近似为 1.25 kg/m³)可知所需空气量约为 3 500 m³/d,即供气量 2.4 m³/min,据此选择风机。

5. 调试及运行

工程调试初期,接触氧化池中生物膜尚未形成,因而,需将沉淀池泥斗中的大部分污泥回流至水解池。当生物膜形成并生长到一定的厚度时,需控制好污泥回流量和剩余污泥量。考虑到水解池有脱氮除磷的要求,以及水解池可消化部分污泥,故将大部分污泥回流至水解池,而将较稀的污泥尽量提升至好氧消化池中进行消化(维持消化池中的 DO 在 2 mg/L 左右)。

消化池正常运行后,控制进泥的 SV 低于 10%,当 SV 超过 10%时需加大污泥回流量;控制消化池中挥发性固体的负荷不大于 5kg/(m³·d)。消化池每个月清理一次,清理期间启动备用池。该工程污泥好氧消化池运转状态良好,消化池 MLVSS 的去除率在 54.8%~55.3%范围内,达到设计要求。

6. 运行费用

该工程采用一台功率为 11 kW、风量为 10m³/min 的风机供气,实际供气量为 1.5~2.0 m³/min,按每天 24h 运行,电价以 1 元/(kW·h)计,运行费用约为 50 元/d,不包括每隔一段时间用车拉走池中剩余物的费用,因而运行费用偏高。

【考核与评价】

通过考查学生对污泥处理方案选择的可行性,由污泥量计算和污泥池的主要设备参数的确定等关键技能来评价实训效果。

实训成果:设计方案

【讨论与拓展】

讨论交流实训过程,探讨提高设计方案可行性的方法,对各组设计方案进行对比。

实训项目 8　危险废物特性鉴别

危险废物是指具有腐蚀性、急性毒性、浸出毒性、反应性、传染性、放射性等中的一种及一种以上危害特性的废物。

危险废物如果管理不当,就会对人体健康和生态环境造成严重危害。因而需要鉴别危险废物特性,为全面实施危险废物分类收集、全过程管理提供有效的监管依据,为危险废物处理、资源化和处置提供技术参考。

任务一:危险废物急性毒性初筛实训

【任务导入】

在有害废物中含有多种有害成分,其组分分析难度较大,急性毒性初筛实训可以简单地鉴别并表达其综合急性毒性。

【项目任务】

本实训采用动物实训法鉴别危险废物毒性。本实训所述的急性毒性初筛实训适用于任何生产及生活中所产生的固态危险废物的急性毒性初筛鉴别。通过本实训的学习,学生可以掌握固体废物急性毒性初筛的方法,并了解动物实训的一些基本概念。

【相关知识】

1. 急性毒性

(1)急性毒性是指动物一次或在 24 小时内数次接触外来化学物后产生的快速而剧烈的毒性。急性毒性实训常以实训动物的死亡为主要指标,目的在于测定化学物的半数致死量(浓度),评估其毒性大小;观察毒效应的特征,揭示毒作用的靶器官和特异性毒作用;为亚慢性与慢性毒性实训提供剂量依据以及了解化学物对皮肤、黏膜和眼有无刺激性等。

(2)急性毒性半数致死量是指被实训动物一次口服、注射或皮肤涂抹助剂后产生急性中毒而有 50% 死亡所需该助剂的量,以 LD50 表示,单位为 g/kg。

动物急性毒性实训(Acute Toxicity Test,Single Dose Toxicity Test)适用于研究动物一次或 24 小时内多次给予受试物后,在一定时间内所产生的毒性反应。

2. 急性毒性评价

急性毒性评价应当重视病理组织学检查。凡中毒死亡动物应及时解剖进行病理学检查,检查器官有无充血、出血、水肿或其他改变,并对有变化的脏器进行病理组织学检查。对存活动物应在观察期结束后进行病理学检查。

外来化合物的急性毒性分级标准用于对急性毒性的评价,但各种分级标准还没有完全统一。我国目前除参考使用国际上通用的几种分级标准外,又提出了相应的暂行标准。上述急性毒性分级标准均还存在不少缺点,因为它们主要是根据经验确定的,客观性还不足。相关分级标准见表 6-26～表 6-28。

表 6-26　　　　　　　　工业毒物急性毒性分级标准

毒性分级	小鼠一次经口 LD50/(mg/kg)	小鼠吸入 2 小时 LC50/(mg/kg)	兔 经 皮 LD50/(mg/kg)
剧毒	<10	<50	<10
高毒	10～100	50～500	10～50
中等毒	100～1 000	500～5 000	50～500
低毒	1 000～10 000	5 000～50 000	500～5 000
微毒	>10 000	>50 000	>5 000

表 6-27　　　　　　　　　化合物经口急性毒性分级标准

毒性分级	小鼠一次经口 LD50/(mg/kg)	大约相当于体重 70 kg 的人致死剂量
6 级,极毒	<1	稍尝,<7 滴
5 级,剧毒	1～50	7 滴～1 茶匙
4 级,中等毒	50～500	1 茶匙～35 g
3 级,低毒	500～5 000	35～350 g
2 级,实际无毒	5 000～15 000	350～1 050 g
1 级,无毒	>15 000	>1 050 g

表 6-28　　　　　　　　　外来化合物急性毒性分级标准

毒性分级	大鼠一次经口 LD50/(mg/kg)	6 只大鼠吸入 4 小时,死亡 2～4 只的浓度/(mg/m³)	兔经皮 LD50/(mg/kg)	对人可能致死的估计量总量 g/kg
剧毒	<1	<10	<5	<0.05
高毒	1～50	10～100	5～44	0.05～0.5
中等毒	50～500	100～1 000	44～350	0.5～5
低毒	500～5 000	1 000～10 000	350～2 180	5～15
微毒	>5 000	>10 000	>2 180	>15

3. 浸出毒性

固体废物遇水浸沥后,浸出的有害物质在环境中迁移转化,污染环境,这种危害特性称为浸出毒性。浸出毒性是危险鉴别标准之一。固体废物受到水的冲淋、浸泡,其中的有害成分将会因转移到水相中而导致二次污染。浸出毒性的鉴别是模拟固体废物的自然浸出过程,可在实训室通过规定的浸出方法进行浸取,当浸出液中有一种或一种以上有害成分的浓度超过规定的最高容许浓度的标准值时,则鉴定该固体废物具有浸出毒性,是危险废物。

【任务实施】

1. 实训准备

(1)实训材料

加工企业的固体废物。

(2)实训动物

清洁级小白鼠 10 只,年龄为 8 周,体重为 18～24 g,实训前 8～12 h 和观察期间禁食,不限制饮水。若为外购鼠,则必须在本单位饲养条件下饲养 7～10 天仍活泼健康者方可使用。

(3)实训环境

采用亚屏障系统,室内温度保持在 20～24 ℃,湿度为 40%～70%,氨浓度≤14 mg/m³,噪声≤60 dB,工作照度为 15～300 lx,昼夜明暗交替时间 12/12。

(4)浸出液制备

称取制备好的样品 100 g,置于 500 mL 具有磨口玻璃塞的锥形瓶中,加入 100 mL 蒸馏水(pH 为 5.8～6.3)(固液比为 1:1),在常温下静置浸泡 24 h,24 h 后用中速定量滤纸过滤,滤液留待灌胃实训用。

2. 灌胃

按 GB 5085.2—2007 规定的急性毒性经口灌胃方法,对 10 只小白鼠进行一次灌胃。采用 1 或 5 mL 注射器,注射针采用 9 号或 12 号,将针尖磨光,弯曲成新月形。对 10 只小白鼠进行一次性灌胃。接着,进行中毒症状观察,记录 48 h 内动物死亡数。

3. 灌胃量

小白鼠不超过 0.4 mL/20 g(体重)。

4. 观察记录

对灌胃后的小白鼠进行中毒症状的观察,记录 48 h 内实训动物的死亡数。

5. 实训结果处理分析

根据实训记录,对该废物的综合毒性进行初步评价,如果半数以上的小白鼠死亡,则可判定该废物是具有急性毒性的危险废物。

【考核与评价】

考查学生实训准备、操作、结果分析等关键技能,评价实训效果。

实训成果:实训报告。

【讨论与拓展】

讨论交流实训过程,探讨提高实训准确性的方法,对各组固体废物毒性进行对比。

任务二:危险废物的易燃性鉴别实训

【任务导入】

通常用测定闪点的方法来鉴别易燃性。闪点较低的液态废物和燃烧剧烈而持续的非液态废物,由于摩擦、吸湿、点燃等自发性化学变化会发热、着火,或可能由于它的燃烧引起对人体或环境的危害。本实训采用闭口杯法测定危险废物的闪点,目的是使学生掌握通过测定闪点来鉴别危险废物易燃性的方法。

【相关知识】

易燃性是指易于着火和维持燃烧的性质。但是像木材和纸等废物不属于易燃性危险废物。只有废物具有以下四种特性之一时,才称其为易燃性危险废物。这四种特性是:①酒精含量(体积分数)低于 24% 的液体,或闪点低于 60 ℃;②在标准温度和压力下,通过摩擦、吸收水分或自发性化学变化引起着火的非液体,着火后会剧烈地持续燃烧,造成危害;③易燃的压缩气体;④氧化剂。

闪点又称为闪燃点,是指在稳定的空气环境中,可燃性液体或固体表面产生的蒸气在实训火焰作用下被闪燃时的最低温度;闪点就是可燃性液体或固体能放出足量的蒸气并在所用容器内的液体或固体表面处与空气组成可燃混合物的最低温度。可燃液体的闪点随其浓度的变化而变化。

【任务实施】

1. 实训的准备

(1)采用闭口闪点测定仪,常用的配套仪器有温度计和防护屏。

①温度计:闭口闪点用 1 号温度计(−30~170 ℃)或者闭口闪点用 2 号温度计(100~300 ℃)。

②防护屏:用镀锌铁皮制成,高度为550～650 mm,宽度以适用为度,屏身内壁应漆成黑色。

(2)试样的水分超过0.05%时,必须脱水。脱水处理即在试样中加入新煅烧并冷却的食盐、硫酸钠或无水氧化钙,估计试样闪点低于100 ℃时不必加热,估计试样闪点高于100 ℃时,可以加热到50～80 ℃,脱水后,取试样的上层澄清部分供实训用。

(3)油杯要用无铅汽油清洗,再用空气吹干。

(4)试样注入油杯时,试样和油杯的温度都不应该高于试样脱水的温度,杯中的试样要装至环状标记处,然后盖上清洁、干燥的杯盖,插入温度计,并将油杯放在空气浴中,实训闪点低于50 ℃的试样时,应预先将空气浴冷却到室温(20±5 ℃)。

(5)将点火器的灯芯或煤气引火点燃,并将火焰调整到接近球形,使其直径为3～4 mm,使用灯芯之前,应向点火器中加入轻质润滑油(缝纫机油、变压器油等)作为燃料。

(6)闪点测定器要放在避风或较暗的地方,以便于观察闪燃。为了更有效地避免气流和光线的影响,闪点测定器应围以防护屏。

(7)用检定过的气压计测出实训时的实际大气压。

2. 闪点测定

(1)按标准要求加热试样至一定温度。

(2)停止搅拌,每升高1 ℃点火一次。

(3)试样上方刚出现蓝色火焰时,立即读出温度计上的温度值,该值即为测定结果。

3. 注意事项

(1)用煤气灯或带变压器的电热装置加热时,应注意以下两点:第一,实训闪点低于50 ℃的试样加热时,从实训开始到结束要不断地进行搅拌,并使试样升温速度为1 ℃/min;第二,实训闪点高于50 ℃的试样加热时,开始加热速度要均匀上升,并定时进行搅拌,到预计闪点前40 ℃时,调整加热速度,使在预计闪点前20 ℃时升温速度控制在2～3 ℃/min,并要不断进行搅拌。

(2)试样温度到达预计闪点前10 ℃时,对于闪点低于50 ℃的试样每升高1 ℃进行点火实训;对于闪点高于50 ℃的试样,每升高2 ℃进行点火实训。

(3)试样在实训期间都要使用搅拌器进行搅拌,只有在点火时才停止搅拌。点火时,开盖孔1s,如果看不到闪火,就继续搅拌试样,并按本条的要求重复进行点火实训。

(4)在试样上方最初出现蓝色火焰时,立即从温度计读出温度作为闪点的测定结果。得到最初闪点之后,立即按照上一条进行点火实训,应能继续闪火。在最初闪火之后,如果再进行点火却看不到闪火,应更换试样重新实训;只有重复实训的结果依然如此,才能认为测定有效。

(5)大气压力对闪点影响的修正

大气压力高于$1.01×10^5$ Pa时,实训所得的闪点按下式修正(精确到1 ℃)。

$$t_0 = t + \Delta t$$

式中 t_0——在$1.01×10^5$ Pa时的闪点,℃。

t——在测定压强下的闪点,℃。

Δt——修正系数,其值为$0.034\ 5×(1.01×10^5-P)$,P为大气压。

4. 实训结果分析

连续测定的两个平行样品的结果，其差值不应超过 5 ℃，否则应进行第三或第四次测定，以最低数值报告实训结果。

在常温下呈固态、在稍高温度下呈流态的物料，仍可使用上述方法测定闪点；对污泥状样品，可取上层试样和搅动均匀的试样分别测量，以闪点较低者计；对于在较高温度下仍呈固态的废物，可以参考危险废物反应性（摩擦感度）鉴别实训的方法进行鉴别。

【考核与评价】

通过考查学生实训准备、操作、实训结果分析等关键技能，评价实训效果。

实训成果：实训报告。

【讨论与拓展】

讨论交流实训过程和易燃性鉴别实训的要点，探讨提高实训准确性的方法。

任务三：危险废物反应性鉴别实训

【任务导入】

本实训分别用撞击感度测定、摩擦感度测定、差热分析测定和爆发点测定四种方法测定危险废物反应性。

【相关知识】

反应性是指易于发生爆炸或剧烈反应，或反应时会挥发有毒的气体或烟雾的性质。若某种废物具有以下八种特性之一，则称其为反应性危险废物。这八种特性分别为：①通常不稳定，随时可能发生激烈变化；②与水发生激烈反应；③与水混合后有爆炸的可能；④与水混合后会产生大量的有毒气体、蒸气或烟，对人体健康或环境构成危害；⑤含氰化物或硫化物的废物，当 pH 为 2～12.5 时，会产生危害人体健康或对环境有危害性的毒性气体、蒸气或烟；⑥与之发生强烈反应的物质或密闭加热时可能引发或发生爆炸反应；⑦标准温度压力下，可能引发或发生爆炸或分解反应；⑧运输相关法规中禁止的爆炸物。

废物反应性的测定方法包括：①撞击感度测定；②摩擦感度测定；③差热分析测定；④爆发点测定等。

撞击感度测定的目的是确定样品对机械撞击作用的敏感程度，其测定指标是撞击感度值。撞击感度值的测定方法是：使一定量的样品，受一定重量的落锤或自一定高度自由落下的一次冲击作用后，观察其是否发生爆炸、燃烧和分解，并测定其爆炸的百分数（撞击感度值）。

摩擦感度测定的目的是测定样品对摩擦作用的敏感程度，其原理为：将一定量的实训样品夹在实训装置的两个滑柱端面之间，并沿上滑柱的轴线方向加一定压力。当上滑柱受到摆锤从某一摆角释放的侧击力的作用时，受压的样品滑移。观察样品受摩擦作用后是否发生爆炸、燃烧和分解。在一定实训条件下样品的发火率即是摩擦感度的标志指标。

差热分析测定的目的是确定样品的热不稳定性，其原理为：当样品和参与物质以同一升温速度加热时，在记录仪上记录具有吸热或放热的温度-时间曲线。

爆发点测定的目的是确定样品在浸入伍德合金浴 5 s 后爆炸、点燃和分解的温度，爆发点测定方法的实质是测定样品对热作用的敏感度。从样品开始受热到爆炸有一段时间，这段时间被称为延滞期。采用 5 s 延滞期的爆发点来比较样品的热感度。

【任务实施】
1. 实训准备
(1)撞击感度测定法
主要仪器:立式落锤仪;撞击装置(包括击柱套、击柱及底座)。
(2)摩擦感度测定法
主要仪器:摆式摩擦仪及摩擦装置(包括滑柱及滑柱套)。
(3)差热分析测定法
主要仪器:差热分析仪。
(4)爆发点测定法
主要仪器:爆发点测定仪。

2. 撞击感度测定法
(1)实训前,必须将撞击装置用汽油、丙酮洗涤干净,并用清洁细纱布或绸布擦干。
(2)实训条件:落锤质量为(10 000±10) g;落高为(250±1) mm,样品质量为(0.050±0.002) g。
(3)取出上击柱,将称量好的样品倒入击柱套内,连同底座在装配台上适当转动几圈,让样品均匀地分布在击柱面上。然后放入上击柱,让它借助于本身的重力徐徐下落至接触面。将装好的样品撞击装置,在上述实训条件下逐个放在落锤下进行撞击实训,反复测定 25 次,观察有无分解、燃烧、爆炸现象发生。这里的分解是指变色,有气味,有气体产生等现象;燃烧和爆炸是指冒烟,有痕迹,有声响等现象。
(4)数据处理
一组实训的爆炸百分数的计算公式为
$$P = X/25 \times 100\%$$
式中　P——爆炸百分数。
　　　X——25 次实训中,分解、燃烧、爆炸的总次数。
当两组测定结果平行时,以它们的算术平均值作为该样品的撞击感度值。

3. 摩擦感度测定法
(1)实训前,必须将摩擦装置用汽油、丙酮擦洗干净,并用清洁细纱布或绸布擦干。
(2)实训条件:摆角为 π/2 rad,表压为 4 MPa,样品质量为(0.20±0.001) g。
(3)先取出上滑柱,然后将称好的样品均匀地分布在整个滑柱面上,可在放入滑柱后轻轻转动上滑柱 1~2 圈。将装好的摩擦装置逐次放入摆式摩擦仪的爆炸室内,观察样品有无分解、燃烧、爆炸等现象发生,反复测定 25 次;实训完毕,及时将摩擦装置擦洗干净。
(4)数据处理
一组实训的爆炸百分数的计算公式为
$$P = X/25 \times 100\%$$
式中　P——爆炸百分数。
　　　X——25 次实训中,分解、燃烧、爆炸的总次数。
当两组测定结果平行时,以其算术平均值作为该试样在所选用的实训条件下的摩擦感度值。

4. 差热分析测定法

(1) 步骤

将被测样品(5~25 mg)及参与样品(Al_2O_3等)分别放入相同的坩埚内,将热电偶测量头与坩埚接触好,选择适当的升温速度及差热量程。仪器预热及调零后,加热炉将以某一恒定的速度升温,由于热电偶与自动记录仪相连,所以样品受热后分解的情况可从记录的温度-时间曲线得到。具体操作方法见各种差热分析仪的说明书。

(2) 数据处理

通过样品的分析曲线,可以了解样品受热分解的全过程。由温度-时间曲线的峰温、峰形等判断样品的热不稳定性。实训结果应给出最低放热温度和最高峰值。

5. 爆发点测定法

(1) 步骤

①将实训样品(25 mg)放入铜管壳中,然后将铜管壳投入伍德合金浴中。在不同的浴温下进行实训,记录在每个温度下爆炸前延滞的时间。

②实训温度由高至低,在每个设定温度处于恒温下进行实训,浴温一直降到爆炸、点燃、不发生明显分解时为止。

③浴温的范围为125~400 ℃。如果在360 ℃保持5 min不发生爆炸,样品就可以从伍德合金浴中取出。

(2) 数据处理

横坐标表示介质的温度t(℃),纵坐标表示延滞期T(s),作图可求得5 s延滞期爆发点。

6. 结果判定

(1) 撞击感度测定法

①实训前,样品应进行干燥处理。可在40~50 ℃下恒温4 h或在50~60 ℃下恒温2 h,烘好的样品放入干燥器中冷却1~2 h后方可使用。必要时样品应先过筛处理。

②用标准试样标定仪器,合格后方可进行样品测定。标定时,若锤的质量为10 kg,落高为25 cm,则用标准特屈儿标定,其爆炸百分数为48%±8%。若锤的质量为5 kg,落高为25 cm,则应该用标准黑索今标定,其爆炸百分数为48%±8%。

③10 kg落锤条件下测定爆炸百分数为100%的样品时,可在落锤的质量为(2 000±2) g、落高为(250±1) mm、样品质量为(0.030±0.001) g 的条件下测定。

(2) 摩擦感度测定法

①实训前,样品必须进行干燥处理。可在40~50 ℃下恒温4 h,或在50~60 ℃下恒温2 h,烘干后的样品放入干燥器中冷却1~2 h后方可使用。必要时样品应先过筛处理。

②仪器标定合格后方可进行样品测定。

(3) 差热分析测定法

差热分析测定法具有分析速度快、灵敏度高等优点,但应注意以下几点:

①实训条件的确定:比较样品的热不稳定性时,必须在升温速度、样品粒度、样品质量等完全一致的条件下进行。

②由于差热分析使用的样品较少,所以更应注意所取样品的代表性。

③差热实训可与热失重实训同时进行,两者相互比较,则可得到比较可靠的结论。

(4)爆发点测定法

实训给出了使样品的爆温接近环境温度的测定方法,即提供了热不稳定性的又一测定指标;该方法在确定样品的反应性时,带有一定的主观性。

【考核与评价】

通过考查学生实训准备、操作、实训结果分析等关键技能,评价实训效果。

实训成果:实训报告。

【讨论与拓展】

讨论交流实训过程和各测定法与其他反应性实训相比较有何优缺点,探讨提高实训准确性的方法。

任务四:固体废物腐蚀性鉴别实训

【任务导入】

本实训的任务是用pH玻璃电极法(pH的测定范围为0~14)测定废物的pH,以鉴别其腐蚀性。本实训方法适用于固态、半固态废物的浸出液和高浓度液体的pH的测定。

【相关知识】

以玻璃电极为指示电极,饱和甘汞电极为参比电极组成电池。在25 ℃条件下,氢离子活度将变化10倍,使电动势偏移59.16 mV。许多pH计上有温度补偿装置,可以校正温度的差异。为了提高测定的准确度,校准仪器选用的标准缓冲溶液的pH应与试样的pH接近。消除干扰的方法是:①当废物浸出液的pH大于10时,钠差效应对测定有干扰,宜用低(消除)钠差电极,或者用与浸出液的pH接近的标准缓冲溶液对仪器进行校正;②电极表面被油脂或者粒状物质沾污会影响电极的测定,可用洗涤剂清洗,或用(1:1)的盐酸溶液除尽残留物,然后用蒸馏水冲洗干净;③由于在不同的温度下电极的电势输出不同,温度变化也会影响样品的pH,所以必须进行温度补偿。温度计与电极应同时插入待测溶液中,在报告测定的pH时,同时报告测定时的温度。

【任务实施】

1. 实训仪器及材料准备

(1)混合容器:容积为2 L的带密封塞的高压聚乙烯瓶。

(2)振荡器:往复式水平振荡器。

(3)过滤装置:市售成套过滤器,纤维滤膜孔径为$\phi 0.45\ \mu m$。

(4)蒸馏水或去离子水。

(5)pH计:各种型号的pH计或离子活度计,精度为0.02。

(6)玻璃电极:消除钠差电极。

(7)参比电极:甘汞电极、银/氯化银电极或者其他具有固定电势的参比电极。

(8)磁力搅拌器以及用聚四氟乙烯或者聚乙烯等材料包裹的搅拌棒。

(9)温度计或有自动补偿功能的温度敏感元件。

(10)试剂:一级标准缓冲剂的盐,在要求有很高准确度的场合下使用,由这些盐制备的缓冲溶液需要低电导率、不含二氧化碳的水,而且这些溶液至少每月更换一次;二级标准缓冲溶液,可用国家认可的标准缓冲溶液,用低电导率(低于 2 μS/cm)并除去二氧化碳的水配制。

2. 浸出液的准备

(1)称取 100 g 试样(以干基计,固体试样风干、磨碎后应能通过 φ5 mm 的筛孔),置于浸取用的混合容器中,加水 1 L(包括试样的含水量)。

(2)将浸取用的混合器垂直固定在振荡器上,振荡频率调节为(110±10)次/min,振幅为 40 mm,在室温下振荡 8 h,静置 16 h。

(3)通过过滤装置分离固液相,滤后立即测定滤液的 pH。如果固体废物中固体的含量小于 0.5%,则不经过浸出步骤,直接测定溶液的 pH。

3. pH 的测定

(1)按仪器的使用说明书做好测定的准备。

(2)如果样品和标准缓冲溶液的温差大于 2 ℃,测量的 pH 必须校正。可通过仪器所带的自动或手动补偿装置校正,也可预先将样品和标准缓冲溶液(各种 pH 标准缓冲溶液的配制见表 6-29)在室温下平衡达到同一温度,记录测定的结果。

表 6-29 各种 pH 标准缓冲溶液的配制

标准缓冲溶液	pH(25 ℃)	每 1 000 mL 水溶液中的含量/g
草酸三氢钾(0.049 62)	1.679	12.61
酒石酸氢钾(25 ℃饱和)	3.557	6.4
柠檬酸二氢钾(0.049 58)	3.776	11.4
邻苯二甲酸氢钾(0.049 58)	4.008	10.12
磷酸二氢钾(0.024 90)	6.865	3.388
磷酸氢二钠(0.042 90)	6.865	3.533
磷酸二氢钾(0.086 65)	7.413	1.179
磷酸氢二钠(0.030 32)	7.413	4.302
硼砂(0.009 971)	9.180	3.80
碳酸氢钠(0.024 92)	10.012	2.092
碳酸钠(0.024 92)	10.012	2.640
氢氧化钙(25 ℃饱和)	12.454	12.454

注:①近似溶解度;②碱性溶液应在聚乙烯瓶中保存。括号中数字的单位为 mol/L。

(3)宜选用与样品的 pH 相差不超过 2 个 pH 单位的两种标准缓冲溶液(两者相差 3 个 pH 单位)校准仪器。用第一种标准缓冲溶液定位后,取出电极,彻底洗干净,并用滤纸吸去水分,再浸入第二种标准缓冲溶液进行校核。校核值应在标准的允许范围内,否则就应检查仪器、电极或校准缓冲溶液是否有问题,当校核无问题后,方可测定样品。

(4)如果现场测定含水量高、呈流态的稀泥或浆状物料(如稀泥、薄浆)等的 pH,则电极可直接插入样品,其深度应适当并可移动,保证有足够的样品通过电极的敏感元件。

(5)对黏稠状物料应先离心或过滤,后测定溶液的 pH。

(6)对粉、粒、块状物料,取其浸出液进行测定。将样品或标准缓冲溶液倒入清洁烧杯中,其液面应高于电极的敏感元件,放入搅拌子,将清洁干净的电极插入烧杯中,以缓和、固定的速率搅拌或摇动使其均匀,待读数稳定后记录其 pH。重复测定 2~3 次直到其 pH 变化小于 0.1 个 pH 单位。

4. 数据处理与报告

(1)每个样品至少做 3 个平行实训,其标准差不超过±0.15 个 pH 单位,取算术平均值报告实训结果。

(2)当标准差超过规定范围时,必须分析并报告原因。

(3)此外,还应说明环境温度、样品来源、粒度级配、实训过程的异常现象以及特殊情况下实训条件的改变及原因等。

5. 注意事项

(1)可用复合电极。新的、长期未使用的复合电极或玻璃电极在使用前应在蒸馏水中浸泡 24 h 以上。用毕冲洗干净,浸泡在水中。

(2)甘汞电极的饱和氯化钾溶液的液面必须高于汞体,并有适量氯化钾晶体存在,以保证氯化钾溶液的饱和。使用前必须先拔掉上孔胶塞。

(3)每次测定样品之前应充分冲洗电极,并用滤纸吸去水分,或用试样冲洗电极。

【考核与评价】

通过考查学生实训准备、操作、实训结果分析等关键技能,评价实训效果。

实训成果:实训报告

【讨论与拓展】

讨论交流实训过程,探讨使用 pH 计测量溶液 pH 过程中,会影响测量结果的主要因素和减少、消除实训误差的方法。

参考文献

[1] 聂永丰.三废处理工程技术手册:固体废物卷[M].北京:化学工业出版社,2002.

[2] 汪群慧.固体废弃物处理及资源化[M].北京:化学工业出版社,2004.

[3] 沈东升.生活垃圾填埋生物处理技术[M].北京:化学工业出版社,2003.

[4] 徐惠忠.固体废弃物资源化技术[M].北京:化学工业出版社,2004.

[5] 宁平.固体废物处理与处置[M].北京:高等教育出版社,2007.

[6] 王琪.工业固体废物处理及回收利用[M].北京:中国环境科学出版社,2007.

[7] 沈季南.上海市长宁区废弃物综合处置中心工程设计[J].中国市政工程,2011,(4).

[8] 高艳玲.固体废物处理处置与资源化[M].北京:高等教育出版社,2007.

[9] 庄伟强,刘爱军.固体废物处理与处置[M].北京:化学工业出版社,2015.

[10] 李秀金.固体废物工程[M].北京:中国环境科学出版社,2003.

[11] 赵由才.实用环境工程手册:固体废物污染控制与资源化[M].北京:化学工业出版社,2002.

[12] 林援朝.城市生活垃圾管理与处理处置技术标准规范应用实务全书[M].北京:光明日报出版社,2002.

[13] 杨玉楠.固体废物的处理处置工程与管理[M].北京:科学出版社,2004.

[14] 李国鼎.固体废物处理与资源化[M].北京:清华大学出版社,1999.

[15] 张益.垃圾处理处置技术及工程实例[M].北京:化学工业出版社,2002.

[16] 彭长琪.固体废物处理工程[M].武汉:武汉理工大学出版社,2004.

[17] 刘研萍,李秀金.固体废物工程实验[M].北京:化学工业出版社,2010.

[18] 茹临锋,奚旦立,焦学军.上海市崇明垃圾中转站工程设计[J].环境卫生工程,2003,(4).

[19] 陈昆柏.固体废物处理与处置工程学[M].北京:中国环境科学出版社,2005.

[20] 徐林,凌卯亮,卢昱杰,等.城市居民垃圾分类的影响因素研究[J].公共管理学报,2017,(1).

[21] 张英民,尚晓博,李开明,等.城市生活垃圾处理技术现状与管理对策[J].生态环境学报,2011,(2).

[22] 黄河,姜万波.荆州市城市生活垃圾分类收集调查[J].环境科学与管理,2009,(1).

[23] 余金保,余端略,余康先.我国城市生活垃圾收集方式的探讨[J].景德镇高专学报,2008,(2).

[24] 谢文理,傅大放,邹路易.分类收集对城市生活垃圾收运效率的影响分析[J].环境卫生工程,2008,(3).

[25] 杨慧芬,张强.固体废物资源化[M].2版.北京:化学工业出版社,2004.

[26] 汪宝华.《中华人民共和国固体废物污染环境防治法》实施手册[M].北京:中国环境保护出版社,2005.

[27] 解强.城市固体废弃物能源化利用技术[M].北京:化学工业出版社,2013.

[28] 柴晓利,楼紫阳.固体废物处理处置工程技术与实践[M].北京:化学工业出版社,2009.

[29] 周立祥.固体废物处理处置与资源化[M].北京:中国农业出版社,2007.

[30] 刘海春.固体废物处理与处置技术[M].北京:中国环境科学出版社,2008.

[31] 杨慧芬.固体废物处理技术及工程应用[M].北京:机械工业出版社,2003.

[32] 宁平.固体废物处理与处置实践教程[M].北京:化学工业出版社,2007.

[33]《工作过程导向的高职课程开发探索与实践》编写组.国家示范性高等基业院校建设课程开发案例汇编[M].北京:高等教育出版社,2008.

[34] 曹伟华,孙晓杰,赵由才.污泥处理与资源化应用实例[M].北京:冶金工业出版社,2010.

[35] 曾现来,张永涛,苏少林.固体废物处理处置与案例[M].北京:中国环境科学出版社,2011.

[36] 刘立峰,陈碧美.固体废物处理与处置[M].厦门:厦门大学出版社,2015.

[37] 张小平.固体废物处理处置工程[M].北京:科学出版社,2017.

[38] 白圆.固体废物处理实训[M].北京:中国建筑工业出版社,2018.

[39] 张鸿郭,庞博,陈立新.固体废物处理与资源化实验教程[M].北京:北京理工大学出版社,2018.

[40] 唐雪娇,沈伯雄.固体废物处理与处置[M].2版.北京:化学工业出版社,2017.

[41] 何品晶.固体废物处理与资源化技术[M].北京:高等教育出版社,2011.

[42] 王黎.固体废物处置与处理[M].北京:冶金工业出版社,2014.

[43] 杨玉飞.固体废物鉴别与管理[M].郑州:河南科学技术出版社,2016.

[44] 杨春平,吕黎,陈昆柏.工业固体废物处理与处置[M].郑州:河南科学技术出版社,2016.

[45] 陈善平,赵爱华,赵由才.生活垃圾处理与处置[M].郑州:河南科学技术出版社,2017.

[46] 况武.污泥处理与处置[M].郑州:河南科学技术出版社,2017.

[47] 陈昆柏,郭春霞,陈昆柏.危险废物处理与处置[M].郑州:河南科学技术出版社,2017.

[48] 芈振明.固体废物的处理与处置[M].2版.北京:高等教育出版社,2004.

[49] 陈维春.危险废物越境转移法律制度研究[M].北京:中国政法大学出版社,2013.

[50] 姬爱民.城市污泥热解转化机理及经济性评价[M].北京:冶金工业出版社,2016.

[51] 曹贝妮,唐国妹,卞晟娅.生活垃圾分类[M].上海:上海科学技术出版社,2019.

[52] 过震文,李立寒,胡艳军,等.生活垃圾焚烧炉渣资源化理论与实践[M].上海:上海科学技术出版社,2019.

[51] 方建移.垃圾分类与垃圾治理研究[M].杭州:浙江工商大学出版社,2019.

附 录

附录1 生活垃圾转运站技术规范

生活垃圾转运站技术规范(CJJ/T 47—2016)
中华人民共和国住房和城乡建设部公告 第1147号

现批准《生活垃圾转运站技术规范》为行业标准，编号为CJJ/T 47—2016，自2016年12月1日起实施。原《生活垃圾转运站技术规范》(CJJ 47—2006)同时废止。

中华人民共和国住房和城乡建设部
2016年6月14日

1 总则

1.0.1 为规范生活垃圾转运站(以下简称"转运站")的规划、设计、施工和验收，促进生活垃圾处理的减量化、资源化和无害化，制定本规范。

1.0.2 本规范适用于新建、改建和扩建转运站工程的规划、设计、施工及验收。

1.0.3 转运站的规划与建设，应根据城乡差别及其社会经济条件与发展需求，因地制宜提出不同规模与类型转运站的技术要求及注意事项。

可根据转运站服务范围的社会经济发展需求及环境卫生专项规划等具体要求，规划建设具有分类、分选等预处理功能或兼做环卫停车场等环卫服务、作业与管理设施、环保教育基地的综合型垃圾转运站。

1.0.4 转运站的规划、设计、施工及验收除应符合本规范外，尚应符合国家现行有关标准的规定。

2 选址与规模

2.1 选址

2.1.1 转运站选址应符合下列规定：

1. 应符合城乡总体规划和环境卫生专项规划的要求；
2. 应综合考虑服务区域、服务人口、转运能力、转运模式、运输距离、污染控制、配套条件等因素的影响；
3. 应设在交通便利，易安排清运线路的地方；
4. 应满足供水、供电、污水排放、通信等方面的要求。

2.1.2 转运站不宜设在下列地区：
1. 大型商场、影剧院出入口等繁华地段；
2. 邻近学校、商场、餐饮店等群众日常生活聚集场所和其他人流密集区域。

2.1.3 若转运站选址于本规范第 2.1.2 条所述地区路段时，应强化二次污染控制措施，优化转运站建设形式及转运站外部交通组织。

2.1.4 转运站宜与公共厕所、环卫作息点、工具房等环卫设施合建在一起。

2.1.5 当运距较远，并具备铁路运输或水路运输条件时，可设置铁路或水路运输转运站（码头）。

2.2 规模

2.2.1 转运站的设计日转运垃圾能力，可按其规模划分为大、中、小型三大类，或Ⅰ、Ⅱ、Ⅲ、Ⅳ、Ⅴ类五小类。不同规模转运站的主要用地指标应符合表 2.2.1 的规定。

表 2.2.1　　　　　　　转运站主要用地指标

类型		设计转运量（t/d）	用地面积（m²）	与相邻建筑间隔（m）
大型	Ⅰ类	≥1 000，≤3 000	≥15 000，≤30 000	≥30
	Ⅱ类	≥450，<1 000	≥10 000，<15 000	≥20
中型	Ⅲ类	≥150，<450	≥4 000，<10 000	≥15
小型	Ⅳ类	≥50，<150	≥1 000，<4 000	≥10
	Ⅴ型	<50	≥500，<1 000	≥8

注：1. 表内用地不含区域性专用停车场、专用加油站和垃圾分类、资源回收、环保教育展示等其他功能用地。
2. 与相邻建筑间隔指转运站主体设施外墙与相邻建筑物外墙的直线距离；附建式可不做此要求。
3. 对于临近江河、湖泊、海洋和大型水面的生活垃圾转运码头，其陆上转运站用地指标可适当上浮。
4. 乡镇建设的小型（Ⅳ、Ⅴ）转运站，用地面积可上浮 10%～20%。
5. 规模超过 3 000 t 的超大型转运站，其超出规模部分用地面积按 6 m²/t～10 m²/t 计。

2.2.2 转运站规模的确定，应以一定的时间和一定的服务区域内接受垃圾量为基础，并综合考虑城乡区域特征和社会经济发展中的各种变化因素。

2.2.3 转运站的设计规模的确定，应考虑垃圾排放的季节波动性。

2.2.4 转运站的设计规模可按下式计算：

$$Q_d = K_s \cdot Q_c \qquad (2.2.4)$$

式中　Q_d——转运站设计规模（转运量），t/d。

Q_c——服务区垃圾清运量（年平均值），t/d。

K_s——垃圾排放季节性波动系数，指年度最大月产生量与平均月产生量的比值，应按当地实测值选用；无实测值时，K_s 可取 1.3～1.5。特殊情况下（如台风地区）可进一步加大波动系数。

2.2.5 无实测值时,服务区垃圾清运量可按下式计算:

$$Q_c = n \cdot q / 1\,000 \qquad (2.2.5)$$

式中 n——服务区内实际服务人数,人。

q——服务区内,人均垃圾排放量[kg/(人·d)],城镇地区可取 0.8 kg/(人·d)～1.0 kg/(人·d);农村地区可取 0.5 kg/(人·d)～0.7 kg/(人·d)。对于施行垃圾分类收集的地区,应扣除分类收集后未进入转运站的垃圾量。

2.2.6 当转运站由若干转运单元组成时,转运单元数量可按下式计算:

$$m = [Q_d / Q_u] \qquad (2.2.6)$$

式中 m——转运单元的数量。

Q_d——单个转运单元的转运能力,t/d。

$[\ ]$——高斯取整函数符号。

2.2.7 转运单元的实际转运能力应满足高峰时段要求。高峰时段垃圾转运能力 q_{gf} 和高峰时段垃圾转运量 Q_{gf} 分别按以下公式计算:

$$q_{gf} = Q_{gf} / h_{gf} \qquad (2.2.7\text{-}1)$$

$$Q_{gf} = k_{gf} \cdot Q_d \qquad (2.2.7\text{-}2)$$

式中 q_{gf}——转运单元在高峰时段内每小时的垃圾转运能力,t/h。

Q_{gf}——转运站每日高峰时段的垃圾转运量,t。

Q_d——转运站每日的垃圾转运量,t。

k_{gf}——每日高峰时段时间,h,无实测值时取 2 h～4 h。

k_{gf}——每日高峰时段转运系数,即高峰时段垃圾转运量占日转运总械的比例,无实测值时取 0.7。

2.2.8 转运站服务半径与运距应符合下列规定:

1. 采用人力方式进行垃圾收集时,收集服务半径宜小于 0.4 km,不得大于 1.0 km。
2. 采用小型机动车进行垃圾收集时,收集服务半径宜为 3.0 km 以内,城镇范围内最大不应超过 5.0 km,农村地区可合理增大运距。
3. 采用中型机动车进行垃圾收集运输时,可根据实际情况扩大服务半径。

3 总体布置

3.0.1 转运站的总体布局应依据其规模、类型、综合工艺要求及技术路线确定,并应符合下列规定:

1. 总平面布置应工艺合理、布置紧凑、交通顺畅,便于转运作业;应符合安全、环保、卫生等要求。
2. 转运作业区应置于站区主导风向的下风向。
3. 车辆出入口应设置在站区远离周边主要环境保护目标的一端。
4. 应设置围墙。

3.0.2 对于分期建设的大型转运站,总体布局及平面布置应为后续建设留有发展空间;应将人、车出入口分开设置。

3.0.3 转运站应利用地形、地貌等自然条件进行工艺布置;应设置实体围墙;竖向设计应结合原有地形进行雨污水导排。

3.0.4 转运站的主体设施布置应符合下列规定：
1. 转运车间及卸、装料工位宜布置在场区内远离邻近的建筑物的一侧。
2. 转运车间内外卸、装料工位应满足车辆回车要求。
3. 转运车间空间与面积均应满足车辆倾卸作业要求。

3.0.5 转运站配套工程及辅助设施应符合下列规定：
1. 计量设施应设在转运站车辆进出口处，应有良好的通视条件，并应满足通行的相关条件。
2. 按各功能区内通行的最大规格车型确定道路转弯半径与作业场地面积。
3. 站内宜设置车辆循环通道或采用双车道及回车场。
4. 站内垃圾收集车与转运车的行车路线应避免交叉。因条件限制必须交叉时，应有相应的交通管理安全措施。
5. 大中型转运站应按转运车辆数设计停车场地，停车场的形式与面积应与回车场地综合平衡；小型转运站可根据实际需求进行设计。
6. 转运站周边应设置绿化隔离带，大、中型转运站隔离带宽度宜为 5～10 m，小型转运站隔离带宽度不宜小于 3 m。
7. 转运站绿地率宜为 20%～30%，中型以上(含中型)转运站应取上限值；当地处绿化隔离带区域时，绿地率指标可取下限。

3.0.6 对于具备多功能的综合型转运站，其配套工程及辅助设施还应符合下列规定：
1. 进出站通道、停车场等设施应兼顾其他功能的需求；
2. 垃圾分类、分选、暂存等设施应与垃圾转运车间等主体设施协调布置；环保教育展示区、办公管理区、区域性专用停车场等设施应与垃圾转运车间等主体设施相对分离。

3.0.7 转运站行政办公与生活服务设施应符合下列规定：
1. 用地面积宜为总用地面积的 5%～8%。
2. 中小型转运站可根据需要设置附属式公厕，并应与转运设施有效隔离。站内单独建造公厕的用地面积应符合现行行业标准《环境卫生设施设置标准》(CJJ 27)的有关规定。

3.0.8 转运站站内布置应在运输通道设置、场地预留等方面考虑设备故障、车辆拥堵等突发事件时的应急处置需求。

4 工艺、设备及技术要求

4.1 转运工艺

4.1.1 垃圾转运工艺应根据垃圾收集、运输、处理的要求及当地特点确定。垃圾转运工艺选择应符合下列规定：
1. 垃圾物流转移应顺畅。
2. 垃圾应减少裸露时间。
3. 应提高设备工作效率，降低能耗及降低作业安全卫生风险，减轻环卫工人劳动作业强度。

4.1.2 除Ⅴ类小型站以外，转运站的转运单元数不应少于 2 个，以保证转运作业的连续性与事故状态下或出现突发事件时的转运能力。只有1个转运单元的小型转运站必须考虑该转运单元出现故障时的应急措施,如设置临时储存场地、改用后装式运输车直接运输等。

4.1.3 转运站应采用机械填装垃圾的方式进料,并应符合下列要求:

1. 有相应措施将装载容器填满垃圾并压实。压实程度应根据转运站后续环节(垃圾处理、处置)的要求和物料性状确定。

2. 当转运站的后续环节是垃圾填埋场或转运混合垃圾时,应采用较大压实能力的填装/压实机械设备,装载容器内的垃圾密实度不应小于 $0.6\ t/m^2$。

3. 应有联动或限位装置,保持卸料与填装压实动作协调。

4. 应有锁紧或限位装置,保持填装压实机与受料容器结合部密封良好。

4.1.4 转运站在工艺技术上应符合下列规定:

1. 应进行垃圾来源、运输单位及车辆型号、规格登记。

2. 大、中型转运站应设置垃圾称重计量装置,计量设备宜选用动态汽车衡;运输车辆进站处或计量设施处应设置车号自动识别系统;并应设置进站垃圾运输车停车抽样检查区。

3. 大、中型转运站应设置洗车装置,小型转运站应配备小型车辆及容器的冲洗设备。

4. 垃圾卸料、转运作业区应配置通风、降尘、除臭系统,并保持该系统与车辆卸料动作联动。

5. 垃圾卸料、转运作业区应设置车辆作业指示标牌和安全警示标志。

6. 垃圾卸料工位应设置倒车限位装置及报警装置。

7. 应有利于控制二次污染(如设置风罩、栅网、风管等)。

4.1.5 进站垃圾内不得混入大件垃圾、电子垃圾、建筑垃圾等易造成压缩设备损毁的异物。

4.2 机械设备

4.2.1 转运站应依据规模类型配置相应的压实设备。

4.2.2 同一区域内多个同一工艺类型的转运单元的配套机械设备,应选用同一型号、规格。

4.2.3 转运站机械设备及配套车辆的工作能力应按日有效运行时间和高峰期垃圾量综合考虑,并应与转运站及转运单元的设计规模(t/d)相匹配,保证转运站可靠的转运能力并留有调整余地。

4.2.4 转运站配套运输车数应按下列公式计算:

$$n_v = \left[\frac{\eta \cdot Q}{n_t \cdot q_v}\right] \tag{4.2.4}$$

式中 n_v——配备的运输车辆数量,辆。

Q——计划垃圾转运量,t/d。

q_v——运输车每次实际载运能力,t/(辆·次)。

n_t——运输车日转运次数,次/d。

η——运输车备用系数,取 $\eta=1.05\sim1.20$;若转运站配置了同型号规格的运输车辆时,η 可取下限值。

4.2.5 对于装载容器与运输车辆可分离的转运单元,若装载压缩机为固定式,装载容器数量可按下式计算:

$$n_c = m + n_v - 1 \tag{4.2.5}$$

式中 n_c——转载容器数量;

m——转运单元数;

n_v——配备的运输车辆数量。

若压缩装置或装载容器为平移式,其装载容器数量为 $n_c + n$,n 为装载压缩机平移工位的数量(n 为 1 或 2)。

4.2.6 垃圾转运车应与垃圾集装箱等装载容器相匹配,应满足沿途道路通行条件及后续处理设施与卸料场地要求。

4.2.7 垃圾集装箱等装载容器应保证装卸料顺畅,关闭严实、密封可靠;应采用耐腐蚀材料制作,并应具有足够的强度和刚度;应注重密封条的选用和更新维护。

4.2.8 动力设备选型应满足安全生产和节能的有关要求。

4.2.9 大型转运站可设置专用加油(气)站。专用加油(气)站应符合现行国家标准《汽车加油加气站设计与施工规范》(GB 50156)的有关规定。中型以上(含中型)转运站宜设置电动垃圾收运车充电装置。

4.2.10 大型转运站宜设置机修车间,其他规模转运站可根据具体情况和实际需求考虑设置机修室。

5 建筑与结构

5.0.1 转运站的建筑风格、色调应与周边建筑和环境协调。

5.0.2 转运站的建筑结构形式应满足垃圾转运工艺及配套设备的安装、拆换与维护的要求,宜采用框架结构形式。

5.0.3 转运站的建筑结构应符合下列规定:

1. 保证垃圾转运作业在相对密闭的状态下进行,以便于对污染实施有效控制。
2. 垃圾转运车间应安装便于启闭的卷帘闸门,设置非敞开式通风口。
3. 转运站及转运车间内的辅助用房应单独设置门。

5.0.4 转运站建筑结构应考虑大风、地震、大雪等自然灾害,并应根据国家现行相关标准进行针对性设计。

5.0.5 转运站地面(楼面)的设计,除应满足工艺要求外,尚应符合现行国家标准《建筑地面设计规范》(GB 50037)的有关规定。

5.0.6 转运站宜采用侧窗天然采光。采光设计应符合现行国家标准《建筑采光设计标准》(GB 50033)的有关规定。

5.0.7 转运站防火等级的确定应符合现行国家标准《建筑设计防火规范》(GB 50016)和《建筑灭火器配置设计规范》(GB 50140)的有关规定。

转运站火灾危险性类别应属丁类,其灭火器配置应按轻危险级考虑;对于具有分类收集及预处理功能综合型转运站的可回收物储存间(室)等存放易燃物品的设施,火灾危险性类别应为丙类,其灭火器配置应按中危险级考虑。

5.0.8　转运站的避雷、防爆措施应符合现行国家标准《建筑物防雷设计规范》(GB 50057)、《生产设备安全卫生设计总则》(GB 5083)等标准的有关规定。

5.0.9　转运车间地面和内墙面1.5 m以下应做防腐处理，且应便于清洗。

5.0.10　电源开关及插座应设置在离地面1.5 m以上，电源开关及插座应防水。

6　配套设施

6.0.1　转运站站内道路的设计应符合下列要求：

1. 应满足站内各功能区最大规格的垃圾运输车辆的荷载和通行要求。

2. 站内主要通道宽度不应小于4 m，大型转运站站内主要通道宽度应适当加大。路面宜采用混凝土，道路的荷载等级应符合现行国家标准《厂矿道路设计规范》(GBJ 22)的有关规定。

3. 进站道路的设计应与其相连的站外市政道路协调。

6.0.2　转运站可依据本站及服务区的具体情况和要求配置备用电源。大型转运站在条件许可时应设置双回路电源或配备发电机；中、小型转运站可配备发电机。

6.0.3　转运站应按生产、生活与消防用水的要求确定供水方式与供水量。

6.0.4　转运站排水系统应符合下列规定：

1. 应按雨污分流原则进行转运站排水设计。

2. 站内场地应平整，不滞留渍水；并应设置污水导排沟(管)。

3. 应设置积污坑或沉沙井等设施，以收集生产作业过程产生的污水。积污坑或沉沙井的形式和容量应与相关工艺要求相匹配。

4. 应采取有效的污水处理或排放措施。

6.0.5　转运站应配置必要的通信设施。

6.0.6　城镇地区，大型转运站应设置独立的生产管理设施和生活服务设施；中型转运站可视需求设置相对独立的生产管理设施；小型转运站管理间等生产管理设施应与转运车间等主体设施合并建设，不宜单独设置生活服务设施。

乡镇及农村地区，中小型转运站可视需要及周边条件，设置必要的生活服务设施。

6.0.7　转运站应配备监控设备；大型转运站应配备闭路监视系统、交通信号系统及电话/对讲系统等现场控制系统；有条件的可设置中央控制系统和信息化管理系统。

7　环境保护、安全生产与劳动卫生

7.1　环境保护

7.1.1　转运站的环境保护配套设施应与转运站主体设施同时设计、同时建设、同时启用。

7.1.2　转运站应合理布局建(构)筑物，设置绿化隔离带，配备相应污染防治设施和设备。

7.1.3　转运站应结合垃圾转运单元的工艺设计，强化在卸装垃圾等关键位置的密闭、通风、降尘、除臭措施；大、中型转运站应设置独立的抽排风/除臭系统。

转运站臭气控制应符合现行国家标准《恶臭污染物排放标准》(GB 14554)的有关规定。

7.1.4　转运站的噪声控制应符合现行国家标准《工业企业厂界环境噪声排放标准》

(GB 123 48)、《声环境质量标准》(GB 3096)的有关规定。

7.1.5　转运站应根据所在区域环境质量要求和污水收集、处理系统等具体条件和垃圾转运工艺,确定转运站污水排放、处理形式,并应符合当地环境保护部门的要求。

7.1.6　配套的运输车辆应有良好的整体密封性能。

7.2　安全生产与劳动卫生

7.2.1　转运站安全与劳动卫生应符合国家现行标准《生产设备安全卫生设计总则》(GB 5083)、《生产过程安全卫生要求总则》(GB 12801)和《工业企业设计卫生标准》(GBZ1)等的有关规定。

7.2.2　转运站应在相应位置设置交通管制指示、烟火管制提示、有毒有害气体提示等安全标志。

7.2.3　机械设备的旋转件应设置防护罩,启闭装置应设置警示标志。

7.2.4　填装、起吊、倒车等工序/工位的相关设施、设备上应设置警示标志和(或)报警装置。

7.2.5　转运作业现场应留有作业人员通道。

7.2.6　装卸料工位应根据转运车辆或装载容器的规格尺寸设置导向定位装置或限位预警装置。

7.2.7　大型转运站应设置专用的员工卫生设施,中小型转运站可设置综合性员工卫生设施。

7.2.8　转运站应配备必要的劳保用品。

7.2.9　在转运站内应设置消毒、杀虫设施及装置。

7.2.10　对于综合型转运站,除停车区外,不同功能设施的作业区及作业场地应相对独立,设施设备布局不应交叉。

7.2.11　转运站周边应设置外部车辆限制停泊的标识。

8　工程施工及验收

8.1　工程施工

8.1.1　转运站的各项建筑、安装工程施工应符合国家现行有关标准的规定。

8.1.2　在转运站施工前应完成设备选型,施工单位应按设计文件和招标文件编制施工方案,并应向业主提交施工方案。

8.1.3　施工单位应按施工方案和设计文件进行施工准备,并应符合施工进度计划和场地条件合理安排施工场地。

8.1.4　工程施工应按照施工进度计划和经审核批准的工程设计文件的要求进行。

8.1.5　转运站工程施工变更应按规定程序和经批准的设计变更文件进行。

8.1.6　施工过程中设备基坑开挖、预埋件安放和定位应在设备厂家配合下进行。

8.1.7　工程施工使用的各类材料应符合国家现行有关标准和设计文件的要求。

8.1.8　从国外引进的转运、运输设备及零部件或材料,应符合下列规定:

1. 应与设计文件及有关合同要求一致。
2. 应与供货商提供的供货清单及技术参数一致。
3. 并应按商务、商检等部门的规定履行必要的程序与手续。

4. 应符合我国现行政策、法规和技术标准的有关规定。

8.2 工程竣工验收

8.2.1 转运站工程竣工验收应按设计文件和相应的国家现行标准的规定进行。

8.2.2 转运站工程竣工验收除应符合现行国家标准《机械设备安装施工验收通用规范》(GB 50231)及有关国家现行标准的规定外,还应符合下列规定：

1. 机械设备验收应符合本规范第 4 章的相关要求。
2. 建筑工程验收应符合本规范第 5 章的相关要求。
3. 配套设施验收应符合本规范第 6 章的相关要求。
4. 环境保护工程验收应符合本规范第 7.1 节的相关要求。
5. 安全与卫生工程验收应符合本规范第 7.2 节的相关要求。

8.2.3 转运站工程竣工验收前应准备下列文件、资料：

1. 竣工验收工作计划。
2. 开工报告、项目批复文件。
3. 工程施工图等技术文件。
4. 工程施工(重点是隐蔽工程、综合管线)记录和工程变更记录。
5. 设备(重点是转运装置)安装、调试与试运行记录。
6. 其他必要的文件、资料。

附录2 国家危险废物名录(2021年版)

国家危险废物名录(2021年版)

部令　第15号

《国家危险废物名录(2021年版)》已于2020年11月5日经生态环境部部务会议审议通过,现予公布,自2021年1月1日起施行。

生态环境部部长　黄润秋

国家发展改革委主任　何立峰

公安部部长　赵克志

交通运输部部长　李小鹏

国家卫生健康委主任　马晓伟

2020年11月25日

国家危险废物名录(2021年版)

第一条　根据《中华人民共和国固体废物污染环境防治法》的有关规定,制定本名录。

第二条　具有下列情形之一的固体废物(包括液态废物),列入本名录:

(一)具有毒性、腐蚀性、易燃性、反应性或者感染性一种或者几种危险特性的;

(二)不排除具有危险特性,可能对生态环境或者人体健康造成有害影响,需要按照危险废物进行管理的。

第三条　列入本名录附录《危险废物豁免管理清单》中的危险废物,在所列的豁免环节,且满足相应的豁免条件时,可以按照豁免内容的规定实行豁免管理。

第四条　危险废物与其他物质混合后的固体废物,以及危险废物利用处置后的固体废物的属性判定,按照国家规定的危险废物鉴别标准执行。

第五条　本名录中有关术语的含义如下:

(一)废物类别,是在《控制危险废物越境转移及其处置巴塞尔公约》划定的类别基础上,结合我国实际情况对危险废物进行的分类。

(二)行业来源,是指危险废物的产生行业。

(三)废物代码,是指危险废物的唯一代码,为8位数字。其中,第1~3位为危险废物产生行业代码(依据《国民经济行业分类(GB/T 4754—2017)》确定),第4~6位为危险废物顺序代码,第7~8位为危险废物类别代码。

(四)危险特性,是指对生态环境和人体健康具有有害影响的毒性(Toxicity,T)、腐蚀性(Corrosivity,C)、易燃性(Ignitability,I)、反应性(Reactivity,R)和感染性(Infectivity,In)。

第六条　对不明确是否具有危险特性的固体废物,应当按照国家规定的危险废物鉴别标准和鉴别方法予以认定。

经鉴别具有危险特性的,属于危险废物,应当根据其主要有害成分和危险特性确定所属废物类别,并按代码"900-000-××"(××为危险废物类别代码)进行归类管理。

经鉴别不具有危险特性的,不属于危险废物。

第七条　本名录根据实际情况实行动态调整。

第八条　本名录自2021年1月1日起施行。原环境保护部、国家发展和改革委员会、公安部发布的《国家危险废物名录》(环境保护部令第39号)同时废止。

附表略,见本教材配套资源。

附录3 危险废物鉴别技术规范

中华人民共和国国家环境保护标准(HJ 298—2019)
代替(HJ/T 298—2007)

危险废物鉴别技术规范
Technical specifications on identification for hazardous waste

2019-11-12 发布　　2020-01-01 实施
生态环境部　发布

目　次

前言
1 适用范围
2 规范性引用文件
3 术语和定义
4 样品采集
5 制样、样品的保存和预处理
6 样品检测
7 检测结果判断
8 环境事件涉及的固体废物的危险特性鉴别技术要求
9 质量保证与质量控制
10 实施与监督

前言

为贯彻《中华人民共和国环境保护法》《中华人民共和国固体废物污染环境防治法》及相关法律和法规，加强危险废物环境管理，保证危险废物鉴别的科学性，制定本标准。

本标准规定了固体废物的危险特性鉴别中样品的采集和检测，以及检测结果判断等过程的技术要求。

本标准首次发布于2007年，本次为第一次修订。此次修订的主要内容：

——进一步细化了危险废物鉴别的采样对象、份样数、采样方法、样品检测、检测结果判断等技术要求；

——增加了环境事件涉及的固体废物危险特性鉴别的采样、检测、判断等技术要求。

本标准由生态环境部固体废物与化学品司、法规与标准司组织修订。

本标准主要起草单位：中国环境科学研究院。

本标准由生态环境部2019年11月12日批准。

本标准自2020年01月01日起实施。

本标准由生态环境部解释。

危险废物鉴别技术规范

1 适用范围

本标准规定了固体废物的危险特性鉴别中样品的采集和检测,以及检测结果判断等过程的技术要求。

本标准适用于生产、生活和其他活动中产生的固体废物的危险特性鉴别,包括环境事件涉及的固体废物的危险特性鉴别。

本标准适用于液态废物的鉴别。

本标准不适用于放射性废物鉴别。

2 规范性引用文件

本标准内容引用了下列文件中的条款。凡是不注明日期的引用文件,其有效版本适用于本标准。

GB 5085.1　　危险废物鉴别标准　腐蚀性鉴别
GB 5085.2　　危险废物鉴别标准　急性毒性初筛
GB 5085.3　　危险废物鉴别标准　浸出毒性鉴别
GB 5085.4　　危险废物鉴别标准　易燃性鉴别
GB 5085.5　　危险废物鉴别标准　反应性鉴别
GB 5085.6　　危险废物鉴别标准　毒性物质含量鉴别
GB 5085.7　　危险废物鉴别标准　通则
GB 34330　　 固体废物鉴别标准　通则
GB/T 3723　　工业用化学产品采样安全通则
HJ/T 20 工业固体废物采样制样技术规范
《突发环境事件应急管理办法》(环境保护部令第 34 号)
《国家危险废物名录》(环境保护部令第 39 号)

3 术语和定义

下列术语和定义适用于本标准。

3.1 份样 the sample

指用采样器一次操作,从一批固体废物的一个点或一个部位按规定质量所采取的固体废物。

3.2 份样量 weight of a sample

指构成一个份样的固体废物的质量。

3.3 份样数 number of samples

指从一批固体废物中所采集的份样个数。

3.4 环境事件涉及的固体废物 solid waste referring to an environmental incident

指固体废物非法转移、倾倒、贮存、利用、处置等环境事件涉及的固体废物,以及突发环境事件及其处理过程中产生的固体废物。

4 样品采集

4.1 采样对象的确定

4.1.1 应根据固体废物的产生源进行分类采样,禁止将不同产生源的固体废物混合。

4.1.2 生产原辅料、工艺路线、产品均相同的两个或两个以上生产线,可以采集单条生产线产生的固体废物代表该类固体废物。

4.1.3 固体废物为 GB 34330 所规定的丧失原有使用价值的物质时,每类物质作为一类固体废物,分别采样鉴别。采样应满足以下要求:

a)如危险特性全部来源于该物质本身,且在使用过程中危险特性不变或降低,应采集该物质未使用前的样品。

b)如危险特性全部或部分来源于使用过程,应在该物质不能继续按照原有设计用途使用时采样。

4.1.4 固体废物为 GB 34330 所规定的生产过程(含固体废物利用、处置过程)中产生的副产物,应根据产生工艺节点确定固体废物类别,每类固体废物分别采样鉴别。采样应满足以下要求:

a)应在该固体废物从正常生产工艺或利用工艺中分离出来的工艺环节采样。

b)应在生产设施、设备、原辅材料和生产负荷稳定的生产期采样。

4.1.5 固体废物为 GB 34330 所规定的环境治理和污染控制过程中产生的物质,应在污染控制设施污染物来源、设施运行负荷和效果稳定的生产期采样;应根据环境治理和污染控制工艺流程,对不同工艺环节产生的固体废物分别进行采样。

4.1.6 堆存状态的固体废物,采样应满足以下要求:

a)如其产生过程尚未终止,应按 4.1.2～4.1.5 采集原产生工艺样品。

b)如其产生过程已经终止,则采集堆存的固体废物。

c)环境事件涉及的固体废物,按本标准第 8 章相关要求采样。

4.1.7 固体废物为生产和服务设施更换或拆除的固定式容器、反应容器和管道,粉状、半固态、液体产品使用后产生的包装物或容器,以及产品维修或产品类废物拆解过程产生的粉状、半固态、液体物料的盛装容器,采样对象应为容器中的内容物,每类内容物作为一类固体废物,分别采样。

4.1.8 水体环境、污染地块治理与修复过程产生的,需要按固体废物进行处理处置的水体沉积物及污染土壤等环境介质,应尽可能在未发生二次扰动的情况下,根据水体、污染地块污染物的扩散特征和环境调查结果,对不同污染程度的环境介质进行分类采样。

4.1.9 需要开展危险废物鉴别的建筑废物,应尽可能在拆除、清理之前或过程中,根据建筑物的组成和污染特性进行分类,分别采样。

4.2 份样数的确定

4.2.1 危险废物鉴别需根据待鉴别固体废物的质量确定采样份样数(第 4.2.4 条所列情形除外),表 1 为需要采集的固体废物的最小份样数。

表 1　　固体废物采集最小份样数

固体废物质量(以 q 表示)(吨)	最小份样数(个)
$q \leqslant 5$	5
$5 < q \leqslant 25$	8
$25 < q \leqslant 50$	13

(续表)

固体废物质量(以 q 表示)(吨)	最小份样数(个)
$50 < q \leq 90$	20
$90 < q \leq 150$	32
$150 < q \leq 500$	50
$500 < q \leq 1000$	80
$q > 1000$	100

4.2.2 堆存状态的固体废物,应以堆存的固体废物总量为依据,按照表1确定需要采集的最小份样数。

4.2.3 生产工艺过程中产生的固体废物,以生产设施自试生产以来的实际最大生产负荷时的固体废物产生量为依据,按照表1确定需要采集的最小份样数。满足第4.1.2条规定的固体废物,以固体废物产生量最大的单条生产线最大产生量为依据,按照表1确定需要采集的最小份样数。固体废物产生量根据以下方法确定:

a)连续产生固体废物时,以确定的工艺环节一个月内的固体废物产生量为依据,按照表1确定需要采集的最小份样数。如果连续产生时段小于一个月,则以一个产生时段内的固体废物产生量为依据。

b)间歇产生固体废物时,如固体废物产生的时间间隔小于或等于一个月,应以确定的工艺环节一个月内的固体废物最大产生量为依据,按照表1确定需要采集的最小份样数。如固体废物产生的时间间隔大于一个月,以每次产生的固体废物总量为依据,按照表1确定需要采集的最小份样数。

4.2.4 以下情形固体废物的危险特性鉴别可以不根据固体废物的产生量确定采样份样数:

a)鉴别样品为本标准第4.1.3条 a)例所规定的物质,可适当减少采样份样数,份样数不少于2个。固体废物为4.1.7条所规定的废弃包装物、容器时,内容物的采样参照本条执行。

b)固体废物为废水处理污泥,如废水处理设施的废水的来源、类别、排放量、污染物含量稳定,可适当减少采样份样数,份样数不少于5个。

c)固体废物来源于连续生产工艺,且设施长期运行稳定、原辅材料类别和来源固定,可适当减少采样份样数,份样数不少于5个。

d)贮存于贮存池、不可移动大型容器、槽罐车内的液态废物,可适当减少采样份样数。敞口贮存池和不可移动大型容器内液态废物采样份样数不少于5个;封闭式贮存池、不可移动大型容器和槽罐车,如不具备在卸除废物过程中采样,采样份样数不少于2个。

e)贮存于可移动的小型容器(容积≤1 000 L)中的固体废物,当容器数量少于根据表1所确定的最小份样数时,可适当减少采样份样数,每个容器采集1个固体废物样品。

f)固体废物非法转移、倾倒、贮存、利用、处置等环境事件涉及固体废物的危险特性鉴别,因环境事件处理或应急处置要求,可适当减少采样份样数,每类固体废物的采样份样数不少于5个。

g)水体环境、污染地块治理与修复过程产生的,需要按照固体废物进行处理处置的水体沉积物及污染土壤等环境介质,以及突发环境事件及其处理过程中产生的固体废物,如鉴别过程已经根据污染特征进行分类,可适当减少采样份样数,每类固体废物的采样份样数不少于5个。

4.3 份样量的确定

4.3.1 固态废物样品采集的份样量应同时满足下列要求:a)满足分析操作的需要;b)依据固态废物的原始颗粒最大粒径,不小于表2中规定的质量。

表 2　不同颗粒直径的固态废物的一个份样所需采集的最小份样量

原始颗粒最大粒径(以 d 表示)(厘米)	最小份样量(克)
$d \leqslant 0.50$	500
$0.50 < d \leqslant 1.0$	1 000
$d > 1.0$	2000

4.3.2 半固态和液态废物样品采集的份样量应满足分析操作的需要。

4.4 采样的时间和频次

4.4.1 连续产生。样品应分次在一个月(或一个产生时段)内等时间间隔采集;每次采样在设备稳定运行的8小时(或一个生产班次)内完成。每采集一次,作为1个份样。

4.4.2 间歇产生。根据确定的工艺环节一个月内的固体废物的产生次数进行采样:如固体废物产生的时间间隔大于一个月,仅需要选择一个产生时段采集所需的份样数;如一个月内固体废物的产生次数大于或者等于所需的份样数,遵循等时间间隔原则在固体废物产生时段采样,每次采集1个份样;如一个月内固体废物的产生次数小于所需的份样数,将所需的份样数均匀分配到各产生时段采样。

4.5 采样方法

4.5.1 固体废物采样工具、采样程序、采样记录和盛样容器参照 HJ/T20 的要求进行,固体废物采样安全措施参照 GB/T 3723。

4.5.2 在采样过程中应采取措施防止危害成分的损失、交叉污染和二次污染。

4.5.3 生产工艺过程产生的固体废物应在固体废物排(卸)料口按照下列方法采集:

a)由卸料口排出的固体废物

采样过程应预先清洁卸料口,并适当排出固体废物后再采集样品。采样时,采用合适的容器接住卸料口,根据需要采集的总份样数或该次需要采集的份样数,等时间间隔接取所需份样量的固体废物。每接取一次固体废物,作为1个份样。

b)板框压滤机

将压滤机各板框顺序编号,用 HJ/T 20 中的随机数表法抽取与该次需要采集的份样数相同数目的板框作为采样单元采取样品。采样时,在压滤脱水后取下板框,刮下固体废物。每个板框内采取的固体废物,作为1个份样。

4.5.4 堆存状态固体废物采样

a)散状堆积固态、半固态废物

对于堆积高度小于或者等于0.5 m的散状堆积固态、半固态废物,将固体废物堆平铺为厚度为 10～15 cm 的矩形,划分为 $5N$ 个(N 为根据第 4.2 条确定的所需采样的总份样数,下同)面积相等的网格,顺序编号;用 HJ/T 20 中的随机数表法抽取 N 个网格作为采样单元,在网格中心位置处用采样铲或锹垂直采取全层厚度的固体废物。每个网格采取的固体废物,作为 1 个份样。

对于堆积高度大于 0.5 m 的散状堆积固态、半固态废物,应分层采取样品;采样层数应不小于 2 层,按照固态、半固态废物堆积高度等间隔布置;每层采取的份样数应相等。分层采样可以用采样钻或者机械钻探的方式进行。

b) 敞口贮存池或不可移动大型容器中的固体废物

将容器(包括建筑于地上、地下、半地下的)划分为 $5N$ 个面积相等的网格,顺序编号。

液态废物,用 HJ/T 20 中的随机数表法抽取 N 个网格作为采样单元采取样品。对于无明显分层的液态废物,采用玻璃采样管或者重瓶采样器进行采样。将玻璃采样管或者重瓶采样器从网格的中心位置处垂直缓慢插入液面至容器底;待采样管/采样器内装满液态废物后,缓缓提出,将样品注入采样容器。对于有明显分层的液态废物,采用玻璃采样管或者重瓶采样器进行分层采样。每采取一次,作为 1 个份样。

固态、半固态废物,固体废物厚度小于 2 m 时,用 HJ/T 20 中的随机数表法抽取 N 个网格作为采样单元采取样品。采样时,在网格的中心位置处用土壤采样器或长铲式采样器垂直插入固体废物底部,旋转 90°后抽出。每采取一次固体废物,作为 1 个份样。固体废物厚度大于或等于 2 m 时,用 HJ/T20 中的随机数表法抽取 $\frac{(N+1)}{3}$(四舍五入取整数)个网格作为采样单元采取样品。采样时,应分为上部(深度为 0.3 m 处)、中部(1/2 深度处)、下部(5/6 深度处)三层分别采取样品。每采取一次,作为 1 个份样。

c) 小型可移动袋、桶或其他容器中的固体废物

将各容器顺序编号,用 HJ/T 20 中的随机数表法抽取 N 个容器作为采样单元采取样品。根据固体废物性状,分别使用长铲式采样器、套筒式采样器或者探针进行采样。每个采样单元采取 1 个份样。当容器最大边长或高度大于 0.5 m 时,应分层采取样品,采样层数应不小于 2 层,各层样品混合作为 1 个份样。如样品为液态废物,将容器内液态废物混匀(含易挥发组分的液态废物除外)后打开容器,将玻璃采样管或者重瓶采样器从容器口中心位置处垂直缓缓插入液面至容器底;待采样管/采样器内装满液体后,缓缓提出,将样品注入采样容器。

d) 封闭式贮存池、不可移动大型容器或槽罐车中的固体废物

贮存于封闭式贮存池、不可移动大型容器或槽罐车中的固体废物应尽可能在卸除固体废物过程中按第 4.5.3 a)方法采取样品。如不能在卸除固体废物过程中采样,按 4.5.4 b)方法从贮存池、容器上部开口采集样品。如存在卸料口,则同时在卸料口按 4.5.3 a)方法采集不少于 1 个份样。

5 制样、样品的保存和预处理

采集的固体废物样品应按照 HJ/T 20 中的要求进行制样和样品的保存,并按照 GB 5085.1、GB 5085.2、GB 5085.3、GB 5085.4、GB 5085.5 和 GB 5085.6 中分析方法的要求进行样品的预处理。

6 样品检测

6.1 固体废物危险特性鉴别的检测项目应根据固体废物的产生源特性确定,必要时可向与该固体废物危险特性鉴别工作无直接利害关系的行业专家咨询。经综合分析固体废物产生过程生产工艺、原辅材料、产生环节和主要危害成分,确定不存在的危险特性,不进行检测。固体废物危险特性鉴别使用 GB 5085.1、GB 5085.2、GB 5085.3、GB 5085.4、GB 5085.5 和 GB 5085.6 规定的相应方法和指标限值。

6.2 检测过程中,可首先选择可能存在的主要危险特性进行检测。任何一项检测结果按本标准第 7 章可判定该固体废物具有危险特性时,可不再检测其他危险特性(需要通过进一步检测判断危险废物类别的除外)。

6.3 固体废物利用过程或处置后产生的固体废物的危险特性鉴别,应首先根据被利用或处置的固体废物的危险特性进行判定。

7 检测结果判断

7.1 在对固体废物样品进行检测后,检测结果超过 GB 5085.1、GB 5085.2、GB 5085.3、GB 5085.4、GB 5085.5 和 GB 5085.6 中相应标准限值的份样数大于或者等于表 3 中的超标份样数限值,即可判定该固体废物具有该种危险特性(第 7.3 条除外)。

表 3　　　　　　　　　检测结果判断方案

份样数	超标份样数限值	份样数	超标份样数限值
5	2	32	8
8	3	50	11
13	4	80	15
20	6	≥100	22

7.2 如果采集的固体废物份样数与表 3 中的份样数不符,按照表 3 中与实际份样数最接近的较小份样数进行结果的判断。

7.3 根据本标准第 4.2.4 条采样,采样份样数小于表 1 规定最小份样数时,检测结果超过 GB 5085.1、GB 5085.2、GB 5085.3、GB 5085.4、GB 5085.5 和 GB 5085.6 中相应标准限值的份样数大于或者等于 1,即可判定该固体废物具有该种危险特性。

7.4 在进行毒性物质含量危险特性判断时,当同一种毒性成分在一种以上毒性物质中存在时,以分子量最高的物质进行计算和结果判断。

7.5 经鉴别具有危险特性的,应当根据其主要有害成分和危险特性确定所属危险废物类别,并按代码"900－000－××"(×× 为《国家危险废物名录》中危险废物类别代码)进行归类。

8 环境事件涉及的固体废物的危险特性鉴别技术要求

8.1 应根据所能收集到的环境事件资料和现场状况,尽可能对固体废物的来源进行分析,识别固体废物的组成和种类,分类开展鉴别。

8.1.1 固体废物非法转移、倾倒、贮存、利用、处置等环境事件涉及的固体废物,可根据环境事件现场固体废物的外观形态、有效标识,以及现场可采用的检测手段的检测结果,对固体废物进行分类。

8.1.2 突发环境事件及其处理过程中产生的固体废物,应尽可能在清理之前根据事故过程污染物的扩散特征,或在清理过程中根据固体废物的污染物沾染情况,对固体废物的污染程度进行判断,并根据判断结果对固体废物进行分类。

8.2 产生来源明确的固体废物的鉴别要求

8.2.1 应首先依据 GB 5085.7 第 4.2 条、第 5 章和第 6 章进行判断。

8.2.2 根据第 8.2.1 条不能判断属于危险废物,但可能具有危险特性的,应优先按本标准第 4 章在产生该固体废物的生产工艺节点采样;如生产过程已终止,则采集企业贮存的同类固体废物。采集的样品按本标准第 6 章和第 7 章进行检测和判断。

8.2.3 因环境事件处理或应急处置要求,可采集环境事件现场固体废物或依据《突发环境事件应急管理办法》已应急清理暂存的固体废物作为样品开展鉴别。

8.2.4 应根据固体废物的物质迁移、转化特征,以及环境事件现场的污染现状,综合分析固体废物的危险特性在转移、倾倒、贮存、利用、处置过程中发生的变化,按以下要求开展鉴别:

a) 如危险特性未发生变化,或变化不足以对检测结果的判断造成影响,可按本标准第 4 章相关要求采集现场样品,并按本标准第 6 章和第 7 章进行检测和判断。

b) 如不排除危险特性发生变化,且对检测结果的判断可能造成影响,应采集现场能够代表固体废物原始危险特性的样品,并按本标准第 6 章和第 7 章进行检测和判断;如现场无法采集到能够代表固体废物原始危险特性的样品,应采集本标准第 8.2.2 条规定样品或可类比工艺项目的固体废物开展鉴别。

8.3 产生来源不明确的固体废物鉴别要求

8.3.1 应采集能够代表固体废物组成特性的样品,通过分析固体废物的主要物质组成和污染特性确定固体废物的产生工艺。

8.3.2 根据产生工艺,按第 8.2.1 条不能判断属于危险废物,但可能具有危险特性的,应采集环境事件现场固体废物样品或依据《突发环境事件应急管理办法》已应急清理暂存的固体废物,按第 8.2.4 条开展鉴别。

8.3.3 因环境事件处理或应急处置需要,可根据掌握的信息直接检测该固体废物可能具有的危险特性,根据检测结果依据本标准第 7 章做出判断。有证据表明该固体废物可能属于《国家危险废物名录》中的危险废物,或固体废物危险特性已发生变化且可能影响检测结果判断的,应按第 8.3.1 条和第 8.3.2 条进行鉴别。

9 质量保证与质量控制

9.1 固体废物危险特性鉴别检测项目的确定应以工艺分析为主要手段,综合原辅材料特性、生产工艺、固体废物产生工艺等信息,确定可能具有的危险特性及相应检测项目。

9.2 样品采集应记录必要的信息,包括(但不限于):样品编号、采样时间、采样地点、企业生产工况。样品的采集、包装、运输和保存应符合相应检测项目的有关要求。

9.3 固体废物危险特性鉴别的检测应符合相应检测方法的质量保证与质量控制要求。

10 实施与监督

本标准由县级以上生态环境主管部门负责监督实施。

附录 4　危险废物贮存污染控制标准

中华人民共和国国家标准(GB 18597—2001)

危险废物贮存污染控制标准
Standard for Pollution Control on Hazardous Waste Storage

2001-12-28 发布　　2002-07-01 实施

国家环境保护总局　国家质量监督检验检疫总局　发布

目　次

前言
1 适用范围
2 引用标准
3 定义
4 一般要求
5 危险废物贮存容器
6 危险废物贮存设施的选址与设计原则
7 危险废物贮存设施的运行与管理
8 危险废物贮存设施的安全防护与监测
9 危险废物贮存设施的关闭
10 标准的实施与监督

前言

为贯彻《中华人民共和国固体废物污染环境防治法》,防止危险废物贮存过程造成的环境污染,加强对危险废物贮存的监督管理,制定本标准。

本标准规定了对危险废物贮存的一般要求,对危险废物包装、贮存设施的选址、设计、运行、安全防护、监测和关闭等要求。

本标准为首次发布。

本标准中附录 A 是标准的附录,附录 B 是提示的附录。

本标准由国家环保总局(旧称,2008 年更名为环境保护部)科技标准司提出。

本标准由沈阳环境科学研究所负责起草。

本标准由国家环境保护总局负责解释。

1 主题内容与适用范围

1.1 主题内容

本标准规定了对危险废物贮存的一般要求,对危险废物的包装、贮存设施的选址、设计、运行、安全防护、监测和关闭等要求。

1.2 适用范围

本标准适用于所有危险废物(尾矿除外)贮存的污染控制及监督管理,适用于危险废物的产生者、经营者和管理者。

2 引用标准

下列标准所含的条文,通过在本标准中引用而构成本标准的条文,与本标准同效。

大气污染物综合排放标准 GB 16297－1996

污水综合排放标准 GB 8978－1996

危险废物鉴别标准 GB 5085.1－3－1996

环境保护图形标志－固体废物贮存(处置)场 GB 15562.2－1995

恶臭污染物排放标准 GB 14554－1993

固体废弃物浸出毒性测定方法 GB/T 1555.1～12－1995

当上述标准被修订时,应使用其最新版本。

3 定义

3.1 危险废物

指列入国家危险废物名录或者根据国家规定的危险废物鉴别标准和鉴别方法认定的具有危险特性的废物。

3.2 危险废物贮存

指危险废物再利用或无害化处理和最终处置前的存放行为。

国家环境保护总局 2001-11-26 批准　　2002-07-01 实施

3.3 贮存设施

指按规定设计、建造或改建的用于专门存放危险废物的设施。

3.4 集中贮存

指危险废物集中处理、处置设施中所附设的贮存设施和区域性的集中贮存设施。

3.5 容器

指按标准要求盛载危险废物的器具。

4 一般要求

4.1 所有危险废物产生者和危险废物经营者应建造专用的危险废物贮存设施,也可利用原有构筑物改建成危险废物贮存设施。

4.2 在常温常压下易爆、易燃及排出有毒气体的危险废物必须进行预处理,使之稳定后贮存,否则,按易爆、易燃危险品贮存。

4.3 在常温常压下不水解、不挥发的固体危险废物可在贮存设施内分别堆放。

4.4 除 4.3 规定外,必须将危险废物装入容器内。

4.5 禁止将不相容(相互反应)的危险废物在同一容器内混装。

4.6 无法装入常用容器的危险废物可用防漏胶袋等盛装。

4.7 装载液体、半固体危险废物的容器内须留足够空间,容器顶部与液体表面之间保留 100 mm 以上的空间。

4.8 医院产生的临床废物,必须当日消毒,消毒后装入容器。常温下贮存期不得超过 1 天,于 5 ℃以下冷藏的,不得超过 7 天。

4.9 盛装危险废物的容器上必须粘贴符合本标准附录 A 所示的标签。

4.10 危险废物贮存设施在施工前应做环境影响评价。

5 危险废物贮存容器

5.1 应当使用符合标准的容器盛装危险废物。

5.2 装载危险废物的容器及材质要满足相应的强度要求。

5.3 装载危险废物的容器必须完好无损。

5.4 盛装危险废物的容器材质和衬里要与危险废物相容（不相互反应）。

5.5 液体危险废物可注入开孔直径不超过 70 mm 并有放气孔的桶中。

6 危险废物贮存设施的选址与设计原则

6.1 危险废物集中贮存设施的选址

6.1.1 地质结构稳定，地震烈度不超过 7 度的区域内。

6.1.2 设施底部必须高于地下水最高水位。

6.1.3 场界应位于居民区 800 m 以外，地表水域 150 m 以外。

6.1.4 应避免建在溶洞区或易遭受严重自然灾害如洪水、滑坡、泥石流、潮汐等影响的地区。

6.1.5 应在易燃、易爆等危险品仓库、高压输电路线防护区域以外。

6.1.6 应位于居民中心区常年最大风频的下风向。

6.1.7 集中贮存的废物堆选址除满足以上要求外，还应满足 6.3.1 款要求。

6.2 危险废物贮存设施（仓库式）的设计原则

6.2.1 地面与裙脚要用坚固、防渗的材料建造，建筑材料必须与危险废物相容。

6.2.2 必须有泄漏液体收集装置、气体导出口及气体净化装置。

6.2.3 设施内要有安全照明设施和观察窗口。

6.2.4 用以存放装载液体、半固体危险废物容器的地方，必须有耐腐蚀的硬化地面，且表面无裂隙。

6.2.5 应设计堵截泄漏的裙脚，地面与裙脚所围建的容积不低于堵截最大容器的最大储量或总储量的五分之一。

6.2.6 不相容的危险废物必须分开存放，并设有隔离间隔断。

6.3 危险废物的堆放

6.3.1 基础必须防渗，防渗层为至少 1 m 厚黏土层（渗透系数 $\leqslant 1\times 10^{-7}$ cm/s），或 2 mm 厚高密度聚乙烯，或至少 2 mm 厚的其他人工材料，渗透系数 $\leqslant 1\times 10^{-10}$ cm/s。

6.3.2 堆放危险废物的高度应根据地面承载能力确定。

6.3.3 衬里放在一个基础或底座上。

6.3.4 衬里要能够覆盖危险废物或其溶出物可能涉及的范围。

6.3.5 衬里材料与堆放危险废物相容。

6.3.6 在衬里上设计、建造浸出液收集清除系统。

6.3.7 应设计建造径流疏导系统，保证能防止 25 年一遇的暴雨不会流到危险废物堆里。

6.3.8 危险废物堆内设计雨水收集池，并能收集 25 年一遇的暴雨 24 小时降水量。

6.3.9 危险废物堆要防风、防雨、防晒。

6.3.10 产生量大的危险废物可以散装方式堆放贮存在按上述要求设计的废物堆里。

6.3.11 不相容的危险废物不能堆放在一起。

6.3.12 总贮存量不超过 300 kg(L)的危险废物要放入符合标准的容器内,加上标签,容器放入坚固的柜或箱中,柜或箱应设多个直径不少于 30 mm 的排气孔。不相容危险废物要分别存放或存放在不渗透间隔分开的区域内,每个部分都应有防漏裙脚或储漏盘,防漏裙脚或储漏盘的材料要与危险废物相容。

7 危险废物贮存设施的运行与管理

7.1 从事危险废物贮存的单位,必须得到有资质单位出具的该危险废物样品物理和化学性质的分析报告,认定可以贮存后,方可接收。

7.2 危险废物贮存前应进行检验,确保同预定接收的危险废物一致,并登记注册。

7.3 不得接收未粘贴符合 4.9 规定的标签或标签没按规定填写的危险废物。

7.4 盛装在容器内的同类危险废物可以堆叠存放。

7.5 每个堆间应留有搬运通道。

7.6 不得将不相容的废物混合或合并存放。

7.7 危险废物产生者和危险废物贮存设施经营者均须做好危险废物情况的记录,记录上须注明危险废物的名称、来源、数量、特性和包装容器的类别、入库日期、存放库位、废物出库日期及接收单位名称。

危险废物的记录和货单在危险废物回取后应继续保留三年。

7.8 必须定期对所贮存的危险废物包装容器及贮存设施进行检查,发现破损,应及时采取措施清理更换。

7.9 泄漏液、清洗液、浸出液必须符合 GB 8978 的要求方可排放,气体导出口排出的气体经处理后,应满足 GB 16297 和 GB 14554 的要求。

8 危险废物贮存设施的安全防护与监测

8.1 安全防护

8.1.1 危险废物贮存设施都必须按 GB 15562.2 的规定设置警示标志。

8.1.2 危险废物贮存设施周围应设置围墙或其他防护栅栏。

8.1.3 危险废物贮存设施应配备通信设备、照明设施、安全防护服装及工具,并设有应急防护设施。

8.1.4 危险废物贮存设施内清理出来的泄漏物,一律按危险废物处理。

8.2 按国家污染源管理要求对危险废物贮存设施进行监测。

9 危险废物贮存设施的关闭

9.1 危险废物贮存设施经营者关闭贮存设施前应提交关闭计划书,经批准后方可执行。

9.2 危险废物贮存设施经营者必须采取措施消除污染。

9.3 无法消除污染的设备、土壤、墙体等按危险废物处理,并运至正在营运的危险废物处理处置场或其他贮存设施中。

9.4 监测部门的监测结果表明已不存在污染时,方可摘下警示标志,撤离留守人员。

10 标准的实施与监督

本标准由县级以上人民政府环境保护行政主管部门负责实施与监督。

附录5 生活垃圾填埋场污染控制标准

中华人民共和国国家标准
GB 16889—2008

生活垃圾填埋场污染控制标准
Standard for Pollution Control on the Landfill Site of Municipal Solid Waste

环境保护部　　　　　　　国家质量监督检疫总局　发布
2008-04-02　发布　　　　　2008-07-01　实施

1 适用范围

本标准规定了生活垃圾填埋场选址、设计与施工、填埋废物的入场条件、运行、封场、后期维护与管理的污染控制和监测等方面的要求。

本标准适用于生活垃圾填埋场建设、运行和封场后的维护与管理过程中的污染控制和监督管理。本标准的部分规定也适用于与生活垃圾填埋场配套建设的生活垃圾转运站的建设、运行。

本标准只适用于法律允许的污染物排放行为;新设立污染源的选址和特殊保护区域内现有污染源的管理,按照《中华人民共和国大气污染防治法》《中华人民共和国水污染防治法》《中华人民共和国海洋环境保护法》《中华人民共和国固体废物污染环境防治法》《中华人民共和国放射性污染防治法》《中华人民共和国环境影响评价法》等法律、法规、规章的相关规定执行。

2 规范性引用文件

本标准内容引用了下列文件中的条款。凡是不注日期的引用文件,其有效版本适用于本标准。

GB 5750—1985 生活饮用水标准检验法

GB 7466—1987 水质 总铬的测定

GB 7467—1987 水质 六价铬的测定 二苯碳酰二肼分光光度法

GB 7468—1987 水质 总汞的测定 冷原子吸收分光光度法

GB 7469—1987 水质 总汞的测定 高锰酸钾—过硫酸钾消解法 双硫腙分光光度法

GB 7470—1987 水质 铅的测定 双硫腙分光光度法

GB 7471—1987 水质 镉的测定 双硫腙分光光度法

GB 7485—1987 水质 总砷的测定 二乙基二硫代氨基甲酸银分光光度法

GB 7488—1987 水质 五日生化需氧量(BOD_5)的测定 稀释与接种法

GB 11903—1989 水质 色度的测定

GB 11914—1989 水质 化学需氧量的测定 重铬酸盐法

GB 13486 便携式热催化甲烷检测报警仪
GB 14554 恶臭污染物排放标准
GB/T 14675 空气质量 恶臭的测定 三点式比较臭袋法
GB/T 14678 空气质量 硫化氢、甲硫醇、甲硫醚和二甲二硫的测定 气相色谱法
GB/T 14848 地下水质量标准
GB/T 15562.1 环境保护图形标志——排放口(源)
GB/T 50123 土工试验方法标准
HJ/T 38—1999 固定污染源排气中非甲烷总烃的测定 气相色谱法
HJ/T 195—2005 水质 氨氮的测定 气相分子吸收光谱法
HJ/T 199—2005 水质 总氮的测定 气相分子吸收光谱法
HJ/T 228 医疗废物化学消毒集中处理工程
HJ/T 276 医疗废物高温蒸汽集中处理工程技术规范(试行)
HJ/T 300 固体废物 浸出毒性浸出方法 醋酸缓冲溶液法
HJ/T 341—2007 水质 汞的测定 冷原子荧光法(试行)
HJ/T 347—2007 水质 粪大肠菌群的测定 多管发酵法和滤膜法(试行)
CJ/T 234 垃圾填埋场用高密度聚乙烯土工膜
《医疗废物分类目录》(卫医发〔2003〕287号)
《排污口规范化整治技术要求》(环监字〔1996〕470号)
《污染源自动监控管理办法》(国家环境保护总局令第28号)
《环境监测管理办法》(国家环境保护总局令第39号)

3 术语和定义

下列术语和定义适用于本标准。

3.1 运行期
生活垃圾填埋场进行填埋作业的时期。

3.2 后期维护与管理期
生活垃圾填埋场终止填埋作业后,进行后续维护、污染控制和环境保护管理直至填埋场达到稳定化的时期。

3.3 防渗衬层
设置于生活垃圾填埋场底部及四周边坡的由天然材料和(或)人工合成材料组成的防止渗漏的垫层。

3.4 天然基础层
位于防渗衬层下部,由未经扰动的土壤等构成的基础层。

3.5 天然黏土防渗衬层
由经过处理的天然黏土机械压实形成的防渗衬层。

3.6 单层人工合成材料防渗衬层
由一层人工合成材料衬层与黏土(或具有同等以上隔水效力的其他材料)衬层组成的防渗衬层。

3.7 双层人工合成材料防渗衬层

由两层人工合成材料衬层与黏土(或具有同等以上隔水效力的其他材料)衬层组成的防渗衬层。

3.8 环境敏感点

指生活垃圾填埋场周围可能受污染物影响的住宅、学校、医院、行政办公区、商业区以及公共场所等地点。

3.9 场界

指法律文书(如土地使用证、房产证、租赁合同等)中确定的业主所拥有使用权(或所有权)的场地或建筑物边界。

3.10 现有生活垃圾填埋场

指本标准实施之日前,已建成投产或环境影响评价文件已通过审批的生活垃圾填埋场。

3.11 新建生活垃圾填埋场

指本标准实施之日起环境影响文件通过审批的新建、改建和扩建的生活垃圾填埋场。

4 选址要求

4.1 生活垃圾填埋场的选址应符合区域性环境规划、环境卫生设施建设规划和当地的城市规划。

4.2 生活垃圾填埋场场址不应选在城市工农业发展规划区、农业保护区、自然保护区、风景名胜区、文物(考古)保护区、生活饮用水水源保护区、供水远景规划区、矿产资源储备区、军事要地、国家保密地区和其他需要特别保护的区域内。

4.3 生活垃圾填埋场选址的标高应位于重现期不小于50年的洪水位之上,并建设在长远规划中的水库等人工蓄水设施的淹没区和保护区之外。

拟建有可靠防洪设施的山谷型填埋场,并经过环境影响评价证明洪水对生活垃圾填埋场的环境风险在可接受范围内,前款规定的选址标准可以适当降低。

4.4 生活垃圾填埋场场址的选择应避开下列区域:破坏性地震及活动构造区;活动中的坍塌、滑坡和隆起地带;活动中的断裂带;石灰岩溶洞发育带;废弃矿区的活动塌陷区;活动沙丘区;海啸及涌浪影响区;湿地;尚未稳定的冲积扇及冲沟地区;泥炭以及其他可能危及填埋场安全的区域。

4.5 生活垃圾填埋场场址的位置及与周围人群的距离应依据环境影响评价的结论确定,并经地方环境保护行政主管部门批准。

在对生活垃圾填埋场场址进行环境影响评价时,应考虑生活垃圾填埋场产生的渗滤液、大气污染物(含恶臭物质)、孳养动物(蚊、蝇、鸟类等)等因素,根据其所在地区的环境功能区类别,综合评价其对周围环境、居住人群的身体健康、日常生活和生产活动的影响,确定生活垃圾填埋场与常住居民居住场所、地表水域、高速公路、交通主干道(国道或省道)、铁路、飞机场、军事基地等敏感对象之间合理的位置关系以及合理的防护距离。环境影响评价的结论可作为规划控制的依据。

5 设计、施工与验收要求

5.1 生活垃圾填埋场应包括下列主要设施:防渗衬层系统、渗滤液导排系统、渗滤液处理设施、雨污分流系统、地下水导排系统、地下水监测设施、填埋气体导排系统、覆盖和封场系统。

5.2 生活垃圾填埋场应建设围墙或栅栏等隔离设施,并在填埋区边界周围设置防飞扬设施、安全防护设施及防火隔离带。

5.3 生活垃圾填埋场应根据填埋区天然基础层的地质情况以及环境影响评价的结论,并经当地地方环境保护行政主管部门批准,选择天然黏土防渗衬层、单层人工合成材料防渗衬层或双层人工合成材料防渗衬层作为生活垃圾填埋场填埋区和其他渗滤液流经或储留设施的防渗衬层。填埋场黏土防渗衬层饱和渗透系数按照 GB/T 50123 中 13.3 节"变水头渗透试验"的规定进行测定。

5.4 如果天然基础层饱和渗透系数小于 1.0×10^{-7} cm/s,且厚度不小于 2 m,可采用天然黏土防渗衬层。采用天然黏土防渗衬层应满足以下基本条件:

(1)压实后的黏土防渗衬层饱和渗透系数应小于 1.0×10^{-7} cm/s。

(2)黏土防渗衬层的厚度应不小于 2 m。

5.5 如果天然基础层饱和渗透系数小于 1.0×10^{-5} cm/s,且厚度不小于 2 m,可采用单层人工合成材料防渗衬层。人工合成材料衬层下应具有厚度不小于 0.75 m,且其被压实后的饱和渗透系数小于 1.0×10^{-7} cm/s 的天然黏土防渗衬层,或具有同等以上隔水效力的其他材料防渗衬层。

人工合成材料防渗衬层应采用满足 CJ/T 234 中规定技术要求的高密度聚乙烯或者其他具有同等效力的人工合成材料。

5.6 如果天然基础层饱和渗透系数不小于 1.0×10^{-5} cm/s,或者天然基础层厚度小于 2 m,应采用双层人工合成材料防渗衬层。下层人工合成材料防渗衬层下应具有厚度不小于 0.75 m,且其被压实后的饱和渗透系数小于 1.0×10^{-7} cm/s 的天然黏土衬层,或具有同等以上隔水效力的其他材料防渗衬层。两层人工合成材料衬层之间应布设导水层及渗漏监测层。

人工合成材料的性能要求同 5.5 条。

5.7 生活垃圾填埋场应设置防渗衬层渗漏检测系统,以保证在防渗衬层发生渗滤液渗漏时能及时发现并采取必要的污染控制措施。

5.8 生活垃圾填埋场应建设渗滤液导排系统,该导排系统应确保在填埋场的运行期内防渗衬层上的渗滤液深度不大于 30 cm。

为检测渗滤液深度,生活垃圾填埋场内应设置渗滤液监测井。

5.9 生活垃圾填埋场应建设渗滤液处理设施,以在填埋场的运行期和后期维护与管理期内对渗滤液进行处理达标后排放。

5.10 生活垃圾填埋场渗滤液处理设施应设渗滤液调节池,并采取封闭等措施防止恶臭物质的排放。

5.11 生活垃圾填埋场应实行雨污分流并设置雨水集排水系统,以收集、排出汇水区内可能流向填埋区的雨水、上游雨水以及未填埋区域内未与生活垃圾接触的雨水。雨水集排水系统收集的雨水不得与渗滤液混排。

5.12 生活垃圾填埋场各个系统在设计时应保证能及时、有效地导排雨、污水。

5.13 生活垃圾填埋场填埋区基础层底部应与地下水年最高水位保持 1 m 以上的距

离。当生活垃圾填埋场填埋区基础层底部与地下水年最高水位距离不足 1 m 时,应建设地下水导排系统。地下水导排系统应确保填埋场的运行期和后期维护与管理期内地下水水位维持在距离填埋场填埋区基础层底部 1 m 以下。

5.14 生活垃圾填埋场应建设填埋气体导排系统,在填埋场的运行期和后期维护与管理期内将填埋层内的气体导出后利用、焚烧或达到 9.2.2 的要求后直接排放。

5.15 设计填埋量大于 250 万吨且垃圾填埋厚度超过 20 m 的生活垃圾填埋场,应建设甲烷利用设施或火炬燃烧设施处理含甲烷填埋气体。小于上述规模的生活垃圾填埋场,应采用能够有效减少甲烷产生和排放的填埋工艺或采用火炬燃烧设施处理含甲烷填埋气体。

5.16 生活垃圾填埋场周围应设置绿化隔离带,其宽度不小于 10 m。

5.17 在生活垃圾填埋场施工前应编制施工质量保证书并作为环境监理和环境保护竣工验收的依据。施工过程中应严格按照施工质量保证书中的质量保证程序进行。

5.18 在进行天然黏土防渗衬层施工之前,应通过现场施工实验确定压实方法、压实设备、压实次数等因素,以确保可以达到设计要求。同时在施工过程中应进行现场施工检验,检验内容与频率应包括在施工设计书中。

5.19 在进行人工合成材料防渗衬层施工前,应对人工合成材料的各项性能指标进行质量测试,在需要进行焊接之前,应进行试验焊接。

5.20 在人工合成材料防渗衬层和渗滤液导排系统的铺设过程中与完成之后,应通过连续性和完整性检测检验施工效果,以确定人工合成材料防渗衬层没有破损、漏洞等。

5.21 填埋场人工合成材料防渗衬层铺设完成后,未填埋的部分应采取有效的工程措施防止人工合成材料防渗衬层在日光下直接暴露。

5.22 在生活垃圾填埋场的环境保护竣工验收中,应对已建成的防渗衬层系统的完整性、渗滤液导排系统、填埋气体导排系统和地下水导排系统等的有效性进行质量验收,同时验收场址选择、勘察、征地、设计、施工、运行管理制度、监测计划等全过程的技术和管理文件资料。

5.23 生活垃圾转运站应采取必要的封闭和负压措施防止恶臭污染的扩散。

5.24 生活垃圾转运站应设置具有恶臭污染控制功能及渗滤液收集、贮存设施。

6 填埋废物的入场要求

6.1 下列废物可以直接进入生活垃圾填埋场填埋处置:

(1)由环境卫生机构收集或者自行收集的混合生活垃圾,以及企事业单位产生的办公废物。

(2)生活垃圾焚烧炉渣(不包括焚烧飞灰)。

(3)生活垃圾堆肥处理产生的固态残余物。

(4)服装加工、食品加工以及其他城市生活服务行业产生的性质与生活垃圾相近的一般工业固体废物。

6.2《医疗废物分类目录》中的感染性废物经过下列方式处理后,可以进入生活垃圾填埋场填埋处置。

(1)按照 HJ/T 228 要求进行破碎毁形和化学消毒处理,并满足消毒效果检验指标。

(2)按照 HJ/T 229 要求进行破碎毁形和微波消毒处理,并满足消毒效果检验指标。

(3)按照 HJ/T 276 要求进行破碎毁形和高温蒸汽处理,并满足处理效果检验指标。

(4)医疗废物焚烧处置后的残渣的入场标准按照第 6.3 条执行。

6.3 生活垃圾焚烧飞灰和医疗废物焚烧残渣(包括飞灰、底渣)经处理后满足下列条件,可以进入生活垃圾填埋场填埋处置。

(1)含水率小于 30%。

(2)二噁英含量低于 3 μg TEQ/kg。

(3)按照 HJ/T 300 制备的浸出液中危害成分浓度低于表 1 规定的限值。

表 1 浸出液污染物浓度限值

序号	污染物项目	浓度限值/(mg/L)
1	汞	0.05
2	铜	40
3	锌	100
4	铅	0.25
5	镉	0.15
6	铍	0.02
7	钡	25
8	镍	0.5
9	砷	0.3
10	总铬	4.5
11	六价铬	1.5
12	硒	0.1

6.4 一般工业固体废物经处理后,按照 HJ/T 300 制备的浸出液中危害成分浓度低于表 1 规定的限值,可以进入生活垃圾填埋场填埋处置。

6.5 经处理后满足第 6.3 条要求的生活垃圾焚烧飞灰和医疗废物焚烧残渣(包括飞灰、底渣)和满足第 6.4 条要求的一般工业固体废物在生活垃圾填埋场中应单独分区填埋。

6.6 厌氧产沼等生物处理后的固态残余物、粪便经处理后的固态残余物和生活污水处理厂污泥经处理后含水率小于 60%,可以进入生活垃圾填埋场填埋处置。

6.7 处理后分别满足第 6.2、6.3、6.4 和 6.6 条要求的废物应由地方环境保护行政主管部门认可的监测部门检测、经地方环境保护行政主管部门批准后,方可进入生活垃圾填埋场。

6.8 下列废物不得在生活垃圾填埋场中填埋处置。

(1)除符合第 6.3 条规定的生活垃圾焚烧飞灰以外的危险废物。

(2)未经处理的餐饮废物。

(3)未经处理的粪便。

(4)禽畜养殖废物。

(5)电子废物及其处理处置残余物。
(6)除本填埋场产生的渗滤液之外的任何液态废物和废水。
国家环境保护标准另有规定的除外。

7 运行要求

7.1 填埋作业应分区、分单元进行,不运行作业面应及时覆盖。不得同时进行多作业面填埋作业或者不分区全场敞开式作业。中间覆盖应形成一定的坡度。每天填埋作业结束后,应对作业面进行覆盖;特殊气象条件下应加强对作业面的覆盖。

7.2 填埋作业应采取雨污分流措施,减少渗滤液的产生量。

7.3 生活垃圾填埋场运行期内,应控制堆体的坡度,确保填埋堆体的稳定性。

7.4 生活垃圾填埋场运行期内,应定期检测防渗衬层系统的完整性。当发现防渗衬层系统发生渗漏时,应及时采取补救措施。

7.5 生活垃圾填埋场运行期内,应定期检测渗滤液导排系统的有效性,保证正常运行。当衬层上的渗滤液深度大于 30 cm 时,应及时采取有效疏导措施排除积存在填埋场内的渗滤液。

7.6 生活垃圾填埋场运行期内,应定期检测地下水水质。当发现地下水水质有被污染的迹象时,应及时查找原因,发现渗漏位置并采取补救措施,防止污染进一步扩散。

7.7 生活垃圾填埋场运行期内,应定期并根据场地和气象情况随时进行防蚊蝇、灭鼠和除臭工作。

7.8 生活垃圾填埋场运行期以及封场后期维护与管理期间,应建立运行情况记录制度,如实记载有关运行管理情况,主要包括生活垃圾处理、处置设备工艺控制参数,进入生活垃圾填埋场处置的非生活垃圾的来源、种类、数量、填埋位置,封场及后期维护与管理情况及环境监测数据等。运行情况记录簿应当按照国家有关档案管理等法律法规进行整理和保管。

8 封场及后期维护与管理要求

8.1 生活垃圾填埋场的封场系统应包括气体导排层、防渗层、雨水导排层、最终覆土层、植被层。

8.2 气体导排层应与导气竖管相连。导气竖管应高出最终覆土层上表面 100 cm 以上。

8.3 封场系统应控制坡度,以保证填埋堆体稳定,防止雨水侵蚀。

8.4 封场系统的建设应与生态恢复相结合,并防止植物根系对封场土工膜的损害。

8.5 封场后进入后期维护与管理阶段的生活垃圾填埋场,应继续处理填埋场产生的渗滤液和填埋气,并定期进行监测,直到填埋场产生的渗滤液中水污染物浓度连续两年低于表 2、表 3 中的限值。

9 污染物排放控制要求

9.1 水污染物排放控制要求

9.1.1 生活垃圾填埋场应设置污水处理装置,生活垃圾渗滤液(含调节池废水)等污水经处理并符合本标准规定的污染物排放控制要求后,可直接排放。

9.1.2 现有和新建生活垃圾填埋场自 2008 年 7 月 1 日起执行表 2 规定的水污染物

排放浓度限值。

表2　　　　　　现有和新建生活垃圾填埋场水污染物排放浓度限值

序号	控制污染物	排放浓度限值	污染物排放监控位置
1	色度(稀释倍数)	40	常规污水处理设施排放口
2	化学需氧量(CODcr)/(mg/L)	100	常规污水处理设施排放口
3	生化需氧量(BOD$_5$)/(mg/L)	30	常规污水处理设施排放口
4	悬浮物/(mg/L)	30	常规污水处理设施排放口
5	总氮/(mg/L)	40	常规污水处理设施排放口
6	氨氮/(mg/L)	25	常规污水处理设施排放口
7	总磷/(mg/L)	3	常规污水处理设施排放口
8	粪大肠菌群数/(个/L)	10 000	常规污水处理设施排放口
9	总汞/(mg/L)	0.001	常规污水处理设施排放口
10	总镉/(mg/L)	0.01	常规污水处理设施排放口
11	总铬/(mg/L)	0.1	常规污水处理设施排放口
12	六价铬/(mg/L)	0.05	常规污水处理设施排放口
13	总砷/(mg/L)	0.1	常规污水处理设施排放口
14	总铅/(mg/L)	0.1	常规污水处理设施排放口

9.1.3　2011年7月1日前,现有生活垃圾填埋场无法满足表2规定的水污染物排放浓度限值要求的,满足以下条件时可将生活垃圾渗滤液送往城市二级污水处理厂进行处理:

(1)生活垃圾渗滤液在填埋场经过处理后,总汞、总镉、总铬、六价铬、总砷、总铅等污染物浓度达到表2规定浓度限值。

(2)城市二级污水处理厂每日处理生活垃圾渗滤液总量不超过污水处理量的0.5%,并不超过城市二级污水处理厂额定的污水处理能力。

(3)生活垃圾渗滤液应均匀注入城市二级污水处理厂。

(4)不影响城市二级污水处理场的污水处理效果。

2011年7月1日起,现有全部生活垃圾填埋场应自行处理生活垃圾渗滤液并执行表2规定的水污染排放浓度限值。

9.1.4　根据环境保护工作的要求,在国土开发密度已经较高、环境承载能力开始减弱,或环境容量较小、生态环境脆弱,容易发生严重环境污染问题而需要采取特别保护措施的地区,应严格控制生活垃圾填埋场的污染物排放行为,在上述地区的现有和新建生活垃圾填埋场执行表3规定的水污染物特别排放限值。

表3　　　　　　现有和新建生活垃圾填埋场水污染物特别排放限值

序号	控制污染物	排放浓度限值	污染物排放监控位置
1	色度(稀释倍数)	30	常规污水处理设施排放口
2	化学需氧量(CODcr)/(mg/L)	60	常规污水处理设施排放口

(续表)

序号	控制污染物	排放浓度限值	污染物排放监控位置
3	生化需氧量(BOD$_5$)/(mg/L)	20	常规污水处理设施排放口
4	悬浮物/(mg/L)	30	常规污水处理设施排放口
5	总氮/(mg/L)	20	常规污水处理设施排放口
6	氨氮/(mg/L)	8	常规污水处理设施排放口
7	总磷/(mg/L)	1.5	常规污水处理设施排放口
8	粪大肠菌群数/(个/L)	1 000	常规污水处理设施排放口
9	总汞/(mg/L)	0.001	常规污水处理设施排放口
10	总镉/(mg/L)	0.01	常规污水处理设施排放口
11	总铬/(mg/L)	0.1	常规污水处理设施排放口
12	六价铬/(mg/L)	0.05	常规污水处理设施排放口
13	总砷/(mg/L)	0.1	常规污水处理设施排放口
14	总铅/(mg/L)	0.1	常规污水处理设施排放口

9.2 甲烷排放控制要求

9.2.1 填埋工作面上 2 m 以下高度范围内甲烷的体积百分比应不大于 0.1%。

9.2.2 生活垃圾填埋场应采取甲烷减排措施;当通过导气管道直接排放填埋气体时,导气管排放口的甲烷的体积百分比不大于 5%。

9.3 生活垃圾填埋场在运行中应采取必要的措施防止恶臭物质的扩散。在生活垃圾填埋场周围环境敏感点方位的场界的恶臭污染物浓度应符合 GB 14554 的规定。

9.4 生活垃圾转运站产生的渗滤液经收集后,可采用密闭运输送到城市污水处理厂处理、排入城市排水管道进入城市污水处理厂处理或者自行处理等方式。排入设置城市污水处理厂的排水管网的,应在转运站内对渗滤液进行处理,总汞、总镉、总铬、六价铬、总砷、总铅等污染物浓度限值达到表 2 规定浓度限值,其他水污染物排放控制要求由企业与城镇污水处理厂根据其污水处理能力商定或执行相关标准。排入环境水体或排入未设置污水处理厂的排水管网的,应在转运站内对渗滤液进行处理并达到表 2 规定的浓度限值。

10 环境和污染物监测要求

10.1 水污染物排放监测基本要求

10.1.1 生活垃圾填埋场的水污染物排放口须按照《排污口规范化整治技术要求》(试行)建设,设置符合 GB/T 15562.1 要求的污水排放口标志。

10.1.2 新建生活垃圾填埋场应按照《污染源自动监控管理办法》的规定,安装污染物排放自动监控设备,并与环保部门的监控中心联网,并保证设备正常运行。各地现有生活垃圾填埋场安装污染物排放自动监控设备的要求由省级环境保护行政主管部门规定。

10.1.3 对生活垃圾填埋场污染物排放情况进行监测的频次、采样时间等要求,按国家有关污染源监测技术规范的规定执行。

10.2 地下水水质监测基本要求

10.2.1 地下水水质监测井的布置

应根据场地水文地质条件,以及时反映地下水水质变化为原则,布设地下水监测系统。

(1)本底井,一眼,设在填埋场地下水流向上游 30～50 m 处。

(2)排水井,一眼,设在填埋场地下水主管出口处。

(3)污染扩散井,两眼,分别设在垂直填埋场地下水走向的两侧各 30～50 m 处。

(4)污染监视井,两眼,分别设在填埋场地下水流向下游 30 m、50 m 处。

大型填埋场可以在上述要求基础上适当增加监测井的数量。

10.2.2 在生活垃圾填埋场投入使用之前应监测地下水本底井水平;在生活垃圾填埋场投入使用之时即对地下水进行持续监测,直至封场后填埋场产生的渗滤液中水污染物浓度连续两年低于表 2 中的限值时为止。

10.2.3 地下水监测指标为 pH、总硬度、溶解性总固体、高锰酸盐指数、氨氮、硝酸盐、亚硝酸盐、硫酸盐、氯化物、挥发性酚类、氰化物、砷、汞、六价铬、铅、氟、镉、铁、锰、铜、锌、粪大肠菌群,不同质量类型地下水的质量标准执行 GB/T 14848 中的规定。

10.2.4 生活垃圾填埋场管理机构对排水井的水质监测频率应不少于每周一次,对污染扩散井和污染监视井的水质监测频率应不少于每 2 周一次,对本底井的水质监测频率应不少于每个月。

10.2.5 地方环境保护行政主管部门应对地下水水质进行监督性监测,频率应不少于每 3 个月一次。

10.3 生活垃圾填埋场管理机构应每 6 个月进行一次防渗衬层完整性的监测。

10.4 甲烷监测基本要求

10.4.1 生活垃圾填埋场管理机构应每天进行一次填埋场区和填埋气体排放口的甲烷浓度监测。

10.4.2 地方环境保护行政主管部门应每 3 个月对填埋区和填埋气体排放口的甲烷浓度进行一次监督性监测。

10.4.3 对甲烷浓度的每日监测可采用符合 GB 13486 要求或者具有相同效果的便携式甲烷测定器进行测定。对甲烷浓度的监督性监测应按照 HJ/T 38 中甲烷的测定方法进行测定。

10.5 生活垃圾填埋场管理机构和地方环境保护行政主管部门均应对封场后的生活垃圾填埋场的污染物浓度进行测定。化学需氧量、生化需氧量、悬浮物、总氮、氨氮等指标每 3 个月测定一次,其他指标每年测定一次。

10.6 恶臭污染物监测基本要求

10.6.1 生活垃圾填埋场管理机构应根据具体情况适时进行场界恶臭污染物监测。

10.6.2 地方环境保护行政主管部门应每 3 个月对场界恶臭污染物进行一次监督性监测。

10.6.3 恶臭污染物监测应按照 GB/T 14675 和 GB/T 14678 规定的方法进行测定。

10.7 污染物浓度测定方法采用表 4 所列的方法标准,地下水质量检测方法采用 GB 5750 中的检测方法。

10.8 生活垃圾填埋场应按照有关法律和《环境监测管理办法》的规定,对排污状况进行监测,并保存原始监测记录。

表 4　　　　　　　　　　污染物浓度测定方法标准

序号	污染物项目	方法标准名称	方法标准编号
1	色度(稀释倍数)	水质 色度的测定	GB 11903—1989
2	化学需氧量(CODcr)	水质 化学需氧量的测定 重铬酸盐法	GB 11914—1989
3	生化需氧量(BOD$_5$)	水质 五日生化需氧量(BOD$_5$)的测定 稀释与接种法	GB 7488—1987
4	悬浮物	水质 悬浮物的测定 重量法	GB 11901—1989
5	总氮	水质 总氮的测定 气相分子吸收光谱法	HJ/T 199—2005
6	氨氮	水质 氨氮的测定 气相分子吸收光谱法	HJ/T 195—2005
7	总磷	水质 总磷的测定 钼酸铵分光光度法	GB 11893—1989
8	粪大肠菌群数	水质 粪大肠菌群的测定 多管发酵法和滤膜法(试行)	HJ/T 347—2007
9	总汞	水质 总汞的测定 冷原子吸收分光光度法	GB 7468—1987
9	总汞	水质 总汞的测定 高锰酸钾-过硫酸钾消解法 双硫腙分光光度法	GB 7469—1987
9	总汞	水质 汞的测定 冷原子荧光法(试行)	HJ/T 341—2007
10	总镉	水质 镉的测定 双硫腙分光光度法	GB 7471—1987
11	总铬	水质 总铬的测定	GB 7466—1987
12	六价铬	水质 六价铬的测定 二苯碳酰二肼分光光度法	GB 7467—1987
13	总砷	水质 总砷的测定 二乙基二硫代氨基甲酸银分光光度法	GB 7485—1987
14	总铅	水质 铅的测定 双硫腙分光光度法	GB 7470—1987
15	甲烷	固定污染源排气中非甲烷总烃的测定 气相色谱法	HJ/T 38—1999
16	恶臭	空气质量 恶臭的测定 三点式比较臭袋法	GB/T 14675—1993
17	硫化氢、甲硫醇、甲硫醚和二甲二硫	空气质量 硫化氢、甲硫醇、甲硫醚和二甲二硫的测定 气相色谱法	GB/T 14678—1993

11 实施要求

11.1 本标准由县级以上人民政府环境保护行政主管部门负责监督实施。

11.2 在任何情况下,生活垃圾填埋场均应遵守本标准的污染物排放控制要求,采取必要措施保证污染防治设施正常运行。各级环保部门在对生活垃圾填埋场进行监督性检查时,可以现场即时采样,将监测的结果作为判定排污行为是否符合排放标准以及实施相关环境保护管理措施的依据。

11.3 对现有和新建生活垃圾填埋场执行水污染物特别排放限值的地域范围、时间,由国务院环境保护主管部门或省级人民政府规定。